Die **Themenseite** enthält nach Anspruchsniveau differenzierte Aufgaben zu einem einzigen, interessanten Thema. Die mathematischen Inhalte werden dabei miteinander verbunden.

Der **zweite Teil** enthält „Diskussionsaufgaben“: Bezieht Stellung zu den Behauptungen und begründet oder widerlegt sie. Anschließend vergleicht ihr eure Ergebnisse mit einem Partner.

Die Doppelseite **Das kann ich!** hat verschiedene Teile:
Im **ersten Teil** findet ihr Aufgaben, die ihr alleine löst. Anschließend bewertet ihr euch, die Lösungen dazu findet ihr im Anhang. Die Aufgaben sind einfach gehalten, ihr solltet also einen Großteil davon gut schaffen.

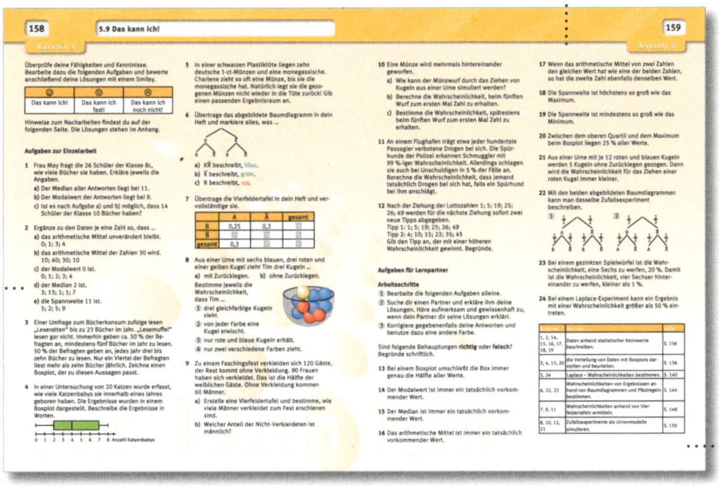

Mithilfe der Tabelle könnt ihr prüfen, was ihr gut könnt und wo ihr noch üben müsst. Ihr findet auch Seitenverweise zum Nacharbeiten.

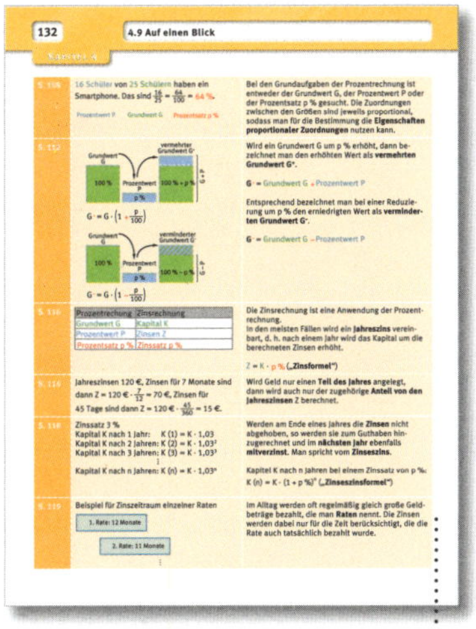

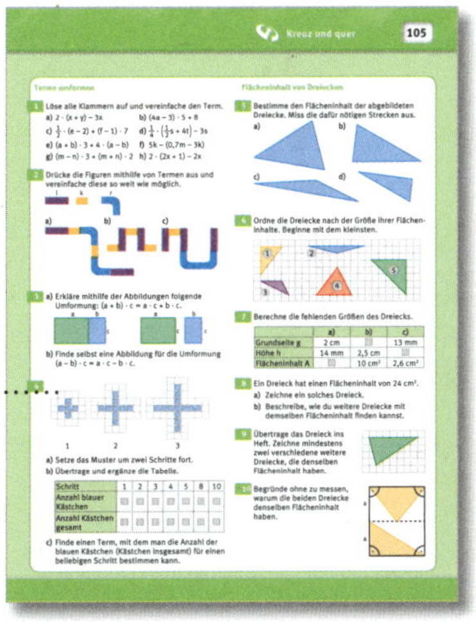

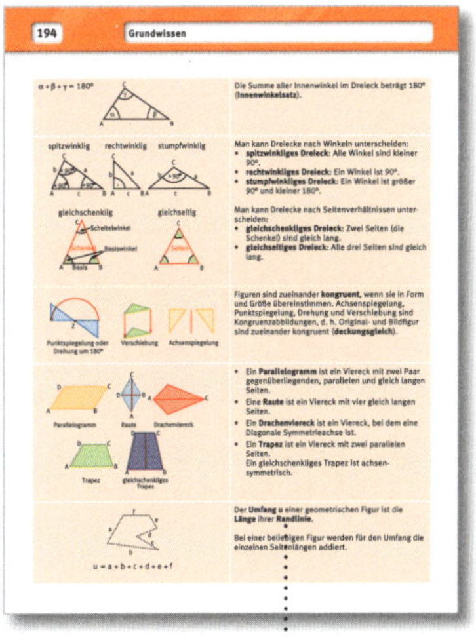

Die Seite **Auf einen Blick** enthält das Grundwissen des Kapitels in kompakter Form.

Habt ihr auch nichts vergessen? Auf den Seiten **Kreuz und quer**, die „zwischen zwei Kapiteln“ stehen, könnt ihr testen, ob ihr im Stoff der zurückliegenden Kapitel bzw. Schuljahre noch fit seid.

Wollt ihr Mathe-Stoff nachschlagen, der schon länger zurückliegt? Am Ende des Buches findet ihr das **Grundwissen**.

mathe.delta 8

G9
Hessen

Herausgegeben von Michael Kleine

Bearbeitet von Michael Kleine,
Ilse Marx, Susanne Müller,
Hermann Wilhelmi

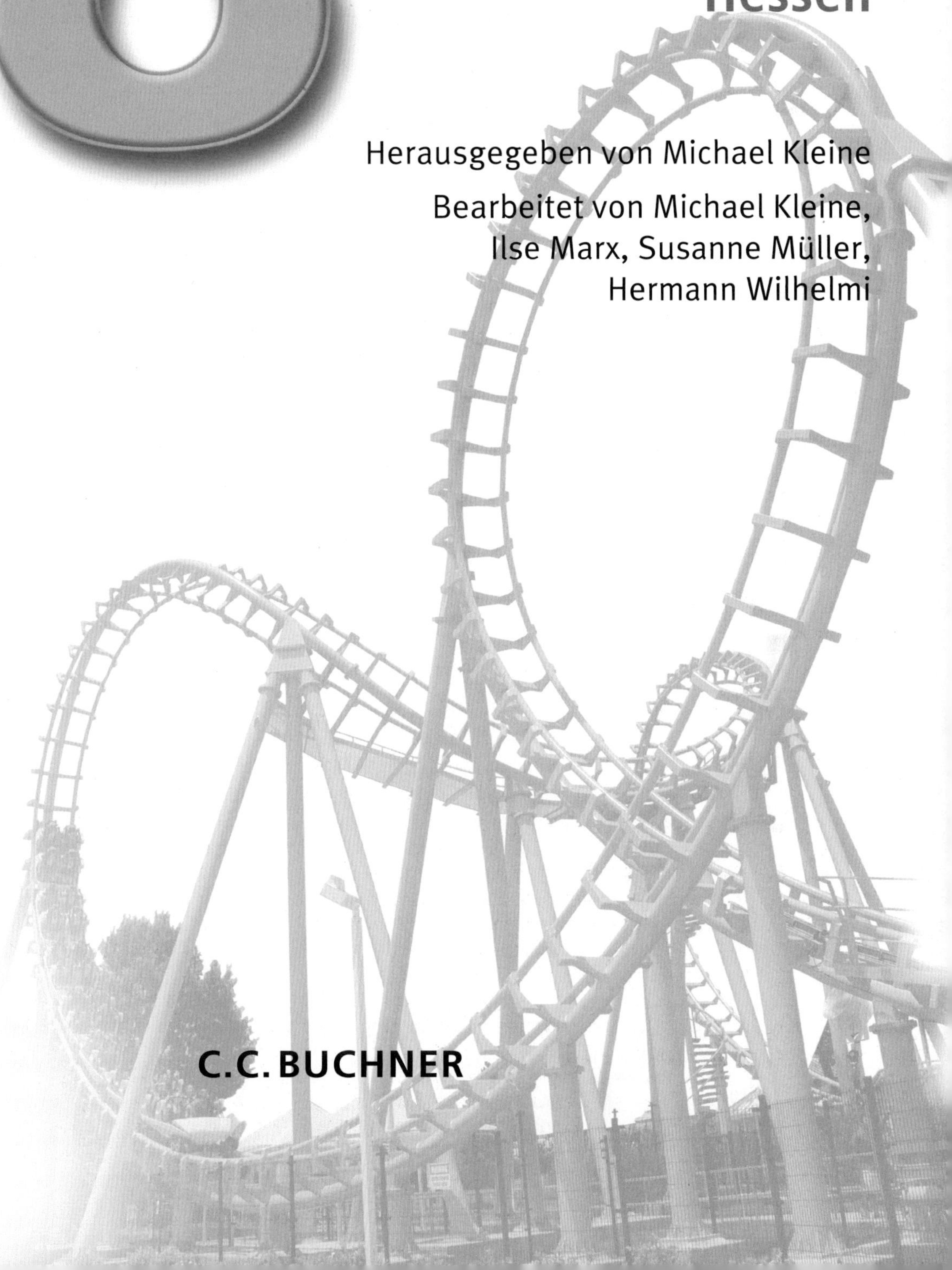

C.C.BUCHNER

mathe.delta
Hessen (G9)
Herausgegeben von Michael Kleine

mathe.delta 8 – Hessen (G9)
Bearbeitet von Michael Kleine, Ilse Marx, Susanne Müller, Hermann Wilhelmi

Passend zu diesem Band sind auch das Arbeitsheft (BN 61088) und der Lehrerband (BN 61098) erhältlich.

1. Auflage, 1. Druck 2016
Alle Drucke dieser Auflage sind, weil untereinander unverändert, nebeneinander benutzbar.

Dieses Werk folgt der reformierten Rechtschreibung und Zeichensetzung. Ausnahmen bilden Texte, bei denen künstlerische und lizenzrechtliche Gründe einer Änderung entgegenstehen.

Gestaltung und Herstellung: Wildner+Designer GmbH, Fürth
Druck- und Bindearbeiten: creo Druck & Medienservice GmbH, Bamberg

www.ccbuchner.de

ISBN 978-3-661-**61078-**8

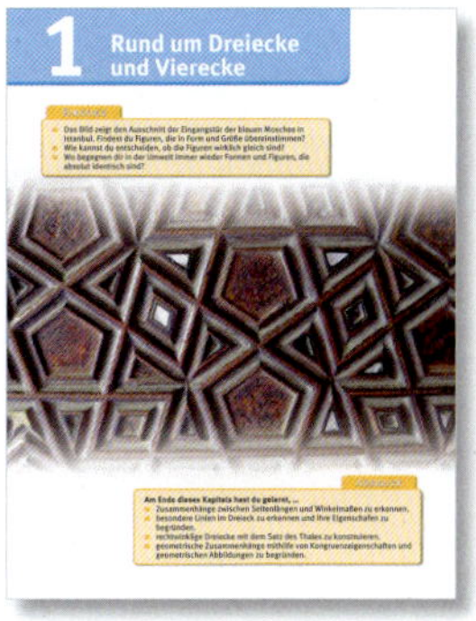
1 Rund um Dreiecke und Vierecke

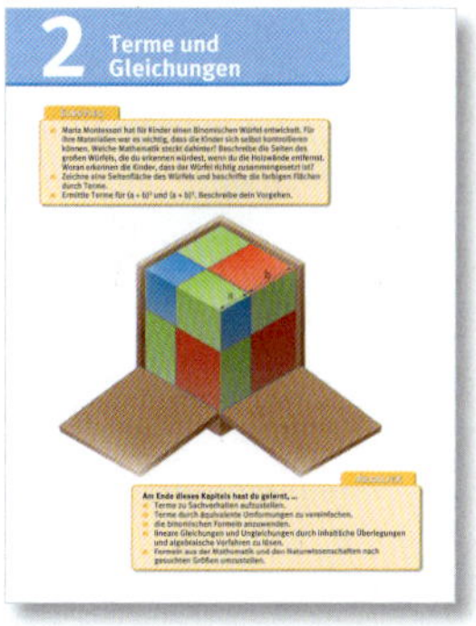
2 Terme und Gleichungen

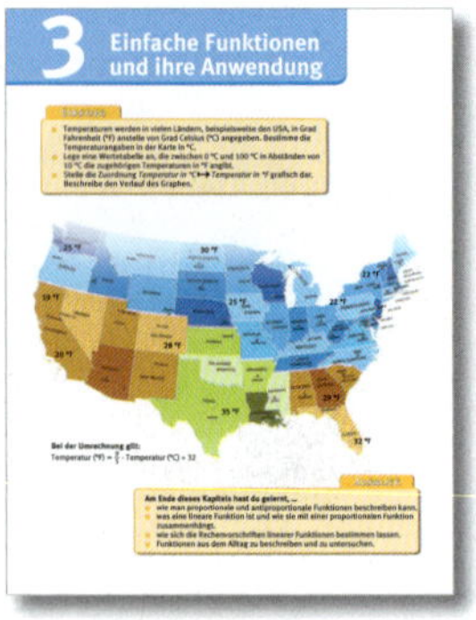
3
Einfache Funktionen
und ihre Anwendung

4
Prozent- und
Zinsrechnung
ab 18 800,- €

5
Daten und Zufall

6
Rund ums Prisma

Mathematische Zeichen und Abkürzungen

$\mathbb{N}$	Menge der natürlichen Zahlen
$\mathbb{Z}$	Menge der ganzen Zahlen
$\mathbb{Q}$	Menge der rationalen Zahlen
$\mathbb{Q}^+$ ($\mathbb{Q}^-$)	Menge der positiven (negativen) rationalen Zahlen
$\mathbb{Q}_0^+$ ($\mathbb{Q}_0^-$)	Menge der positiven (negativen) rationalen Zahlen mit der Zahl 0
D	Definitionsmenge
L	Lösungsmenge
{ }	Leere Menge
{a; b; c}	Menge mit den Elementen a, b und c
$\mathbb{Q}\setminus\{a; b\}$	Menge $\mathbb{Q}$ ohne die Elemente a und b
$\in$	Element von
$\{x \in \mathbb{N} \mid ...\}$	Menge aller natürlichen Zahlen x, für die gilt ...
=	gleich
$\approx$	ungefähr gleich
>	größer als
<	kleiner als
$\geqq$	größer oder gleich
$\leqq$	kleiner oder gleich
$\triangleq$	entspricht
$\mid$	teilt
$\nmid$	teilt nicht
+	plus
–	minus
$\cdot$	mal, multipliziert mit
:	geteilt durch, dividiert durch
a^n	Potenz; „a hoch n“
$\frac{a}{b}$	Bruch mit Zähler a und Nenner b
%	Prozent
$T_n = \{...\}$	Teilermenge der Zahl n
$V_n = \{...\}$	Vielfachenmenge der Zahl n
kgV (m; n)	kleinstes gemeinsames Vielfaches von m und n
ggT (m; n)	größter gemeinsamer Teiler von m und n

H (Z)	absolute Häufigkeit, mit der das Ergebnis Z (z. B. Zahl) vorkommt
h (Z)	relative Häufigkeit, mit der das Ergebnis Z (z. B. Zahl) vorkommt
f (x)	Funktionsterm
$\overline{x}$	arithmetisches Mittel
$\lvert n \rvert$	Betrag der Zahl n
P, A, ...	Punkte
P (x | y)	Punkt P mit den Koordinaten x und y
AB, g, h, ...	Geraden, Strahlen
$\overline{PQ}$	Strecke mit den Endpunkten P und Q, auch Länge der Strecke
$m_{\overline{AB}}$	Mittelsenkrechte der Strecke $\overline{AB}$
w_α	Winkelhalbierende des Winkels α
$\sphericalangle ACB$	Winkel mit Scheitel C und Schenkel CA und CB
$\alpha, \beta, \gamma, ...$	Winkelbezeichnungen
$\cong$	kongruent zu
d (A;B)	Abstand von A zu B
°	Grad, Maßeinheit für Winkel (z.B. 30°)
LE, FE, VE	Längen-, Flächen- und Volumeneinheit
A	Flächeninhalt
P (A)	Wahrscheinlichkeit, mit der Ereignis A eintritt
V	Volumen, Rauminhalt
d	Durchmesser eines Kreises
U	Umfangslänge
r	Radius eines Kreises
$\perp$	senkrecht auf
$\not\perp$	nicht senkrecht auf
$\parallel$	parallel zu
$\nparallel$	nicht parallel zu
$\longmapsto$	Ist zugeordnet
$\Longrightarrow$	daraus folgt
$\in$	Element von
$\{x \in \mathbb{N} \mid ...\}$	Menge aller natürlichen Zahlen x, für die gilt ...

1 Rund um Dreiecke und Vierecke

Einstieg

- Das Bild zeigt den Ausschnitt der Eingangstür der blauen Moschee in Istanbul. Findest du Figuren, die in Form und Größe übereinstimmen?
- Wie kannst du entscheiden, ob die Figuren wirklich gleich sind?
- Wo begegnen dir in der Umwelt immer wieder Formen und Figuren, die absolut identisch sind?

Ausblick

Am Ende dieses Kapitels hast du gelernt, …

- Zusammenhänge zwischen Seitenlängen und Winkelmaßen zu erkennen.
- besondere Linien im Dreieck zu erkennen und ihre Eigenschafen zu begründen.
- rechtwinklige Dreiecke mit dem Satz des Thales zu konstruieren.
- geometrische Zusammenhänge mithilfe von Kongruenzeigenschaften und geometrischen Abbildungen zu begründen.

Wenn du kein Geometrieprogramm zur Verfügung hast, kannst du auch beliebige Dreiecke in dein Heft zeichnen und die Aufgaben daran lösen.

Erinnere dich an die Beschriftung von Dreiecken:

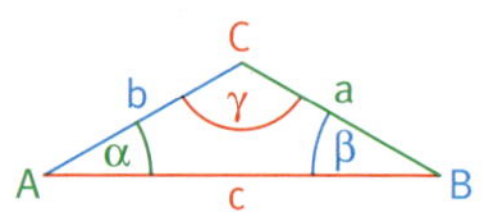

Erstelle mit einem Geometrieprogramm ein beliebiges Dreieck und lass dir alle Winkelmaße und Seitenlängen anzeigen. Untersuche Zusammenhänge zwischen Seitenlängen und Winkelmaßen an verschiedenen Dreiecken. Übertrage dazu die Tabelle in dein Heft.

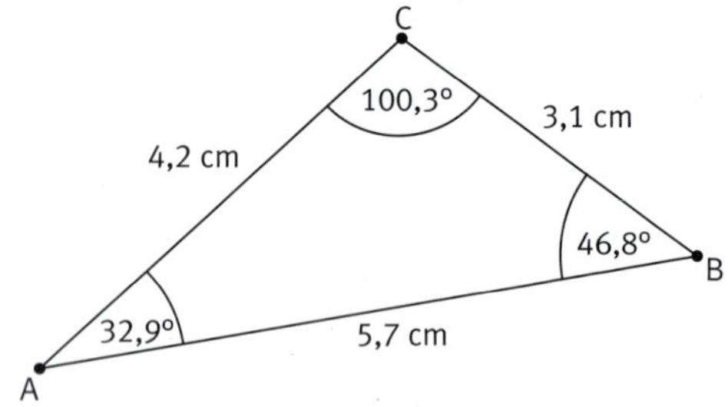

	a	α	b	β	c	γ
Dreieck $A_1B_1C_1$						
Dreieck $A_2B_2C_2$						
Dreieck $A_3B_3C_3$						

Nutze den Zugmodus des Geometrieprogramms.

- Betrachte in jedem Dreieck die längste Seite und den größten Winkel. Was fällt dir auf? Überprüfe deine Vermutung an weiteren Dreiecken.
- Addiere in jedem Dreieck jeweils zwei Seitenlängen und vergleiche mit der dritten Seitenlänge. Welche Beziehung erkennst du?

*Den Satz über die Innenwinkelsumme in einem Dreieck (**Innenwinkelsatz**) findest du im Grundwissen am Ende des Buches.*

Merkwissen

In jedem Dreieck liegt der **größeren Seite** auch der **größere Winkel gegenüber**. Umgekehrt liegt auch dem größeren Winkel die größere Seite gegenüber (**Seite-Winkel-Beziehung**):

$a > b \Longrightarrow \alpha > \beta$ $\quad$ $a > c \Longrightarrow \alpha > \gamma$ $\quad$ ...

$\alpha > \beta \Longrightarrow a > b$ $\quad$ $\alpha > \gamma \Longrightarrow a > c$ $\quad$ ...

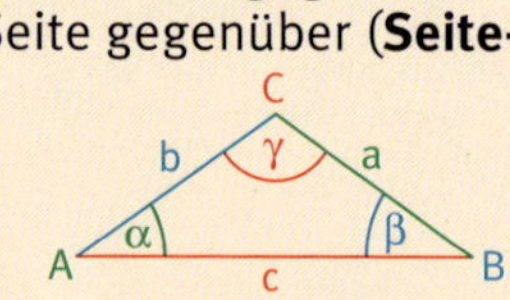

Eine Strecke ist stets die kürzeste Verbindung zwischen zwei Punkten. Somit müssen **zwei Seiten** eines Dreiecks **zusammen stets länger** sein als **die dritte Seite** (**Dreiecksungleichung**):

$a + b > c$ $\qquad$ $a + c > b$ $\qquad$ $b + c > a$

Beispiele

I Überprüfe, ob ein Dreieck mit den gegebenen Maßen möglich ist. Falls nicht, begründe mithilfe eines geometrischen Zusammenhangs.

a) $a = 3{,}6$ cm; $b = 4$ cm; $c = 5{,}8$ cm **b)** $a = 1{,}5$ cm; $b = 4{,}8$ cm; $c = 6{,}9$ cm

c) $a = 4{,}5$ cm; $c = 6{,}5$ cm; $\gamma = 110°$ **d)** $a = 6$ cm; $b = 4$ cm; $\beta = 100°$

Lösung:

Die Dreiecksungleichung ist nicht erfüllt, wenn bereits eine der drei Ungleichungen falsch ist.

a) Ein solches Dreieck ist möglich. Die Dreiecksungleichung ist erfüllt: $a + b > c$; $a + c > b$; $b + c > a$

b) Dieses Dreieck ist nicht möglich, denn $a + b = 6{,}3 \text{ cm} < 6{,}9 \text{ cm} = c$. Die Dreiecksungleichung ist nicht erfüllt.

c) Ein solches Dreieck ist möglich, denn aufgrund des Innenwinkelsatzes ist γ der größte Winkel im Dreieck. Die Seite-Winkel-Beziehung ist erfüllt, da von den gegebenen Seiten die Seite c länger ist als a.

d) Ein solches Dreieck ist nicht möglich, denn aufgrund des Innenwinkelsatzes ist β der größte Winkel im Dreieck. Die Seite a ist jedoch länger als b, sodass die Seite-Winkel-Beziehung im Dreieck nicht erfüllt ist.

Verständnis

- Begründe, dass es eine „Dreiecksungleichung für Innenwinkel“ nicht geben kann.
- Begründe, dass im rechtwinkligen Dreieck stets die längste Dreiecksseite dem rechten Winkel gegenüber liegt.

Aufgaben

1 Überprüfe, ob ein Dreieck mit den gegebenen Maßen möglich ist. Begründe mithilfe eines geometrischen Zusammenhangs.

a) $a = 3{,}8$ cm; $b = 6{,}2$ cm; $c = 2{,}2$ cm
b) $a = 6{,}1$ cm; $b = 4{,}8$ cm; $c = 3{,}6$ cm
c) $a = 14{,}2$ cm; $b = 17{,}5$ cm; $c = 3{,}3$ cm
d) $a = 4{,}5$ cm; $b = 2{,}6$ cm; $c = 1{,}8$ cm
e) $a = 4{,}5$ cm; $b = 3{,}5$ cm; $\alpha = 90°$
f) $b = 7{,}8$ cm; $c = 6{,}3$ cm; $\gamma = 120°$
g) $a = 8{,}2$ cm; $b = 7{,}5$ cm; $\beta = 72°$
h) $c = 5{,}5$ cm; $\beta = 110°$; $\gamma = 70°$
i) $b = 7{,}4$ cm; $\beta = 72°$; $\gamma = 35°$
j) $\alpha = 45°$; $\beta = 75°$; $\gamma = 50°$

2 In einem Dreieck ABC sind die Seitenlängen $a = 5{,}5$ cm und $b = 7$ cm gegeben. Welche Werte sind für c zulässig, wenn zusätzlich Folgendes gilt:

a) $c > b$ **b)** $b > c$ **c)** $a > c$ **d)** $c > a$

3

1 gleichseitiges Dreieck	2 rechtwinkliges Dreieck	3 gleichschenklig-rechtwinkliges Dreieck	4 gleichschenkliges Dreieck
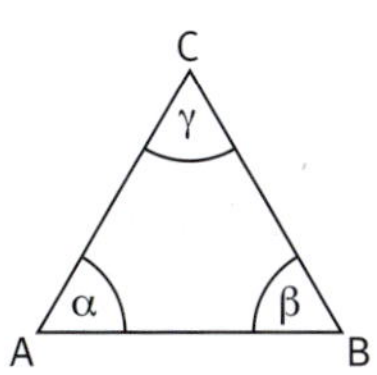	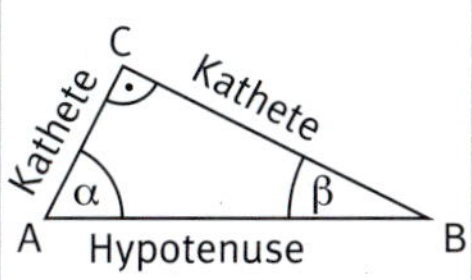	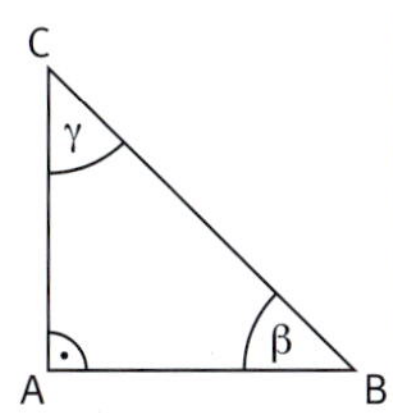	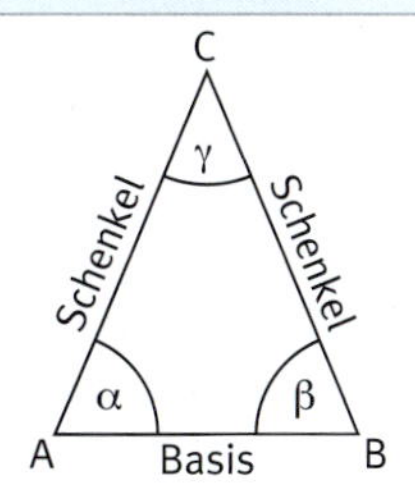

Überprüfe jeweils die Seite-Winkel-Beziehung und die Dreiecksungleichung. Welche Zusammenhänge erkennst du?

Beispiel: 1 $a = b = c$, somit $\alpha = \beta = \gamma$
Dreiecksungleichung $a + b > c$; $a + c > b$; $b + c > a$ ist erfüllt.

4 **a)** Begründe den Satz.
b) Wie lautet ein entsprechender Satz für Parallelogramme? Prüfe ihn auf Gültigkeit.
c) Trifft ein solcher Satz auch auf Rauten (symmetrische Trapeze, Quadrate) zu? Begründe deine Antwort.

5 Betrachte das gleichseitige Dreieck ABC und das erweiterte Dreieck ADC. Begründe die folgenden Zusammenhänge:

a) $\overline{AD}$ ist die längste Seite von ΔADC.
b) $\overline{DC} > \overline{AB}$

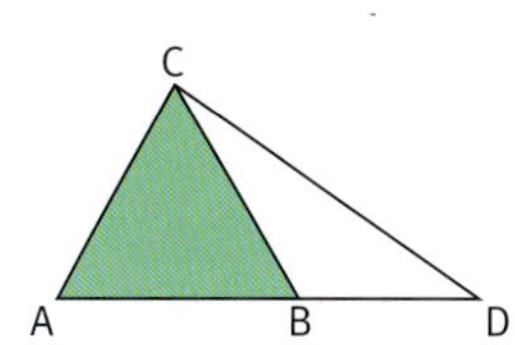

1.2 Dreiecke konstruieren

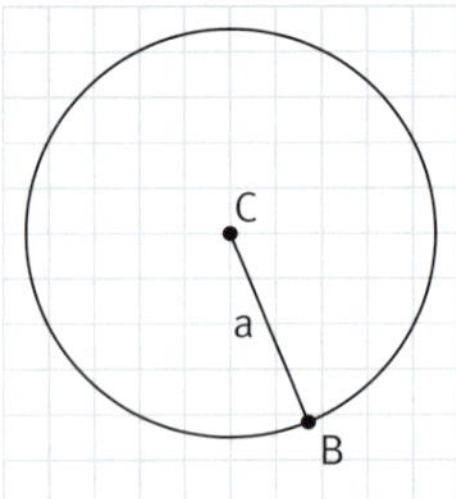

1 $a = 4{,}5$ cm; $b = 4{,}5$ cm; $c = 9$ cm

2 $c = 9{,}4$ cm; $\alpha = 80°$; $\beta = 100°$

3 $c = 9$ cm; $a = 7$ cm; $\alpha = 45°$

4 $\alpha = 55°$; $\beta = 65°$; $\gamma = 60°$

- Lässt sich aus den gegebenen Angaben ein Dreieck konstruieren? Wenn ja, ist die Konstruktion eindeutig? Begründe deine Antwort.
- Führe die Konstruktionen, die möglich sind, aus (Planfigur – Zeichnung – Beschreibung). Du kannst auch ein Geometrieprogramm verwenden.

Der griechische Mathematiker Euklid von Alexandria (ca. 300 v. Chr.) beschrieb die Kongruenzsätze für Dreiecke schon in seinen Werken über die „Elemente" der Mathematik vor über 2300 Jahren.

Merkwissen

Du kennst bereits folgende Kongruenzsätze für Dreiecke:
Dreiecke sind genau dann kongruent zueinander, wenn sie …

- in der Länge ihrer drei Seiten übereinstimmen (**SSS**).
- in der Länge zweier Seiten und dem Maß des eingeschlossenen Winkels übereinstimmen (**SWS**).
- in der Länge einer Seite und dem Maß der beiden anliegenden Winkel übereinstimmen (**WSW**).

Darüber hinaus sind Dreiecke genau dann kongruent, wenn sie in der Länge zweier Seiten und der Größe des Winkels, der der längeren Seite gegenüber liegt, übereinstimmen (**SsW**).

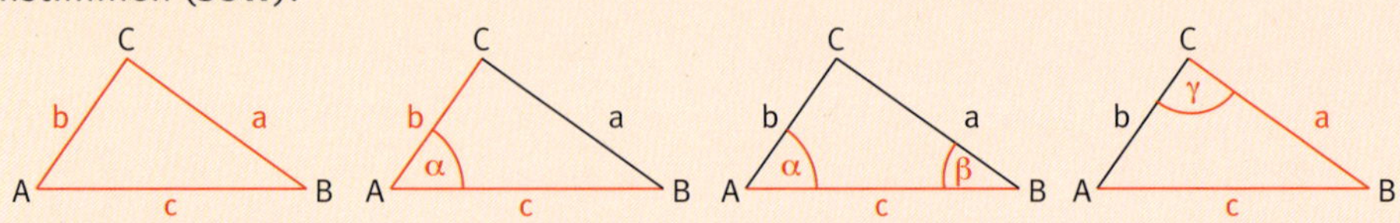

SSS SWS WSW SsW

Sind zwei Dreiecke ABC und DEF kongruent, so schreibt man: $\Delta ABC \cong \Delta DEF$.

Beispiele

I Gib den Kongruenzsatz an und konstruiere das Dreieck mit $a = 3$ cm, $c = 3{,}5$ cm und $\gamma = 60°$.

Lösung:

Planfigur (SsW):

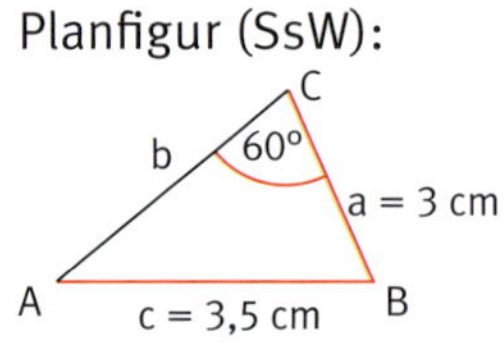

Zeichnung:

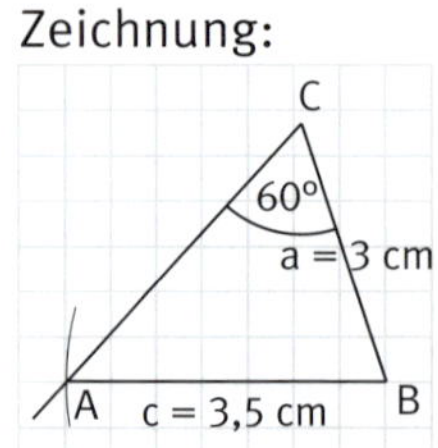

Beschreibung:
1. Zeichne die Strecke a mit den Eckpunkten B und C.
2. Trage in C den Winkel γ an.
3. Zeichne einen Kreisbogen um B mit Radius c.
4. Der Schnittpunkt des freien Schenkels von γ und des Kreisbogens ergibt A.

Verständnis

- Richtig oder falsch? Zwei Dreiecke, die in den Längen zweier Seiten und der Größe des Gegenwinkels einer dieser Seiten übereinstimmen, sind kongruent. Begründe deine Antwort.
- Welches besondere Dreieck kann mit der Angabe von nur einem Maß eindeutig konstruiert werden? Erläutere.

1 Konstruiere das Dreieck ABC mit dem Kongruenzsatz SsW wie im Beispiel.

a) $a = 4$ cm; $c = 5$ cm; $\gamma = 50°$ **b)** $a = 5{,}5$ cm; $c = 7$ cm; $\gamma = 70°$
c) $a = 3{,}5$ cm; $b = 6$ cm; $\beta = 65°$ **d)** $a = 5{,}3$ cm; $b = 4{,}1$ cm; $\alpha = 45°$

2 Konstruiere das Dreieck ABC anhand der drei Schritte Planfigur, Zeichnung und Beschreibung wie im Beispiel. Gib jeweils den verwendeten Kongruenzsatz an.

a) $a = 3{,}5$ cm; $b = 6{,}4$ cm; $c = 5{,}7$ cm **b)** $b = 3{,}9$ cm; $c = 7{,}3$ cm; $\alpha = 36°$
c) $c = 5{,}4$ cm; $\alpha = 44°$; $\beta = 72°$ **d)** $a = 5{,}2$ cm; $b = 6{,}6$ cm; $\gamma = 48°$
e) $a = 9$ cm; $b = 6$ cm; $c = 5$ cm **f)** $a = 12{,}3$ cm; $b = 5{,}5$ cm; $c = 9{,}2$ cm
g) $b = 6$ cm; $c = 4{,}5$ cm; $\beta = 60°$ **h)** $a = 3{,}5$ cm; $b = 4{,}5$ cm; $\gamma = 110°$
i) $b = 5$ cm; $c = 4$ cm; $\alpha = 75°$ **j)** $a = 7{,}4$ cm; $c = 4{,}7$ cm; $\beta = 35°$

3 Untersuche den Fall, dass bei einem Dreieck zwei Seiten und der Gegenwinkel zur kleineren Seite gegeben sind.

Gegeben ist das Dreieck ABC mit $b = 4{,}5$ cm, $c = 3$ cm und $\gamma = 35°$.

Planfigur:

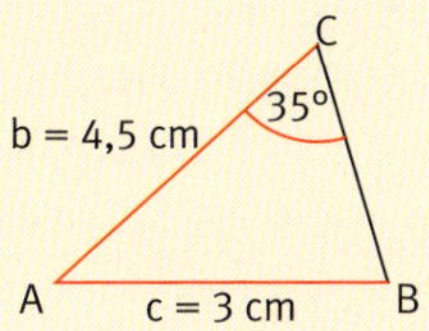

Zeichnung:

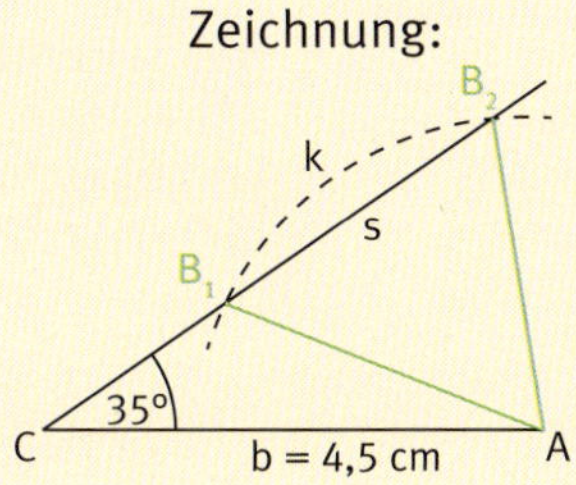

Beschreibung:
1. Zeichne die längere Strecke b mit den Eckpunkten A und C.
2. Trage in C den Winkel $\gamma = 35°$ am freien Schenkel s an.
3. Zeichne einen Kreisbogen um A mit Radius $c = 3$ cm.
4. Die Schnittpunkte des freien Schenkels s von γ und des Kreisbogens ergeben B_1 und B_2.

Eine Konstruktion hat zwei Lösungen, wenn es zwei Dreiecke gibt, die nicht zueinander kongruent sind, die sich aber beide aus den Bestimmungsstücken konstruieren lassen.

a) Beschreibe das Vorgehen der Konstruktion im Kasten mit eigenen Worten.

b) Welche der Dreiecke sind eindeutig konstruierbar, welche nicht?

(1) $a = 4$ cm; $b = 3$ cm; $\alpha = 30°$ (2) $a = 3$ cm; $b = 4$ cm; $\beta = 30°$
(3) $a = 4$ cm; $c = 3$ cm; $\gamma = 30°$ (4) $b = 3$ cm; $c = 4$ cm; $\gamma = 30°$
(5) $b = 4$ cm; $c = 3$ cm; $\gamma = 30°$ (6) $b = 4$ cm; $c = 3$ cm; $\gamma = 60°$

c) Konstruiere, wenn möglich, das Dreieck ABC (Planfigur, Zeichnung, Beschreibung). Wie viele Lösungen hat die Konstruktion?

(1) $a = 3$ cm; $b = 6$ cm; $\beta = 110°$ (2) $a = 5{,}2$ cm; $b = 4{,}8$ cm; $\alpha = 55°$
(3) $b = 6{,}5$ cm; $c = 7$ cm; $\gamma = 60°$ (4) $a = 3{,}5$ cm; $c = 5{,}4$ cm; $\alpha = 30°$
(5) $b = 6$ cm; $c = 4{,}3$ cm; $\beta = 100°$ (6) $a = 3{,}8$ cm; $b = 4{,}2$ cm; $\alpha = 50°$

4 **a)** Von einer geraden Straße s aus soll eine möglichst kurze Stichstraße zu einem Fernsehturm gebaut werden. Bestimme die Länge dieser Straße anhand einer maßstäblichen Zeichnung.

b) Wie hoch ist der Fernsehturm, wenn er unter einem Sichtwinkel von 55° erscheint? Der Beobachter ist 80 m vom Turm entfernt, seine Körpergröße kann vernachlässigt werden.

c) Wie weit würde ein anderer Beobachter vom Turm entfernt stehen, wenn er dessen Spitze unter einem Winkel von 75° sieht?

Moritz

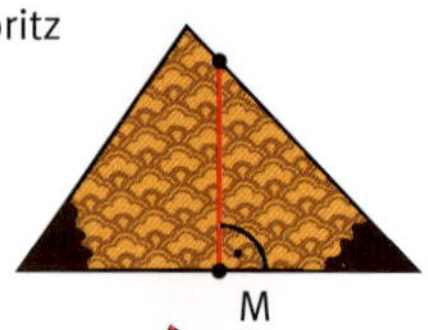

Tonia

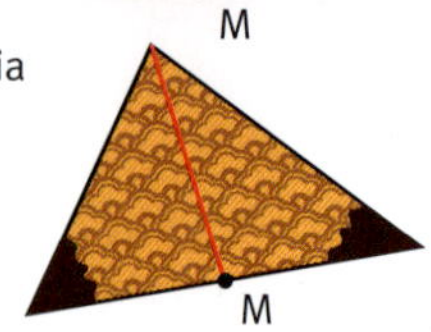

Tonia und Moritz überlegen, wie man mit einem Schnitt ein dreieckiges Kuchenstück gerecht teilen kann.
Moritz meint, dass man einen senkrechten Schnitt durch die Mitte einer Seite machen kann. Tonia erwidert, dass es besser wäre, die Mitte der Seite mit der gegenüberliegenden Ecke zu verbinden.

- Was meinst du? Wie kannst du feststellen, welche Methode besser ist?
- Bei welchen Dreiecken funktioniert die Methode von Moritz?
- Welche Ideen hast du, um ein Dreieck mit einem Schnitt gerecht zu halbieren?

Den Mittelpunkt der Seite b bezeichnet man mit M_b.

Merkwissen

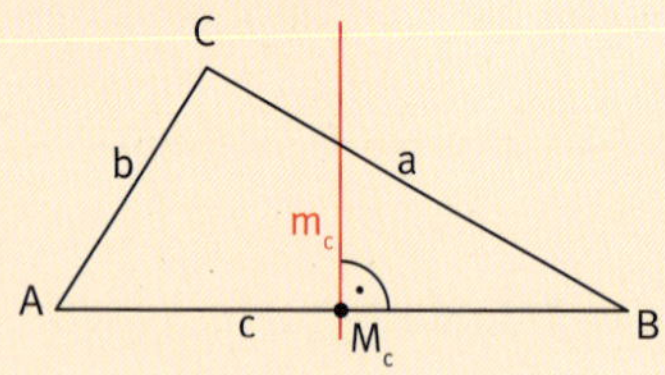

Die **Mittelsenkrechte** verläuft senkrecht durch die Mitte einer Dreiecksseite. Die Mittelsenkrechte durch die Seite c nennt man m_c.

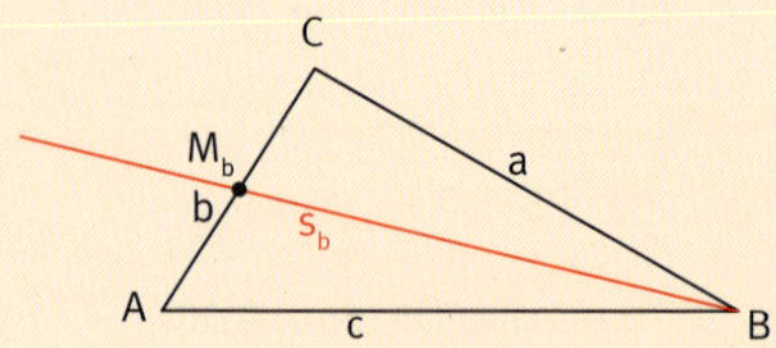

Die **Seitenhalbierende** verläuft von der Mitte einer Seite zur gegenüberliegenden Ecke. Die Seitenhalbierende, die b halbiert, heißt s_b.

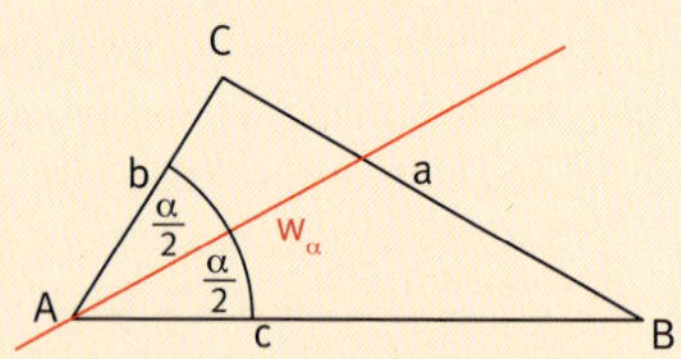

Die **Winkelhalbierende** halbiert den Winkel an einer Ecke des Dreiecks. Die Winkelhalbierende des Winkels α heißt w_α.

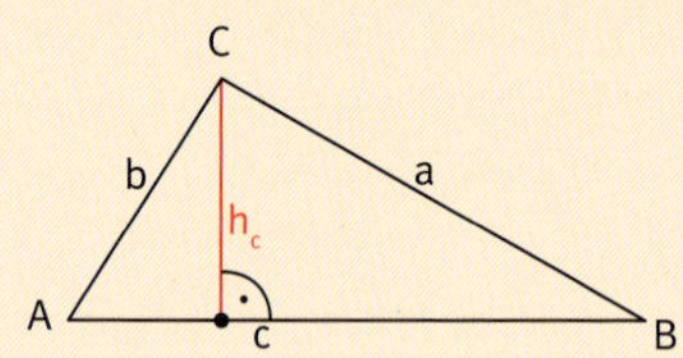

Die **Höhe** ist das Lot von einem Eckpunkt auf die gegenüberliegende Seite. Die Höhe auf die Seite c heißt h_c.

Beispiele

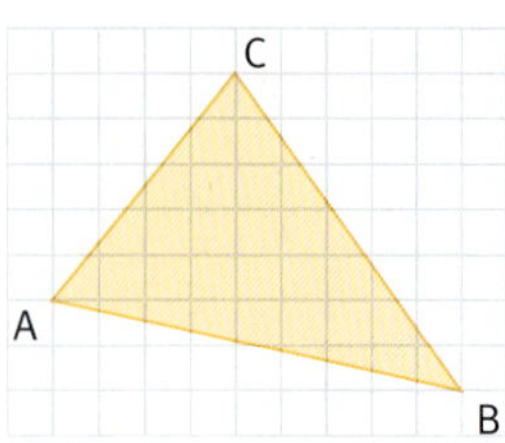

I Übertrage das Dreieck ABC ins Heft und zeichne folgende Strecken ein.

a) Höhe h_c **b)** Winkelhalbierende w_α

Lösung:

a)

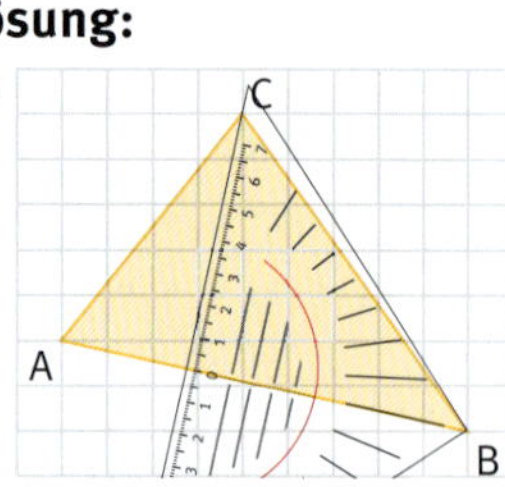

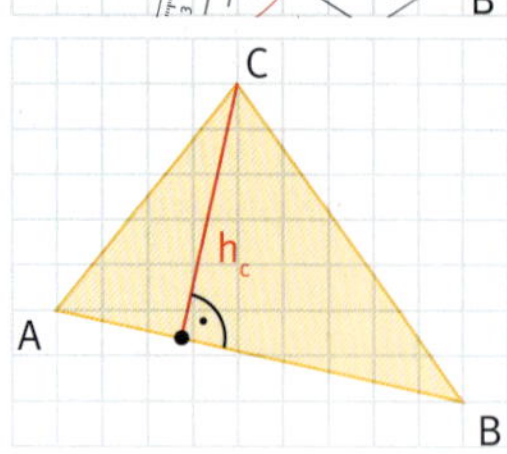

b)

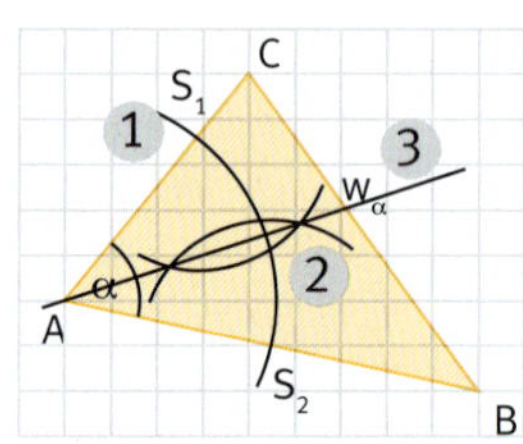

1. Zeichne einen Kreis um A, der die Seiten c und b schneidet.
2. Zeichne jeweils einen Kreis mit demselben Radius um die Schnittpunkte S_1 und S_2.
3. Verbinde die Schnittpunkte dieser beiden Kreise mit A. Die Verbindungsgerade ist die Winkelhalbierende von α.

Merke: S_1 und S_2 haben denselben Abstand zu w_α.

Verständnis

- Leon: „Die Seitenhalbierenden eines Dreiecks sind alle gleich lang.“ Richtig?
- Niki: „Die Höhen eines Dreiecks liegen immer innerhalb des Dreiecks.“ Stimmt das?
- Moritz: „Im gleichschenkligen Dreieck ist die Winkelhalbierende durch den Scheitelwinkel gleich der Höhe auf die Basis.“ Hat er Recht? Begründe.

Aufgaben

1 Zeichne die Dreiecke in dein Heft und bestimme den Schnittpunkt zweier Höhen.

a) A (–6 | –1); B (9 | 2); C (2 | 11) **b)** A (–2 | –5); B (–2 | 0); C (–8 | 3)

c) A (–6 | 2); B (–2 | –4); C (1 | –2) **d)** A (–5 | 1); B (2 | –2); C (4 | 4)

Tipp: Eine Höhe kann auch außerhalb eines Dreiecks verlaufen:

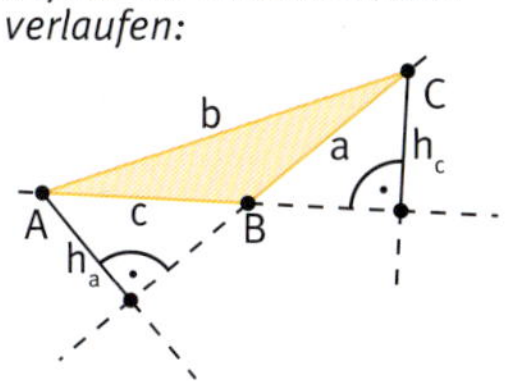

2 Gegeben ist das Dreieck ABC mit A (2 | 4), B (11 | 2) und C (3,5 | 11).

a) Zeichne die Mittelsenkrechte m_b.

b) Zeichne die Seitenhalbierende s_c.

c) Gib die Koordinaten des Schnittpunkts der Mittelsenkrechten m_b und der Seitenhalbierenden s_c an.

3 Konstruiere ein Dreieck aus den vorgegebenen Maßen.

a) $b = 4$ cm; $c = 6$ cm; $s_c = 4{,}5$ cm **b)** $b = 3{,}5$ cm; $a = 4{,}1$ cm; $h_a = 3{,}5$ cm

c) $a = 6{,}4$ cm; $\beta = 55°$; $s_a = 6$ cm **d)** $h_a = 4{,}2$ cm; $s_a = 4{,}5$ cm; $b = 6{,}3$ cm

e) ΔABC ist gleichseitig; $h_a = 3{,}7$ cm **f)** $a = b$; $h_a = 4{,}2$ cm; $c = 4{,}5$ cm

g) $b = c$; $s_c = 3{,}9$ cm; $s_a = 6$ cm **h)** $\gamma = 90°$; $c = 5{,}4$ cm; $h_c = 2{,}8$ cm

4 Zeichne in einem Dreieck ABC alle Höhen ein (vgl. Randspalte). Die Lotfußpunkte heißen D, E und F. Verbinde sie zu einem Dreieck DEF. Untersuche, welche besonderen Linien die Höhen des Dreiecks ABC im Dreieck DEF sind.

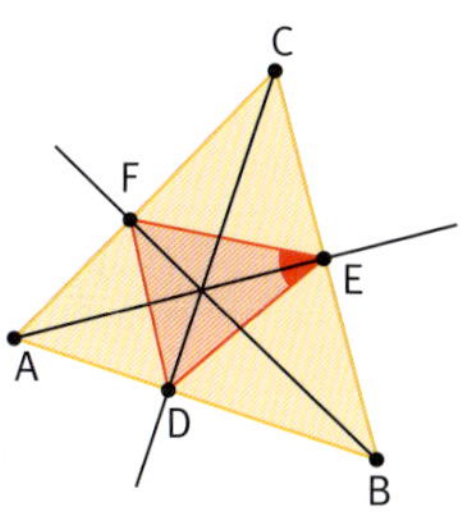

5 Von einem Dreieck kennst du die Punkte A (1 | 1), B (9 | 7) und W (7 | 8). W ist der Schnittpunkt der Winkelhalbierenden w_α und w_β des Dreiecks ABC. Ermittle durch Zeichnung die Koordinaten des Punktes C.

Wissen

Schwerpunkt eines Dreiecks

- Schneide ein beliebiges Dreieck aus einem Pappkarton aus.
  Zeichne alle **Seitenhalbierenden** ein. Lege das Dreieck so auf einen Stift, dass eine Seitenhalbierende auf dem Stift zum Liegen kommt.
- Was stellst du fest?
- Klappt das mit allen Seitenhalbierenden?
- Was passiert, wenn du das Dreieck aus dieser besonderen Lage herausdrehst?

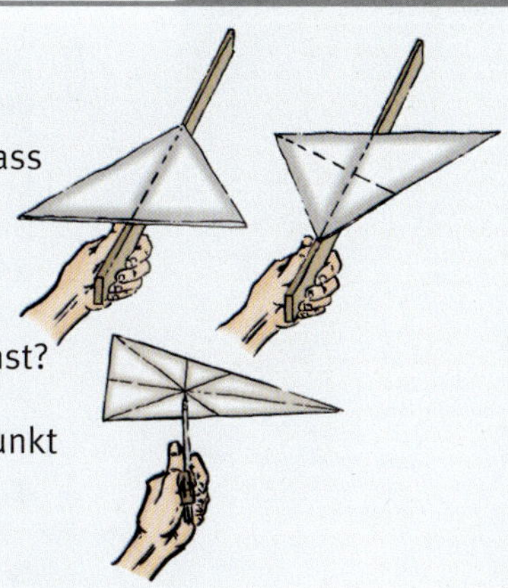

Die Seitenhalbierenden schneiden sich in einem Punkt. Du kannst in diesem Punkt leicht mit der Zirkelspitze einstechen und das Dreieck darauf balancieren.
Man nennt diesen Punkt den **Schwerpunkt des Dreiecks**.

- Finde den Schwerpunkt in deinem Dreieck.
- Miss bei jeder Seitenhalbierenden die Länge der Strecke vom Schwerpunkt bis zur Ecke bzw. Seitenmitte. Was stellst du fest?

Für die Aufgabe brauchst du ein Geometrieprogramm.

Untersuche die folgenden Zusammenhänge an einem Dreieck.

- Zeichne mit einem Geometrieprogramm ein freies Dreieck ABC. Markiere mit einem Icon [Icon] die Mittelsenkrechte der Seiten a und b des Dreiecks. Markiere den Schnittpunkt M beider Mittelsenkrechten mit [Icon].
- Ziehe beliebig an C. Prüfe, ob sich M auf der Mittelsenkrechten von c bewegt. Findest du eine Begründung?

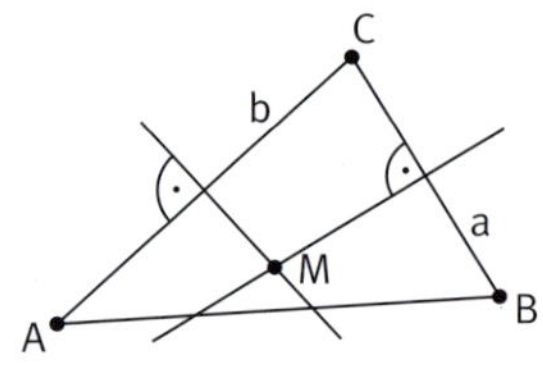

- Zeichne einen Kreis um M durch A. Ziehe beliebig an den Eckpunkten des Dreiecks. Was beobachtest du?

Merkwissen

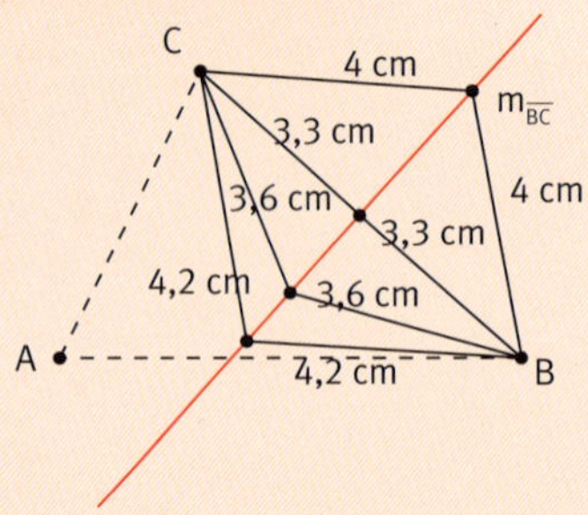

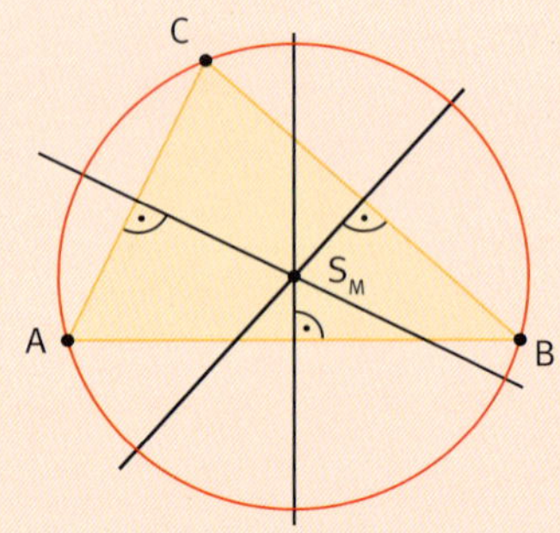

Die Punkte auf einer **Mittelsenkrechten** sind von den Endpunkten der zugehörigen Strecke gleich weit entfernt. Die drei Mittelsenkrechten eines Dreiecks schneiden sich in einem Punkt. Der Schnittpunkt S_M ist von allen Eckpunkten des Dreiecks gleich weit entfernt. Der Kreis um S_M durch die Ecken des Dreiecks ABC heißt **Umkreis**.

Beispiele

I Wie viele Mittelsenkrechten musst du zeichnen, um den Umkreismittelpunkt eines Dreiecks zu bestimmen?

Lösung:
Der Umkreismittelpunkt ist der Schnittpunkt der drei Mittelsenkrechten im Dreieck. Man benötigt mindestens zwei Mittelsenkrechten dafür.

II Bestimme zeichnerisch den Ort, der von den Eckpunkten des Dreiecks jeweils die gleiche Entfernung besitzt.

Lösung:
Der gesuchte Punkt ist der Mittelpunkt M_u des Umkreises des Dreiecks. Man erhält ihn als Schnittpunkt der zu konstruierenden Mittelsenkrechten.

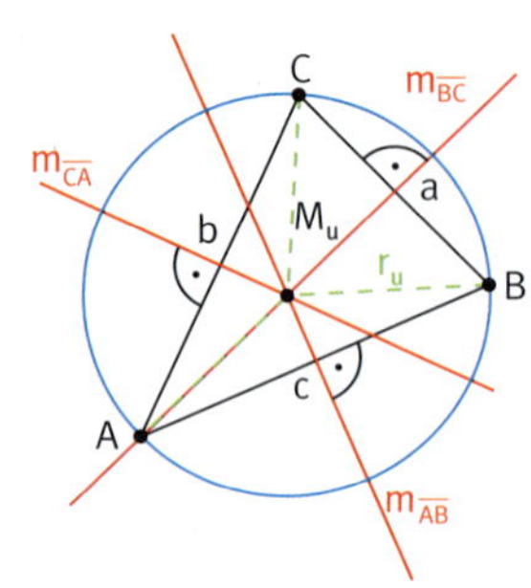

Verständnis

- Anna sagt: „Im gleichschenklig-rechtwinkligen Dreieck benötigt man keine Mittelsenkrechte, um den Umkreismittelpunkt zu finden." Hat sie Recht?
- Stimmt es, dass jedes Dreieck einen Umkreis besitzt? Begründe.
- Erläutere, wodurch sich die Höhen in einem Dreieck von deren Mittelsenkrechten unterscheiden.

1 Konstruiere den Umkreis zu den folgenden Dreiecken.

a) EIS: E (−1 | −1); I (4 | 0); S (2 | 4,5) **b)** TOR: T (1 | 0); O (7 | −2); R (7 | 4,5)
c) KUH: K (1 | 2); U (4 | 2); H (4 | 6) **d)** BAD: B (−1 | 1); A (2 | 2); D (6 | 6)
e) MAX: M (−1 | 1); A (5 | 3); X (1 | 5) **f)** UTA: U (−4 | −2); T (8 | 2); A (−2 | 6)

2 Nimm ein rundes Glas (oder eine Tasse). Stelle es mit der Öffnung nach unten auf ein Blatt und zeichne den Kreis. Bestimme den Mittelpunkt des Kreises.

3 1

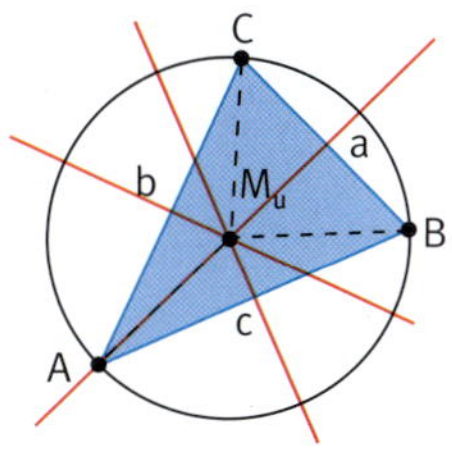

2

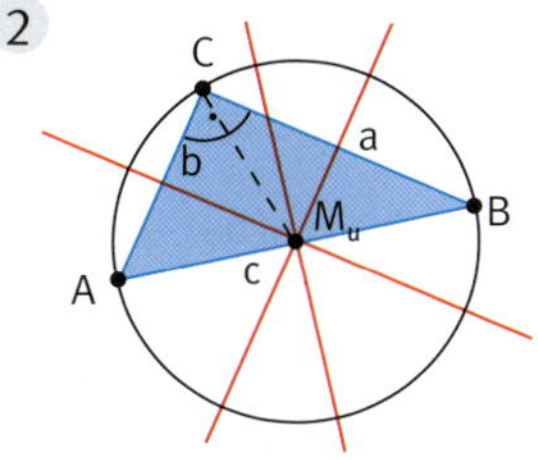

3

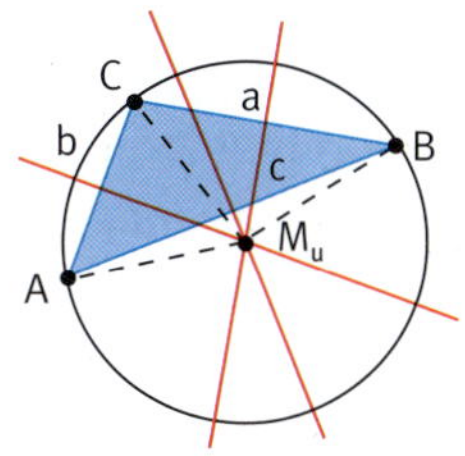

Die Grafiken zeigen die Lage von M_u für verschiedene Dreiecksarten.

a) Welchen Zusammenhang vermutest du?

b) Kontrolliere deine Vermutung, indem du je ein spitzwinkliges, ein rechtwinkliges und ein stumpfwinkliges Dreieck mit seinem Umkreis zeichnest.

Unterscheidung von Dreiecken nach Winkeln:
- spitzwinklig (alle Innenwinkel < 90°)
- rechtwinklig (ein Innenwinkel 90°)
- stumpfwinklig (ein Innenwinkel > 90°)

Am besten bearbeitest du die Aufgabe mit einem dynamischen Geometrie-programm.

4 Gegeben ist ein rechtwinkliges Dreieck ABC mit A (1 | 1), B (5 | 1) und C (5 | 6).

a) Zeichne das Dreieck. Konstruiere die Mittelsenkrechten und den Umkreismittelpunkt P, für die gilt: $\overline{PA} = \overline{PB} = \overline{PC}$.

b) Bestimme den Radius des Umkreises durch Messung. Was fällt auf? Gib eine mögliche Erklärung für diese Besonderheit.

5 Von einem Dreieck ABC ist Folgendes bekannt: A (1 | −1), B (8 | 0) und M_u (4 | 3). Zudem weiß man, dass C auf einer Geraden durch P (−1 | 6) und Q (9 | 6) liegt.

a) Trage die Punkte, den Umkreis und g = PQ in ein Koordinatensystem ein.

b) Ermittle die Koordinaten des Eckpunktes C. Wie viele Lösungen findest du?

6 Begründe die Aussage.

a) Jedes Rechteck hat einen Umkreis.

b) Beim rechtwinkligen Dreieck schneiden sich die Mittelsenkrechten stets auf einer Seite.

c) Bei einem stumpfwinkligen Dreieck liegt der Umkreismittelpunkt stets außerhalb des Dreiecks.

7 Von einem Dreieck ABC sind jeweils die Radiuslänge r seines Umkreises und die Größen von zwei weiteren Bestimmungsstücken gegeben. Zeichne jeweils zunächst eine Planfigur, trage die Bestimmungsstücke farbig ein, formuliere die Planung deines Vorgehens und führe die Konstruktion durch.

a)	b)	c)	d)	e)
a = 5 cm	a = 8 cm	a = 7,1 cm	b = 4,4 cm	r = 3 cm
r = 3 cm	c = 8 cm	r = 4 cm	r = 3 cm	a = r
β = 57°	r = 5 cm	γ = 90°	γ = 61°	c = 2r

Für die Aufgabe brauchst du ein Geometrieprogramm.

Untersuche die folgenden Zusammenhänge an einem Dreieck.

- Zeichne ein freies Dreieck ABC. Markiere mit einem Icon die Winkelhalbierenden von α und β. Markiere den Schnittpunkt M beider Winkelhalbierenden mit .
- Ziehe beliebig am Eckpunkt C. Überprüfe, ob sich M auf der Winkelhalbierenden von γ bewegt. Kannst du eine Begründung finden?
- Zeichne den Abstand von M zu einer Dreiecksseite, indem du die Senkrechte durch M zu dieser Seite zeichnest. Markiere den Schnittpunkt S der Senkrechten mit der Seite. Zeichne einen Kreis mit Mittelpunkt M und Radius $\overline{MS}$.
- Ziehe an einem Eckpunkt. Was beobachtest du?

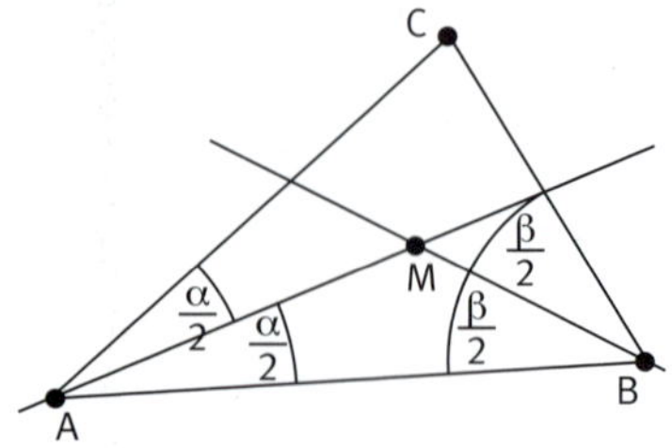

Merkwissen

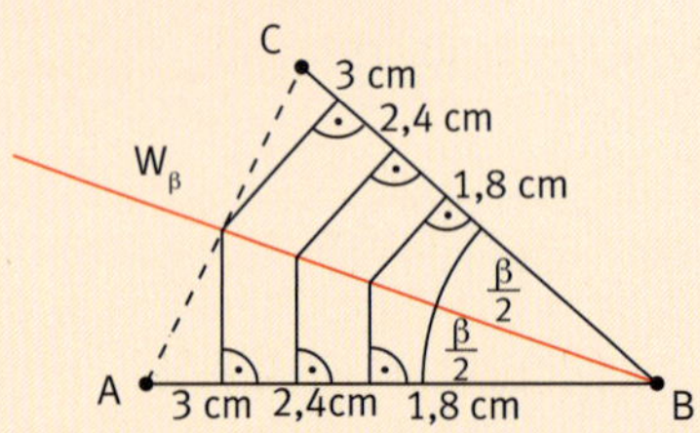

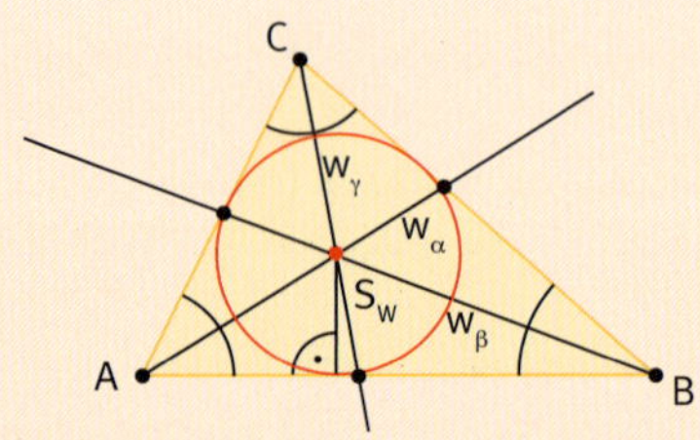

Die Punkte auf einer **Winkelhalbierenden** sind von den beiden Schenkeln gleich weit entfernt. Die drei Winkelhalbierenden eines Dreiecks schneiden sich in einem Punkt S_W. Dieser Schnittpunkt S_W ist somit von allen Dreiecksseiten gleich weit entfernt.
Der Kreis um S_W, der alle Dreiecksseiten berührt, heißt **Inkreis**.

Beispiele

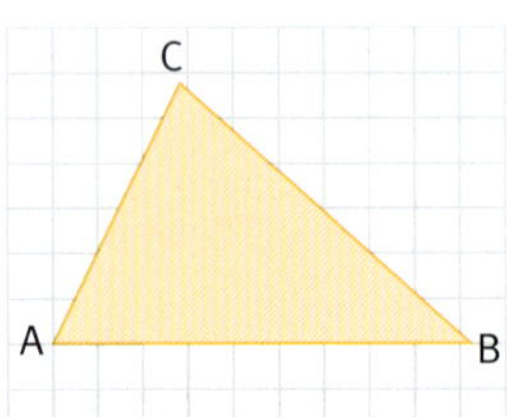

I Übertrage das Dreieck ABC. Zeichne den Inkreis und beschreibe dein Vorgehen.

Lösung:

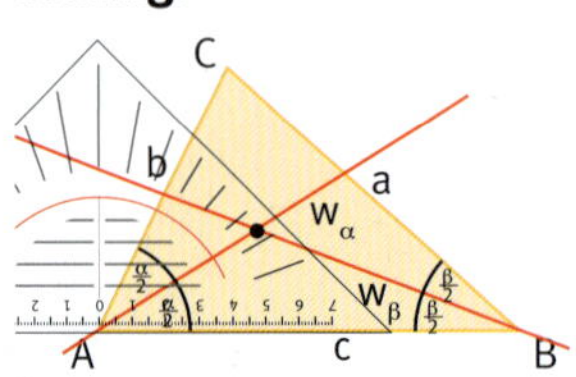

Miss zwei Winkel. Zeichne w_α und w_β und markiere den Schnittpunkt M.

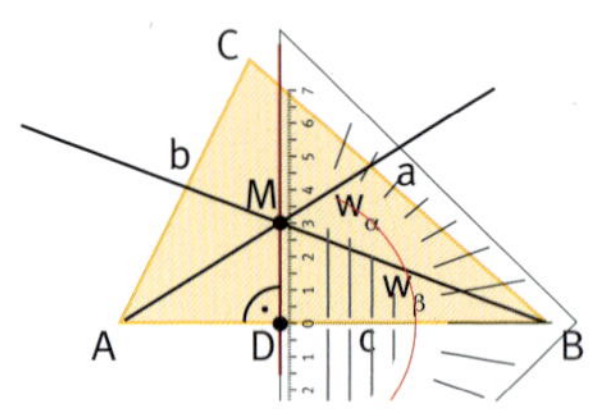

Fälle das Lot von M auf die Seite. Markiere den Schnittpunkt mit D.

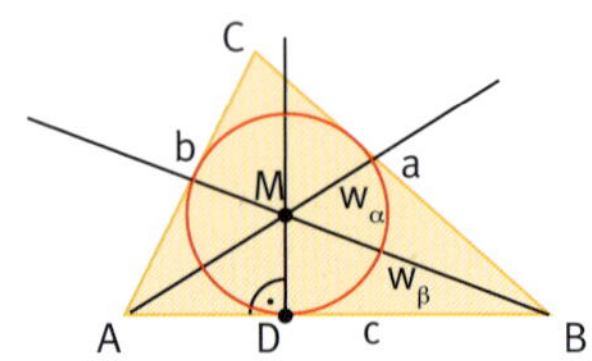

Schlage den Inkreis um M mit dem Radius $\overline{MD}$.

Verständnis

- Felix sagt: „Im gleichseitigen Dreieck liegt der Inkreismittelpunkt auf dem Umkreismittelpunkt“. Hat er Recht? Begründe.
- Stimmt es, dass jedes Dreieck einen Inkreis besitzt? Begründe.
- Orla meint: „Der Inkreismittelpunkt liegt immer innerhalb des Dreiecks.“ Stimmt das?

AUFGABEN

1 Konstruiere den Inkreis zu folgenden Dreiecken. Um welche Dreiecksart handelt es sich jeweils?

a) SAM: S (–2|0); A (3|1); M (–2|4)
b) MIA: M (1|1); I (5|–3); A (4|4)
c) MUT: M (–2|1); U (5|1); T (–4|4)
d) ROT: R (2|–3); O (3|2); T (–2|1)
e) KAI: K (2|–2); A (–3|3); I (–2|–1)
f) ULF: U (2|0); L (5,5|0); F $\left(3\frac{3}{4}\middle|3\right)$

2 Zeichne das Dreieck ABC mit A (–3|0), B (4|0), C (1,5|6) sowie M (1|2).

a) Fälle von M aus die Lote auf die Dreiecksseiten und miss jeweils die Abstände.
b) Konstruiere die Winkelhalbierenden w_α, w_β und w_γ. Was fällt dir auf?

3 Gegeben ist das rechtwinklige Dreieck ABC mit A (–1|–1), B (2|–1) und C (2|6).

Du kannst ein Geomtrieprogramm nutzen.

a) Zeichne das Dreieck, konstruiere die drei Winkelhalbierenden und den Inkreismittelpunkt M_i.
b) Bestimme den Radius des Inkreises durch Messung.
c) Zeichne die Lotgeraden von M_i zu den beiden kurzen Seiten im Dreieck. Welche besondere Lage weisen die beiden Lotgeraden auf? Überprüfe deine Vermutung an weiteren rechtwinkligen Dreiecken.

4 Aus einer dreieckigen Holzplatte soll eine möglichst große runde Tischplatte ausgesägt werden.

a) Zeichne die Holzplatte im Maßstab 1 : 25 in dein Heft und konstruiere die Tischplatte.
b) Welchen Radius und welchen Flächeninhalt hat die Tischplatte in Wirklichkeit?

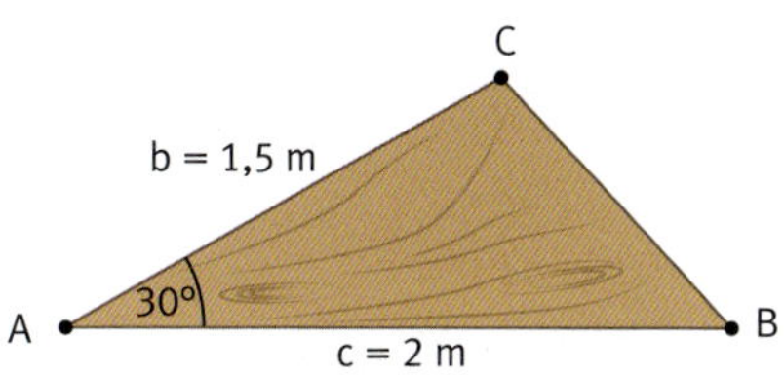

5 Im abgebildeten Wegedreieck soll ein größtmögliches kreisrundes Blumenbeet angelegt werden. Bestimme den Radius des Kreises und seinen Mittelpunkt.

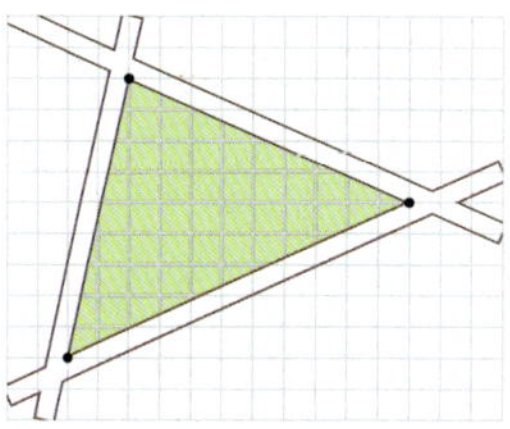

6 Zeichne drei Geraden, die sich in drei verschiedenen Punkten schneiden.

a) Zeichne alle Winkelhalbierenden ein.
b) Konstruiere vier Kreise, die jeweils die drei Geraden berühren.

7 Zeichne die Punkte in ein Koordinatensystem und konstruiere jeweils das Dreieck ABC und dessen Inkreis.

a) Inkreismittelpunkt M_i (2|3); A (1|0,5); B (7,5|2,5)
b) A (–1|1); B (6|2); Inkreismittelpunkt M_i (2|y) und Inkreisradius r_i = 2 cm

BASTELN

Falten im Mathematikunterricht

Für die folgenden Aufgaben brauchst du je ein spitzwinkliges, ein rechtwinkliges und ein stumpfwinkliges Dreieck. Fertige alle drei Dreiecke aus je einem Blatt Papier der Größe DIN-A4.

- Versuche als erstes, durch Falten den Inkreismittelpunkt des spitzwinkligen Dreiecks zu finden. Zeichne die Faltlinien nach und klebe das Blatt in dein Heft ein. Überprüfe dein Vorgehen, indem du den Inkreis zeichnest.
- Verfahre auf die gleiche Weise mit dem rechtwinkligen und dem stumpfwinkligen Dreieck.

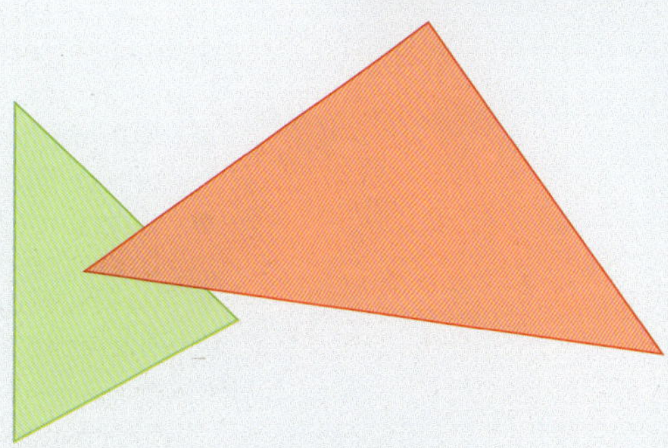

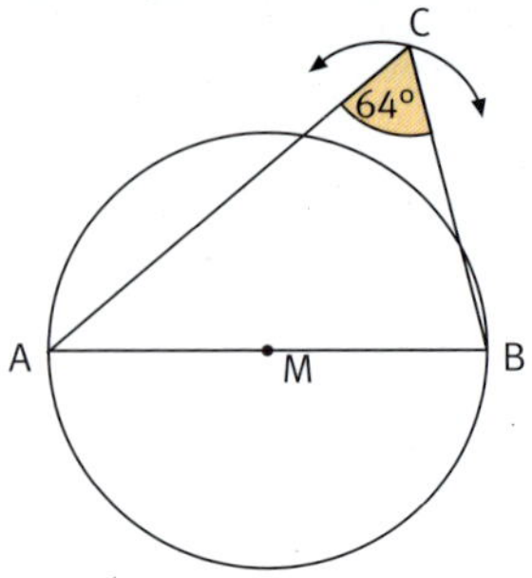

Erstelle mit einem Geometrieprogramm die angegebene Ausgangsfigur:

- Zeichne eine beliebige Strecke $\overline{AB}$.
- Markiere mithilfe der Mittelpunktsfunktion den Mittelpunkt M von $\overline{AB}$ und zeichne den Kreis um M mit Radius $\overline{MA}$.
- Erstelle einen beliebigen Punkt C außerhalb des Kreises und verbinde ihn mit Strecken zu A und B. Miss mithilfe der Winkelmessung die Größe des Winkels in C.
- Bewege den Punkt C mit dem Zugmodus und beobachte die Größe des Winkels in C. Beschreibe deine Beobachtung, indem du anhand der Lage von C verschiedene Dreiecksarten unterscheidest.

Der Satz des Thales ist benannt nach dem Mathematiker und Philosophen Thales von Milet, der etwa 600 vor Christus an der Westküste der heutigen Türkei lebte.

Merkwissen

Satz des Thales

Ein **Dreieck**, von dem zwei Punkte den Durchmesser eines Kreises („**Thaleskreis**") begrenzen und dessen dritter Punkt auf der Kreislinie liegt, ist stets **rechtwinklig**.
Der rechte Winkel liegt an dem Punkt auf der Kreislinie an.

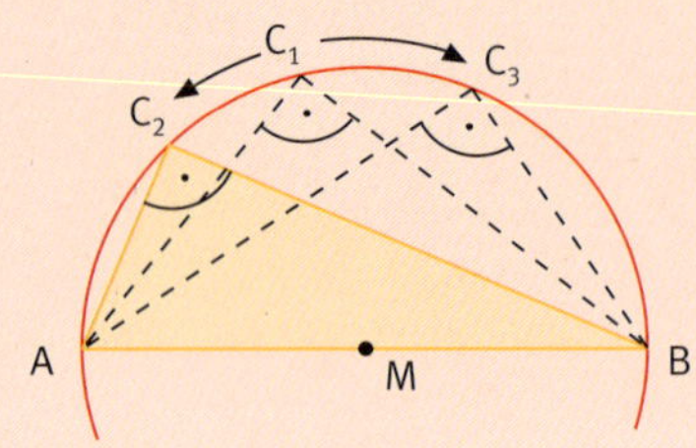

Beispiele

Oftmals genügt es, einen ***Halbkreis*** *als Thaleskreis zu zeichnen, und nicht den Vollkreis.*

I Konstruiere ein Dreieck ABC mit c = 5 cm, a = 3 cm und $\gamma = 90°$.

Lösung:

Planfigur:

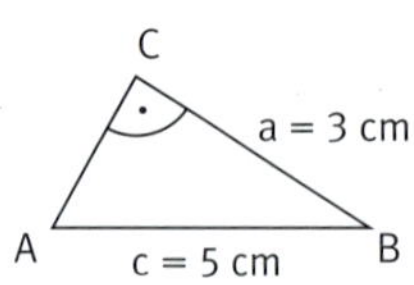

Zeichnung:

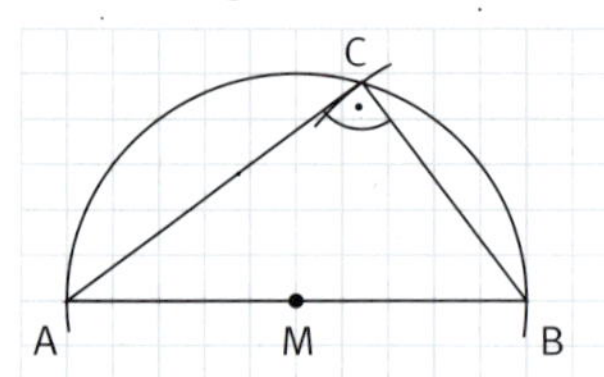

Beschreibung:

1. Zeichne die Strecke c mit den Eckpunkten A und B.
2. Markiere den Mittelpunkt M der Seite c. Zeichne einen Kreis um M mit Radius $\frac{1}{2}$ c = 2,5 cm (bzw. Radius $\overline{MA}$).
3. Zeichne einen Kreis um B mit Radius a = 3 cm.
4. Der Schnittpunkt beider Kreise liefert den Eckpunkt C des Dreiecks. Aufgrund des Satzes von Thales ist der Winkel $\gamma = 90°$.

Verständnis

- Stimmt das? Wenn man auf einem Kreis drei beliebige Punkte markiert und zu einem Dreieck verbindet, dann ist das Dreieck immer rechtwinklig.
- Begründe, dass sich mithilfe eines Thaleskreises unendlich viele rechtwinklige Dreiecke über dem Durchmesser des Kreises erzeugen lassen.
- Beschreibe, wie man ein Quadrat in vier zueinander kongruente, rechtwinklige Dreiecke zerlegen kann, die nicht gleichschenklig sind.

Aufgaben

1 Zeichne mithilfe des Thaleskreises fünf verschiedene Dreiecke ABC mit der gemeinsamen Seite c = 8 cm und $\gamma = 90°$ in dein Heft.

2 Konstruiere in dein Heft ein rechtwinkliges Dreieck ABC mithilfe des Thaleskreises anhand der drei Schritte Planfigur – Zeichnung – Beschreibung wie im Beispiel.

a) c = 6 cm; a = 4 cm; $\gamma = 90°$ **b)** $\overline{AB}$ = 9 cm; b = 7 cm; $\gamma = 90°$

c) c = 8 cm; $\alpha = 40°$; $\gamma = 90°$ **d)** $\overline{AB}$ = 7 cm; $\beta = 20°$; $\gamma = 90°$

e) a = 10 cm; b = 6,5 cm; $\alpha = 90°$ **f)** c = 4,5 cm; b = 7 cm; $\beta = 90°$

Beginne stets mit der Seite, die dem rechten Winkel gegenüberliegt. Nutze deine Kenntnisse über rechtwinklige Dreiecke für die Konstruktion.

3 Welche Fehler sind bei der Konstruktion rechtwinkliger Dreiecke entstanden?

a)

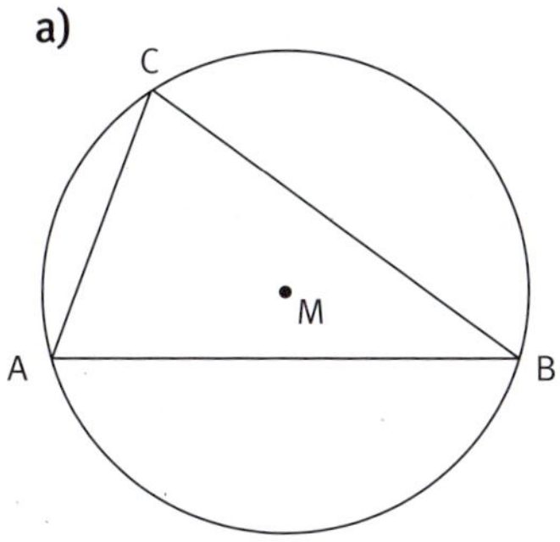

b)

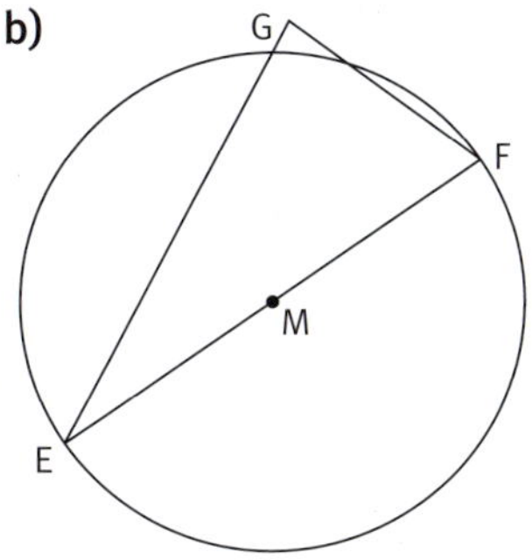

c)

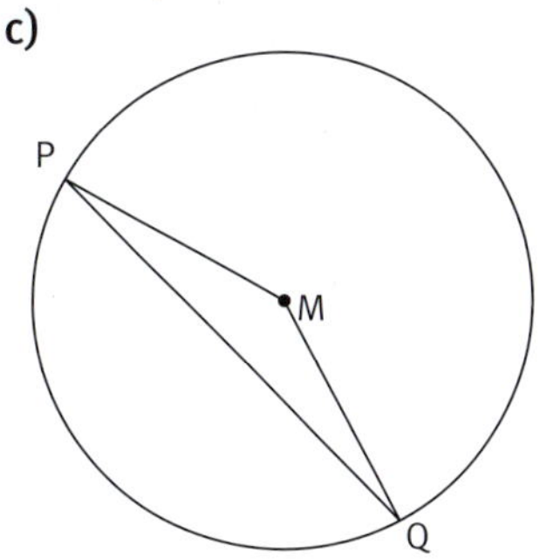

4 Zeichne mithilfe eines Geometrieprogramms ein rechtwinkliges Dreieck ABC.

a) $\overline{AB}$ = 14 cm; $\overline{AC}$ = 5 cm; $\gamma = 90°$ **b)** c = 7,6 cm; b = 5,5 cm; $\gamma = 90°$

c) a = 7,6 cm; b = 5,6 cm; $\alpha = 90°$ **d)** a = 9,4 cm; b = 12,5 cm; $\beta = 90°$

Nützliche Werkzeuge:

Strecke:

Winkel:

Kreis:

Wissen

Thales von Milet

Thales wurde etwa 624 v. Chr. in Milet geboren, einem griechischen Handelsposten, der heute auf der türkischen Seite am Mittelmeer liegt. Überlieferungen zufolge unternahm er ausgedehnte Reisen nach Persien, Kleinasien und Ägypten, in denen er seine mathematischen Kenntnisse erworben und vertieft hat. Mit etwa 78 Jahren starb er in seiner Heimatstadt.

- Suche im Internet nach Informationen und Erfindungen des Thales von Milet und erstelle hierzu ein Plakat.

Begründung des Satzes von Thales

- Erstelle mit einem Geometrieprogramm und mithilfe des Thaleskreises ein beliebiges rechtwinkliges Dreieck ABC mit dem beweglichen Punkt C auf der Kreislinie.
- Unterteile das Dreieck anhand der Strecke $\overline{MC}$ in zwei kleinere Dreiecke.
- Miss alle auftretenden Winkel in den kleinen Dreiecken in A, B und C. Miss ebenso die Länge der Strecken von M zu den drei Eckpunkten.
- Bewege den Punkt C auf dem Thaleskreis. Was beobachtest du? Welche Dreiecksart erkennst du in den kleinen Dreiecken?
- Du weißt, dass die Summe aller Winkel in einem Dreieck stets 180° beträgt. Versuche damit zu begründen, dass der Winkel am Thaleskreis im großen Dreieck immer die Größe 90° haben muss.

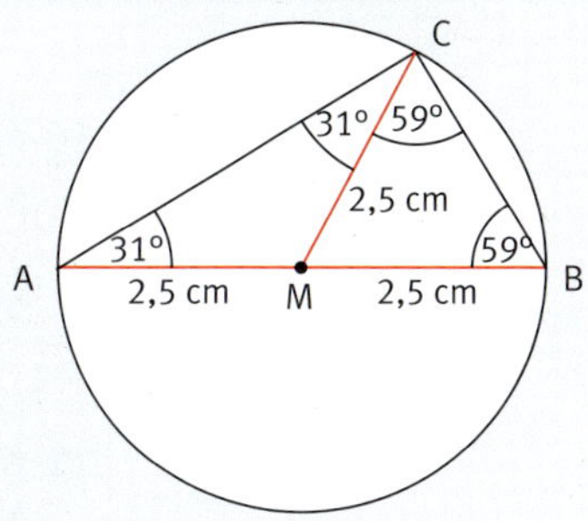

5 Was kannst du über die verschiedenen Dreiecke aussagen, ohne die Größe der Winkel zu messen? Begründe deine Antwort.

a)

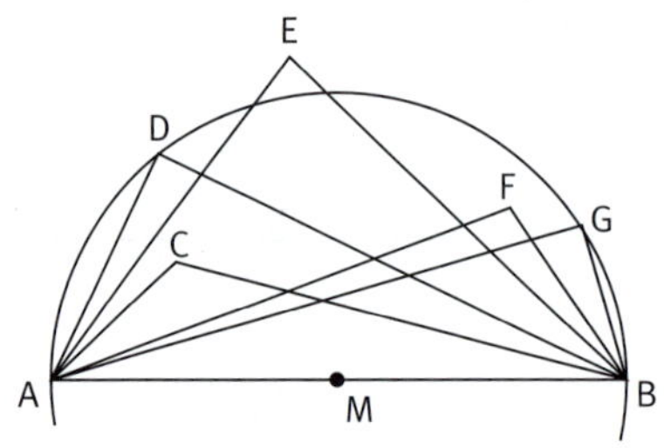

b)

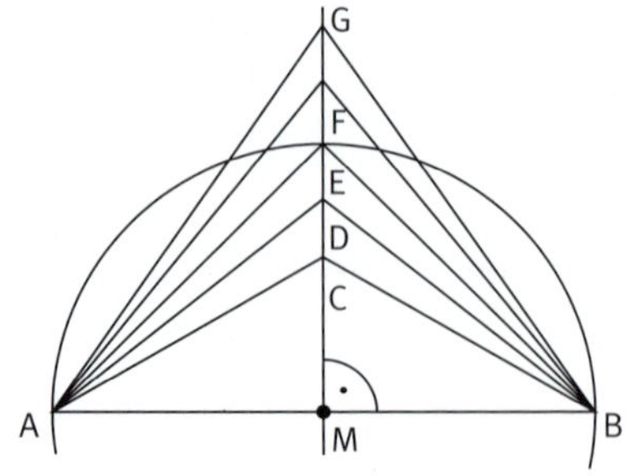

6 Zeichne das Dreieck ABC in ein Koordinatensystem (Einheit 1 cm). Überprüfe mithilfe des Thaleskreises, ob das Dreieck rechtwinklig ist. Gib in diesem Fall die Koordinaten des Kreismittelpunkts M an.

a) A (−2 | 0,5); B (4 | 0,5); C (1 | 3,5)
b) A (0 | 2,5); B (6 | 2,5); C (3 | 7,5)
c) A (−1 | −3); B (4 | 1); C (−1 | 1)
d) A (4,5 | 1); B (−1 | 0); C (5 | −2)
e) A (−7 | 0); B (7 | −2); C (−1 | 6)
f) A (−4 | −3); B (7 | 2); C (−2 | 5)
g) A (1 | −1); B (7 | 1); C (6 | 4)
h) A (0 | 4); B (6 | 0); C (1 | 5)

Zeichne eine Parallele zur Seite c im Abstand 3 cm.

7 Von einem Dreieck weiß man Folgendes: c = 8 cm, $\gamma = 90°$ und der Abstand des Punktes C von der Seite c beträgt 3 cm. Konstruiere das Dreieck. Wie viele Lösungen findest du?

8 **a)** Konstruiere das Dreieck ABC. Wie viele Lösungen findest du jeweils?
1 $c = 8$ cm; $h_c = 2{,}5$ cm; $\gamma = 90°$
2 $\overline{AC} = 6$ cm; $h_b = 3$ cm; $\beta = 90°$
3 $a = 5{,}8$ cm; $h_a = 2{,}5$ cm; $\alpha = 90°$
4 $c = 6$ cm; $b = 2{,}5$ cm; $\alpha = 90°$

b) Konstruiere das Rechteck ABCD.
1 $\overline{BD} = 8$ cm; $\overline{AD} = 3$ cm
2 $\overline{AC} = 7$ cm; $\alpha_1 = 30°$ im Δ ABC

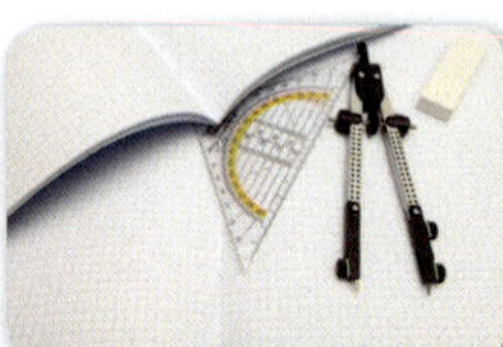

9 Kilian hat diese Figur in sein Heft gezeichnet. Er behauptet, dass die Strecke $\overline{AC}$ senkrecht zur Strecke $\overline{AD}$ ist.

a) Zeichne die Figur ab.
b) Kannst du begründen, warum Kilian Recht hat?

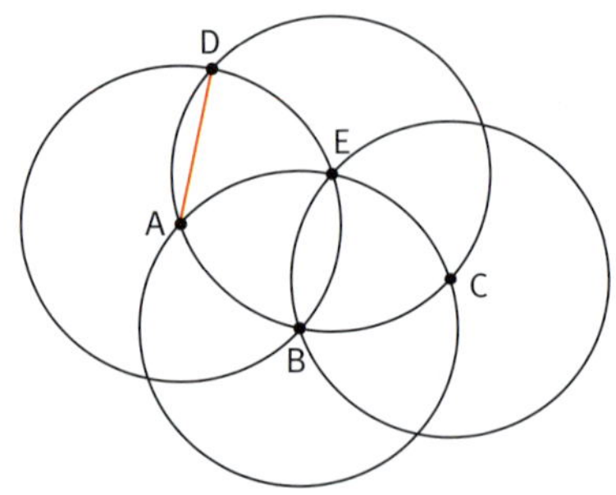

10 **a)** Zeichne eine Gerade g und zwei Punkte A und B auf verschiedenen Seiten von g. Finde nun auf der Geraden g einen Punkt C so, dass das Dreieck ABC bei C einen rechten Winkel hat. Wie viele Lösungen findest du?

b) Verfahre wie in Teilaufgabe a). Lege dieses Mal die Punkte A und B auf die gleiche Seite von g.

11 Gegeben ist eine Strecke $\overline{AB}$ mit der Länge 6 cm. Ermittle durch Konstruktion die Menge aller Punkte P, die von A weiter entfernt sind als von B oder von denen aus $\overline{AB}$ unter einem Winkel von 90° erscheint.

Wissen

Der Satz von Thales einmal umgekehrt

Für das folgende Experiment benötigst du zwei Stecknadeln und ein Geodreieck.

Stecke zwei Stecknadeln im Abstand von 10 cm fest in dein Heft. Nenne die Punkte A und B. Schiebe dein Geodreieck mit dem rechten Winkel voraus so zwischen die beiden Nadeln, dass die beiden kurzen Dreiecksseiten die Nadeln berühren. Markiere die Stelle, an der die Spitze zum Liegen kommt (Bild 1). Drehe nun das Geodreieck und markiere erneut die Stelle an der Spitze. Achte darauf, dass die beiden Kanten immer die Nadeln berühren (Bild 2). Wiederhole den letzten Schritt so oft, bis du mindestens sechs solcher Punkte eingezeichnet hast.

Bild 1:

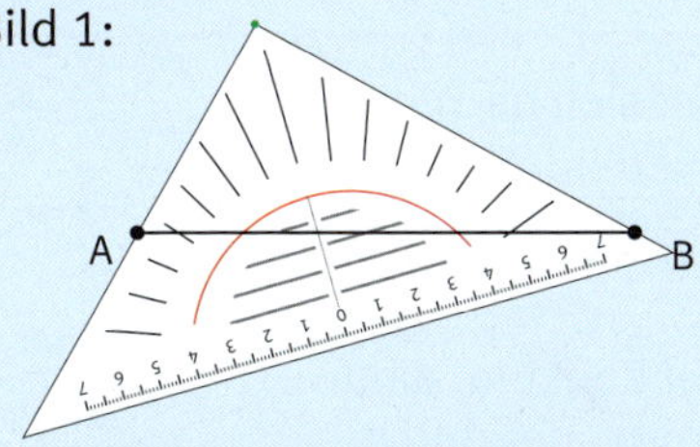

Bild 2:

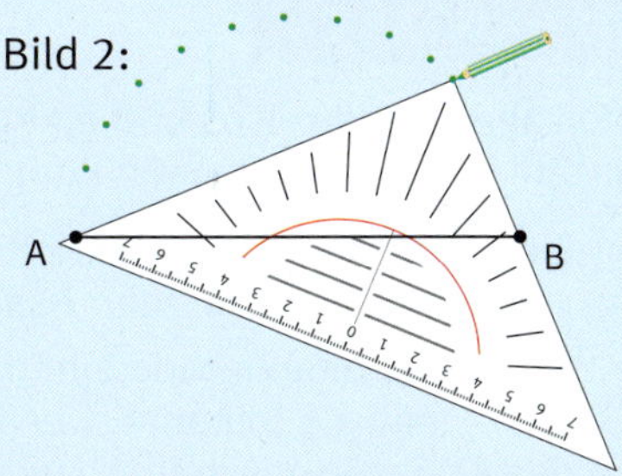

- Führe das Experiment durch. Welche Vermutung hast du?
- Zeichne nun einen Thaleskreis über der Strecke $\overline{AB}$.
  Wenn du sorgfältig gezeichnet hast, liegen alle markierten Punkte auf der Kreislinie.
  Daraus folgern wir die Umkehrung des Satzes von Thales.

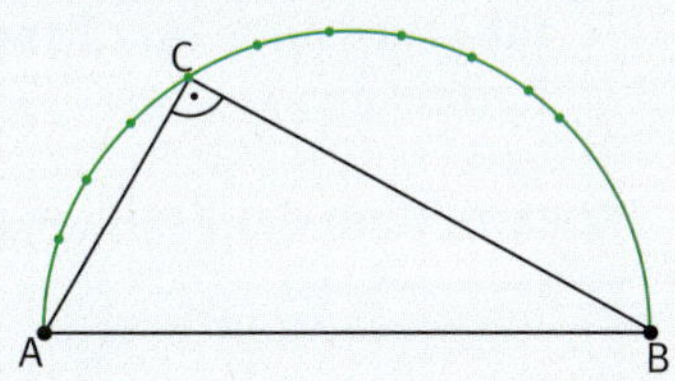

Umkehrung des Satzes von Thales:
Wenn das Dreieck ABC bei C einen rechten Winkel hat, dann liegt C auf dem Thaleskreis über der Seite $\overline{AB}$.

Begründung:
Ist der Winkel ∢ ACB im Dreieck ein rechter Winkel, so muss $\alpha + \beta = 90°$ sein (Innenwinkelsatz). Demnach lässt sich auch der rechte Winkel in die beiden Winkel α und β zerlegen. Zeichnet man den gemeinsamen Schenkel der Winkel an C, erhält man die Dreiecke ATC und CTB. Diese sind gleichschenklig, weil sie je zwei gleich große Innenwinkel besitzen.

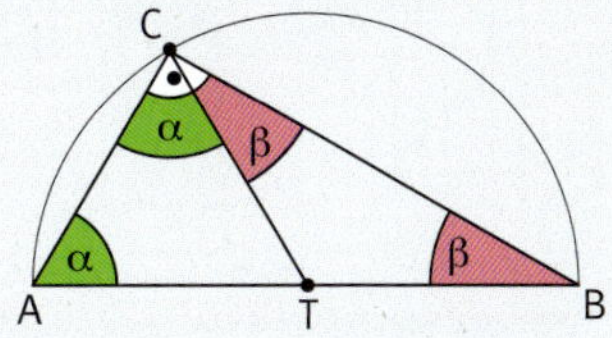

Da $\overline{TA} = \overline{TC}$ und $\overline{TC} = \overline{TB}$ ist, muss $\overline{TA} = \overline{TB}$, also der Punkt T der Mittelpunkt der Seite $\overline{AB}$ sein. Die Punkte A, B und C liegen somit auf dem Kreis mit der Strecke $\overline{AB}$ als Durchmesser, also auf dem Thaleskreis über $\overline{AB}$.

- Gib die Begründung zur Umkehrung des Satzes von Thales mit eigenen Worten wieder.

An vielen Bauwerken, die im Mittelalter während der Gotik entstanden, beruhen die Verzierungen von Türen und Fenstern nur auf Kreisen oder Kreisausschnitten und Geraden. Das Bild zeigt das Westportal der Stadtkirche in Bad Hersfeld.

- Beschreibe, wie die Verzierungen über der Tür entstanden sind und welche Eigenschaften du in den Anordnungen erkennen kannst.
- Zeichne selbst Kreisausschnitte wie über dem Portal in dein Heft und konstruiere derartige Verzierungen. Beschreibe dein Vorgehen.

Passante von „passare" (lat.): vorübergehen

Sekante von „secare" (lat.): schneiden

Tangente von „tangere" (lat): berühren

Merkwissen

Die Lage eines Kreises und einer Gerade lässt sich nach der Anzahl ihrer gemeinsamen Punkte unterscheiden.

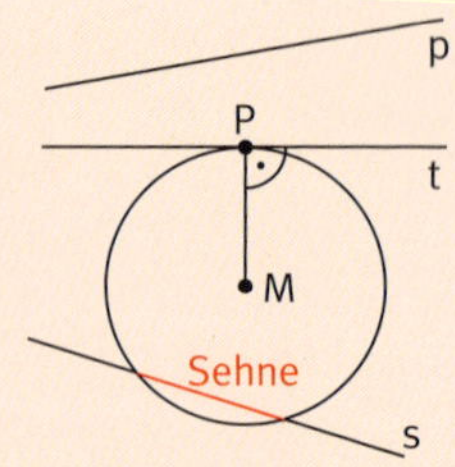

- Eine Gerade, die ohne Schnittpunkte an einem Kreis vorüberzieht, nennt man **Passante**.
- Schneidet eine Gerade einen Kreis in zwei Punkten, dann nennt man sie **Sekante**. Der Teil der Sekante, der durch den Kreis ausgeschnitten wird, heißt **Sehne**.
- Berührt eine Gerade den Kreis nur in einem Punkt, dann nennt man sie **Kreistangente** oder kurz **Tangente**. Die Tangente steht in P **senkrecht auf dem Radius** des Kreises.

Konstruktion der Kreistangente durch einen Punkt P:

1 P liegt auf dem Kreis.		2 P liegt außerhalb des Kreises.	
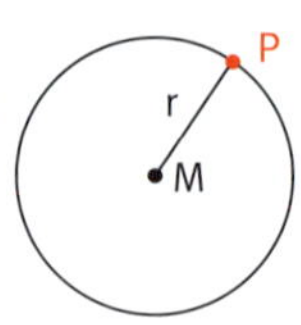	Zeichne den Radius zwischen P und M.	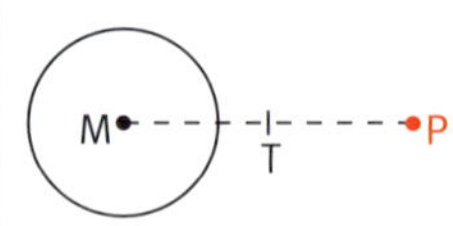	Zeichne die Verbindungsstrecke $\overline{MP}$ und markiere den Mittelpunkt T dieser Strecke.
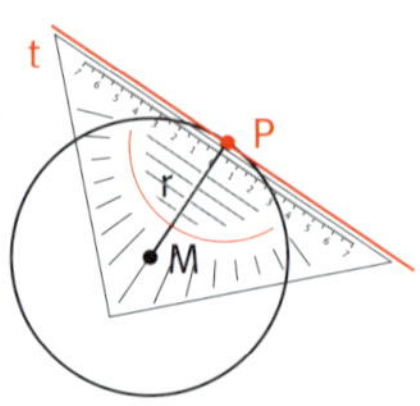	Zeichne mit dem Geodreieck die Gerdade t durch P, die senkrecht auf dem Radius steht.	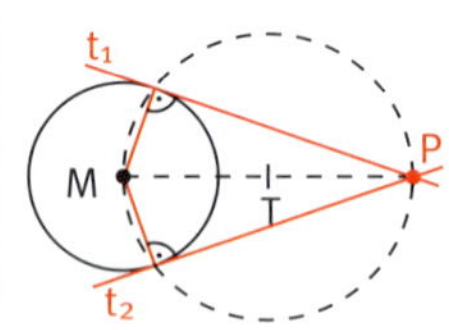	Zeichne den Thaleskreis über $\overline{MP}$. Verbinde jeweils einen Schnittpunkt der beiden Kreise mit P zu einer Tangente.

Beispiele

I Beschreibe, wie man einen Kreis findet, der eine Gerade g im Punkt P berührt. Findest du mehrere solcher Kreise?

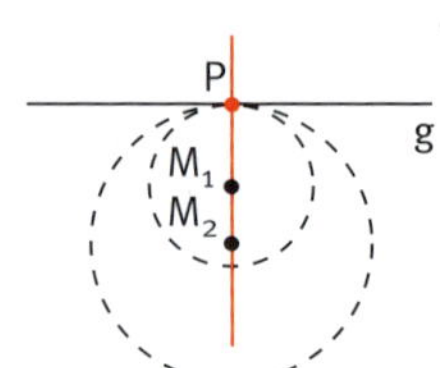

Lösung:
Man konstruiert eine Senkrechte auf g durch P. Von jedem Punkt M auf dieser Senkrechte lassen sich Kreise mit Radius $\overline{MP}$ zeichnen.

Verständnis

- Warum kann man keine Kreistangente durch einen Punkt P konstruieren, der innerhalb eines Kreises liegt?
- Begründe, warum die Kreistangenten bei der Konstruktion (2) im Merkwissen senkrecht auf dem Radius stehen.
- Unterscheide die Anzahl der Kreistangenten nach der Lage eines Punktes P.

Aufgaben

1 Zeichne einen Kreis mit Radius r = 5 cm. Kennzeichne einen beliebigen Punkt P auf dem Kreis.

a) Konstruiere die Kreistangente durch P.

b) Zeichne verschiedene Sekanten durch P. Welche Sekante hat die längste Sehne?

2 Zeichne einen Kreis mit Mittelpunkt M und Radius r. Konstruiere die Kreistangenten, die durch den Punkt P verlaufen.

a) M (4 | 3); r = 2 cm	(1) P (8 | 3)	(2) P (6 | 3)	(3) P (6 | 1)
b) M (2 | 4,5); r = 2,5 cm	(1) P (0 | 0)	(2) P (2 | 2)	(3) P (−2 | 1)

3 Konstruiere im Koordinatensystem Kreise, die …

a) die y-Achse in P (0 | 4) berühren. b) beide Koordinatenachsen berühren.

Beschreibe jeweils die Lage der Mittelpunkte im Koordinatensystem.

Wähle Punkte, die denselben Abstand zum Ursprung haben.

4 Beschreibe die Konstruktion mit Worten. Wie lautete wohl die Aufgabenstellung?

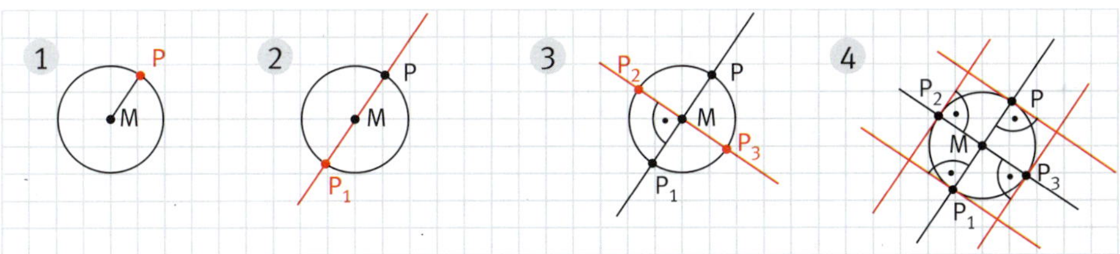

5 Eine CD oder DVD muss nicht immer in quadratischen Hüllen stecken: Auch eine Verpackung mit einem gleichseitigen Dreieck ist originell.

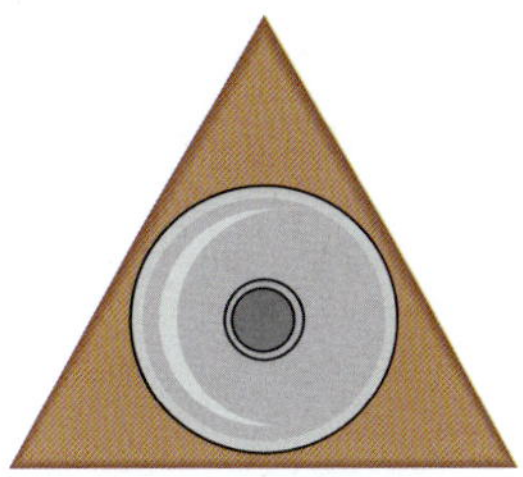

a) Zeichne einen Kreis in dein Heft und konstruiere um den Kreis ein gleichseitiges Dreieck, sodass der Kreis alle Dreiecksseiten berührt. Beschreibe dein Vorgehen.

b) Bastle eine dreieckige Hülle für eine CD. Nutze das Vorgehen aus a).

c) Wie erhältst du nun durch Falten eine regelmäßige sechseckige CD-Hülle?

6 a) Theresa behauptet, dass man immer weniger als die Hälfte der Werbung auf einer Litfaßsäule sieht, wenn man davor steht. Stimmt das?

b) Welchen Anteil der Litfaßsäule sieht Theresa? Übertrage die Zeichnung in dein Heft und bestimme den Anteil so genau wie möglich.

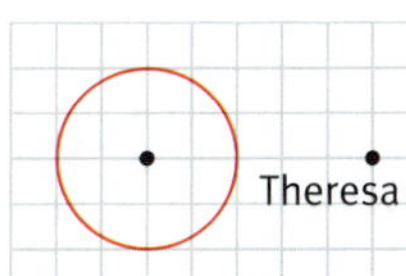

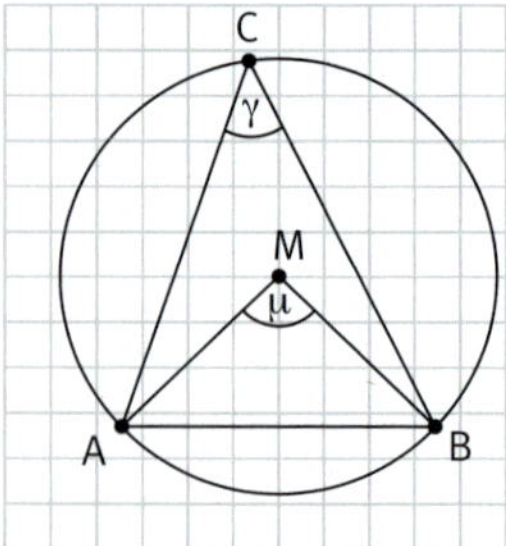

Winkel messen:

Zeichne mit einem Geometrieprogramm einen Kreis beliebiger Größe und trage auf der Kreislinie zwei beliebige Punkte A und B ab. Verbinde sie zur Strecke $\overline{AB}$. Lege einen weiteren Punkt C auf die Kreislinie. Zeichne das Dreieck ABC und das Dreieck ABM mit dem Mittelpunktswinkel μ.

- Messe und vergleiche die Größe der Winkel μ und γ miteinander. Welchen Zusammenhang erkennst du?
- Bewege den Punkt C auf der Kreislinie. Was stellst du bezüglich μ und γ fest?
- Bewege nun den Punkt B auf der Kreislinie. Wie verändern sich μ und γ?

Merkwissen

Verbindet man zwei verschiedene Punkte eines Kreises mit dem Kreismittelpunkt M, dann erhält man einen Winkel, den Mittelpunktswinkel μ.
Die Punkte A, B und C liegen auf einem Kreis mit dem Mittelpunkt M. Wir betrachten die Dreiecke ABC und ABM. Der Winkel ∢ ACB = γ ist der Umfangswinkel über $\overline{AB}$.
Es gilt der sogenannte **Umfangswinkelsatz**:

1. Alle Umfangswinkel über demselben Kreisbogen sind gleich groß.
2. Die Umfangswinkel über einem Kreisbogen sind halb so groß wie der zugehörige Mittelpunktswinkel:
$\gamma = \frac{1}{2}\mu$.

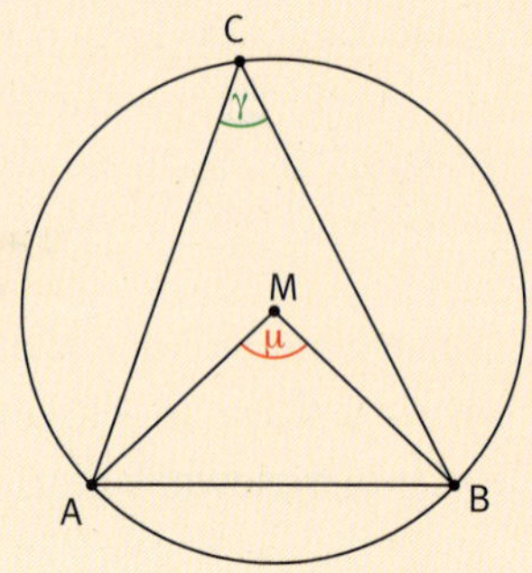

Beispiele

I Zeichne einen Kreis k mit Mittelpunkt M und Radius r = 1,7 cm sowie die Punkte E und F auf k so, dass $\overline{EF}$ = 2,3 cm ist. Zeichne mehrere Punkte auf k über $\overline{EF}$ und messe Mittelpunkts- und Umfangswinkel.

Lösung:

Die Umfangswinkel sind gleich groß. Sie sind halb so groß wie der zugehörige Mittelpunktswinkel.

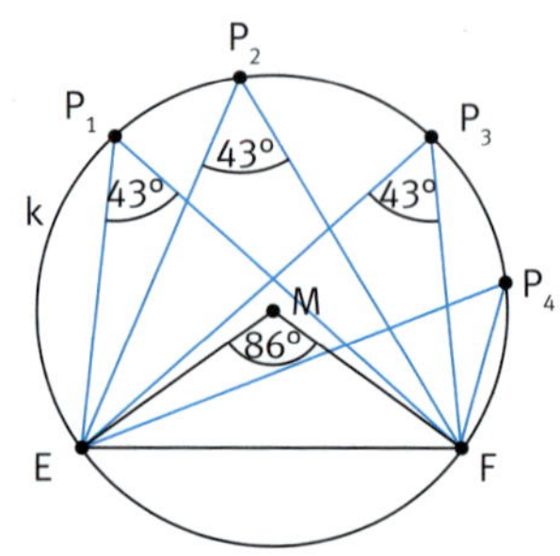

II Zeichne ein gleichseitiges Dreieck mit a = 5 cm und konstruiere seinen Umkreismittelpunkt M. Verbinde M mit den Punkten A, B und C. Bestimme die Größe des Winkles ∢ BMA.

Lösung:

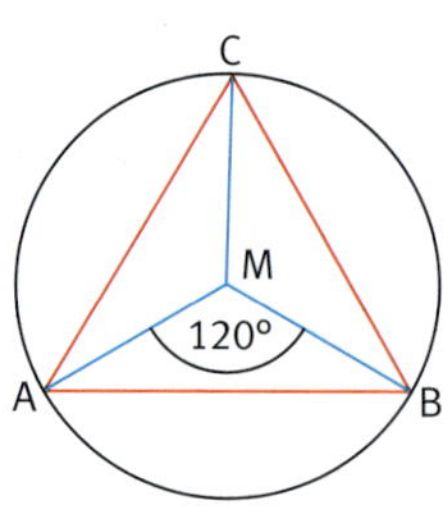

Da ∢ BCA = 60°, ist ∢ BMA doppelt so groß.
Folglich gilt: ∢ BMA = 120°

Verständnis

- Wie viele Umfangswinkel gibt es zu einem festen Mittelpunktswinkel? Begründe.
- Begründe: Der Satz des Thales ist ein Sonderfall des Umfangswinkelsatzes.

Aufgaben

1 Das Maß eines Umfangswinkels ist γ, das des zugehörigen Mittelpunktswinkels μ. Bestimme das fehlende Winkelmaß.

	a)	b)	c)	d)	e)	f)	g)	h)
μ	32°			44°	208,2°			44,2°
γ		50°	118°			90°	57,8°	

2 Gegeben sind die Punkte M (1 | 4), A (–1,5 | 4), B (3,5 | 4), C (–0,5 | 2) und D (2,5 | 2).

a) Zeichne den Kreis k um M mit dem Radius r = 2,5 cm.

b) Verbinde A mit B und C mit D. Wie bezeichnet man die Strecken?

c) Trage die gemeinsame Symmetrieachse von k, $\overline{AB}$ und $\overline{CD}$ ein.

3 Der Tafeldienst hat zu schnell gewischt. Der Kreis sollte stehen bleiben. Stelle ihn wieder her.

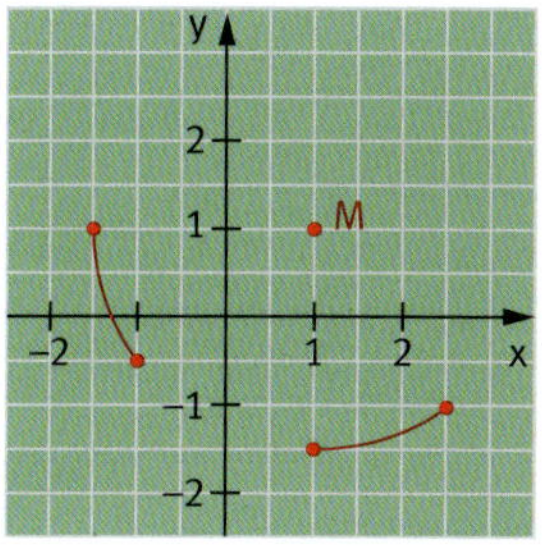

4 Am Kreis k um M mit Radius r ist γ der Umfangswinkel und μ der Mittelpunktswinkel. Bestimme jeweils die Winkelmaße.

a) γ ist um 30° kleiner als μ.

b) $(\gamma + \mu) = 159°$

c) μ ist um 90° größer als das halbe Maß von γ.

5 Zeichne in den Kreis k mit Mittelpunkt M (2 | 1) und Radius r = 3 LE diejenige Sehne ein, die von P (4 | 2) halbiert wird.

6 Die Innenwinkel des Vierecks RAND sind Umfangswinkel des Kreises k. Zu jedem Umfangswinkel gehört ein Mittelpunktswinkel. Übertrage die Abbildung in dein Heft. Bezeichne die Umfangs- und Mittelpunktswinkel. Miss ihre Größe und addiere jeweils die Maße. Was fällt dir auf?

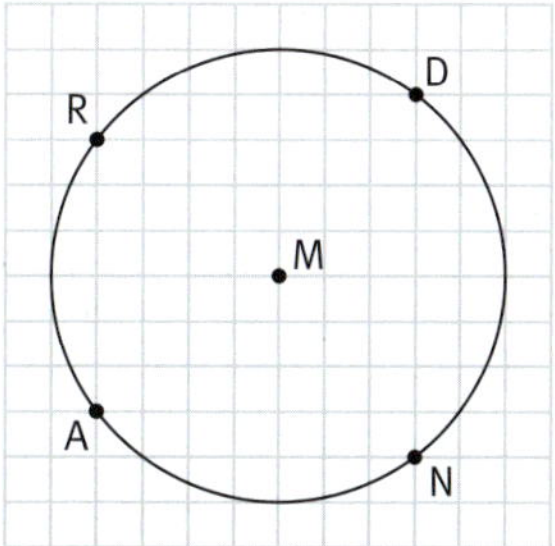

Basteln

Fasskreisbogen

Der Kreisbogen über $\overline{AB}$ erfasst alle Punkte, von denen aus die Sehne $\overline{AB}$ unter dem gleichen Winkel erscheint. Man bezeichnet ihn als Fasskreisbogen über $\overline{AB}$. Da es noch einen weiteren, bezüglich $\overline{AB}$ symmetrischen Fasskreisbogen gibt, spricht man auch vom **Fasskreisbogenpaar**.

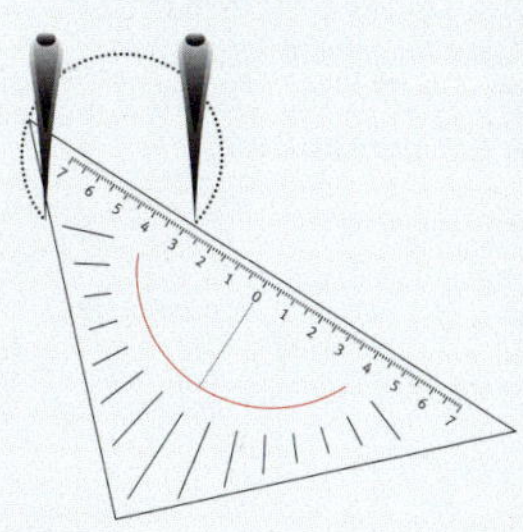

- Überprüfe die Existenz des Fasskreisbogens durch folgende Anordnung:
Lege die Endpunkte einer 6 cm langen Strecke durch zwei Pinnnadeln fest und schiebe den spitzen Winkel deines Geodreiecks zwischen die Nadeln (siehe Abbildung). Markiere die Lage des Scheitels des spitzen Winkels. Führe das in verschiedenen Lagen am Geodreieck durch.
- Welches Maß hat der Umfangswinkel? Überlege ohne zu messen.

1.9 Beweise am Beispiel von Dreiecken und Vierecken

Planfigur:

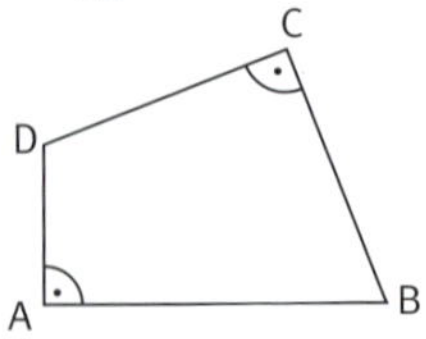

- *Welche Zusammenhänge kennst du in rechtwinkligen Dreiecken?*
- *Bei welchen dieser Zusammenhänge spielen Kreise eine Rolle?*

In einem Mathematikbuch steht folgender geometrischer Zusammenhang:

> Wenn in einem Viereck ABCD zwei gegenüberliegende Innenwinkel 90° betragen, dann hat das Viereck einen Umkreis.

- Zeige an Beispielen, dass die Aussage zutrifft.
- Warum kann man sich aufgrund der Beispiele nicht sicher sein, dass die Aussage für jedes Viereck mit der Eigenschaft zutrifft? Erkläre.
- Begründe, dass der geometrische Zusammenhang richtig ist. Übertrage dazu das Viereck in dein Heft und zerlege es in zwei rechtwinklige Dreiecke.
- In der Planfigur sind α und γ rechtwinklig. Wie ändert sich die Argumentation, wenn stattdessen β und δ rechtwinklig sind?

Merkwissen

Aufgrund von **Messungen** und **Beispielen** kann man Vermutungen über geometrische Zusammenhänge aufstellen, für eine allgemeingültige Begründung eines mathematischen Sachverhalts reichen sie jedoch nicht aus.

*Ein bewiesener mathematischer Zusammenhang wird auch als mathematischer **Satz** bezeichnet.*

Ein Verfahren, mit dem man eine **allgemeingültige Aussage** erhält, nennt man **Beweis**. Dabei geht man wie folgt vor:

Die gegebenen bzw. bereits bekannten Eigenschaften sind die **Voraussetzung**. Diese werden in eine Planfigur eingetragen.

Die zu beweisende Eigenschaft bezeichnet man als **Behauptung**.

Im **Beweisgang** erfolgt die Herleitung der Behauptung. Man verwendet dazu:

- die Voraussetzungen, die in dem Satz gegeben sind
- bekannte Definitionen (z. B. Parallelogramm)
- bekannte Sätze (z. B. Satz des Thales, Kongruenzsätze)
- Gesetzmäßigkeiten von Abbildungen (z. B. Achsenspiegelung)

Beispiele

I „Wenn zwei Dreiecke kongruent sind, dann haben sie denselben Umfang.“

a) Was ist die Voraussetzung, was die Behauptung dieses Satzes?

b) Beweise die Gültigkeit des Satzes.

*Einen mathematischen Satz formuliert man häufig in der „**Wenn ..., dann ...** .“-Form. Dabei beschreibt der „Wenn“-Teil die Voraussetzung und der „dann“-Teil die Behauptung.*

Lösung:

Planfigur:

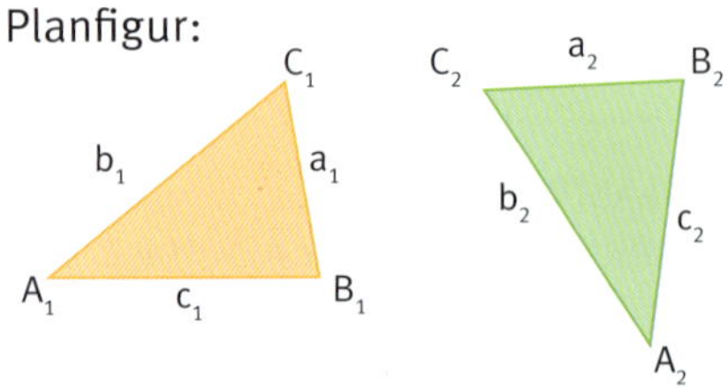

a) Voraussetzung: Zwei Dreiecke $A_1B_1C_1$ und $A_2B_2C_2$ sind kongruent. Es gelten somit sämtliche Eigenschaften kongruenter Figuren und Abbildungen.

Behauptung: $u_{\text{Dreieck 1}} = u_{\text{Dreieck 2}}$ bzw.

$$a_1 + b_1 + c_1 = a_2 + b_2 + c_2$$

b) Da gilt $\Delta A_1B_1C_1$ ist kongruent zu $\Delta A_2B_2C_2$ (Voraussetzung), stimmen die Dreiecke in den Maßen entsprechender Größen überein, insbesondere sind entsprechende Seiten gleich lang.

Bei der gleichartigen Beschriftung der Seiten gilt: $a_1 = a_2$, $b_1 = b_2$, $c_1 = c_2$.

$\Longrightarrow u_{\text{Dreieck 1}} = a_1 + b_1 + c_1 = a_2 + b_2 + c_2 = u_{\text{Dreieck 2}}$

Somit ist die Behauptung richtig und der Satz ist bewiesen.

Verständnis

- Überprüfe Voraussetzung und Behauptung der folgenden Sätze.
Was stellst du fest?
  1 Wenn ein Dreieck zwei gleich große Winkel besitzt, dann ist es gleichschenklig.
  2 Ein Dreieck ist gleichschenklig, wenn es zwei gleich große Winkel besitzt.

Aufgaben

1 Stelle Voraussetzung und Behauptung fest. Sind die Aussagen wahr? Begründe.

a) Wenn ein Viereck ein Quadrat ist, dann ist es auch ein Rechteck.

b) Ein Viereck ist ein Parallelogramm, wenn gegenüberliegende Seiten jeweils gleich lang sind.

c) Hat das Dreieck ABC bei C einen rechten Winkel, so liegt C auf einem Kreis mit dem Durchmesser $\overline{AB}$.

d) Ein Punkt hat von den Schenkeln eines Winkels den gleichen Abstand, wenn der Punkt auf der Winkelhalbierenden des Winkels liegt.

2 Was ist Vorraussetzung, was Behauptung? Ist die Aussage wahr?

Versuche, in eine „Wenn..., dann ... .“-Aussage zu übersetzen.

a) Jedes Parallelogramm ist ein Rechteck. **b)** Jedes Dreieck besitzt einen Umkreis.

c) Jedes Rechteck ist ein Parallelogramm. **d)** Alle Rauten sind punktsymmetrisch.

e) Jedes Rechteck ist punktsymmetrisch. **f)** Alle Vierecke besitzen einen Umkreis.

3
1 Wenn zwei Dreiecke kongruent sind, dann sind entsprechende Winkel gleich groß.

2 Wenn in zwei Dreiecken die entsprechenden Winkel gleich groß sind, dann sind die Dreiecke kongruent.

3 Wenn in einem Dreieck zwei Winkel spitz sind, dann ist der dritte Winkel stumpf.

4 Ein Parallelogramm ist dann ein Rechteck, wenn es einen rechten Winkel hat.

a) Was ist die Voraussetzung, was die Behauptung dieser Sätze?

b) Beweise die Gültigkeit der Aussagen oder widerlege sie durch ein Gegenbeispiel.

*Will man beweisen, dass eine Aussage falsch ist, dann genügt es, ein einziges **Gegenbeispiel** zu finden.*

4 Unser Auge lässt sich leicht täuschen.

a) Überprüfe die folgenden Aussagen durch Messen.

1
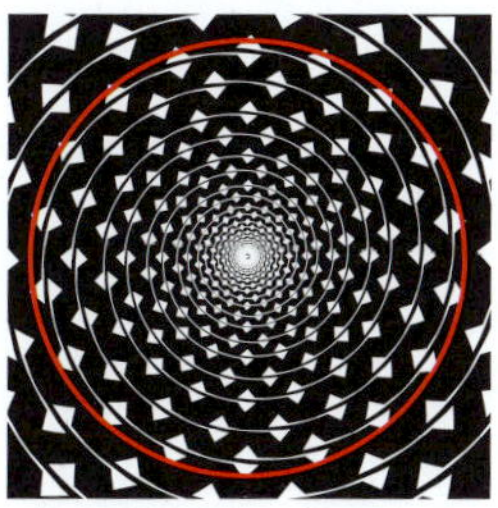
Die rote Linie ist ein Kreis.

2
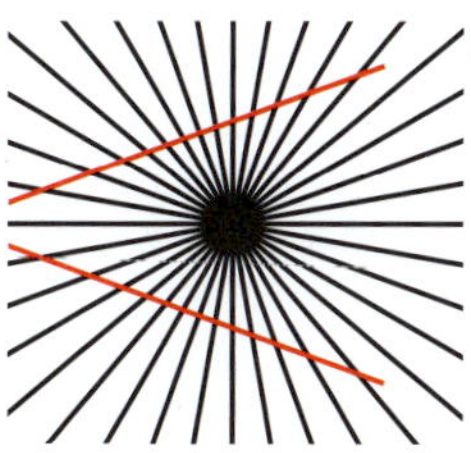
Die roten Linien sind Halbgeraden.

3
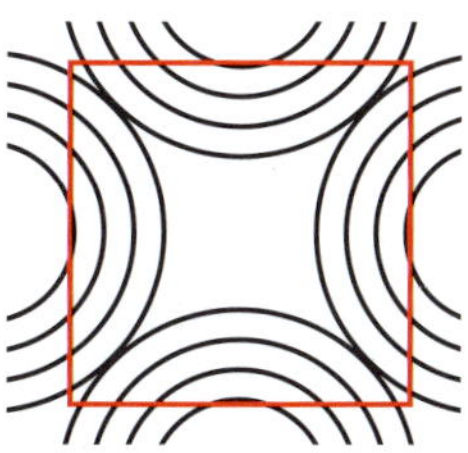
Die rote Figur ist ein Quadrat.

b) Finde weitere optische Täuschungen und stelle sie deiner Klasse vor.

c) Handelt es sich bei der Überprüfung der Aussagen um Beweise? Begründe.

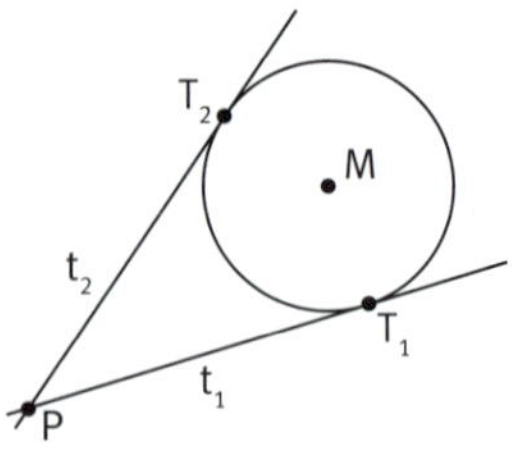

5 Gegeben ist ein Kreis k und beide Tangenten t_1 und t_2 durch P, die den Kreis in T_1 und T_2 berühren. Eine Messung zeigt, dass $\overline{PT_1} = \overline{PT_2}$. Kannst du das auch beweisen? Eine Möglichkeit ist, durch Hilfslinien geeignete Dreiecke zu erzeugen.

Voraussetzung:
t_1 und t_2 sind Tangenten durch P an k.

Planfigur:

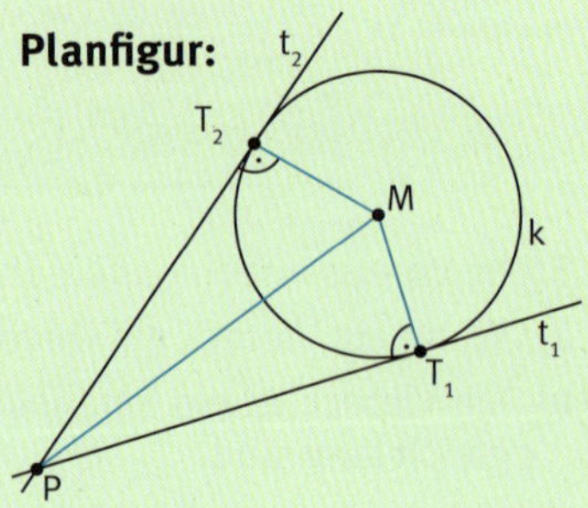

Behauptung: $\overline{PT_1} = \overline{PT_2}$

Beweis:
Betrachte ΔPT_1M und ΔPMT_2. Es gilt:
$\overline{MT_1} = \overline{MT_2}$ (Vor.: T_1 und T_2 liegen auf k)
$\sphericalangle MT_1P = \sphericalangle PT_2M$ (Vor.:, t_1, t_2 Tangenten)
$\overline{PM} = \overline{PM}$ (gemeinsame Seitenlänge)
$\Longrightarrow \Delta PT_1M$ ist kongruent zum ΔPMT_2 (Kongruenzsatz SsW)
Kongruente Dreiecke stimmen in allen entsprechenden Stücken überein.
$\Longrightarrow \overline{PT_1} = \overline{PT_2}$

a) Beschreibe den Beweis mit eigenen Worten.

b) Erläutere, welche Bedeutung die kongruenten Dreiecke in dem Beweis haben.

Durch einen **Kongruenzbeweis** werden geometrische Zusammenhänge durch die Verwendung der **Kongruenzsätze für Dreiecke** begründet. Schrittfolge:

1. Aufsuchen von zwei vermutlich kongruenten Teildreiecken in der Planfigur
2. Nachweis der Übereinstimmung in drei einander entsprechenden Stücken
3. Folgerung der Kongruenz unter Angabe des Kongruenzsatzes
4. Folgerung der Behauptung aus der Kongruenz der Teildreiecke

Für den Nachweis bei 2 verwendet man die Voraussetzungen.

c) Identifiziere die einzelnen Schritte in dem dargestellten Kongruenzbeweis.

Es kann hilfreich sein, sich mit einem Geometrieprogramm den Zusammenhang zunächst zu veranschaulichen.

6 Beweise die folgenden geometrischen Zusammenhänge mithilfe eines Kongruenzbeweises (Planfigur, Voraussetzung, Behauptung, Beweis).

a) In einem gleichseitigen Dreieck haben alle Innenwinkel das Maß 60°.

b) Wenn eine Winkelhalbierende in einem Dreieck auf einer Dreiecksseite senkrecht steht, dann ist das Dreieck gleichschenklig.

c) In einem Parallelogramm sind gegenüberliegende Winkel jeweils gleich groß.

d) Wenn der Inkreismittelpunkt eines Dreiecks auf der Mittelsenkrechten einer Dreiecksseite liegt, dann ist das Dreieck gleichschenklig.

7 Der dargestellte „Beweis" soll die Kongruenz der rechtwinkligen Dreiecke ABC und ACD an einem Kreis zeigen (siehe Planfigur). Doch da ist etwas schief gelaufen. Finde den Fehler und beschreibe ihn.

Planfigur:

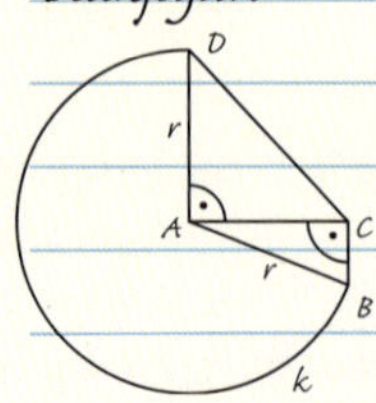

Beweis:
Betrachte ΔABC und ΔACD:
$\overline{AC} = \overline{AC}$
$\sphericalangle CAD = \sphericalangle ACB = 90°$
$\overline{AD} = \overline{AB} = r$
$\Longrightarrow \Delta ABC$ *ist kongruent zu* ΔACD

8 In einem gleichschenkligen Trapez sind die Diagonalen gleich lang.

(1) **Planfigur:**

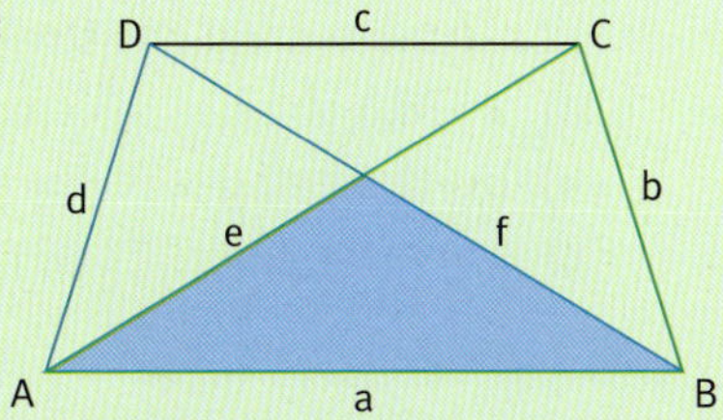

Voraussetzung: Trapez ABCD ist gleichschenklig.
$\overline{AB} \parallel \overline{CD}$; b = d; $\alpha = \beta$; $\gamma = \delta$
Behauptung: e = f
Beweis: Betrachte ΔABC und ΔABD:
a = a (gemeinsame Seitenlänge)
$\alpha = \beta$ (Voraussetzung)
b = d (Voraussetzung)

Folglich ist ΔABC kongruent zu ΔABD (SWS-Satz)
Kongruente Dreiecke stimmen in allen entsprechenden Stücken überein.
Somit e = f

(2) **Planfigur:**

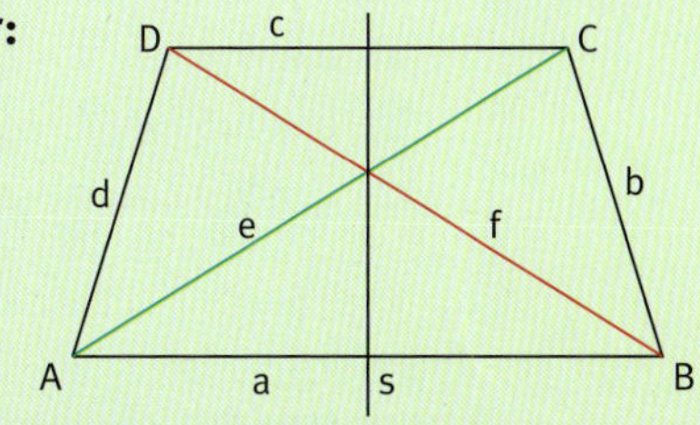

Voraussetzung: Trapez ABCD ist gleichschenklig.
Die gemeinsame Mittelsenkrechte der Grundseiten ist die Symmetrieachse s.
Behauptung: e = f
Beweis:
Spiegelt man A an s, erhält man B.
Spiegelt man C an s, erhält man D.
Folglich erhält man $\overline{BD}$ aus der Spiegelung von $\overline{AC}$ an s.
Es gilt $\overline{AC} = \overline{BD}$ (Längentreue der Achsenspiegelung)
Somit e = f

a) Vergleiche die Beweise: Welche Bedeutung haben ...
die kongruenten Dreiecke für (1)? die Symmetrieabbildungen für (2)?

Geometrische Zusammenhänge lassen sich auch über die Eigenschaften der Symmetrieabbildungen in einem **Abbildungsbeweis** begründen. Schrittfolge:
1. Aufsuchen geeigneter Symmetrien in der Planfigur
2. Nachweis der Symmetrie von Punkten, Strecken bzw. Geraden
3. Folgerung der Gleichheit von Maßen aus den Eigenschaften der Abbildung
4. Folgerung der Behauptung aus der Symmetrie

b) Identifiziere die einzelnen Schritte eines Abbildungsbeweises in Darstellung (2).

9 Beweise die folgenden Zusammenhänge mithilfe eines Abbildungsbeweises.
a) Jedes Dreieck mit zwei gleich großen Winkeln ist gleichschenklig.
b) Die Mittelsenkrechte einer Kreissehne geht durch den Kreismittelpunkt.

Verwende die Schritte Planfigur, Voraussetzung, Behauptung, Beweis.

10 Hier siehst du den Anfang eines Beweises. Vervollständige ihn in deinem Heft.

Planfigur:

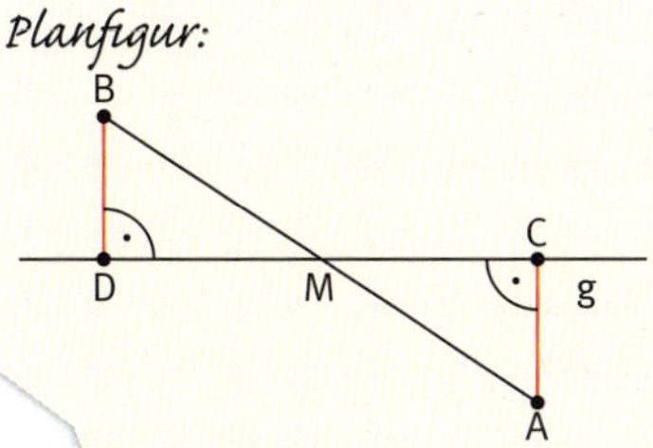

Satz: „Die Endpunkte einer Strecke $\overline{AB}$ haben von einer durch ihren Mittelpunkt gehenden Geraden $g \neq AB$ jeweils den gleichen Abstand."
Voraussetzung:
1. M ist Mittelpunkt von $\overline{AB}$. *2. C, D, M, ∈ g*
3. $AC \perp g$ *4. $BD \perp g$*
Behauptung: $\overline{AC} = \overline{BD}$
Beweis: M ist Zentrum einer Punktspiegelung. ...

Zu 1.1 und 1.2

1 Konstruiere das Dreieck. Nenne den verwendeten Kongruenzsatz.

a) $a = 3{,}4$ cm; $c = 5{,}5$ cm; $\gamma = 50°$
b) $b = 6{,}5$ cm; $c = 5$ cm; $\beta = 95°$
c) $a = 5{,}3$ cm; $b = 4{,}1$ cm; $\alpha = 105°$

Begründe, ob man ein Dreieck mit den gegebenen Maßen konstruieren kann. Konstruiere mögliche Dreiecke.

a) $a = 4{,}1$ cm; $b = 3{,}5$ cm; $\beta = 90°$
b) $b = 2{,}8$ cm; $\beta = 85°$; $\gamma = 95°$
c) $a = 6$ cm; $b = 4{,}2$ cm; $\beta = 85°$

Zu 1.3

2 Konstruiere jeweils einen Winkel der angegebenen Größe und erkläre, wie du dabei vorgegangen bist.

a) 90° b) 150° c) 75°

a) 22,5° b) 82,5° c) 225°

3 Konstruiere jeweils ein Dreieck ABC aus den gegebenen Bestimmungsstücken.

a) $a = 7{,}2$ cm; $w_\beta = 4{,}5$ cm; $\beta = 70°$
b) $c = 4{,}5$ cm; $w_\alpha = 5$ cm; $\beta = 40°$

a) $h_c = 6$ cm; $w_\gamma = 7$ cm; $\gamma = 80°$
b) $h_b = w_\beta = 5$ cm; $b = 6$ cm

Zu 1.4

4 Trage jeweils das Dreieck ABC in ein Koordinatensystem ein. Finde durch Konstruktion die Koordinaten des Umkreismittelpunkts M sowie die Radiuslänge r des Umkreises des Dreiecks ABC. Zeichne dann den Umkreis ein.

a) A (–1 | 0), B (7 | 0), C (7 | 6)
b) A (0 | 0), B (6 | 0), C (3 | 5)

a) A (–2 | –2), B (2 | 1), C (1 | 4)
b) A (–3 | –1), B (0 | –1), C (1 | 6)

5 Konstruiere jeweils ein Dreieck ABC aus den gegebenen Bestimmungsstücken. Zeichne dabei zunächst eine Planfigur und trage die Bestimmungsstücke mit Farbe ein. Halte dann deine Überlegungen zur Konstruktion schriftlich fest und führe die Konstruktion aus.

$r_{Umkreis} = 3{,}9$ cm; $a = b$; $\gamma = 90°$

$r_{Umkreis} = 3{,}4$ cm; $c = 5$ cm; $h_c = 3$ cm

Zu 1.5

6 Konstruiere jeweils ein Dreieck ABC aus den gegebenen Bestimmungsstücken sowie dessen Winkelhalbierende w_α, w_β und w_γ. Zeichne dann in deine Konstruktionsfiguren zur Teilaufgabe c) den Inkreis des Dreiecks ABC ein.

a) $a = 5$ cm; $c = 6$ cm; $\beta = 120°$
b) $a = b = 6$ cm; $\gamma = 90°$
c) $a = b = c = 6$ cm
Zur Kontrolle: $r_{Inkreis} \approx 1{,}7$ cm

a) $c = 7$ cm; $\alpha = 30°$; $\beta = 80°$
b) $a = 7$ cm; $b = 6$ cm; $c = 4$ cm
c) $a = 8$ cm; $\alpha = 30°$; $\beta = 90°$
Zur Kontrolle: $r_{Inkreis} \approx 2{,}9$ cm

7 a) Konstruiere ein Quadrat mit der Seitenlänge $a = 5$ cm.
b) Konstruiere ein Rechteck mit den Seitenlängen $a = 5$ cm und $b = 4$ cm.

a) Konstruiere ein Quadrat mit der Diagonalenlänge $e = 5$ cm.
b) Konstruiere ein Rechteck mit einer Seitenlänge 4 cm und der Diagonalenlänge 6 cm.

8 Konstruiere ein Dreieck ABC mithilfe des Thaleskreises und berechne die Fläche der Dreiecke.

a) $a = 3{,}4$ cm; $c = 5{,}5$ cm; $\gamma = 90°$

b) $b = 6{,}5$ cm; $c = 5$ cm; $\beta = 90°$

c) $a = 5{,}3$ cm; $b = 4{,}1$ cm; $\alpha = 90°$

Konstruiere ein Quadrat, dessen Diagonalen je 6,4 cm lang sind, und beschreibe, wie du dabei vorgegangen bist. Ermittle dann auf zwei verschiedene Arten den Flächeninhalt des Quadrats in cm^2 auf eine Dezimale gerundet.

Zu 1.6

9 Trage den Punkt M (3|2) in ein Koordinatensystem (Einheit 1 cm) ein und zeichne dann den Kreis k mit Mittelpunkt M und Radiuslänge 4 cm.

a) Konstruiere die Tangenten t_1 und t_2 vom Punkt P (9|2) an den Kreis k.

b) Gib die Koordinaten der Berührpunkte an.

Trage die Punkte M (0|0), A (5|–2) und C (3|4) in ein Koordinatensystem (Einheit 1 cm) ein und zeichne dann den Kreis k mit Mittelpunkt M und Radiuslänge 3 cm sowie die Gerade AC.

Konstruiere anschließend die beiden Tangenten t_1 und t_2 an den Kreis k, die parallel zur Geraden AC verlaufen, zeichne die Berührradien farbig ein und ermittle die Koordinaten der Berührpunkte B_1 und B_2 möglichst genau.

Zu 1.7

10 Konstruiere einen Kreis mit der Sehne $\overline{AB} = 5{,}5$ cm …

und dem Mittelpunktswinkel

a) 30°

b) 45°

c) 60°

und dem Umfangswinkel

a) 90°

b) 100°

c) 140°

Zu 1.8

11 Beweise, dass im gleichschenkligen Trapez ABCD die Dreiecke ACD und BCD kongruent sind.

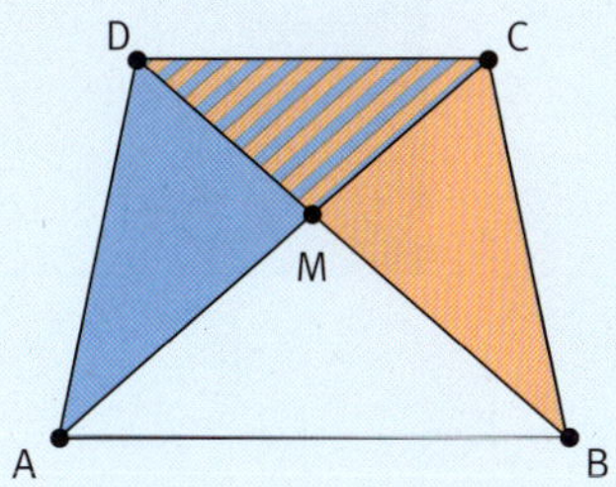

Beweise, dass im gleichschenkligen Trapez ABCD die Dreiecke AMD und BCM kongruent sind.

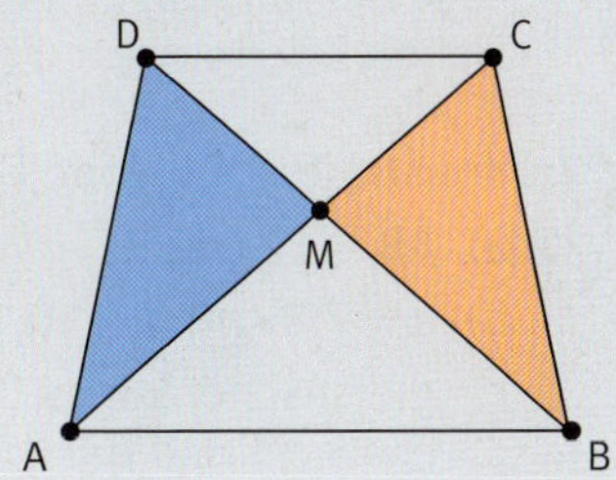

Zu 1.9

12 Verlängert man die Seiten eines Quadrats ABCD um jeweils gleich lange Strecken, dann bilden die Eckpunkte der Verlängerungen wieder ein Quadrat. Beweise den Zusammenhang …

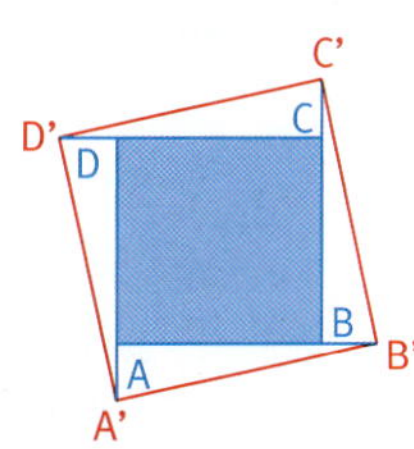

mithilfe der Kongruenz von Dreiecken.

mithilfe einer Punktspiegelung.

1 Überprüfe, ob das Dreieck $A_1B_1C_1$ zum Dreieck $A_2B_2C_2$ kongruent sein kann.

a) $a_1 = c_2$; $c_1 = b_2$; $b_1 = a_1$
b) $b_1 = c_2$; $a_1 = b_2$; $\beta_1 = \alpha_1$
c) $c_1 = a_2$; $\beta_1 = \gamma_2$; $\alpha_1 = \beta_2$
d) $a_1 = b_2$; $c_1 = c_2$; $\alpha_1 = \alpha_2$
e) $b_1 + c_1 = b_2 + c_2$; $a_1 = a_2$; $\beta_1 = \beta_2$
f) $b_1 = a_2$; $\alpha_1 = \beta_2$; $\gamma_1 = \alpha_2$

2 Konstruiere das Dreieck. Gib den zugehörigen Kongruenzsatz an.

a) a = 7 cm; b = 6 cm; c = 8 cm
b) b = 5,5 cm; $\alpha = 30°$; $\gamma = 100°$
c) b = 6 cm; c = 4,5 cm; $\alpha = 65°$
d) a = 6,4 cm; c = 3,7 cm; $\beta = 37°$
e) a = 7 cm; c = 5,5 cm; $\alpha = 90°$
f) a = 6,3 cm; $\beta = 45°$; $\gamma = 75°$

3 Gegeben ist ein Dreieck ABC mit a = 5 cm und b = 6 cm.

a) Konstruiere das Dreieck, falls zusätzlich Folgendes gilt:
(1) $\gamma = 55°$ (2) $\gamma = 90°$ (3) $\gamma = 110°$

b) Konstruiere den Umkreis für die Dreiecke aus a). Welcher Zusammenhang besteht zwischen der Lage des Umkreismittelpunktes und der Form des Dreiecks?

4 Gegeben ist ein Dreieck ABC mit a = 6,5 cm und b = 5,8 cm.

a) Konstruiere das Dreieck, falls zusätzlich Folgendes gilt:
(1) $\alpha = 55°$ (2) $\alpha = 90°$ (3) $\alpha = 100°$

b) Konstruiere den Inkreis für die Dreiecke aus a). Welcher Zusammenhang besteht dabei zwischen der Lage des Inkreismittelpunktes und der Form des Dreiecks?

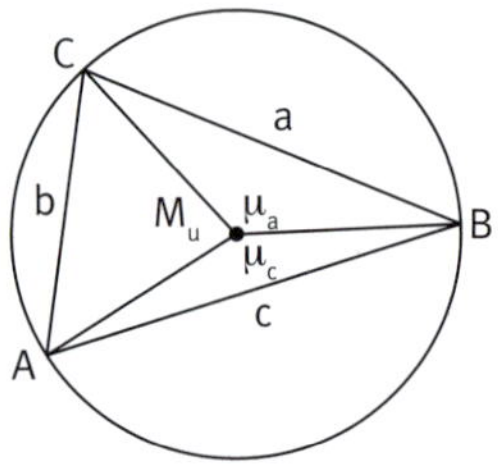

5 Konstruiere das Dreieck ABC und berechne die Maße der Innenwinkel mit c = 5 cm, $\mu_a = 130°$ und $\mu_c = 150°$.

6 Der 20 m hohe Pulverturm in Jena soll bei Nacht beleuchtet werden. Dazu soll im Abstand von 5 m ein Strahler aufgestellt werden. Der Strahler hat einen Öffnungswinkel von 90°. In welcher Höhe ist der Strahler aufzustellen?
Löse die Aufgabe mit einer maßstabsgetreuen Zeichnung.

7 Konstruiere folgende Dreiecke ABC.

a) $\overline{AB} = 12$ cm; $\overline{BC} = 7$ cm; $\gamma = 90°$

b) a = 7,8 cm; b = 10,2 cm; $\beta = 90°$

c) gleichschenkliges Dreieck mit der Basis c = 5 cm und Basiswinkeln von 65°

8 Konstruiere mithilfe des Thaleskreises ein rechtwinkliges Dreieck ABC.

a) c = 7 cm; b = 5 cm; $\gamma = 90°$
b) c = 6 cm; $\beta = 45°$; $\gamma = 90°$
c) c = 6 cm; a = 4 cm; $\gamma = 90°$
d) c = 8 cm; $\gamma = 90°$; $h_c = 3$ cm

9 Konstruiere mithilfe des Thaleskreises ein Drachenviereck ABCD.

a) $\overline{AB} = 5$ cm; e = 6 cm; f = 10 cm

b) $\overline{BC} = 4$ cm; e = 5 cm; f = 11 cm

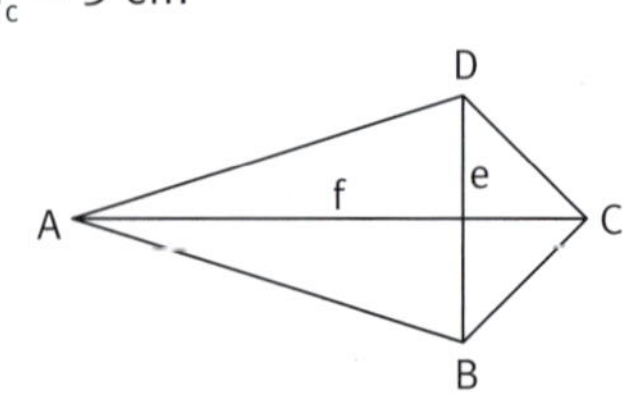

10 Zwei je 12 m breite Straßen schneiden sich unter einem Winkel von 60°. Wo müssen vier Straßenlaternen stehen, wenn sie 3 m Abstand von jeder Straße haben sollen? Zeichne im Maßstab 1 : 300.

11 a) Umfangs- und Mittelpunktswinkel über demselben Kreisbogen betragen zusammen 270°. Berechne die Maße der jeweiligen Winkel.

b) Der Mittelpunktswinkel ist um 40° größer als der zugehörige Umfangswinkel. Wie groß sind beide?

12 ① M (2 | 4); P (3 | 1); Q (7 | 6) ② M (–5 | 0,5); P (–2 | 2); Q (1 | 1)

a) Zeichne den Kreis mit Mittelpunkt M und Radius r = $\overline{MP}$ in ein Koordinatensystem. Konstruiere die Tangenten an den Kreis durch P und Q.

b) Konstruiere die Tangente an den Kreis aus a), die parallel zur Tangente in P verläuft.

13 Eine (als Punkt angenommene) Glühlampe G beleuchtet eine Kugel k mit Mittelpunkt M. Diese hinterlässt auf einer Leinwand l einen kreisförmigen Schatten. Bestimme anhand einer Zeichnung mit den folgenden Angaben den Durchmesser des Schattens:
$\overline{GM}$ = 8 cm; d (M; l) = 4 cm
r = 2 cm; l ⊥ GM

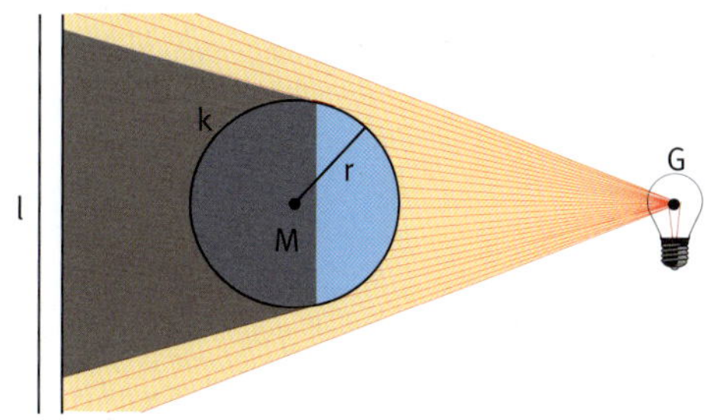

d(M; l) bedeutet Abstand von M zu l

14 Liegen zwei Punkte auf den Schenkeln eines Winkels in gleicher Entfernung vom Scheitel, dann sind sie von jedem Punkt P der Winkelhalbierenden gleich weit entfernt.

a) Beweise den geometrischen Zusammenhang. Übertrage die Skizze in dein Heft und nutze sie als Planfigur.

b) Warum hast du mit dem Beweis gezeigt, dass der Zusammenhang für jeden Punkt P gilt, obwohl du nur einen Punkt P gewählt hast? Erkläre.

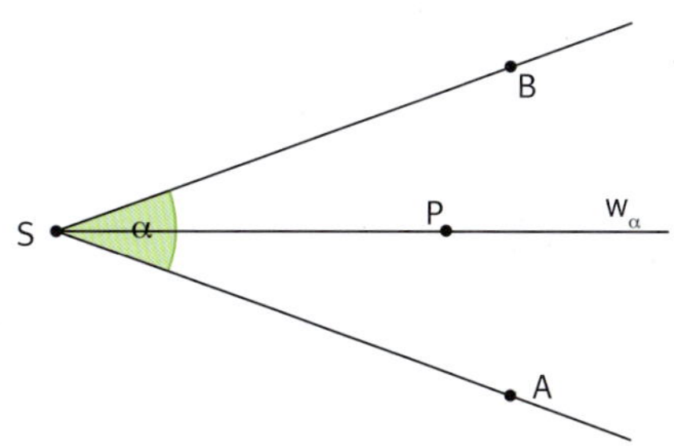

Ergänze die geeigneten Teildreiecke

15 Beweise den folgenden Satz. Erweitere die Skizze zu einer Planfigur.
Wenn M der Mittelpunkt zweier sich schneidender Strecken $\overline{AC}$ und $\overline{BD}$ ist, dann sind $\overline{AB}$ und $\overline{CD}$ gleich lang.

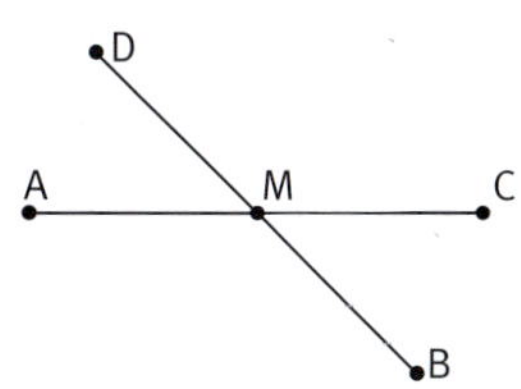

16 Beweise: In einem gleichschenkligen Trapez sind die Diagonalen gleich lang.

17 Beweise mithilfe eines ...

a) Abbildungsbeweises. **b)** Kongruenzbeweises.

Wenn man in einem Parallelogramm ABCD von allen Eckpunkten aus gleich lange Strecken auf den Parallelogrammseiten im gleichen Umlaufsinn abträgt, dann entsteht durch die neuen Punkte wieder ein Parallelogramm.

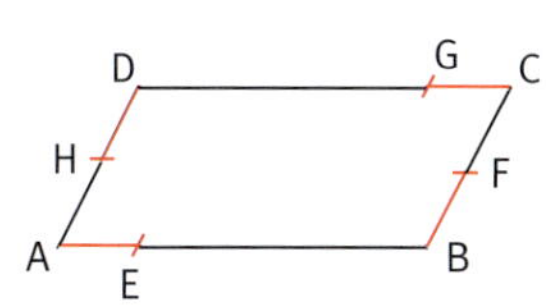

Vierecksforscher – Vorbereitung

Jeder Forscher hat ein Forschungslabor mit Geräten und Versuchsanordnungen. Ideal ist es, wenn du als Labor ein dynamisches Geometrieprogramm verwendest, denn dann kannst du mit dem Zugmodus viel schneller arbeiten. Alternativ kannst du auch mit Zirkel, Bleistift und Geodreieck experimentieren.

Wir beginnen damit, auf einen Kreis mit Mittelpunkt M und festem Radius vier Punkte Q, R, S und T mithilfe des Icons zu setzen. Du kannst nachher diese Punkte nicht mehr frei auf der Zeichenebene, sondern nur noch auf der Kreislinie bewegen.

Nun zeichnen wir jeweils die Tangenten in diesen vier Punkten und bezeichnen sie mit t_Q, t_R, t_S und t_T. Am schnellsten geht es mit dem Tangentenwerkzeug. Die Schnittpunkte der Tangenten bezeichnen wir mit A, B, C und D; sie bilden das sogenannte **Tangentenviereck** ABCD.

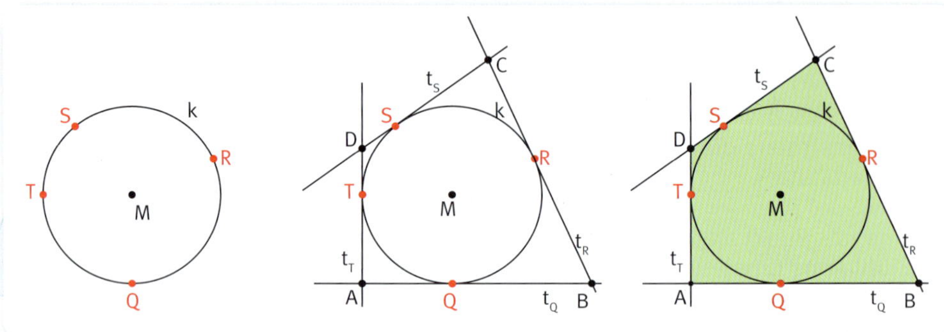

Experiment 1

Versuche nun, verschiedene dir bekannte Vierecke zu erzeugen, indem du die Punkte Q, R, S und T auf der Kreislinie bewegst.

a) Beginne beispielsweise damit, zunächst zwei Punkte auf einen Kreisdurchmesser zu legen.
   1. Welches Viereck erhältst du?
   2. Welche Vierecke kannst du erzeugen, wenn die Punkte paarweise auf einem Kreisdurchmesser liegen?

b) Kannst du Drachenvierecke erzeugen? Zeige oder widerlege.

c) Wie müssen die Punkte liegen, damit du ein gleichschenkliges Trapez erhältst?

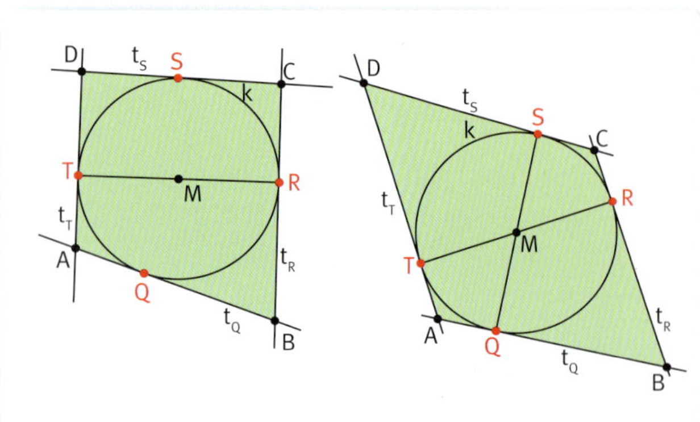

Experiment 2

a) Miss die Seitenlängen deines Tangentenvierecks mit und addiere die Längen gegenüberliegender Seiten. Was fällt dir auf?

b) Ändere dein Viereck mithilfe des Zugmodus und beobachte die Summe der Seitenlängen. Überlege, wie du den entdeckten Zusammenhang beweisen kannst. Zerlege dabei die Vierecksseiten in Teilstücke und addiere geschickt.

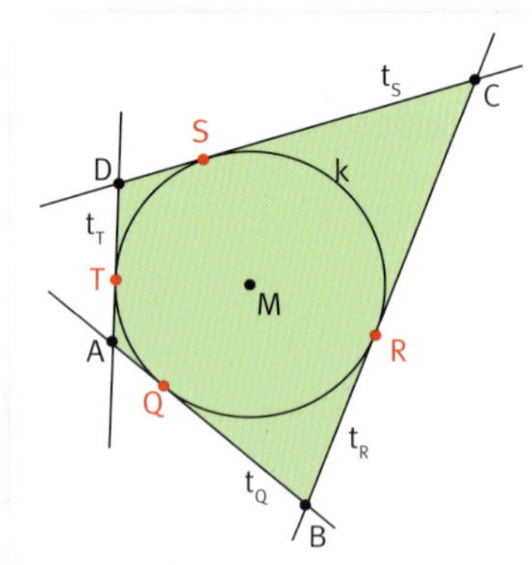

Experiment 3

Wir beginnen damit, auf einen Kreis vier Punkte A, B, C und D zu setzen. Diesmal verbinden wir die Punkte zu einem Viereck ABCD. Man erhält ein sogenanntes **Sehnenviereck**.

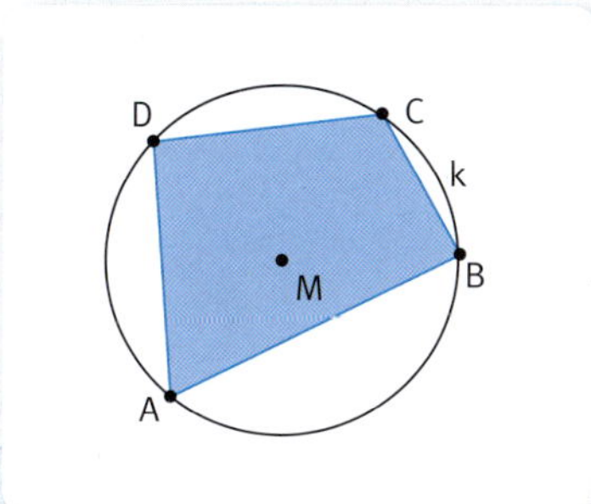

a) Bewege mithilfe des Zugmodus die Punkte auf der Kreislinie. Kannst du auf diese Weise ein Drachenviereck erzeugen? Welche Winkel muss das Drachenviereck haben?

b) Welche Vierecke kannst du noch erzeugen? Beachte dabei auch die Lage der Diagonalen.

Experiment 4

Erstelle zunächst ein Sehnenviereck ABCD wie in Experiment 3.

a) Verwende das Winkelmesswerkzeug und miss alle vier Innenwinkel. Beachte dabei, dass Winkel gegen den Uhrzeigersinn gemessen werden.

b) Bewege mit dem Zugmodus nur einen Punkt des Vierecks auf dem Kreis. Welche Beobachtung machst du dabei? Was verändert sich, was bleibt gleich?

c) Welchen Zusammenhang vermutest du über die Winkel im Sehnenviereck? Begründe den Zusammenhang.

Beispiele:

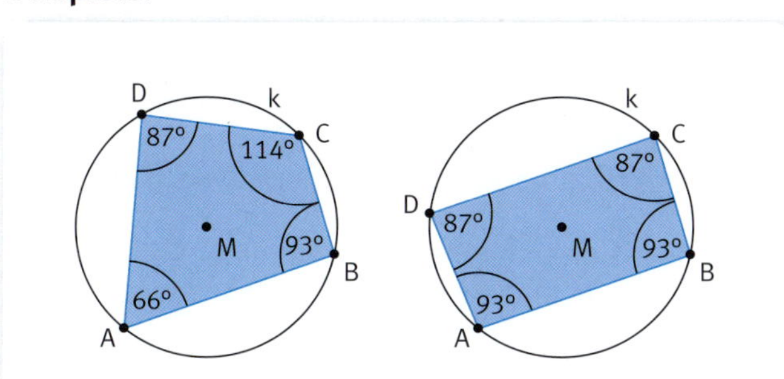

Experiment 5

Erzeuge ein Sehnenviereck ABCD und erweitere die Zeichnung mit einem Tangentenviereck (Werkzeug), wobei die Eckpunkte des Sehnenvierecks ABCD die Berührpunkte des Tangentenvierecks QRST an den Kreis k sind.

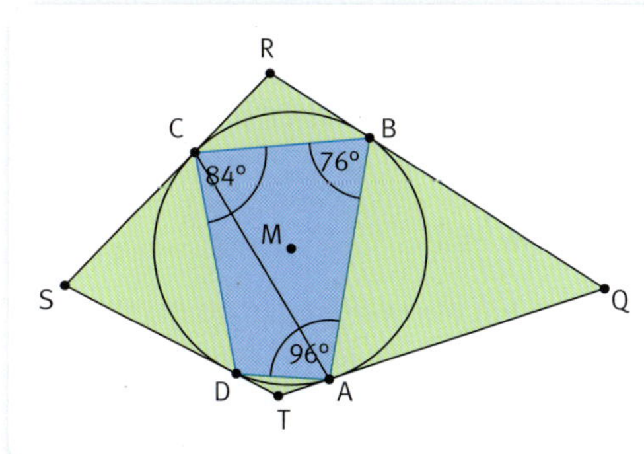

a) Übertrage die Tabelle ins Heft und notiere, welches Tangentenviereck aus welchem Sehnenviereck entsteht.

Sehnenviereck	Tangentenviereck
Quadrat	
Rechteck	
Gleichschenkliges Trapez	
Drachenviereck	

b) Welche Vierecke können gleichzeitig Sehnenvierecke und Tangentenvierecke sein? Experimentiere.

Überprüfe deine Fähigkeiten und Kenntnisse. Bearbeite dazu die folgenden Aufgaben und bewerte anschließend deine Lösungen mit einem Smiley.

☺	😐	☹
Das kann ich!	Das kann ich fast!	Das kann ich noch nicht!

Hinweise zum Nacharbeiten findest du auf der folgenden Seite. Die Lösungen stehen im Anhang.

Aufgaben zur Einzelarbeit

1 In einem Dreieck hat ein Winkel das Maß 105° und seine Gegenseite ist 7,5 cm lang. Was lässt sich über die anderen Winkelmaße und Seitenlängen aussagen?

2 Welche Länge kann die fehlende Seite im Dreieck ABC jeweils haben? Gib ein passendes Intervall an.

a) a = 3,7 cm; b = 7 cm **b)** b = 6 cm; c = 5 cm
c) a = c = 5,6 cm **d)** a = 5,8 cm; b = 2 cm

3 Miss bei den Dreiecken die Längen der Seiten sowie die Größe der Winkel und konstruiere mit genau diesen Angaben ein kongruentes Dreieck.

a)

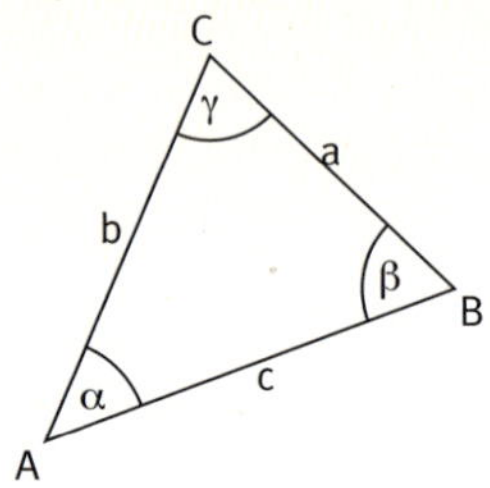

b)

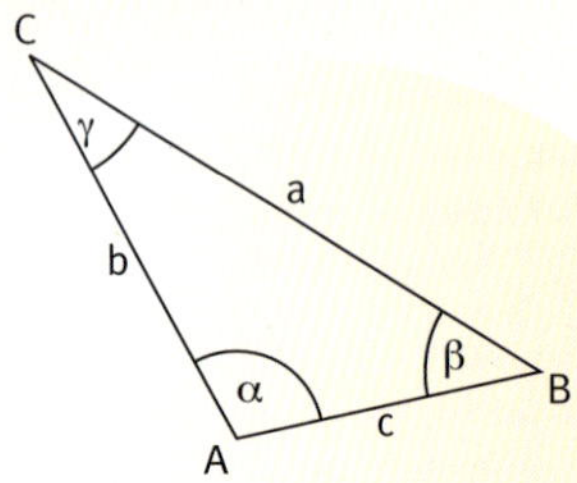

4 Konstruiere ein gleichschenkliges Dreieck ABC.

a) c = 5,9 cm; α = 67°; a = b
b) b = 5,4 cm; α = 45°; a = c
c) a = 4,5 cm; b = 6 cm; a = c
d) γ = 45°; w_γ = 5 cm; a = b

5 Zeichne ein Dreieck nach folgender Konstruktionsbeschreibung:
1. Zeichne die Strecke $\overline{BC}$ mit 5 cm Länge.
2. Zeichne eine Parallele p zu $\overline{BC}$ im Abstand von 4 cm.
3. Trage an B den Winkel β = 50° ab.
4. Der freie Schenkel von β und die Parallele p schneiden sich in A.

6 Die Höhe eines Bürogebäudes soll mithilfe eines Winkelmessers gemessen werden. Er wird in 70 m Entfernung vom Bürogebäude aufgestellt. Die Spitze des Gebäudes wird unter einem Winkel von 35° gemessen. Die Augenhöhe bleibt unberücksichtigt. Fertige zunächst eine Skizze an und zeichne dann im Maßstab 1 : 1000. Bestimme aus der Zeichnung die Höhe des Gebäudes.

7 Früher wurden schwer zugängliche Höhen wie abgebildet gemessen. Schätze zunächst die Höhe des Felsens. Ermittle anschließend die Höhe zeichnerisch.

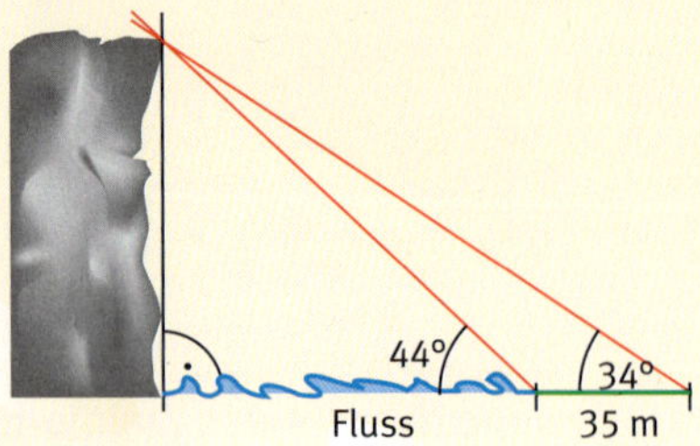

8 Konstruiere mithilfe des Satzes von Thales ein bei C rechtwinkliges Dreieck, wenn Folgendes gilt:

a) c = 8 cm; b = 4 cm **b)** c = 12,5 cm; h_c = 5 cm

9 Konstruiere für das Dreieck ABC mit A (–5|–1), B (4|–1) und C (3|4,5) den Inkreis und den Umkreis. Gib die Koordinaten der Kreismittelpunkte an.

10 Zeichne ein gleichseitiges Dreieck (s = 4 cm) und konstruiere den Umkreis und den Inkreis. Was fällt dir auf?

11 Gegeben sind das Dreieck ABC mit A (0|3), B (1|0), C (4|3) und der Punkt P (9|1).

a) Konstruiere den Umkreis K des Dreiecks ABC und gib die Koordinaten des Mittelpunkts M an.
b) Konstruiere die beiden Tangenten t und s des Punktes P an den Umkreis K.
c) Konstruiere die Tangente r im Kreispunkt A.
d) Gib die Koordinaten der zwei neuen Tangentenschnittpunkte R und S an.
e) Begründe, warum die Geraden durch die Schnittpunkte R und S und den Mittelpunkt M Winkelhalbierende des Dreiecks PRS sind.

12 a) Konstruiere ein Rechteck mit einer Seitenlänge a = 4 cm und einer Diagonale e = 7 cm.
b) Konstruiere ein punktsymmetrisches Viereck ABCD mit a = 6 cm, b = 5 cm und δ = 70°.

13 Ein Umfangswinkel und der zugehörige Mittelpunktswinkel ergeben zusammen 192°. Bestimme die beiden Winkelmaße.

14 Die Abbildung zeigt ein „Quadrat im Quadrat".

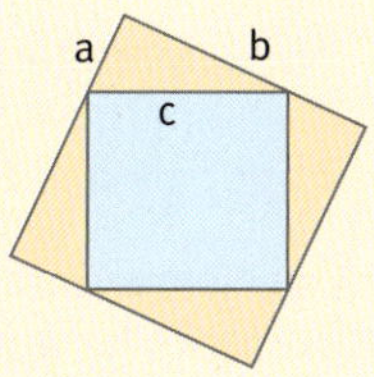

a) Konstruiere das innere Quadrat mit einer Diagonalenlänge von 4 cm.

b) Konstruiere ein passendes äußeres Quadrat ...

1 mithilfe der Kongruenzsätze.

2 mithilfe des Satzes von Thales.

c) Wie viele Lösungen findest du für ein äußeres Quadrat?

15 1 Wenn ein Viereck zwei parallele Seiten hat und die anderen beiden Seiten gleich lang sind, dann ist es ein Parallelogramm.

2 Ein Viereck ist ein Parallelogramm, wenn die Diagonalen senkrecht aufeinander stehen.

3 Bei punktsymmetrischen Vierecken halbieren sich die Diagonalen im Symmetriezentrum.

a) Stelle Voraussetzung und Behauptung der Aussage fest.

b) Ist die Aussage richtig? Begründe oder widerlege durch ein Gegenbeispiel.

16 SW ist die Winkelhalbierende von $\sphericalangle ASB$. Dabei gilt: $SW \perp AB$. Beweise: $\overline{SA} = \overline{SB}$ mithilfe eines ...

a) Kongruenzbeweises. **b)** Abbildungsbeweises.

Aufgaben für Lernpartner

Arbeitsschritte

1 Bearbeite die folgenden Aufgaben alleine.

2 Suche dir einen Partner und erkläre ihm deine Lösungen. Höre aufmerksam und gewissenhaft zu, wenn dein Partner dir seine Lösungen erklärt.

3 Korrigiere gegebenenfalls deine Antworten und benutze dazu eine andere Farbe.

Sind folgende Behauptungen **richtig** oder **falsch**? Begründe schriftlich.

17 In einem Dreieck ist jede Seite länger als die Summe der beiden anderen Seiten.

18 Die Schreibweise des Kongruenzsatzes SsW besagt, dass der Winkel der größeren Seite gegenüberliegt.

19 Ein Dreieck, von dem man alle drei Innenwinkel kennt, lässt sich eindeutig konstruieren.

20 Es gibt Dreiecke, die keinen Inkreis haben.

21 Der Umkreismittelpunkt eines Dreiecks ist von den Ecken des Dreiecks und von den Seiten des Dreiecks gleich weit entfernt.

22 Jedes Rechteck hat einen Umkreis.

23 Der Inkreismittelpunkt liegt immer innerhalb des Dreiecks.

24 Der Umkreismittelpunkt liegt immer innerhalb des Dreiecks.

25 Der Umfangswinkelsatz ist ein Sonderfall des Satzes von Thales.

26 Ein mathematischer Zusammenhang lässt sich stets an einem Beispiel beweisen.

27 Man kann geometrische Zusammenhänge durch die Verwendung der Kongruenzsätze für Vierecke beweisen.

28 Bei Abbildungsbeweisen nutzt man die Eigenschaften symmetrischer Abbildungen aus.

Aufgabe	Ich kann ...	Hilfe
1, 2, 17	geometrische Zusammenhänge im Dreieck beurteilen.	S. 8
3, 4, 5, 6, 7, 18, 19	Dreiecke konstruieren und zur Lösung von Sachaufgaben nutzen.	S. 10
9, 10, 20, 21, 22, 23, 24	den Umkreis und Inkreis von Dreiecken zeichnen.	S. 12, 14, 16
8, 12, 14	den Satz des Thales und seine Eigenschaften für Konstruktionen nutzen.	S. 18
11	Kreistangenten konstruieren.	S. 22
13, 25	Zusammenhänge zwischen Umfangswinkel und Mittelpunktswinkel am Kreis beschreiben und verwenden.	S. 24
15, 16, 26, 27, 28	einfache mathematische Beweise mithilfe der Kongruenzsätze und Symmetrieabbildungen erstellen.	S. 26

S. 8

$a > b \Longrightarrow \alpha > \beta$ ...
$\alpha > \gamma \Longrightarrow a > c$ ...

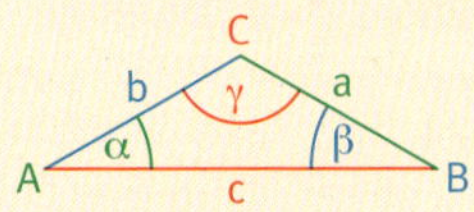

Seite-Winkel-Beziehung
In jedem Dreieck liegt der größeren Seite auch der größere Winkel gegenüber und umgekehrt.

Dreiecksungleichung
In einem Dreieck sind zwei Seiten zusammen stets länger als die dritte Seite (z. B. $a + b > c$).

S. 12
S. 14
S. 16

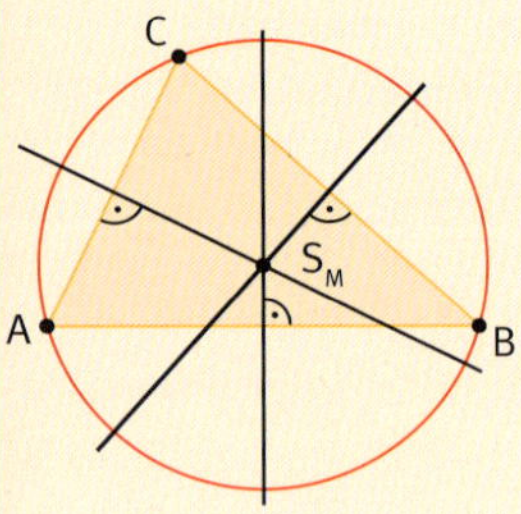

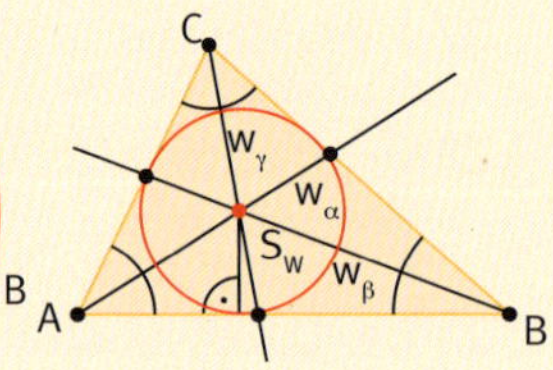

Der Schnittpunkt der **Mittelsenkrechten** eines Dreiecks ist der **Umkreismittelpunkt**. Der **Umkreis** verläuft durch alle drei Ecken des Dreiecks.
Der Schnittpunkt der **Winkelhalbierenden** eines Dreiecks ist der **Inkreismittelpunkt**. Der Inkreis berührt alle Dreiecksseiten.

S. 18

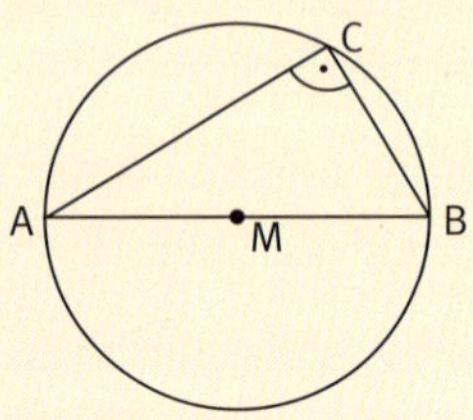

Satz des Thales
Ein **Dreieck**, von dem zwei Punkte den Durchmesser eines Kreises („**Thaleskreis**") begrenzen und dessen dritter Punkt auf der Kreislinie liegt, ist stets **rechtwinklig**. Der rechte Winkel liegt am „dritten" Punkt auf der Kreislinie an.

S. 22

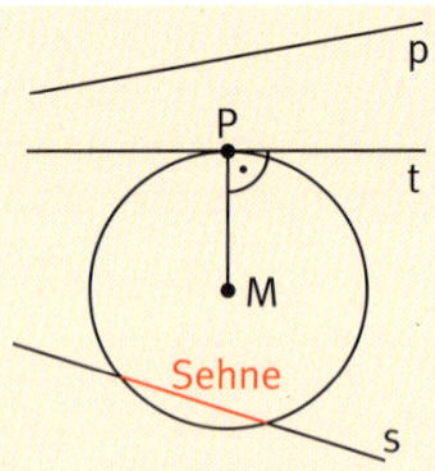

Lage von Gerade und Kreis
- kein Schnittpunkt: Gerade ist Passante.
- ein Schnittpunkt: Gerade ist Tangente.
- zwei Schnittpunkte: Gerade ist Sekante.

Die Tangente steht senkrecht zu einem Radius des Kreises.

S. 24

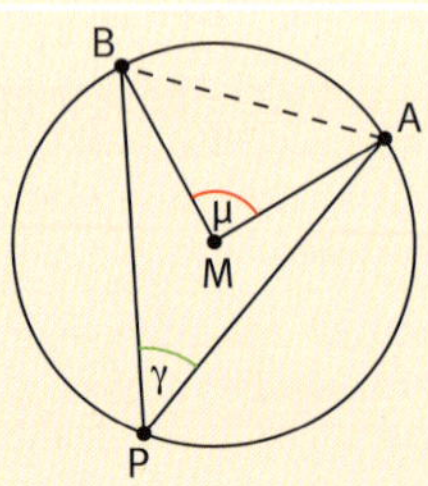

Umfangswinkelsatz: Alle Umfangswinkel γ über einer Sehne $\overline{AB}$ eines Kreises sind **gleich groß** und halb so groß wie der zugehörige Mittelpunktswinkel μ.
Der Umfangswinkelsatz ist ein Sonderfall des **Satz des Thales.**

S. 26

Schritte bei einem **Kongruenzbeweis:**
1. Aufsuchen von Teildreiecken
2. Nachweis der Übereinstimmung in drei einander entsprechenden Stücken
3. Folgerung der Kongruenz
4. Folgerung der Behauptung

Ein Verfahren, nach dem man eine **allgemeingültige Aussage** erhält, nennt man **Beweis**.

Eine Möglichkeit für den Beweis geometrischer Zusammenhänge ist die Verwendung der Kongruenzsätze für Dreiecke. (**Kongruenzbeweis**)

Geometrische Zusammenhänge lassen sich mithilfe der Eigenschaften symmetrischer Abbildungen beweisen. (**Abbildungsbeweis**)

Daten

1 Beim Werfen einer Reißzwecke gibt es zwei mögliche Positionen:

Kopf (K)	Spitze (S)

Bei einem Experiment ergaben sich folgende Ergebnisse:
S, S, K, S, S, S, K, K, S, S, K, S, S, S, S, K, S, S, K, S,
S, S, S, S, S, S, S, K, K, S, K, S, S, K, K, S, S, K, K, S,
S, S, S, S, K, S, S, S, S, K, S, S, S, S, K, S, S, S, S, S,
K, S, K, S, K, S, S, S, S, S, S, S, K, S, S, K, S, S, S, S

a) Bestimme für K und S die absoluten Häufigkeiten sowie den jeweiligen Anteil an den Würfen.

b) Stelle den Sachverhalt in einem Diagramm dar.

c) Mache einen Vorschlag für ein Gewinnspiel mit der Reißzwecke, das „gerecht“ abläuft. Begründe deinen Vorschlag.

2 Die beiden Spielquader wurden mehrfach geworfen. Das Diagramm stellt die Ergebnisse dar.

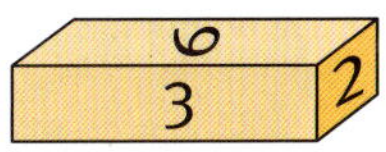

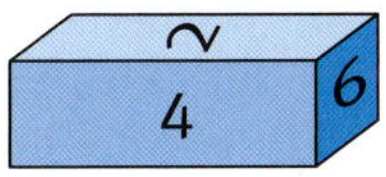

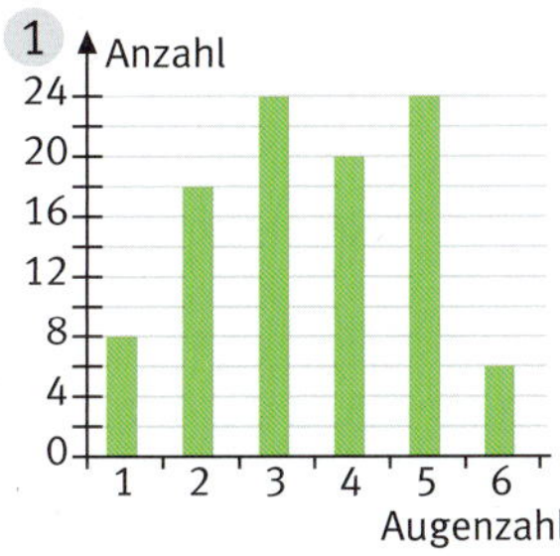

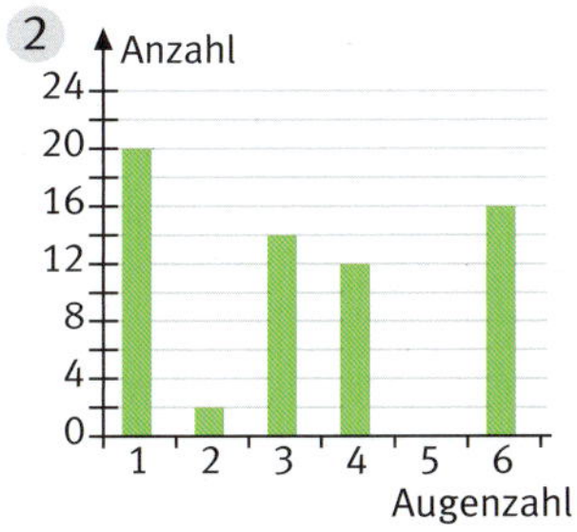

a) Bestimme bei jedem Diagramm die relativen Häufigkeiten der Seiten des Spielquaders.

b) Welches Diagramm gehört wohl zu welchem Quader? Begründe deine Antwort.

3 Sophie hat sich zwei Wochen lang notiert, wie lange sie für die Hausaufgaben benötigt. Wie lange braucht sie im Durchschnitt dafür?

48 min	*56 min*	*1 h 12 min*	*39 min*
1 h 25 min	*52 min*	*1 h 42 min*	
36 min	*54 min*	*1 h 6 min*	

Gleichungen

4 Entscheide jeweils ohne zu rechnen, ob die Lösung eine positive oder negative Zahl ist. Begründe deine Entscheidung.

a) $2x + 12 = 3$ **b)** $-2x + 3 = 19$
c) $4x - 8 = 6$ **d)** $-3x - 5 = 7$
e) $\frac{1}{2}x - 17 = -23$ **f)** $-5x + 9 = -17$
g) $-2{,}5x - 6 = -1$ **h)** $\frac{2}{5}x - \frac{6}{7} = -1\frac{3}{8}$
i) $-3x + 14 = -9{,}5$ **j)** $\frac{1}{2}x + 44 = -6$
k) $0{,}2x - 7 = 0$ **l)** $-\frac{1}{4}x - \frac{7}{8} = \frac{1}{2}$

5 Stelle eine passende Gleichung auf und löse sie. Bestimme die Definitionsmenge.

a) Die Summe aus einer rationalen Zahl und 3 ergibt 14.

b) Das Produkt einer natürlichen Zahl mit 6 ergibt 18.

c) Die Differenz aus dem Dreifachen einer ganzen Zahl und 12 ergibt 36.

d) Ein Viertel einer natürlichen Zahl addiert man zu 3 und erhält 5.

e) Man dividiert eine ganze Zahl durch 8 und erhält 8.

6 Bestimme die Lösungsmenge ($D = \mathbb{Q}$).

a) $2y + (y + 9) \cdot 2 = 46$

b) $19 - 33 = 4 \cdot (y - 1) - y$

c) $-(x + 1) + 4 = (17 - 5) : 2$

d) $-4 + 5 \cdot 14 = x - 1 + 4 \cdot (x + 1)$

e) $3 \cdot (2 - y) + 0{,}6 = 0{,}3 \cdot 15$

7 Nicole hat in der Hausaufgabe Gleichungen gelöst ($D = \mathbb{Q}$). Überprüfe Nicoles Arbeit und gib die Umformungen an, die Nicole gemacht hat. Korrigiere im Heft und notiere jeweils einen Tipp für Nicole, wie sie gemachte Fehler vermeiden kann.

a)
$13 + 0{,}8y + \frac{2}{5}y = -4$
$\Leftrightarrow 0{,}8y + \frac{2}{5}y = -9$
$\Leftrightarrow 0{,}8y + 0{,}2y = -9$
$\Leftrightarrow y = -9$
$L = \{-9\}$

b)
$(x + 4) \cdot 2 - \frac{1}{3}x = -2$
$\Leftrightarrow x + 8 - \frac{1}{3}x = -2$
$\Leftrightarrow \frac{2}{3}x = -10$
$\Leftrightarrow x = -\frac{20}{3}$
$L = \{-\frac{20}{3}\}$

Winkel

8 Übertrage ins Heft und kennzeichne auftretende Wechselwinkel.

a)

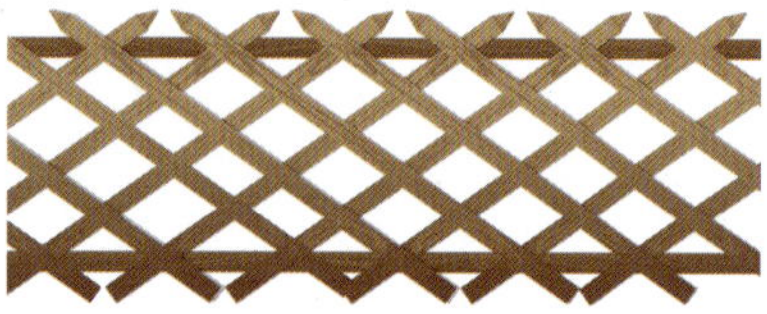

b)

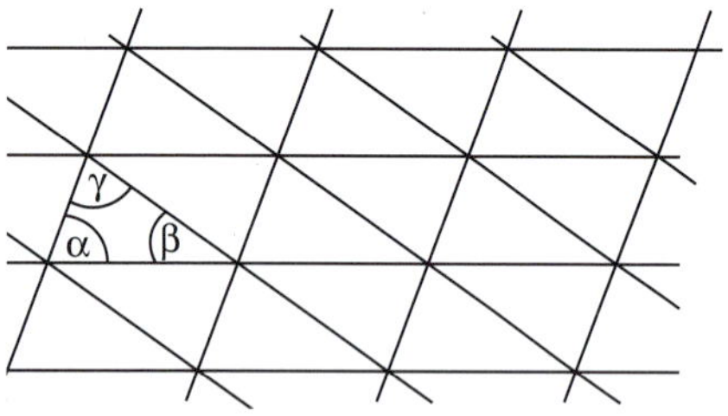

9 Bestimme die Maße der fehlenden Winkel. Begründe deine Entscheidung.

a)

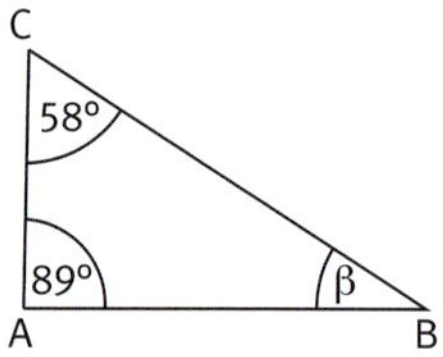

b)

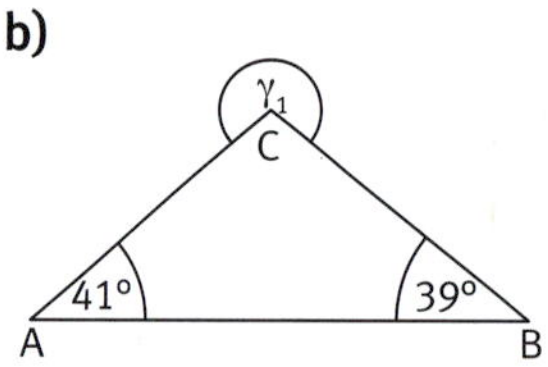

c) g ∥ h

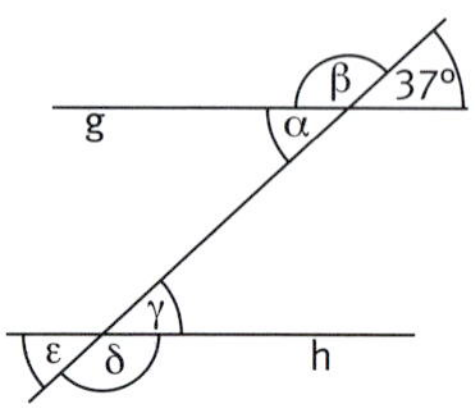

d) g ∥ h und s ∥ t

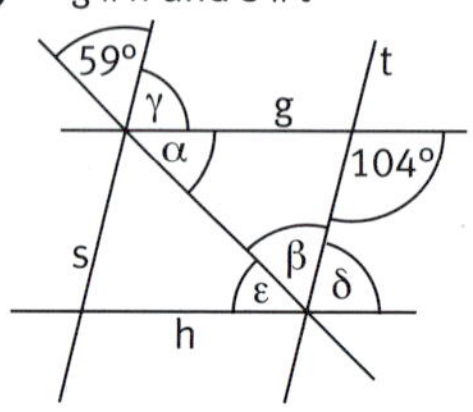

10 Xenia und Antonia wollen die Innenwinkelsumme eines Fünfecks berechnen. Dazu machen sie folgende Unterteilungen:

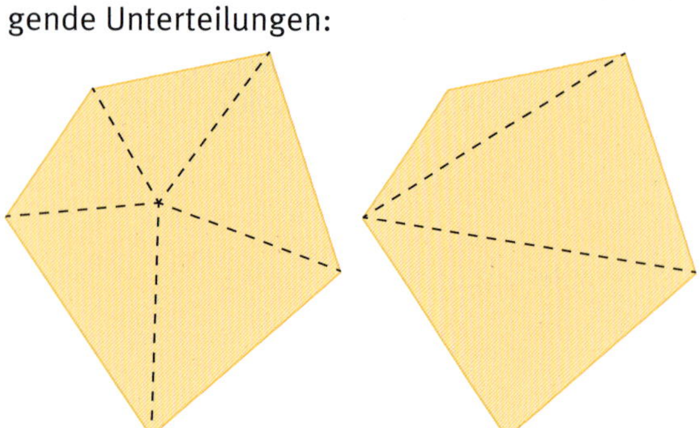

Xenia: $5 \cdot 180° = 900°$ Antonia: $3 \cdot 180° = 540°$

Wer von beiden hat Recht? Begründe.

Prozentrechnung

11 Übertrage in dein Heft und bestimme die fehlenden Größen.

a)

	alter Preis	Erhöhung	neuer Preis
1	280 €	4,5 %	
2	7600 €	1,2 %	
3		4 %	6552 €
4		12,5 %	1395 €
5	240 €		252 €
6	14 000 €		14 490 €

b)

	alter Preis	Verminderung	neuer Preis
1	850 €	5 %	
2	2760 €	2,6 %	
3		12 %	649,44 €
4		5,5 %	1171,80 €
5	976,00 €		888,16 €
6	24,80 €		24,18 €

12 Ein Paar Inline-Skates kostete letztes Jahr 185,50 €. In diesem Jahr wurden die Preise vor der Saison um 10 % erhöht, am Ende der Saison wurde der aktuelle Preis um 10 % gesenkt. Nadine meint: „Dann kosten sie ja genauso viel wie im letzten Jahr.“ Hat Nadine Recht? Begründe.

13 Bei einer Tomatenlieferung sind 6 % der Waren verdorben. Das entspricht 15 kg der gesamten Lieferung.

a) Wie groß war die Lieferung?

b) Mit welchen Einnahmen rechnet der Gemüsehändler, wenn er die guten Tomaten für 1,80 € pro Kilogramm verkaufen möchte?

14 a) Ein Vermieter verlangt für eine Wohnung nun 510 € statt 480 €. Wie viel Prozent beträgt die Mieterhöhung?

b) Ein Mieter muss jetzt 616 € im Monat bezahlen, nachdem die Miete um 12 % erhöht wurde. Wie viel bezahlte der Mieter vorher?

2 Terme und Gleichungen

Einstieg

- Maria Montessori hat für Kinder einen besonderen Würfel entwickelt. Welche Mathematik steckt dahinter? Beschreibe die Seiten des großen Würfels, die du erkennen kannst, wenn du alle Holzwände entfernst. Woran erkennen die Kinder, dass der Würfel richtig zusammengesetzt ist?
- Zeichne eine Seitenfläche des Würfels und beschrifte die farbigen Flächen durch Terme. Ermittle damit einen alternativen Term für die Seitenfläche $A = (a + b)^2$ sowie das Volumen $V = (a + b)^3$. Beschreibe dein Vorgehen.

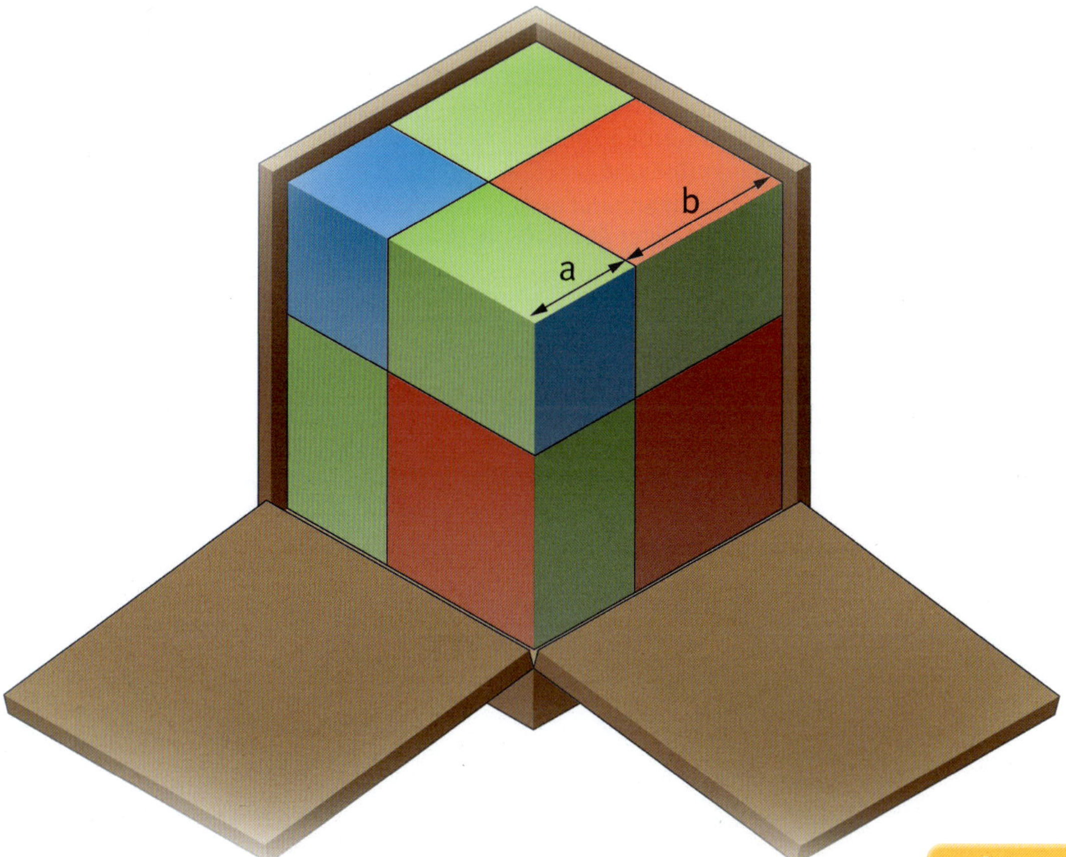

Ausblick

Am Ende dieses Kapitels hast du gelernt, ...
- Terme zu Sachverhalten aufzustellen.
- Terme durch äquivalente Umformungen zu vereinfachen.
- die binomischen Formeln anzuwenden.
- lineare Gleichungen und Ungleichungen durch inhaltliche Überlegungen und algebraische Verfahren zu lösen.
- Formeln aus der Mathematik und den Naturwissenschaften nach gesuchten Größen umzustellen.

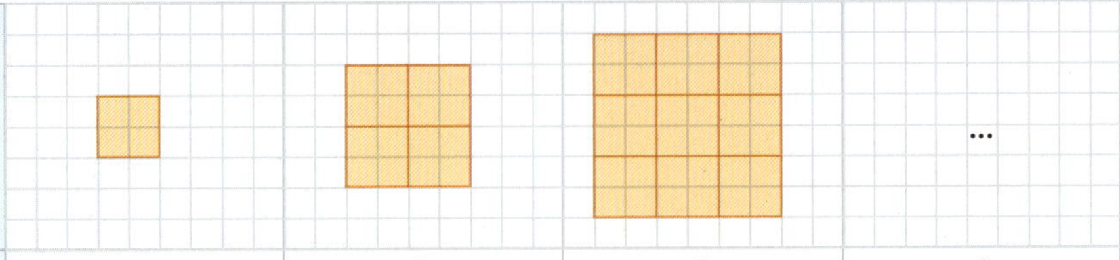

Schritt	1	2	3	4
Flächeninhalt	1 cm^2	4 cm^2		

- Übertrage die Tabelle in dein Heft und setze sie um mindestens zwei Schritte fort.
- Finde einen Term für den Flächeninhalt in jedem Schritt.
- Beschreibe den Term in Worten.
- Überprüfe den Term für den 10. (12., 15.) Schritt.

Merkwissen

Mithilfe von Termen und Variablen kann man mathematische Zusammenhänge beschreiben. Dabei treten **Variablen** (a, b, c, ..., x, y, z) als Platzhalter für Zahlen auf. In **Termen** werden Zahlen und/oder Variablen mithilfe von Rechenzeichen miteinander verbunden.

Terme lassen sich anhand der bekannten Rechenregeln **vereinfachen**. Dadurch entstehen zueinander **äquivalente** (gleichwertige) Terme:

Eine **Summe gleicher Summanden** lässt sich als **Produkt** schreiben.

Beispiel:

$x + x + y + x + y + x = x + x + x + x + y + y = 4 \cdot x + 2 \cdot y$

Gleichartige Summanden haben stets dieselben Variablen.

3xy ist die Kurzschreibweise für das Produkt $3 \cdot x \cdot y$.

Gleichartige Summanden lassen sich zusammenfassen.

Beispiel:

$3xy + 7xz - 7xy + 2xy - 2xz$	gleichartige Summanden ordnen
$= 3xy - 7xy + 2xy + 7xz - 2xz$	gleichartige Summanden zusammenfassen
$= -2xy + 5xz$	

Beispiele

I Ein Würfel hat ein Volumen von 1 cm^3.

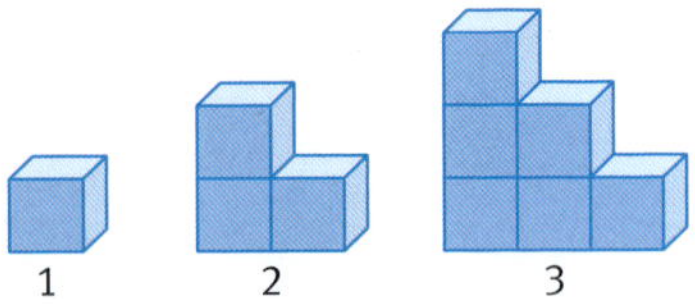

a) Setze die Reihe der Würfeltürme um zwei Schritte fort.

b) Beschreibe in Worten, wie sich das Gesamtvolumen mit jedem Schritt verändert.

c) Finde einen Term, der das Volumen des Turms beim n-ten Schritt beschreibt.

Lösungsmöglichkeit:

a)

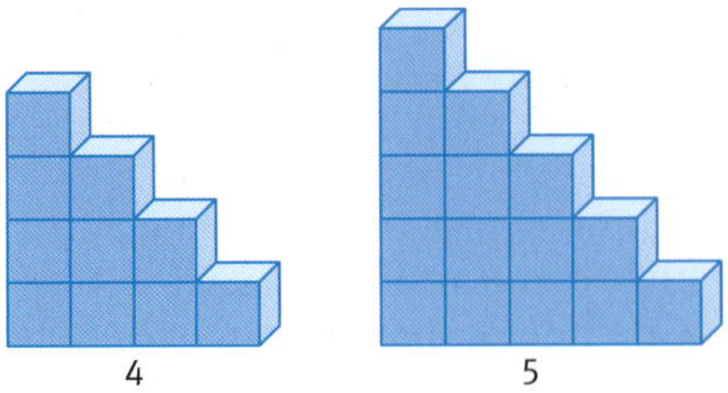

Oftmals sind mehrere Terme für einen Sachverhalt möglich.

b) Beim 2. Schritt kommen 2 Würfel hinzu, beim 3. Schritt 3 Würfel, beim n-ten Schritt also n Würfel.

c) $V(n) = V(n-1) + n$
oder
$V(n) = \frac{1}{2}n \cdot (n+1)$

V(n) bedeutet: Volumen beim Schritt n

Verständnis

- Begründe, warum sich nur gleichartige Summanden zusammenfassen lassen.
- „Im Term x + y darf man nicht dieselben Zahlen für x und y einsetzen.“ Nimm Stellung zu der Aussage.

Aufgaben

1 ① ②

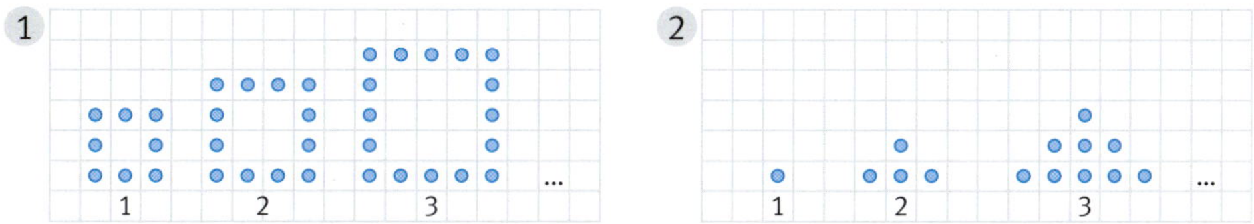

a) Übertrage die Reihe in dein Heft und setze sie um zwei Schritte fort.

b) Beschreibe in Worten, wie sich das Muster mit jedem Schritt ändert.

c) Stelle einen Term auf, der die Anzahl der Punkte beim n-ten Muster angibt. Überprüfe deinen Term für den 5. (8., 10.) Schritt.

2 Stelle einen Term auf.

a) Verdreifache die Summe aus x und 7 und subtrahiere vom Ergebnis 12.

b) Quadriere das Doppelte einer Zahl und dividiere das Ergebnis durch 4.

c) Subtrahiere vom Fünffachen einer Zahl die Differenz aus der Zahl und 17.

3 Fasse, wenn möglich, zusammen. Berechne dann den Term für $x = -2$ und $y = 4$.

Lösungen zu 3: −52; −31,2; −16; −12; −6; −1; −0,9; 1,3; 10; 12; 27; 34

a) $17x + 8 + 13x$ b) $3x + 18 - x - 4$ c) $4{,}5x + 2{,}5x + 2$

d) $2{,}6x + 1{,}3 - 2{,}6x$ e) $36x + 12y - 18x$ f) $1{,}5y + 2x - 4{,}5y$

g) $3\frac{1}{4}x + 8y - \frac{3}{4}x$ h) $7{,}5y - 3x - 0{,}5y$ i) $-3y + x - 7 + 5y$

j) $1{,}5y - 2{,}5 - 1{,}3y - \frac{2}{5}x$ k) $2{,}8x - 4y + 2{,}2x - 5{,}2$ l) $-3 + \frac{5}{8}y - 5 + \frac{1}{4}x$

4 Ergänze so, dass die Rechnung stimmt.

a) $6a + \square = 10a$ b) $2x + 3x + \square = 9x$ c) $12z - \square + 3z = 8z$

d) $7r + \square - 3s + s = 5r - 2s$ e) $3y + \square - 8x - \square = 7y - 12x$

5 Übertrage die Sterne ins Heft und ergänze die fehlenden Einträge.

Der Wert eines äußeren Sternzackens ergibt sich aus dem Produkt der beiden angrenzenden Felder.

a)

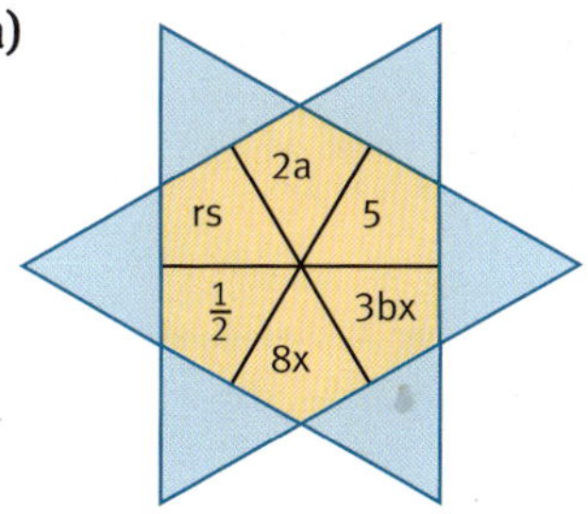

b)

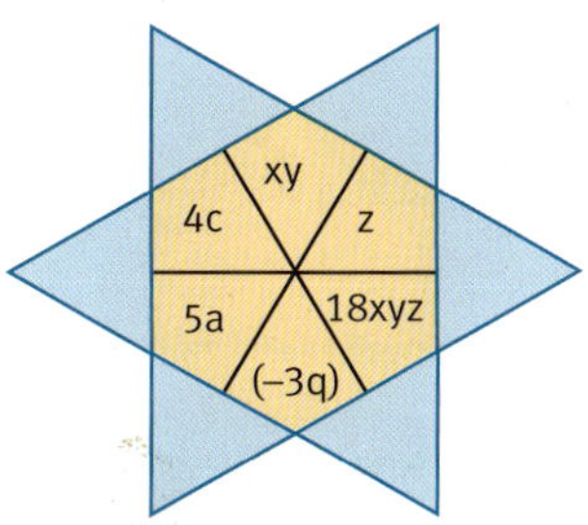

6 Ergänze so, dass die Rechnung stimmt.

Findest du mehrere Möglichkeiten?

a) $7x \cdot \square = 21x$ b) $4q \cdot \square = 2q$ c) $\square \cdot 16 = -64b$

d) $4t \cdot \square \cdot 2s = 8rst$ e) $120pq : \square = 3pq$ f) $3y : \square \cdot 6x = 2xy$

g) $16x \cdot (-2z) \cdot \square = 4xyz$ h) $2q \cdot \square \cdot (-2)\,s = 8pqrs$ i) $x \cdot y \cdot z : \square = xyz$

j) $14a^2 \cdot \square \cdot \square = 21a^2xy$ k) $-c \cdot d \cdot \square \cdot \square = 3c^2d^3r$ l) $\square \cdot (-2) \cdot \square = \frac{3}{4}a^2b^3c$

Übertrage das Muster mindestens zweimal in dein Heft.

- Beschrifte in einem Muster die einzelnen Flächeninhalte mit einem Term.
- Markiere im anderen Muster die Flächeninhalte, die durch die folgenden Terme gegeben sind:

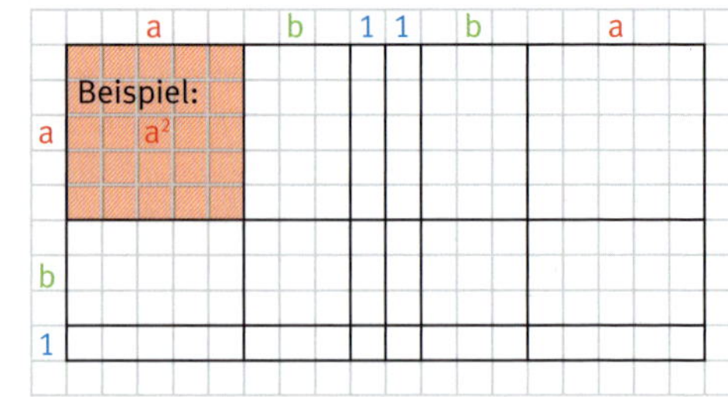

(1) $a \cdot (a + b)$ (2) $(a + b) \cdot (a + b)$ (3) $(b + 1) \cdot (b + a)$ (4) $b \cdot (1 + b + a)$

- Stelle die Terme (1) bis (4) durch äquivalente Terme dar, indem du die einzelnen Rechtecksflächen verwendest, in die sich die Flächen zerlegen lassen.
- Beschreibe eine Möglichkeit, wie man Produkte von Termen zerlegen kann. Überprüfe an weiteren Beispielen im Muster.

Merkwissen

Mithilfe des Distributivgesetzes kann man Zahlen und einzelne Variablen **ausmultiplizieren** bzw. **ausklammern.**

- Wird eine Summe mit einem Faktor multipliziert, dann wird **jeder Summand mit dem Faktor (aus-)multipliziert**. Die entstandenen Produkte werden mit ihren Vorzeichen addiert.
  Beachte: Terme werden multipliziert, indem Zahlen mit Zahlen und Variablen mit Variablen multipliziert werden: $3x \cdot 4y = 3 \cdot 4 \cdot x \cdot y = 12xy$
- Kommt in einer Summe von Produkten in jedem Summanden derselbe Faktor vor, dann kann dieser **gemeinsame Faktor ausgeklammert** werden.

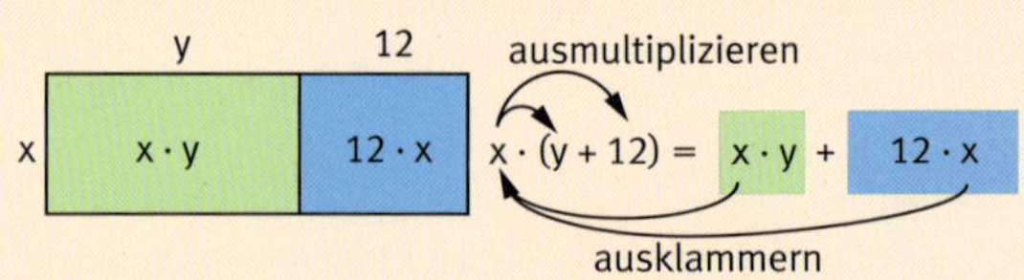

Werden Summen miteinander multipliziert, dann muss man **jeden Summanden der ersten Summe** mit **jedem Summanden der zweiten Summe** multiplizieren. Die entstandenen Produkte werden dann mit ihren Vorzeichen addiert.

Es wird „jeder mit jedem" multipliziert.

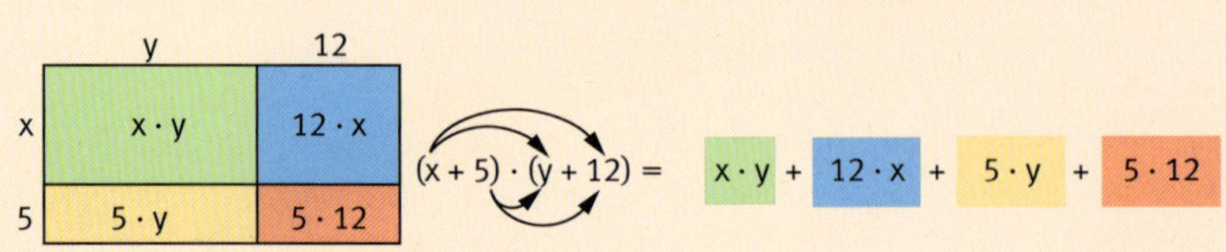

Beispiele

I Multipliziere die Klammern aus und vereinfache.

a) $(3x + y) \cdot 5$ b) $\frac{2}{3} \cdot (19{,}2x + 1)$ c) $(7{,}2r - 8{,}8s) : \frac{4}{5}$

Lösung:

Die Division durch einen Bruch lässt sich in eine Multiplikation mit dem Kehrwert umformen.

a) $(3x + y) \cdot 5$
$= 3x \cdot 5 + y \cdot 5$
$= 15x + 5y$

b) $\frac{2}{3} \cdot (19{,}2x + 1)$
$= \frac{2}{3} \cdot 19{,}2\,x + \frac{2}{3} \cdot 1$
$= 12\,\frac{4}{5}x + \frac{2}{3}$

c) $(7{,}2r - 8{,}8s) : \frac{4}{5}$
$= 7{,}2r : \frac{4}{5} - 8{,}8s : \frac{4}{5}$
$= 7{,}2r \cdot \frac{5}{4} - 8{,}8s \cdot \frac{5}{4}$
$= 9r - 11s$

II Wie lautet der gemeinsame Faktor? Klammere ihn aus und vereinfache.

a) $5ab + 7a - 3ac$ b) $12xy + 4xz + 8vx$ c) $7mn + m$

Lösung:

a) $5ab + 7a - 3ac$
$= a \cdot (5b + 7 - 3c)$

a ist der gemeinsame Faktor aller Summanden.

b) $12xy + 4xz + 8vx$
$= 3 \cdot 4xy + 4xz + 2 \cdot 4vx$
$= 4x \cdot (3y + z + 2v)$

In den Summanden lassen sich 4 und x als Faktoren ausklammern. Der gemeinsame Faktor ist 4x.

c) $7mn + m = 7mn + 1m$
$= m \cdot (7n + 1)$

m ist der gemeinsame Faktor.

Beachte: $m = 1 \cdot m$

III Das Produkt von Summen lässt sich übersichtlich mithilfe einer Verknüpfungstabelle darstellen.

Erinnere dich: $x \cdot x = x^2$, aber $x + x = 2x$

$(3x + 7) \cdot (4x - 5)$
$= 12x^2 + \underbrace{28x - 15x}{} - 35$
$= 12x^2 \quad + 13x \quad - 35$

·	4x	−5
3x	$12x^2$	−15x
7	28x	−35

a) Erkläre das Vorgehen.

b) Berechne ebenso: $(2a - 3b) \cdot (12 - 6a)$

Lösung:

a) Jeder Summand der ersten Klammer muss mit jedem Summanden der zweiten Klammer multipliziert werden. Dieses kann man durch die Darstellung der einzelnen Summanden in die Spalten bzw. Zeilen einer Verknüpfungstabelle erreichen, indem in jeder Zelle das Produkt der einzelnen Summanden steht. Das Vorgehen entspricht der Bestimmung einzelner Flächeninhalte im Merkwissen.

b) $(2a - 3b) \cdot (12 - 6a)$
$= 24a - 12a^2 - 36b + 18ab$
$= -12a^2 + 24a + 18ab - 36ab$

·	12	−6a
2a	24a	$-12a^2$
−3b	−36b	+18ab

VERSTÄNDNIS

- Lässt sich jeder Term so umformen, dass man ihn als Produkt schreiben kann? Begründe.
- $6ab + a = a \cdot (6b + 1)$ oder $6ab + a = a \cdot (6b + 0)$. Was ist richtig? Begründe.
- Vervollständige die Sätze und gib ein Beispiel an.
  Steht vor einer Klammer ein Plus-Zeichen, dann kann ...
  Steht vor einer Klammer ein Minus-Zeichen, dann kann ...

AUFGABEN

1 Multipliziere aus und vereinfache so weit wie möglich.

In den Termen werden die Variablen möglichst alphabetisch geordnet.

a) $7 \cdot (4x + 2)$ b) $(-3b + a) \cdot 5$ c) $1{,}7 \cdot (2c + a)$

d) $2x \cdot (x + 2{,}5)$ e) $y \cdot (15 - x)$ f) $3z\,(3z + 4)$

g) $\frac{1}{3}k \cdot (6k + 1)$ h) $\left(-\frac{3}{4}l\right) \cdot (4l - 12)$ i) $\frac{4}{5}s \cdot \left(0{,}75\,t - \frac{3}{2}u\right)$

j) $(-1{,}5a + 4{,}9b) \cdot (-c)$ k) $(-3k + 0{,}2l) \cdot (-3m)$ l) $(-2{,}4s^2 + 3{,}6ts) : (4s)$

2 Finde einen gemeinsamen Faktor. Klammere ihn aus und vereinfache.

a) $\frac{1}{2}ax + 3x - 7xy$ b) $a^2bc - ab^2 + 3{,}2abc$ c) $6mn + 4km + 8m$

d) $2{,}5s^2f - 1{,}5s^2t + 12s^2$ e) $-35rs + 21r - 49rs^2$ f) $1{,}2gh + 0{,}3g - 1{,}5gk$

g) $\frac{2}{3}d^2 - 1\frac{1}{3}1cd + d$ h) $0{,}8k^2l^2 - 1{,}6kl^2 + mkl^2$ i) $1{,}9x^3y - 4{,}6x^2y^2 + x^2y^3$

3 a) Der Flächeninhalt der Figur wurde auf zwei Arten (jeweils ohne Einheiten) berechnet. Erkläre das Vorgehen.

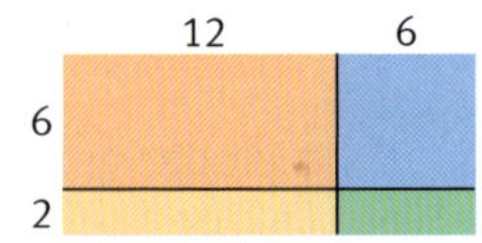

1 $A = 6 \cdot 12 + 6 \cdot 6 + 2 \cdot 12 + 2 \cdot 6 = 144$

2 $A = (6 + 2) \cdot (12 + 6) = 8 \cdot 18 = 144$

b) Beschreibe analog zu a) den Flächeninhalt auf zwei verschiedene Arten.

1
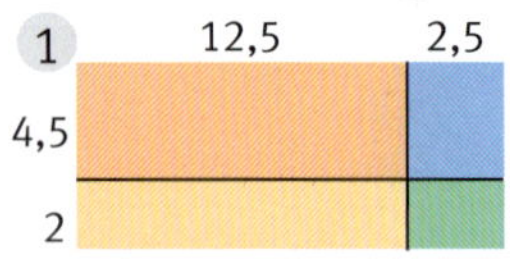

2
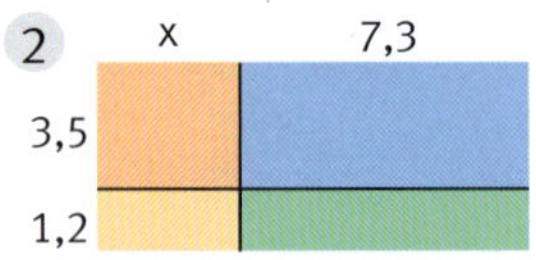

3
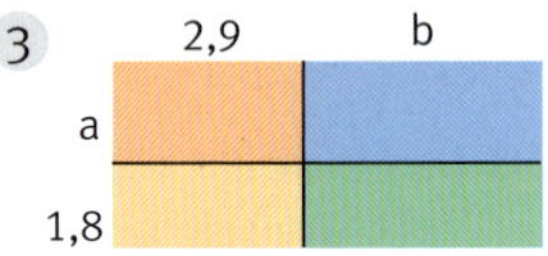

4 Berechne das Produkt mithilfe einer Verknüpfungstabelle wie im Beispiel III. Vereinfache so weit wie möglich.

a) $(x + 2) \cdot (x + 3)$ b) $(r + s) \cdot (r - 1)$ c) $(-2a + 5) \cdot (1{,}2y - 0{,}4)$

d) $(-2x + 7) \cdot (x - y)$ e) $\left(0{,}4k - \frac{2}{3}\right) \cdot (-l + 8)$ f) $(-3{,}2a + 0{,}5b) \cdot (a - 2b)$

g) $(1{,}4y + 1{,}8) \cdot (-x + y)$ h) $(-s^2 + 2t) \cdot (s - 0{,}6)$ i) $(2k - t^2) \cdot (1{,}6 - 0{,}3t)$

5 In den Verknüpfungstabellen zur Multiplikation von Summen fehlen Werte.

1

·	□	5
x	x^2	□
□	□	15

2

·	3a	□
□	6a	□
5b	□	$5b^2$

3

·	4k	□
□	$16k^2$	□
□	2kl	l^2

4

·	2x	□
□	$7x^2$	□
$\frac{1}{4}y$	□	$2y^2$

5

·	□	−6
−x	$4x^2$	□
□	□	6y

6

·	$-\frac{2}{5}x$	$\frac{3}{4}z$
y	$-\frac{2}{5}xy$	□
□		$-3z^2$

a) Übertrage die Tabellen in dein Heft und vervollständige sie.

b) Wie lautet die zugehörige Aufgabenstellung? Vereinfache so weit wie möglich.

Klammern, vor denen ein Minuszeichen – steht, nennt man auch ***Minusklammern****.*

6 a) Erkläre die Richtigkeit der nebenstehenden Aussage anhand der folgenden Gleichheit.
$-(2x - 4{,}5) = (-1) \cdot (2x - 4{,}5) = -2x + 4{,}5$

b) Löse die folgenden Klammern auf und vereinfache.

1 $5{,}5 - (3{,}5a + 4{,}5)$ 2 $1{,}8m - \left(\frac{4}{5}m + 3m\right)$

3 $1{,}2x - (2{,}6 - 3{,}1x)$ 4 $-\frac{4}{7}s - \left(0{,}8 - \frac{3}{7}s\right)$

5 $3a^2 - (-1{,}9a + 0{,}2a^2)$ 6 $-5x^2 - \left(\frac{1}{5}x + 3x^2\right)$

7 $-\left(\frac{2}{5}b + \frac{3}{4}c\right)$ 8 $2x - (7x + 15)$

9 $-\frac{5}{2}a - b \cdot \left(ab + \frac{1}{b}\right)$ 10 $-6y - (4{,}5 + 9y)$

11 $x - 4 \cdot \left(8x + \frac{2}{5}y\right)$ 12 $3z - (4z - 3z^2)$

13 $3y - (-7y + xy)$ 14 $-2 \cdot (6x + 4z) - 9z$

7 Übertrage ins Heft und ergänze so, dass die Rechnung stimmt.

a) $2 \cdot \left(\square + \frac{2}{5}v\right) = \frac{1}{12}u + 0{,}8v$ **b)** $3{,}5ab + 14a^2b = \square \cdot \left(\frac{1}{2} + 2a\right)$

c) $\square : 5 + 2r + 3 = 27r + 3$ **d)** $81p - 15q = \square \cdot (\square p - 5q)$

e) $\square \cdot \frac{4}{3}q + \frac{2}{9} = 12q + \square$ **f)** $\square + 2{,}5x^2 - x = x \cdot (4x^2 + 2{,}5x - \square)$

8 Hier stimmt doch was nicht. Finde den Fehler und verbessere ihn im Heft.

a) $2x - 4y + 8r - 2$
$= 2 \cdot (x - 2y + 4r)$

b) $(3x - 2) \cdot (x + 4)$
$= 3x^2 - 2x + 12x + 8$
$= 3x^2 + 14x + 8$

c) $8 \cdot (b + \frac{3}{4}a) - (b + 3)$
$= 8b + 6a - b + 3$
$= 6a + 7b + 3$

9 Multipliziere aus und vereinfache so weit wie möglich.

Schaffst du es auch ohne Verknüpfungstabelle?

a) $(x + 5) \cdot (x - 4)$ **b)** $(x + y) \cdot (y - 2x)$ **c)** $(6 - x) \cdot (6 - y)$

d) $(x - 3) \cdot (2x - 6)$ **e)** $(-2x + 3y) \cdot (x - 5y)$ **f)** $(5{,}5x + 2{,}6) \cdot (4x - 1{,}2y)$

g) $\left(4\frac{1}{10}x + \frac{3}{5}\right) \cdot (y - 2)$ **h)** $(x - 1{,}3y) \cdot (-1{,}3x + y)$ **i)** $\left(\frac{1}{2}x^2 - 4x\right) \cdot \left(\frac{1}{5}x - y\right)$

10 Übertrage die Rechenmauern in dein Heft und vervollständige sie.

a) Addition **b)** Subtraktion **c)** Multiplikation **d)** Division

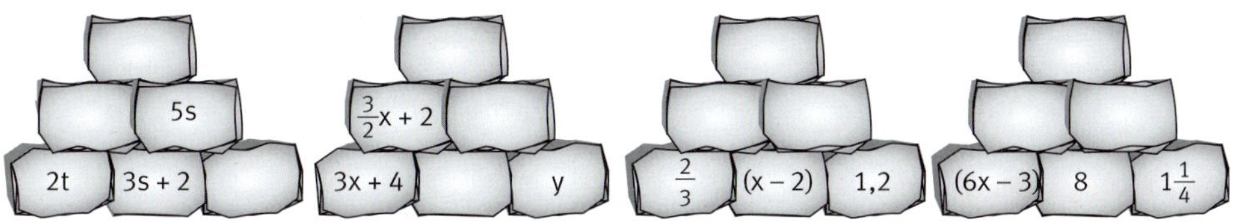

Der Wert eines Steins ergibt sich aus der entsprechenden Rechnung der darunter liegenden Steine (von links nach rechts).

11 Das in der Randspalte skizzierte Grundstück soll umzäunt werden. Der Flächeninhalt beträgt 180 m². Bestimme die Außenmaße des Grundstücks.

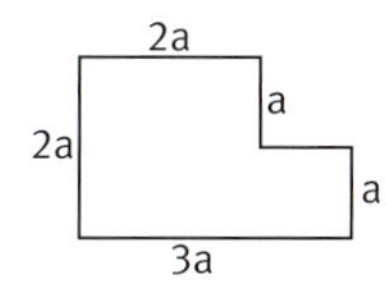

12 Markus baut ein Drahtmodell einer Kirche. Dabei achtet er darauf, dass keine Kante doppelt besetzt wird.

a) Stelle einen Term auf, mit dem man die Länge eines Drahtes für das Modell bestimmen kann. Vereinfache den Term so weit wie möglich.

b) Für den Term aus a) gilt:
$a = 2b + 4$ cm und $c = b + 2$ cm. Ersetze die Variablen und vereinfache erneut.

c) Wie lang muss der Draht für $b = 8$ cm mindestens sein? Warum mindestens? Finde Gründe.

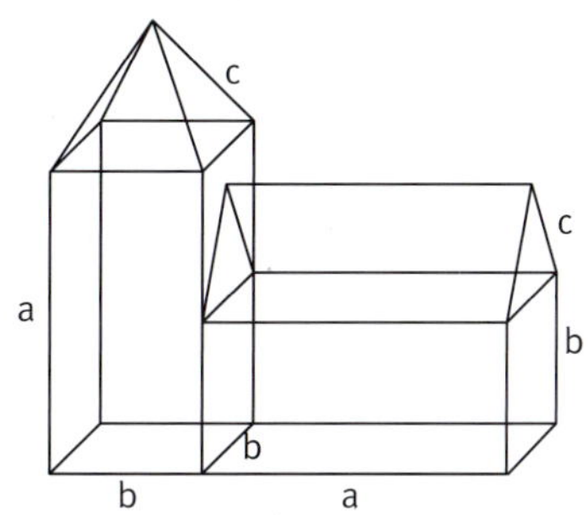

Die Skizze ist nicht maßstabsgetreu.

13 Man kann mithilfe einer Verknüpfungstabelle auch Produkte von Summen mit mehr als zwei Summanden bestimmen.

a) Erkläre das Vorgehen im Beispiel.

b) Berechne ebenso:

1 $(2a - 3b + 7) \cdot (3a + b - 8)$

2 $(-x + 4y + z) \cdot (x - y + 4)$

c) Wie muss eine Tabelle für $(2x + 4) \cdot (x - 3 + y)$ aussehen? Begründe und berechne.

Beispiel:

	$2x$	$3y$	-5
x	$2x^2$	$3xy$	$-5x$
$-y$	$-2xy$	$-3y^2$	$+5y$
1	$2x$	$3y$	-5

$(x - y + 1) \cdot (2x + 3y - 5)$
$= 2x^2 + 3xy - 5x - 2xy - 3y^2$
$+ 5y + 2x + 3y - 5$
$= 2x^2 - 3y^2 - 3x + 8y + xy - 5$

Schneide dir ein dünnes quadratisches Papier zurecht oder verwende Origami-Papier.

Die Windmühle kann sich auch drehen, wenn du sie mit einer Stecknadel an einem Holzstift befestigst.

1
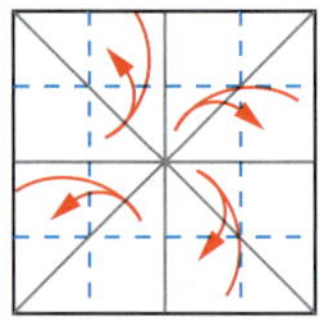

Falte die Diagonalen und Mittellinien und öffne jeweils wieder. Anschließend falte alle Quadratkanten nochmals zur Mittellinie.

2
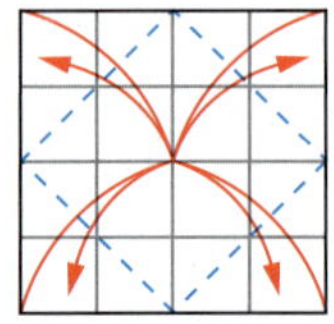

Öffne die Viertelungen wieder. Falte alle vier Ecken zur Mitte und öffne sie wieder.

3
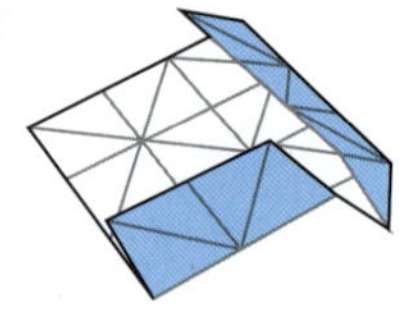

Falte zwei angrenzende Quadratseiten um und forme in der Ecke einen Windmühlenflügel. Wiederhole das Vorgehen reihum.

- Entfalte die Windmühle und betrachte das Faltmuster. Zeige am Faltmuster die folgenden Flächengleichheiten:

1
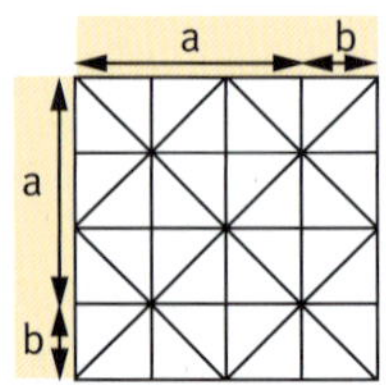

$(a + b)^2$
$= a^2 + 2ab + b^2$

2
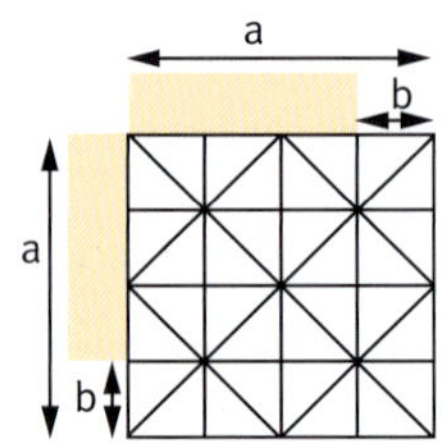

$(a - b)^2$
$= a^2 - 2ab + b^2$

3
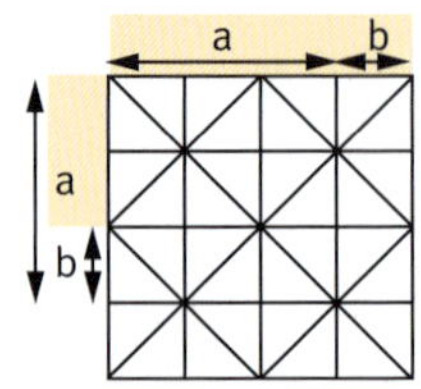

$(a + b) \cdot (a - b)$
$= a^2 - b^2$

Merkwissen

Die **binomischen Formeln** sind ein Sonderfall der Multiplikation von Summen, die besonders häufig verwendet werden.

		Quadrat 1. Summand		doppeltes Produkt beider Summanden		Quadrat 2. Summand
1.	$(a + b)^2 =$	a^2	+	2ab	+	b^2
2.	$(a - b)^2 =$	a^2	−	2ab	+	b^2
3.	$(a + b) \cdot (a - b) =$	a^2			−	b^2

Die binomischen Formeln lassen sich in beide Richtungen anwenden: ausmultiplizieren bzw. zusammenfassen.

Beispiele

I Löse die Klammern auf und vereinfache.

a) $(x + 3)^2$ **b)** $(3x + y) \cdot (3x - y)$

Lösung:

a) $(x + 3)^2 = x^2 + 2 \cdot x \cdot 3 + 3^2$
$= x^2 + 6x + 9$

b) $(3x + y) \cdot (3x - y) = (3x)^2 - y^2$
$= 9x^2 - y^2$

Überlegungen:

- *Betrachte die quadrierten Teilterme: Wie lauten die Summanden?*
- *Wie lautet das doppelte Produkt der Summanden? Welches Vorzeichen hat es?*

II Wende die binomischen Formeln an und schreibe mit Klammern.

a) $4x^2 - 2ax + \frac{1}{4}a^2$ **b)** $1 - 169r^2$

Lösung:

a) $4x^2 - 2ax + \frac{1}{4}a^2$
$= (2x)^2 - 2ax + \left(\frac{1}{2}a\right)^2$
$= \left(2x - \frac{1}{2}a\right)^2$

b) $1 - 169r^2$
$= (1)^2 - (13r)^2$
$= (1 + 13r) \cdot (1 - 13r)$

Verständnis

- Worin unterscheiden sich die 1. und die 2. binomische Formel? Beschreibe.
- Wieso entfällt der „mittlere Teil" bei der 3. binomischen Formel? Erkläre anschaulich.

Aufgaben

Binomische Formeln werden kurz „Binome" genannt.
Binom: Zweigliedriger Ausdruck (aus dem lateinischen)

1 Wende die binomischen Formeln an.

a) $(x + 5)^2$ b) $(4 + y)^2$ c) $(x - 1)^2$
d) $\left(x + \frac{1}{4}\right)^2$ e) $\left(y + \frac{2}{3}\right)^2$ f) $\left(x + 1\frac{1}{2}\right)^2$
g) $(7 - x)^2$ h) $\left(\frac{1}{5} - y\right)^2$ i) $\left(\frac{4}{9} + x\right)^2$
j) $(x - y)^2$ k) $(x + 2y)^2$ l) $(y - 0{,}5z)^2$
m) $\left(x + \frac{1}{4}z\right)^2$ n) $(x - 2y)^2$ o) $(5x - 2z)^2$

2 Nutze die 3. binomische Formel zum Vereinfachen.

Beachte: a + b = b + a

a) $(x + 2) \cdot (x - 2)$ b) $(x - 3) \cdot (3 + x)$ c) $(y - 4) \cdot (y + 4)$
d) $(6 - x) \cdot (6 + x)$ e) $\left(y + \frac{2}{5}\right) \cdot \left(y - \frac{2}{5}\right)$ f) $\left(\frac{4}{9} - x\right) \cdot \left(\frac{4}{9} + x\right)$
g) $(y - 7) \cdot (7 + y)$ h) $(3 - x) \cdot (3 + x)$ i) $(y - 2x) \cdot (y + 2x)$
j) $(2x - 7) \cdot (2x + 7)$ k) $(3 + 2y) \cdot (3 - 2y)$ l) $(9x - 12y) \cdot (9x + 12y)$
m) $(3z - s) \cdot (s + 3z)$ n) $(4x - 5) \cdot (5 + 4x)$ o) $(8z - 9x) \cdot (8z + 9x)$

3 Löse die Klammern auf und vereinfache so weit wie möglich.

a) $(a + 3)^2$ b) $(b - 6)^2$ c) $(7 - x) \cdot (7 + x)$
d) $(2x - 4)^2$ e) $\left(\frac{1}{2}y + 2{,}5\right) \cdot \left(\frac{1}{2}y - 2{,}5\right)$ f) $(3{,}5 + 5z)^2$
g) $(7r - 2{,}3)^2$ h) $\left(\frac{2}{3}v + t\right)^2$ i) $(a + 1{,}9b) \cdot (a - 1{,}9b)$
j) $(11r - 4s) \cdot (11r + 4s)$ k) $\left(0{,}6v + \frac{5}{6}w\right)^2$ l) $\left(\frac{m}{3} - 8\right) \cdot \left(\frac{m}{3} + 8\right)$
m) $(2{,}5x - 3y) \cdot (3y + 2{,}5x)$ n) $(y - 0)^2 \cdot (0 - y)$ o) $\left(\frac{35}{36} - \frac{17}{36}\right)^2$

4 Überprüfe mithilfe von Verknüpfungstabellen die Richtigkeit der binomischen Formeln aus dem Merkwissen.

5 Ordne zu. Welche Terme sind äquivalent?

1 $x \cdot (4 + x)$	2 $(x - 2)^2$	A $x^2 - 4$	B $x^2 + 4x + 4$
3 $(2 - x) \cdot (2 + x)$	4 $(x - 2^2) \cdot (x + 2^2)$	C $x^2 - 4x + 4$	D $x^2 + 4x$
5 $(2 + x)^2$	6 $(x + 2) \cdot (x - 2)$	E $-x^2 + 4$	F $x^2 - 16$

6 Fasse geschickt mithilfe binomischer Formeln zusammen wie im Beispiel II.

a) $x^2 + 22x + 121$ b) $a^2 - 26a + 169$ c) $25 - y^2$
d) $1 + 2x + x^2$ e) $\frac{1}{4}t^2 - st + s^2$ f) $4a^2 - 36a + 81$
g) $9x^2 + 30xy + 25y^2$ h) $\frac{1}{4}s^2 - s + 1$ i) $36k^2 - 144m^2$
j) $0{,}64a^2 + 6{,}4a + 16$ k) $\frac{4}{9}x^2 - \frac{4}{15}x + \frac{1}{25}$ l) $0{,}49r^2 - \frac{121}{169}$
m) $0{,}09 + 0{,}6x + x^2$ n) $y^2 - 4 \cdot \frac{1}{5} + \frac{4}{25}$ o) $0{,}04x^2 - 2{,}25y^2$

7 Erkläre mithilfe der Zeichnung die Gültigkeit der 3. binomischen Formel anschaulich.

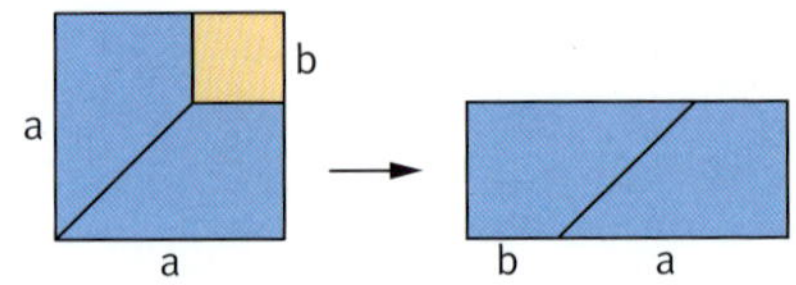

8 „Das Quadrat einer Differenz ergibt als Ergebnis die Differenz aus dem Quadrat des Minuenden und dem doppelten Produkt aus Minuend und Subtrahend addiert zum Quadrat des Subtrahenden."

a) Welche binomische Formel wird hier beschrieben?

b) Beschreibe ebenso in Worten die beiden anderen binomischen Formeln.

9 Löse zuerst die binomische Formel auf und vereinfache dann.

a) $4 \cdot (a + 3)^2$ **b)** $3 \cdot (x - 2y)^2$ **c)** $2 \cdot (2 - x) \cdot (2 + x)$
d) $x \cdot \left(x + \frac{1}{3}\right)^2$ **e)** $k \cdot (2m + 9)^2$ **f)** $\frac{1}{3} \cdot (3a - b)^2$
g) $-2 \cdot (-x - 5)^2$ **h)** $-y \cdot (y + 2)^2$ **i)** $2x \cdot (4 - x)^2$
j) $(2y - 11) \cdot (2y + 11) \cdot y$ **k)** $t \cdot (5t - 0)^2$ **l)** $5 \cdot (y - 6)^2$

10 Ergänze die Lücke so, dass du eine binomische Formel anwenden kannst. Vereinfache anschließend.

a) $x^2 + 6x + \square$ **b)** $x^2 - 16x + \square$ **c)** $x^2 - 22x + \square$
d) $x^2 - x + \square$ **e)** $x^2 + 0{,}6x + \square$ **f)** $x^2 + 3x + \square$
g) $x^2 - \square\, x + 49$ **h)** $x^2 + \square\, x + 2{,}25$ **i)** $x^2 - \square\, x + \frac{4}{9}$
j) $x^2 - 2 \cdot \frac{1}{3}x + \square$ **k)** $x^2 - \square\, x + 9$ **l)** $\square\, x^2 - \frac{1}{8}x + \frac{1}{64}$

11 Übertrage in dein Heft und fülle die Lücken aus.

a) $(x + \square)^2 = \square + \square + 64$ **b)** $(y - \square)^2 = \square - 5y + \square$
c) $(2a + \square)^2 = \square + 2a + \square$ **d)** $(\square - 12)^2 = \square - 6m + \square$
e) $(3x - \square) \cdot (3x + \square) = \square - 0{,}25$ **f)** $\left(\square - \frac{2}{5}\right)^2 = 2\frac{1}{4}r^2 - \square + \square$
g) $\left(\square + \frac{2}{5}\right)^2 = 16z^2 + \square + \square$ **h)** $\left(\square\, t - 7\frac{1}{2}\right) \cdot \left(\square\, t + 7\frac{1}{2}\right) = 0{,}36t^2 - \square$

12 Einen quadratischen Term kann man stets mithilfe der binomischen Formeln vereinfachen.

> Quadratische Terme der Form $x^2 + bx + c$ kann man so **quadratisch ergänzen**, dass man sie mithilfe einer binomischen Formel vereinfachen kann. Die Terme sind dabei stets äquivalent zueinander.
>
> 1 $x^2 - 8x + 6$ — 1 Vergleich von $x^2 - bx$ mit der 2. bin. Formel
>
> 2 $\underbrace{x^2 - 8x + 16}\ \underbrace{- 16 + 6}$ — 2 ergänzen von b^2.
>
> 3 $(x - 4)^2 \quad - \quad 10$ — 3 Anschließend vereinfachen.
>
> $= (x - 4)^2 - 10$

Führe eine quadratische Ergänzung für die gegebenen Terme durch.

a) $x^2 + 12x$ **b)** $x^2 - 8x$ **c)** $x^2 + 26x$ **d)** $x^2 - 0{,}2x$
e) $x^2 + 8x + 6$ **f)** $x^2 - 6x - 4$ **g)** $x^2 - 5x + 9$ **h)** $x^2 + 2x - 8$
i) $8x^2 + 48x + 16$ **j)** $3x^2 - 27x + 12$ **k)** $-4x^2 + 12x - 24$ **l)** $-0{,}5x^2 + 5x + 3$
m) $5x^2 - 4x + 6$ **n)** $-10x^2 + 8x + 5$ **o)** $-x^2 + \frac{1}{2}x - 4$ **p)** $-2{,}5x^2 + 12{,}5x + 1$

13 Zeige, dass sich der Flächeninhalt A der Figuren durch den angegebenen Term darstellen lässt.

a)
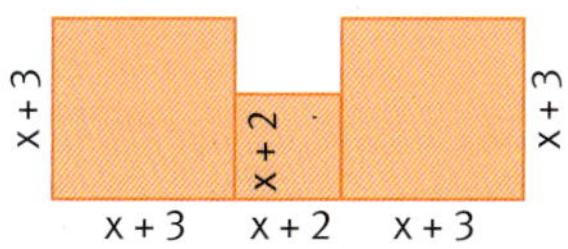

$A = 3x^2 + 16x + 22$

b)
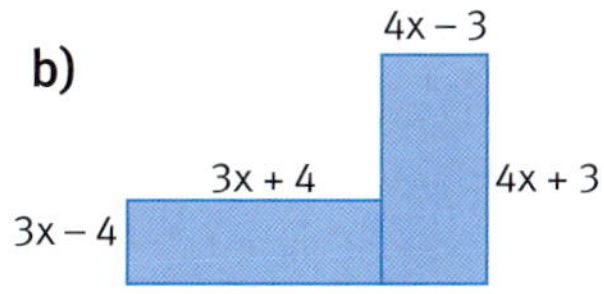

$A = (5x - 5) \cdot (5x + 5)$

c)
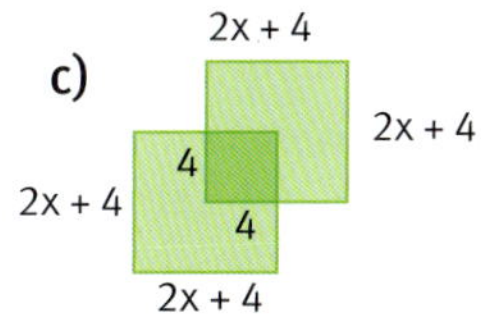

$A = 8 \cdot (x^2 + 4x + 2)$

14 Beim Faktorisieren einer Summe kann man zunächst einen gemeinsamen Faktor aller Summanden ausklammern und anschließend die binomischen Formeln anwenden.

Faktorisieren bedeutet, dass eine Summe in ein Produkt umgeformt wird.

Beispiele: $3x^2 + 24x + 48 = 3 \cdot (x^2 + 8x + 16) = 3 \cdot (x + 4)^2$
$ax^2 - 4ay^2 = a \cdot (x^2 - 4y^2) = a\,(x + 2y) \cdot (x - 2y)$

Faktorisiere wie in den Beispielen.

a) $4x^2 + 48x + 144$ **b)** $3y^2 - 30y + 75$ **c)** $2{,}5x^2 - 20x + 40$
d) $10x^2 + 30x + 22{,}5$ **e)** $250x^2 - 100xy + 10y^2$ **f)** $\frac{7}{4}x^2 - \frac{14}{10}xy + \frac{7}{25}y^2$

15 a) Betrachte die Quadratzahlen nebenan.

1 Setze die Reihe um mindestens drei Schritte fort. Welche Gesetzmäßigkeiten erkennst du?

2 Wie lautet allgemein ein Term $(10 + n)^2$, wenn man für n natürliche Zahlen einsetzt? Wie sieht es bei $(10 - n)^2$ aus?

b) Beschreibe, wie man Quadratzahlen der Form $(20 + n)^2$ und $(30 + n)^2$ berechnen kann. Überprüfe zunächst an Beispielen.

c) Wie kann man allgemein für einen Term $(a + n)^2$ berechnen? Beschreibe in Worten. Erkläre den Zusammenhang mit einer Verknüpfungstabelle.

d) Binomische Formeln für schnelle Rechner: Berechne ohne Taschenrechner, indem du die bisherigen Zusammenhänge nutzt.

18^2 24^2 26^2 35^2 41^2 44^2 57^2 61^2 73^2

$11^2 = (10 + 1)^2$
$= 100 + 20 + 1$

$12^2 = (10 + 2)^2$
$= 100 + 40 + 4$

$13^2 = (10 + 3)^2$
$= 100 + 60 + 9$

$14^2 = \ldots$

Geschichte

Faktorisieren nach Vieta

Bestimmte Summen kann man in ein Produkt umformen (faktorisieren), obwohl ihre Summanden keinen gemeinsamen Faktor enthalten und ihre Struktur auch keiner binomischen Formel entspricht. Franciscus Vieta hat dafür ein Verfahren mittels einer Verknüpfungstabelle angegeben:

Beispiel: $x^2 - 2x - 15$

·	x	–5
x	x^2	$-5x$
3	$3x$	–15

Die Terme x^2 und –15 kann man sofort in die weißen Felder der Verknüfungstabelle eintragen. In die beiden gelb unterlegten Felder müssen Faktoren der Zahl –15 so eingetragen werden, dass deren Summe die Zahl –2 ergibt. Unter mehreren Möglichkeiten findet man die Lösungen 3 und –5 durch Probieren.

Also gilt: $x^2 - 2x - 15 = (x + 3) \cdot (x - 5)$

Franciscus Vieta (1540 – 1603)
Französischer Mathematiker

- Faktorisiere ebenso.

a) $x^2 - 2x - 8$ **b)** $x^2 + 7x + 6$ **c)** $x^2 + 3x - 18$ **d)** $x^2 + 3x - 40$
e) $x^2 - 5x + 6$ **f)** $x^2 + 5x - 36$ **g)** $4x^2 + 2x - 12$ **h)** $\frac{1}{4}x^2 - x - 24$

2.4 Gleichungen lösen

> ***EU-Verordnung:***
> *Ein Lastkraftwagen (Lkw) darf als Sattelzug 16,50 m lang, bis zu 4,0 m hoch und ohne die Außenspiegel 2,55 m breit sein.*

Ein Lkw wird mit Platten beladen. Eine Platte ist 11,20 m lang, 1,75 m breit und 15 cm hoch.

- Stelle einen Term auf, der die Höhe des Lkws mit Ladung angibt, je nachdem, wie viele Platten sich auf dem Lkw befinden.
- Bestimme die Anzahl der Platten, die der Lkw gemäß der EU-Verordnung maximal laden darf.

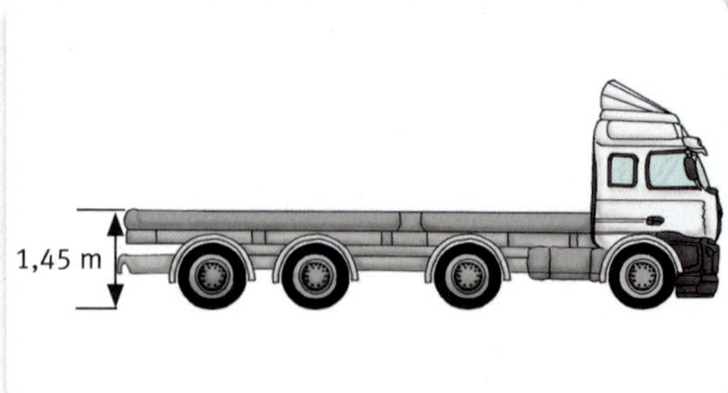

Merkwissen

Um Gleichungen zu lösen, gibt es verschiedene Möglichkeiten:

Systematisches Probieren

Durch Einsetzen von Zahlen **der Reihe nach** oder durch **Einschachteln mit kleinen und großen Zahlen** versucht man, sich der Lösung einer Gleichung schrittweise zu nähern.

Beispiel: $2x + 7 = 21$

x	2x + 7	
5	17	zu klein
6	19	zu klein
7	21	richtig

Umkehraufgabe

Ist der Term auf einer Seite soweit vereinfacht, dann **„baut" man den Term** von der Variablen aus auf und geht anschließend durch die **Umkehroperationen** den Weg wieder bis zur Lösung **zurück**.

Beispiel: $2x + 7 = 21$

$$x \xrightarrow{\cdot 2} 2x \xrightarrow{+7} 2x + 7$$
$$7 \xleftarrow{:2} 14 \xleftarrow{-7} 21$$

(x = 7; 2x + 7 = 21)

Äquivalenzumformung

Formt man eine Gleichung so um, dass sich die **Lösungsmenge nicht ändert**, so spricht man von einer Äquivalenzumformung. Äquivalenzumformungen liegen dann vor, wenn auf beiden Seiten der Gleichung ...

- **dieselbe Zahl** (derselbe Term) **addiert** oder **subtrahiert** wird.
- mit derselben Zahl (demselben Term) **multipliziert** oder **dividiert** wird. Die Zahl darf jedoch nicht null sein.

Beispiel: $6x - 2 \cdot (2x + 7) = 6 + 4x - 2$ $\quad D = \mathbb{Z}$

$6x - 4x - 14 = 4 + 4x$ $2x - 14 = 4 + 4x$	① Terme **vereinfachen**
$\mid -4x$ $-2x - 14 = 4$ $\mid +14$ $-2x = 18$	② Durch Addition und Subtraktion **alle Variablen auf eine Seite** der Gleichung und die **Zahlen ohne Variable auf die andere Seite** bringen
$\mid :(-2)$ $x = -9$	③ Durch Multiplikation und Division den **Faktor vor der Variablen zur 1** machen
$-9 \in \mathbb{Z}$; $L = \{-9\}$	④ **Lösungsmenge** durch Vergleich mit der Definitionsmenge bestimmen

Erinnere dich:

*① Alle Zahlen, die man in eine Gleichung einsetzen darf, bezeichnet man als **Definitionsmenge D**. Die Lösungen der Gleichung müssen aus dieser Menge D stammen.*

*② Alle Zahlen aus D, die eine Gleichung lösen, bezeichnet man als **Lösungsmenge L**.*
Mögliche Fälle:
L = { }: keine Lösung in D
L = {–2}: eine Lösung in D
L = D: alle Zahlen aus D sind Lösung.

Erinnere dich:
$\mathbb{N}$: natürliche Zahlen
$\mathbb{Z}$: ganze Zahlen
$\mathbb{Q}$: rationale Zahlen

Eine Probe am Ende hilft zur Überprüfung.
–9 eingesetzt ergibt:
$-54 - 2 \cdot (-11) = -32$
$6 + 4 \cdot (-9) - 2 = -32$

BEISPIELE

I Bestimme die Lösungsmenge ($D = \mathbb{Z}$).

a) $3x + 8 = -2$ **b)** $a \cdot (a - 5) = a^2 - 2a + 75$

Lösung:

a)
$$\begin{aligned} 3x + 8 &= -2 \quad \text{(}-8\text{)} \\ 3x &= -10 \quad \text{(}:3\text{)} \\ x &= -\tfrac{10}{3} \end{aligned}$$
$-\frac{10}{3} \notin \mathbb{Z}$; $L = \{\,\}$

b)
$$\begin{aligned} a \cdot (a - 5) &= a^2 - 2a + 75 && \mid \text{vereinfachen} \\ a^2 - 5a &= a^2 - 2a + 75 && \mid -a^2 \\ -5a &= -2a + 75 && \mid +2a \\ -3a &= 75 && \mid :(-3) \\ a &= -25 \end{aligned}$$
$-25 \in \mathbb{Z}$; $L = \{-25\}$

Probe: l. S.: $-25 \cdot (-25 - 5) = 750$

r. S.: $(-25)^2 - 2 \cdot (-25) + 75 = 750$

Kurzschreibweise mit einem Strich „|", um die Änderung zu notieren.

linke Seite: l. S.

rechte Seite: r. S.

II Bestimme die Lösungsmenge. Vereinfache mithilfe binomischer Formeln ($D = \mathbb{Q}$).

a) $(2 - x)^2 = x \cdot (x + 5) - 4$ **b)** $(a + 9)^2 = (a - 4)^2$

Lösung:

a)
$$\begin{aligned} (2 - x)^2 &= x \cdot (x + 5) - 4 \\ 4 - 4x + x^2 &= x^2 + 5x - 4 && \mid -x^2 \\ 4 - 4x &= 5x - 4 && \mid -5x \\ 4 - 9x &= -4 && \mid -4 \\ -9x &= -8 && \mid :(-9) \\ x &= \tfrac{8}{9} \end{aligned}$$
$\frac{8}{9} \in \mathbb{Q}$; $L = \{\frac{8}{9}\}$

Probe:

l. S.: $\left(2 - \frac{8}{9}\right)^2 = \frac{100}{81}$

r. S.: $\frac{8}{9} \cdot \left(\frac{8}{9} + 5\right) - 4 = \frac{100}{81}$

b)
$$\begin{aligned} (a + 9)^2 &= (a - 4)^2 \\ a^2 + 18a + 81 &= a^2 - 8a + 16 && \mid -a^2 \\ 18a + 81 &= -8a + 16 && \mid +8a \\ 26a + 81 &= 16 && \mid -81 \\ 26a &= -65 && \mid :26 \\ a &= -2{,}5 \end{aligned}$$
$-2{,}5 \in \mathbb{Q}$; $L = \{-2{,}5\}$

Probe:

l. S.: $(-2{,}5 + 9)^2 = 6{,}5^2$

r. S.: $(-2{,}5 - 4)^2 = (-6{,}5)^2 = 6{,}5^2$

Du kannst auch quadratische Terme wie a^2 auf eine Seite bringen und vereinfachen.

VERSTÄNDNIS

- Marie hat einen Tipp: „Wenn Äquivalenzumformungen oder Umkehraufgabe nicht klappen, dann versuche ich als letztes Mittel immer systematisches Probieren. Das klappt fast immer." Wie kommt Marie zu ihrem Tipp?
- Für welchen Wert von x gilt $-x = x$?

AUFGABEN

1 Erkläre die Umformungen zwischen den einzelnen Waagenbildern.

2 Notiere jeweils eine Gleichung und löse.

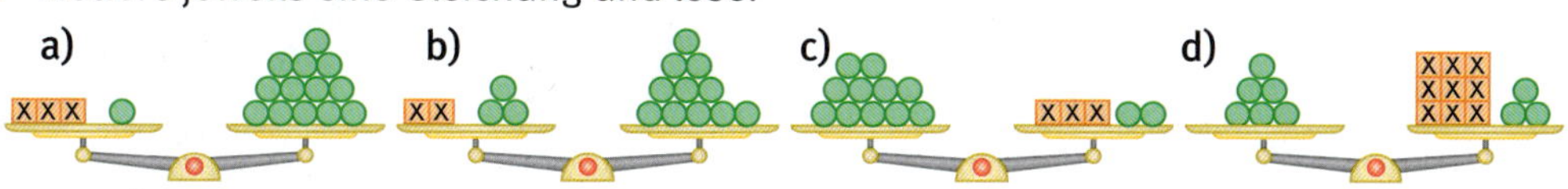

3 Erkläre die Umformungen ($D = \mathbb{Q}$).

a)
$$\begin{aligned} 5x + 9 &= 27 \\ 5x &= 18 \\ x &= 3{,}6 \end{aligned}$$
$3{,}6 \in \mathbb{Q}$;
$L = \{3{,}6\}$

b)
$$\begin{aligned} a \cdot (a + 4) &= a^2 + 7a + 24 \\ a^2 + 4a &= a^2 + 7a + 24 \\ 4a &= 7a + 24 \\ -3a &= 24 \\ a &= -8 \end{aligned}$$
$-8 \in \mathbb{Q}$; $L = \{-8\}$

c)
$$\begin{aligned} (x - 5) \cdot (x + 5) &= (x - 7)^2 + 2 \\ x^2 - 25 &= x^2 - 14x + 51 \\ -25 &= -14x + 51 \\ -76 &= -14x \\ 5\tfrac{3}{7} &= x \end{aligned}$$
$5\frac{3}{7} \in \mathbb{Q}$; $L = \{5\frac{3}{7}\}$

Lösungen zu 4:
$L = \{-7{,}25\}$; $L = \{1\}$;
$L = \{-2\}$; $L = \{0{,}5\}$;
$L = \{1{,}5\}$; $L = \{5{,}45\}$;
$L = \{-7{,}2\}$; $L = \{8\}$; $L = \mathbb{Q}$;
$L = \{9{,}5\}$; $L = \{\,\}$; $L = \mathbb{Q}$

4 Bestimme die Lösungsmenge ($D = \mathbb{Q}$). Vergiss die Probe nicht.

a) $-3{,}2 - 5x + 11 = 5{,}3$ **b)** $11 + r + 2 \cdot (r - 5{,}5) = 24$ **c)** $3x + 5 = 15{,}9 + x$
d) $2\frac{1}{3}y + 2 - \frac{1}{3}y = 5$ **e)** $7 \cdot (x - 2) = 52{,}5$ **f)** $-2 + 4x = x + 4 \cdot (x + 1{,}3)$
g) $x - 7 = -0{,}5 \cdot (14 - 2x)$ **h)** $-(x + 3{,}8) = -(x - 3{,}8)$ **i)** $-2y - 4 = \frac{1}{2} \cdot (8 + 4y)$
j) $(2x + 3) : 4 = \frac{3}{2}x + 8$ **k)** $2{,}8y - \frac{7}{8} = 0{,}125 + y + \frac{4}{5}$ **l)** $4r + 5 - r = r + 3 + 2 \cdot (r + 1)$

5 Übertrage in dein Heft und ergänze die fehlenden Lösungsschritte ($D = \mathbb{Q}$).

a)
$$\begin{aligned} 3x - 5 \cdot (x + 10) - 2 \cdot (2 - x) + 3x &= 43 \\ 3x - \square - \square - \square + \square + 3x &= 43 \\ 3x - \square &= 43 \\ 3x &= \square \\ x &= \square \end{aligned}$$
$\square \in \mathbb{Q}$, $L = \{\square\}$

b)
$$\begin{aligned} 2x \cdot (5x + 3) - x \cdot (x - 3) &= (7 - 3x)^2 \\ \square + 6x - \square + \square &= \square - \square x + \square x^2 \\ \square x^2 + \square x &= \square x^2 - \square x + \square \\ \square x &= -\square x + \square \\ \square x &= \square \\ x &= \square \end{aligned}$$
$\square \in \mathbb{Q}$, $L = \{\square\}$

6 Wie lautet die Lösungsmenge ($D = \mathbb{Q}$)?

a) $(x + 3)^2 = (x - 5)^2$ **b)** $(x - 2) \cdot (x + 2) = (x + 4)^2$ **c)** $(a - 4)^2 = (a + 3)^2$
d) $(b + 4)^2 = (b + 2) \cdot (b + 8)$ **e)** $(y - 6)^2 = y \cdot (y - 12) + 36$ **f)** $(3x + 5)^2 = 9x^2 - 17$
g) $(3x + 1{,}5)^2 = x \cdot (9x - 4{,}5)$ **h)** $(2 - 8y)^2 = (-2 + 4y) \cdot 16y$ **i)** $(2 + x)^2 = x^2 - 2$
j) $4x^2 - 8x = (2x - 8)^2$ **k)** $(4 - 3x)^2 = 3x - 25 + 9x^2$ **l)** $(x + 3)^2 = 3 + x^2$
m) $(a - 1)^2 = 1 + (a - 1)^2$ **n)** $(4{,}5 + 0{,}25x)^2 = \left(\frac{x}{4}\right)^2 + 3x$ **o)** $\left(\frac{2}{5} - 3x\right)^2 = 9x^2 + 4$
p) $\left(\frac{1}{2}x - 5\right)^2 = \left(\frac{1}{2}x + 3\right) \cdot \left(\frac{1}{2}x - 3\right)$ **q)** $\frac{1}{4}x^2 + 3x = \left(\frac{1}{2}x - 2\right) \cdot (2 + 0{,}5x)$

7 Löse die Gleichungen in der angegebenen Definitionsmenge.

a) $8 - (3y + 5) = y + 23$; $D = \mathbb{Z}$ **b)** $212 - 2s = 2 \cdot (6 - s) + 200$; $D = \mathbb{N}$
c) $a^2 + 2a + 1 = 2 \cdot (a + 1)$; $D = \mathbb{Z}$ **d)** $12 + r = 3r + 8 - 2 \cdot (r + 4)$; $D = \mathbb{Q}$
e) $(x - 2)^2 = x^2 + 4$; $D = \mathbb{Z}$ **f)** $(2 - 5x)^2 = (4x - 7) \cdot (4x + 7) + 9x^2$; $D = \mathbb{Q}$

8 **a)** In einem Viereck mit dem Umfang 15 cm sind die benachbarten Seiten a und b gleich lang. Die Seiten c und d sind ebenfalls gleich lang, aber jeweils 2 cm länger als a und b. Um welche Art von Viereck handelt es sich? Zeichne es und bestimme die Länge der Seiten.

b) In einem Viereck sind die gegenüberliegenden Winkel α und γ gleich groß, β ist doppelt so groß wie α und δ ist um 10° größer als γ. Welche Art von Viereck liegt vor? Skizziere es und bestimme die Winkelmaße.

c) Ein Dreieck hat einen Umfang von 24 cm. Die längste Seite ist 2 cm länger als die mittlere, die 2 cm länger ist als die kürzeste. Um was für ein Dreieck handelt es sich? Zeichne es und bestimme die Seitenlängen.

9 Thomas und Sabine haben eine Gleichung ($D = \mathbb{Z}$) gelöst und zwei verschiedene Lösungen erhalten. Suche die Fehler und begründe, warum man so nicht rechnen darf.

Thomas

$4x \cdot (x + 2) + 9 = (2x + 3)^2$
$4x^2 + 8x + 9 = 4x^2 + 12x + 9 \quad | -4x^2$
$8x + 9 = 12x + 9 \quad | -9$
$8x = 12x \quad | :x$
$8 = 12$ *falsch*
$L = \{\}$

Sabine

$4x \cdot (x + 2) + 9 = (2x + 3)^2$
$4x^2 + 8x + 9 = 4x^2 + 12x + 9 \quad | -4x^2$
$8x + 9 = 12x + 9 \quad | -9$
$8x = 12x \quad | \cdot 0$
$0 = 0$ *wahr*
$L = \mathbb{Z}$

10 Gib die Lösungsmenge für $D = \mathbb{Q}$ an.

a) $a^2 = 1$ **b)** $x^2 = 4$ **c)** $r^2 = 9$ **d)** $y^2 = 25$ **e)** $b^2 = 121$
f) $x^2 = \frac{4}{9}$ **g)** $c^2 = -256$ **h)** $s^2 = 0{,}49$ **i)** $p^2 = 0$ **j)** $q^2 = \frac{25}{4}$

$x^2 = 36$ hat zwei Lösungen: -6 und 6, denn $(-6)^2 = 36$ und $6^2 = 36$

11 Manchmal führen Äquivalenzumformungen nicht zu einem Ergebnis ($D = \mathbb{Q}$).

Beispiel:
$(x + 1)^2 = 9$
$x^2 + 2x + 1 = 9 \quad | -9$
$x^2 + 2x - 8 = 0$
Ein quadratischer Term bleibt bestehen.

TIPP:
Oftmals ist es günstig, die Gleichung dann so aufzulösen, dass auf einer Seite eine Null steht.

a) Löse die Gleichung aus dem Beispiel durch systematisches Probieren. Du kannst auch ein Tabellenprogramm nutzen.

Findest du mehr als eine Lösung?

b) Probiere aus, ob Äquivalenzumformungen zu einer Lösung führen. Wähle ansonsten ein anderes Lösungsverfahren.

1 $(x + 2)^2 = 4$ 2 $4x \cdot (x + 7) = -40$ 3 $4x^2 = 2x$
4 $3x \cdot (x + 3) = 54$ 5 $(x + 2)^2 = 49$ 6 $(2x - 5)^2 = (x - 4)^2$

12 Ermittle die gesuchte Zahl.

a) Addiert man zum Fünffachen einer ganzen Zahl das Sechsfache ihrer Gegenzahl, so erhält man 10.

b) Ich denke mir eine natürliche Zahl, addiere zu ihr das Vierfache ihres Vorgängers und erhalte 41.

c) Multipliziert man eine ganze Zahl mit ihrem Vorgänger, so erhält man 156.

Wie viele Lösungen findest du jeweils?

d) Multipliziert man eine ganze Zahl mit dem Vorgänger ihrer Gegenzahl, so erhält man -72.

13 Erfinde durch Äquivalenzumformungen eine „schwierige" Gleichung und lasse sie von einem Partner lösen ($D = \mathbb{Q}$).

Beispiel: $x = -2$
1 $x = -2 \rightarrow 2x = -4 \rightarrow 2x - 5x = -4 - 5x$
2 $x = -2 \rightarrow (-3x)^2 = (-4 - 5x)^2 \rightarrow \ldots$

a) $x = 3$ **b)** $x = -6$ **c)** $x = 0{,}8$ **d)** $x = -\frac{3}{8}$ **e)** $x = -4{,}7$

14 Betrachte die Gleichung $5x + a = 75$ ($D = \mathbb{Q}$).
x ist die Variable, aus der sich die Lösungsmenge ergibt, a ist eine natürliche Zahl.

a) Wähle a so, dass 1 $L = \{11\}$ 2 $L = \{-3\}$ ist.

b) Für welche a ergeben sich nur negative (nur positive) Lösungen?

2.5 Ungleichungen lösen

Ein Lastwagen, dessen Ladefläche 1,05 m hoch liegt, soll mit Balken der Dicke 12 cm beladen werden. Der Transportweg führt durch eine Bahnunterführung, wo die Fahrzeuge die Höhe 3,50 m nicht überschreiten dürfen. Beim Beladen überlegt der Fahrer. Kannst du ihm helfen?

- Lege mit einem Tabellenkalkulationsprogramm eine Wertetabelle für die Fahrzeughöhe mit bis zu 25 Lagen Balken an.
- Finde eine Ungleichung, die die Problemstellung rechnerisch darstellt, und löse sie mithilfe von Äquivalenzumformungen.

$<$: kleiner als
$\leqq$: kleiner als oder gleich
$>$: größer als
$\geqq$: größer als oder gleich

Merkwissen

Werden zwei Terme mit einem der **Ungleichheitszeichen** $<$, $>$, $\leqq$ oder $\geqq$ verbunden, dann spricht man von einer **Ungleichung**.
Lösungsmöglichkeiten:

1. systematisches Probieren
2. Äquivalenzumformungen

$L = \{x \mid x \leqq -1\}$ bedeutet: Alle Zahlen der Definitionsmenge, die kleiner oder gleich −1 sind, gehören zur Lösungsmenge.

Die **Lösungsmenge** einer Ungleichung kann angegeben werden in ...

- **aufzählender Form**, z. B.: $L = \{...; -3; -2; -1\}$
- **beschreibender Form**, z. B.: $L = \{x \mid x \leqq -1\}$
- **Intervallschreibweise**, z. B.: $L = [-2; 3]$; $L =]-2; 3]$; $L =]-2; 3[$
- **darstellender Form**, z. B.:

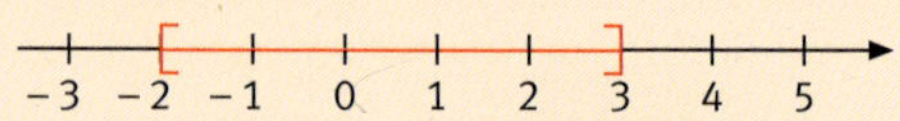

Bei der Umformung einer Ungleichung gilt das **Inversionsgesetz**: Werden beide Seiten einer Ungleichung mit der gleichen **negativen Zahl multipliziert (dividiert)**, so **dreht** sich das **Ungleichheitszeichen um**.

aus „$\leqq$" wird „$\geqq$"
aus „$\geqq$" wird „$\leqq$"
aus „$<$" wird „$>$"
aus „$>$" wird „$<$"

Begründung am Beispiel: $-3x < 18$; $D = \mathbb{Z}$

1. Probieren:
$-3x < 18$
$x > -6$
$L = \{-5; -4; -3; -2; ...\}$

2. Äquivalenzumformung:
$-3x < 18 \quad | : (-3)$
$x > -6$

Beispiele

I Löse die Ungleichungen.

a) $3 + x \leqq 8$; $D = \mathbb{Q}^+$ b) $x - 8 > 5$; $D = \mathbb{Q}$ c) $-2x \geqq -6$; $D = \mathbb{N}$

Lösung:

a) $3 + x \leqq 8 \quad | -3$
$x \leqq 5$
$L = \{x \mid x \leqq 5\}$
$L =]0; 5]$

b) $x - 8 > 5 \quad | +8$
$x > 13$
$L = \{x \mid x > 13\}$

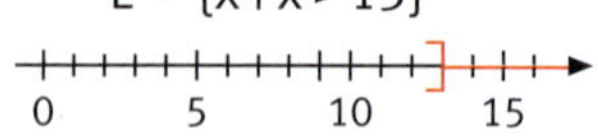

c) $-2x \geqq -6 \quad | : (-2)$
$x \leqq 3$
$L = \{1; 2; 3\}$

Verständnis

- Kann die Lösungsmenge einer Ungleichung leer sein?
- Finde Gründe, warum sich das Ungleichheitszeichen bei einer Multiplikation bzw. Division mit einer negativen Zahl umdreht.

1 Löse die Ungleichungen durch Äquivalenzumformungen in $D = \mathbb{Q}$. Gib die Lösungsmenge jeweils auf verschiedene Arten an.

a) $x + 5 \geqq 17$ **b)** $3x \leqq 12$ **c)** $x : 15 \geqq 7$ **d)** $x - 37 > -100$

e) $4x > \frac{4}{9}$ **f)** $\frac{2}{3}x < \frac{4}{9}$ **g)** $37 - x \geqq 22$ **h)** $18 \cdot x \leqq 9$

Lösungen zu 1:
$L = \{x \mid x > -63\}$; $L = \{x \mid x > \frac{1}{9}\}$; $L = \{x \mid x \leqq 15\}$; $L = \{x \mid x \leqq 4\}$; $L = \{x \mid x \leqq \frac{1}{2}\}$; $L = \{x \mid x \geqq 105\}$; $L = \{x \mid x \geqq 12\}$; $L = \{x \mid x < \frac{2}{3}\}$

2 Führe die Äquivalenzumformung durch und setze das richtige Ungleichheitszeichen ein. Begründe deine Wahl.

a) $3 \leqq 8 \quad | \cdot 2$
$3 \cdot 2 \;\square\; 8 \cdot 2$

b) $3 \leqq 8 \quad | \cdot (-2)$
$3 \cdot (-2) \;\square\; 8 \cdot (-2)$

c) $-4 < 3 \quad | : 2$
$-4 : 2 \;\square\; 3 : 2$

d) $2x \leqq 14$
$x \;\square\; 7$

e) $-3x \geqq 21$
$x \;\square\; -7$

f) $32 < 4x$
$8 \;\square\; x$

3 Löse jede Ungleichung für ① $D = \mathbb{Z}$ und ② $D = \mathbb{Q}$.

a) $6x + 3 \geqq 12$ **b)** $-22 - 4{,}5x \leqq -13$ **c)** $x : 3 + 2 < 24$

d) $-13 - 3 > -2{,}5x - 16$ **e)** $-2\frac{3}{5} + 1\frac{1}{10}x > 12\frac{4}{5}$ **f)** $-\frac{x}{7} + 12{,}5 > 2{,}5^2$

g) $0{,}1x > 0{,}01$ **h)** $\frac{1}{3}x - x < -\frac{5}{6}$ **i)** $x : 12 + 5 \leqq -15$

4 Stelle eine Ungleichung auf und ermittle dann die Lösungsmenge.

Gib zunächst die Definitionsmenge an.

a) Wenn man von der Zahl 24 das Dreifache einer natürlichen Zahl subtrahiert, erhält man mindestens 27.

b) Man erhält höchstens 33, wenn man 75 um das Siebenfache einer natürlichen Zahl verringert.

c) Wenn zu –5 der dritte Teil einer natürlichen Zahl addiert wird, erhält man weniger als die Summe von 16 und 9.

5 Max braucht einen neuen Computer. Dafür benötigt er mindestens 499 €. Auf seinem Sparbuch hat Max bereits 270 €. Er kann jeden Monat von seinem Taschengeld und durch das Austragen von Zeitungen 22 € sparen. Wie viele Monate muss Max mindestens sparen, bis er sich einen neuen Computer kaufen kann?

6 Helene will ins Ferienlager. Sie muss jeden Tag für Unterkunft und Verpflegung 12 € zahlen. Als Taschengeld veranschlagt sie 35 €. Wie lange darf das Ferienlager höchstens dauern, wenn Helene 120 € zur Verfügung hat?

7 Henriette hat eine Prepaid-Karte mit einem Guthaben von 50 €. Wie lange kann sie pro Monat höchstens telefonieren, wenn die Gesprächsminute 0,14 € kostet und das Guthaben gleichmäßig für 4 (6) Monate reichen soll?

8 ① Ein Rechteck ist dreimal so lang wie breit. Der Umfang soll höchstens 40 cm sein.
② Bei einem gleichschenkligen Dreieck sind die Schenkel jeweils doppelt so lang wie die Basis. Der Umfang soll mindestens 25 cm lang sein.

a) Stelle jeweils einen Term für den Umfang der Figur auf.

b) Bestimme eine sinnvolle Definitionsmenge für die Situation.

c) Schreibe eine Ungleichung und löse sie in der betreffenden Definitionsmenge.

9 Betrachte die Gleichung $5x + a = 75$ ($D = \mathbb{Q}$).
x ist die Variable, aus der sich die Lösungsmenge ergibt, a ist eine natürliche Zahl.

a) Wähle a so, dass $L = \{11\}$ ($L = \{-3\}$) ist.

b) Für welche a ergeben sich nur negative (nur positive) Lösungen?

- Ordne die Angaben in den Kästchen einander zu.

$A = \frac{1}{2} a \cdot h_a$ | $V = a \cdot b \cdot c$ | $\alpha + \beta + \gamma = 180°$ | $A = a \cdot b$ | $u = 2 \cdot (a + b)$ | $V = a^3$ | $O = 6 \cdot a^2$ | $A = a^2$ | $u = a + b + c$

Volumen eines Quaders | Umfang eines Dreiecks | Innenwinkelsumme im Dreieck | Umfang eines Rechtecks | Flächeninhalt eines Dreiecks | Flächeninhalt eines Rechtecks | Flächeninhalt eines Quadrats | Volumen eines Würfels | Oberflächeninhalt eines Würfels

- Erkläre jeweils die vorkommenden Variablen.
- Forme jede Formel so um, dass die Variable a bzw. a^2, a^3 oder α alleine auf einer Seite steht.

Merkwissen

In vielen Anwendungen der Mathematik werden **Formeln** verwendet, um einen Zusammenhang zwischen Variablen, Größen und Zahlen zu beschreiben. Dabei enthält eine Formel **verschiedene Variablen**, von denen **eine zu berechnen** ist. Oft ist es deshalb hilfreich, die Formel so umzustellen, dass **diese Variable alleine auf einer Seite steht**.
Man sagt: „Man löst die Formel nach einer bestimmten Variablen auf."

Formeln sind **Gleichungen**, bei ihrer Umformung gelten die bekannten Regeln.

Beispiele

I Der Flächeninhalt eines Parallelogramms berechnet sich als Produkt aus Grundseite und zugehöriger Höhe: $A = a \cdot h_a$. Vervollständige die Tabelle.

	a)	b)	c)	d)	e)	f)
A	42,5 cm²	52,7 dm²	91,76 m²	15,04 cm²	39,37 m²	69,58 m²
a	17 cm	8,5 dm	7,4 m	▢	▢	▢
h_a	▢	▢	▢	4,7 cm	12,7 m	9,8 m

Lösung:
Wenn man eine Rechnung häufig durchführen muss, dann lohnt es sich, die Formel nach den gesuchten Variablen umzustellen:

Bei Umformungen behandelt man die Variablen wie Zahlen.

$A = a \cdot h_a \quad | : a$

$h_a = \frac{A}{a}; \; a \neq 0$

$A = a \cdot h_a \quad | : h_a$

$a = \frac{A}{h_a}; \; h_a \neq 0$

Ein Vergleich der Einheiten lohnt sich als Probe. Beispiel: cm²/cm lässt sich kürzen, sodass cm im Ergebnis bleibt.

	a)	b)	c)	d)	e)	f)
A	42,5 cm²	52,7 dm²	91,76 m²	15,04 cm²	39,37 m²	69,58 m²
a	17 cm	8,5 dm	7,4 m	*3,2 cm*	*3,1 m*	*7,1 m*
h_a	*2,5 cm*	*6,2 dm*	*12,4 m*	4,7 cm	12,7 m	9,8 m

II Mit einem Zaun der Länge 100 m soll eine möglichst große rechteckige Wiese eingezäunt werden. Löse dieses Problem mit einem Tabellenkalkulationsprogramm. Überlege dir zunächst, welche Formeln du eingeben musst.

Lösung:
$u = 2 \cdot (a + b)$ $\quad$ $u = 100$ m
Spalte A: verschiedene Werte für a vorgeben
Spalte B: b berechnen: $b = \frac{u}{2} - a$
Spalte C: Flächeninhalt berechnen: $A = a \cdot b$

B4 f_x =C1/2-A4

Mappe2

	A	B	C
1		Umfang u =	100
2			
3	a	b	A
4	10	40	400
5	11	39	429
6	12	38	456
7	13	37	481

Verständnis

- Ein Sprichwort sagt: „Mathematik ist die Sprache der Naturwissenschaften." Was ist damit gemeint? Erkläre.
- Ein Quadervolumen berechnet sich nach $V = a \cdot b \cdot c$. Wenn man die Formel nach einer Seitenkante auflöst, sehen die Ergebnisse alle fast gleich aus. Erkläre.

Aufgaben

1 ① $A = \frac{g \cdot h}{2}$ ② $u = 2a + 2b$ ③ $u = a + b + c + d$ ④ $\alpha + \beta + \gamma + \delta = 360°$
⑤ $V = A \cdot h$ ⑥ $A = \frac{1}{2} \cdot (a + c) \cdot h$ ⑦ $p = m \cdot v$ ⑧ $V = a \cdot b \cdot c$

a) Was kann durch die Formeln jeweils beschrieben werden?
b) Stelle die Formeln nach jeder vorkommenden Variablen um.

2 Welcher Sachverhalt, welche Skizze und welche Formel gehören zusammen? Ordne zu und löse die Sachaufgabe.

I Ein Holzbalken hat ein Volumen von 0,54 m³. Er ist 18 m lang und 20 cm breit. Wie hoch ist der Balken?	① 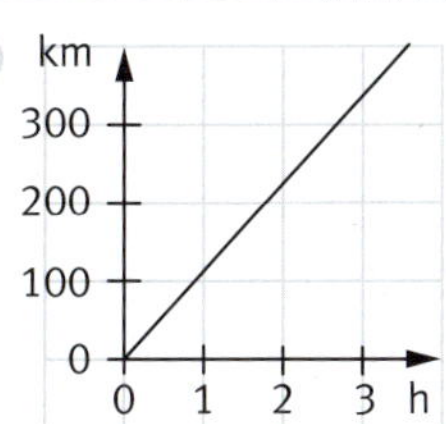	Ⓐ $A = \frac{1}{2} \cdot (a + c) \cdot h$
II Herr Tauer legt mit seinem Auto 280 km bei einer Durchschnittsgeschwindigkeit von 112 km/h zurück. Wie lange ist er gefahren?	② 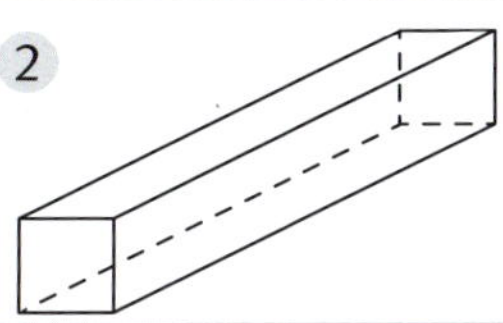	Ⓑ $V = a \cdot b \cdot c$
III Ein trapezförmiger Acker ist auf den parallelen Seiten 150 m und 80 m lang. Er hat eine Fläche von 69 a. Wie breit ist der Acker?	③ 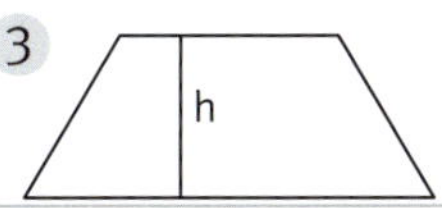	Ⓒ $v = \frac{s}{t}$

3 Aus der Prozentrechnung kennst du den Zusammenhang $P = G \cdot p\,\%$. Stelle die Formel nach G und p % um. Erkläre die Bedeutungen.

4 Auch in der Physik werden Formeln verwendet.

Kraft = Masse · Beschleunigung	Arbeit = Kraft · Weg	Leistung = Spannung · Stromstärke
$F = m \cdot a$	$W = F \cdot s$	$P = U \cdot I$

a) Stelle die Formel jeweils nach den einzelnen Größen um.
b) Finde weitere Formeln aus den Naturwissenschaften und präsentiere sie. Was bedeuten die Variablen? Löse dazu die Formeln nach jeder Variablen auf.

5 In Formeln können Gleichungen auch aus Brüchen bestehen, die eine Variable im Nenner enthalten.

$D = \mathbb{Q}\setminus\{-4; 2\}$ bedeutet: Die Definitionsmenge besteht aus allen rationalen Zahlen ohne −4 und −2.

Gleichungen, die aus mindestens einem Bruch bestehen, bei denen eine **Variable im Nenner** ist, nennt man **Bruchgleichungen**. Bei der Definitionsmenge der Gleichung muss man darauf achten, dass keine Zahlen in den Term eingesetzt werden dürfen, bei denen der **Nenner null** ist.

Einfache Bruchgleichungen der Form $\frac{T_1}{T_2} = \frac{T_3}{T_4}$ mit $T_2, T_4 \neq 0$ kann man auflösen, indem man die Nenner „über Kreuz" multipliziert.

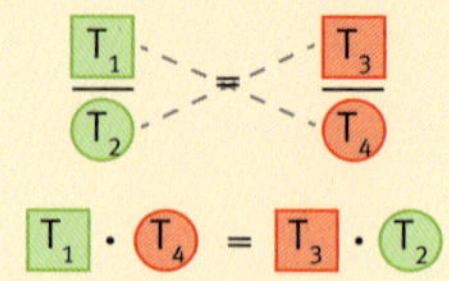

Beispiel:
Löse die Gleichung $\frac{3}{x-2} = \frac{2}{x+4}$. Bestimme D im Bereich der rationalen Zahlen.

Lösung:

Definitionsmenge bestimmen	$\frac{3}{x-2} = \frac{2}{x+4}$	$D = \mathbb{Q}\setminus\{-4; 2\}$
über Kreuz multiplizieren	$\frac{3}{x-2} = \frac{2}{x+4}$	$\mid \cdot (x-2)\cdot(x+4)$
Gleichung lösen	$3\cdot(x+4) = 2\cdot(x-2)$ $x = -16$	
Lösungsmenge bestimmen	$-16 \in D$; $L = \{-16\}$	
Probe	linke Seite: $\frac{3}{-16-2} = -\frac{1}{6}$ rechte Seite: $\frac{2}{-16+4} = -\frac{1}{6}$	

a) Welche rationalen Zahlen dürfen eingesetzt werden? Bestimme D.

1 $\frac{2x-6}{x} = 22$ 2 $\frac{x+3}{x-1} - 3 = \frac{1}{2}x$ 3 $\frac{3-5x}{12} = \frac{2}{3}$ 4 $\frac{3x^2-4x}{4-x} = \frac{3x}{4}$

5 $\frac{x+5}{x-3} = \frac{4}{x}$ 6 $\frac{3}{x} + \frac{17}{6x} = 0$ 7 $\frac{6}{6+3x} + \frac{4}{x} = 1$ 8 $\frac{21}{2x\cdot(x-2)} = 3$

9 $\frac{1{,}5x}{(x-3)} = \frac{6}{5x+25}$ 10 $\frac{2x}{x-1} = \frac{5}{x^2-4}$ 11 $\frac{1}{(x-3)^2} = \frac{5x}{x+9}$ 12 $\frac{2}{3x\cdot(x-5)} = \frac{1}{4}$

b) Erkläre, wie man eine Bruchgleichung der Form $\frac{T_1}{T_2} = T_3$ auch „über Kreuz" ausmultiplizieren kann.

c) Bestimme die Definitionsmenge in $\mathbb{Q}$. Löse die Gleichungen wie im Kasten.

1 $\frac{4}{x+6} = \frac{8}{22}$ 2 $\frac{36}{x+4} = \frac{2}{3}$ 3 $\frac{6}{x+3} = 0$ 4 $\frac{6}{x} = \frac{9}{x}$

5 $\frac{6x}{x-4} = \frac{3x}{0{,}5}$ 6 $\frac{2}{x-4} = \frac{3}{x+5}$ 7 $\frac{0{,}8}{x-0{,}5} = \frac{4}{x+3}$ 8 $\frac{4}{x-3} = \frac{8}{x-7}$

9 $\frac{17+x}{11-x} = 3$ 10 $\frac{x-6}{x+4} = 6$ 11 $\frac{6x+3}{2x-8} = 0$ 12 $\frac{2{,}5-x}{-x+3{,}5} = \frac{5}{3}$

13 $\frac{8}{x+2} = \frac{12}{x+1}$ 14 $\frac{3}{x-5} = \frac{5}{6}$ 15 $\frac{10x+0{,}5}{80x+4} = \frac{3}{8}$ 16 $\frac{5x-3}{3{,}7-x} = 2{,}25$

d) Überprüfe, ob du in den Term jede rationale Zahl einsetzen darfst.

1 $\frac{1}{x^2+4}$ 2 $\frac{1}{x^2}$ 3 $\frac{3x}{(x+2)^2}$ 4 $\frac{5x}{(x-2)^2}$ 5 $\frac{7}{2x^2+3}$

e) Finde selbst Terme mit Variablen im Nenner, für die du jede rationale Zahl einsetzen darfst. Worauf achtest du? Beschreibe.

6 Löse die Gleichung in $\mathbb{Q}$. Beachte die Definitionsmenge.

a) $\frac{x-3}{x+5} = \frac{x+6}{46+x}$ **b)** $\frac{x+4}{x-9} = \frac{x+2}{x-3}$ **c)** $\frac{x \cdot (x-1{,}5)}{3{,}5x} = \frac{2x}{7}$

d) $\frac{x-22}{7-x} = \frac{x+14}{1-x}$ **e)** $\frac{x+2}{x} = \frac{x}{x-3}$ **f)** $\frac{2x-4}{4x+6} = \frac{3x-5{,}5}{3+6x}$

g) $\frac{2x-6}{0{,}5x+2{,}75} = \frac{4x-15}{x+0{,}5}$ **h)** $\frac{x+6}{x-4} = \frac{x+4}{x+6}$ **i)** $\frac{2x-1{,}4}{5x+1} = \frac{0{,}4x+3}{x+1}$

Lösungen zu 6:
$L = \{\,\}$; $L = \{-6\}$; $L = \left\{-4\frac{1}{3}\right\}$;
$L = \{-0{,}75\}$; $L = \left\{-\frac{11}{37}\right\}$;
$L = \{1{,}5\}$; $L = \left\{5\frac{1}{4}\right\}$;
$L = \{4{,}5\}$; $L = \{4\}$

7 Stelle eine Gleichung auf und löse. Wie lautet D?

a) Der Quotient aus der Zahl 24 und einer natürlichen Zahl ist gleich dem Quotienten aus der Zahl 28 und dem Nachfolger der natürlichen Zahl.

b) Dividiert man die Summe aus 27 und einer natürlichen Zahl durch die Differenz aus der natürlichen Zahl und 5, so ist das Ergebnis gleich 17.

c) Der Nenner eines Bruchs ist um zwei größer als der Zähler. Addiert man zum Zähler 12 und zum Nenner 6, so erhält man einen Bruch, dessen Wert gleich dem ursprünglichen Bruch ist.

8 Gibt es eine Zahl, die folgende Bedingungen erfüllt? Finde ein Beispiel oder widerlege.

Bei einem Bruch ist der Zähler um 2 kleiner als der Nenner. Addiert man im Zähler des Ausgangsbruchs 2, so ensteht ein neuer Bruch. Dieser hat denselben Wert wie der Bruch, der entsteht, wenn man im Nenner des Ausgangsbruchs 2 abzieht.

9 Zahlenfolgen lassen sich durch Terme beschreiben.
Beispiel: $\frac{1}{3}; \frac{2}{4}; \frac{3}{5}; \frac{4}{6}; \ldots$ lässt sich als $\frac{n}{n+2}$ schreiben.

a) Ordne die Terme den Zahlenfolgen zu.

n steht jeweils für eine natürliche Zahl.

A $\frac{1}{1}; \frac{1}{4}; \frac{1}{9}; \frac{1}{16}; \ldots$	B $\frac{1}{1}; \frac{2}{4}; \frac{3}{9}; \frac{4}{16}; \ldots$	1 $\frac{n-1}{3n}$	2 $\frac{1}{n^2}$
C $\frac{2}{4}; \frac{4}{5}; \frac{6}{6}; \frac{8}{7}; \ldots$	D $\frac{2}{5}; \frac{3}{6}; \frac{4}{7}; \frac{5}{8}; \ldots$	3 $\frac{n}{2n+1}$	4 $\frac{2n}{n+3}$
E $\frac{1}{3}; \frac{2}{5}; \frac{3}{7}; \frac{4}{9}; \ldots$	F $\frac{0}{3}; \frac{1}{6}; \frac{2}{9}; \frac{3}{12}; \ldots$	5 $\frac{n+1}{n+4}$	6 $\frac{n}{n^2}$

b) Erfinde selbst Zahlenfolgen und lasse einen Partner den Term finden.

10 Gib eine Gleichung zu der gegebenen Definitionsmenge an.

a) $\mathbb{Q}\setminus\{0\}$ **b)** $\mathbb{Q}\setminus\{-9\}$ **c)** $\mathbb{Q}\setminus\{0; 3\}$ **d)** $\mathbb{Q}\setminus\{-5; 5\}$

e) $\mathbb{Q}\setminus\{-1; 1\}$ **f)** $\mathbb{Q}\setminus\{1; 8\}$ **g)** $\mathbb{Q}\setminus\{0; 1; 2\}$ **h)** $\mathbb{Q}\setminus\{-3; -1; 1; 3\}$

Findest du verschiedene Möglichkeiten?

11 Löse die Gleichungen in $\mathbb{Q}$. Bestimme zunächst D. Kürze rechtzeitig.

Beispiel: $\frac{1}{3x+4} = \frac{5}{10x+15} \Rightarrow \frac{1}{3x+4} = \frac{{}^{1}\cancel{5}}{{}^{1}\cancel{5} \cdot (2x+3)} \ldots$

a) $\frac{x-3}{x^2-9} = -2$ **b)** $\frac{7+x}{x^2+14x+49} = \frac{3}{14}$ **c)** $\frac{1}{6x-8} = \frac{3}{3x+9}$

d) $\frac{x+4}{x-5} = \frac{x+5}{x-3}$ **e)** $\frac{x^2-9}{x^2+6x+9} = \frac{2}{3}$ **f)** $\frac{x^2+6x-7}{2x+8} = \frac{3x-4}{6}$

g) $\frac{7x+5}{-9x+13} = \frac{0}{3x+3}$ **h)** $\frac{x^2-6x}{x^2-36} = \frac{x^2+3x+2{,}25}{x^2+1{,}5x}$ **i)** $\frac{(x+4)^2}{(x-2)^2} = \frac{-x^2-8x-16}{-x^2+4x-4}$

Lösungen zu 11:
$L = \{-13{,}5\}$; $L = \{-13\}$;
$L = \{-3{,}5\}$; $L = \left\{-2\frac{1}{3}\right\}$;
$L = \left\{-\frac{5}{7}\right\}$; $L = \left\{2\frac{1}{5}\right\}$;
$L = \{-1{,}2\}$; $L = \left\{\frac{1}{2}\right\}$;
$L = \left\{\frac{1}{2}\right\}$; $L = \{1\frac{1}{4}\}$;
$L = \{15\}$; $L = \mathbb{Q} \setminus \{2\}$

1 Ein Kostümhändler verkaufte in dieser Saison 147 Faschingskostüme für insgesamt 3647 €. Am häufigsten entschieden sich die Kunden für den Cowboy. Die Prinzessin wurde 36-mal weniger oft als der Cowboy und der Pirat 45-mal weniger oft als der Cowboy gekauft. Berechne, wie viele Piraten-, Prinzessinnen- und Cowboykostüme verkauft wurden.

Verfahre so:
1. *Belege die Anzahl der Cowboykostüme mit der **Variablen x**.*
2. *Drücke die Anzahl der anderen Kostüme **mithilfe der Variablen x** aus.*
3. *Stelle eine **Gleichung** für die Einnahmen des Kostümhändlers auf.*

Cowboy
25 €

Prinzessin
15 €

Pirat
37 €

2 Familie Reiselust will sich für ihren nächsten Schwedenurlaub ein Wohnmobil mieten. Dafür hat sie zwei Angebote vorliegen:

Vermietung A:
Übergabepauschale: 90 €
Tagespreis inkl. aller km: 79,50 €

Vermietung B:
Übergabepauschale: 157,50 €
Tagespreis inkl. aller km: 75 €

Löse Teilaufgabe a) mit einer Ungleichung.

a) Herr Reiselust prüft, ab wie vielen Reisetagen sich das Angebot B lohnt.

b) Familie Reiselust beschließt, das Wohnmobil für 16 Tage zu mieten. Die Vermietung A gewährt ab einer Mietdauer von mehr als 2 Wochen einen Rabatt von 0,75 % auf den gesamten Mietpreis. Frau Reiselust behauptet, dass dann der Mietpreis bei beiden Vermietungen gleich sei. Hat Frau Reiselust Recht? Begründe durch Rechnung.

3 Die drei Geschwister Maya, Tim und Sandro sind zusammen doppelt so alt wie ihr Nachbar Marlon. In acht Jahren werden sie 2,5-mal so alt wie Marlon sein.

Setze für Marlons jetziges Alter die Variable x.

a) Berechne das Alter von Marlon.

b) Wie alt sind die drei Geschwister jetzt, wenn Tim und Sandro die zwei Jahre älteren Zwillingsbrüder von Maya sind?

4 Für den Gymnastikkurs an der Volkshochschule werden insgesamt 17 Bälle – Gymnastik- und Hüpfbälle – im Wert von 335 € angeschafft. Dabei kostet ein Gymnastikball 15 € und ein Hüpfball 25 €.

Setze für die Anzahl an Gymnastikbällen die Variable x.

a) Ermittle mithilfe einer Gleichung, wie viele Bälle jeder Art gekauft werden.

b) Eric hat die Aufgabe etwas anders gelöst. Erkläre seinen Lösungsweg.

Eine Skizze kann hilfreich sein.

5 Bauer Heinrich hat am Ortsrand eine rechteckige Weidekoppel für Pferde, deren Länge der 2,5-fachen Breite entspricht. Er kann diese um 416 m^2 vergrößern, da sein Kollege Schäfer Max einen Teil seines Grundbesitzes veräußert. Mit dem Kauf vergrößert sich die Länge der bisherigen Weidekoppel um 9 m und die Breite um 4 m.

a) Berechne den Flächeninhalt der bisherigen Weidekoppel.

b) Welchem prozentualen Anteil entspricht die zugekaufte Fläche an der bisherigen?

6 Ein Landgasthof verfügt insgesamt über 45 Zimmer, darunter sind Einzel- und Doppelzimmer. Wenn der Landgasthof ausgebucht ist, können 78 Gäste beherbergt werden. Finde mithilfe von Überlegungen wie in Aufgabe 4 b) heraus, über wie viele Einzel- und Doppelzimmer der Landgasthof verfügt.

7 In einer Schulklasse gibt es vier Mädchen mehr als Jungen. Nach den Ferien haben zwei Jungen und ein Mädchen die Klasse verlassen. Der Anteil der Jungen an der Gesamtschülerzahl der Klasse beträgt nun 40 %.
Wie viel Jungen und Mädchen waren vor den Ferien in der Klasse?

8 Auf einem Bauernhof gibt es 5 Hühner mehr als Kaninchen. Der Anteil der Hühnerbeine ist 40 % vom Anteil aller Beine beider Tierarten. Bestimme die Anzahl der Hühner und Kaninchen.

9 Familie Pupama möchte ihr rechteckiges Grundstück rundum mit Ausnahme der Zugänge zum Haus und zur Garage mit einer Buchshecke umzäunen.

Angebot A: 6,80 € pro Pflanze (40–60 cm hoch); 3 Pflanzen pro m

Angebot B: 5,10 € pro Pflanze (40–60 cm hoch); 4 Pflanzen pro m

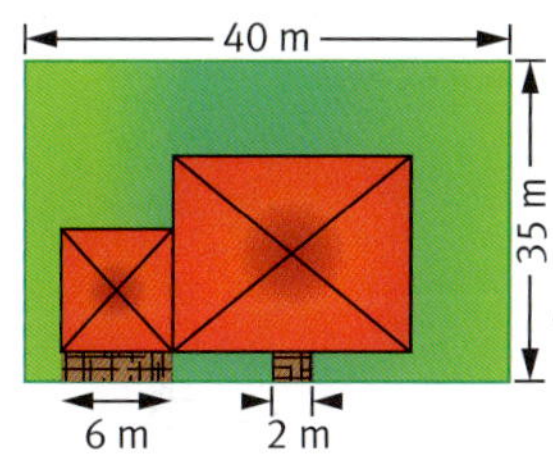

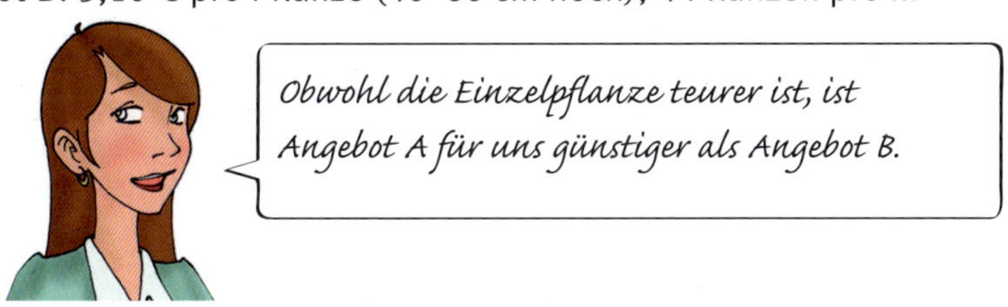

Hat Frau Pupama Recht? Begründe.

10 a) Xaver tankt Benzin und bezahlt dafür 29,00 €. Maximilian tankt von der gleichen Sorte 8 l mehr und zahlt 40,60 €. Wie teuer ist ein Liter Benzin?

b) Für x kg einer Sorte Tomaten zahlt man (x + 18) €. Für (x + 8) kg zahlt man (x + 38) €. Ermittle den Preis pro Kilogramm für diese Tomatensorte.

11 Mischungsverhältnisse begegnen uns oft im Alltag. Löse in $\mathbb{Q}$.

a) Julia mischt Limo und Cola im Verhältnis 4 : 7. Sie hat 1,5 l Cola mehr als Limo. Wie viel Liter Spezi erhält sie?

b) Max mischt Sirup mit Mineralwasser. Zu 0,5 l Sirup gibt er x l Wasser. Zu 1,8 l Sirup müsste er (x + 6,5) l Wasser geben. Wie viel Liter Wasser gibt er hinzu? In welchem Verhältnis stehen die Volumen von Sirup und Wasser?

12 Eine als Bauland ausgewiesene Fläche besteht aus 11 gleich großen Grundstücken und einem Grundstück, das 40 m^2 kleiner ist als die anderen. Das kleinere Grundstück nimmt 8,0 % der gesamten Fläche ein. Berechne die Grundstücksflächen.

Zu 2.1

1 **a)** Setze die Figuren um zwei weitere Schritte fort.
b) Bestimme den Flächeninhalt der Figuren.
c) Bestimme einen Term, mit dem man den Flächeninhalt der n-ten Figur bestimmen kann.

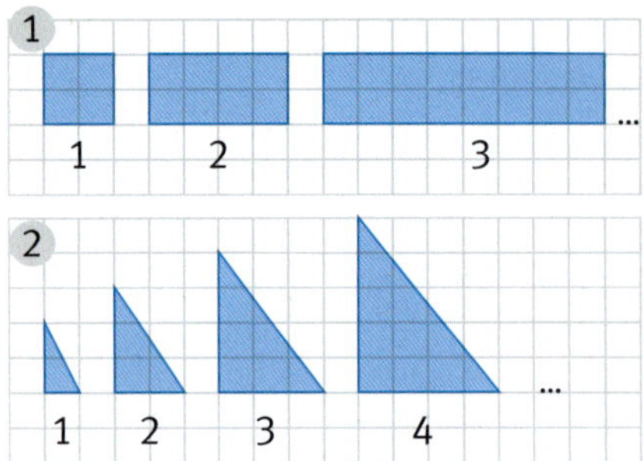

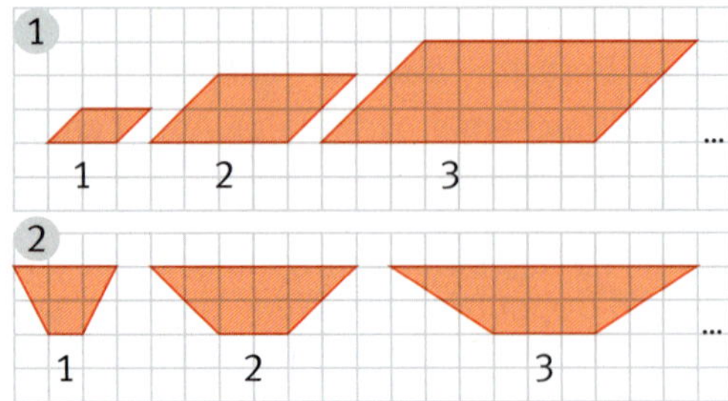

2 Vereinfache so weit wie möglich.

a) $-5a - 3b + 7b + 8 - 3a$
b) $12xy - 8x + 7y - 2x - 2{,}5xy$
c) $169b : 13$
d) $18r : 6 \cdot 1{,}5r$

a) $2{,}7c - 1{,}5ac + 2{,}6a + 3{,}5c$
b) $1{,}8y + 7{,}2x - 13{,}2y - 5{,}2x + 11{,}4y$
c) $p \cdot r \cdot 12q \cdot 4w : 6 \cdot w$
d) $24x^2 + \frac{2}{5}x^2 \cdot 5x^2$

Zu 2.2

3 Löse die Klammer auf und vereinfache so weit wie möglich.

a) $12 \cdot (12x + 5y)$
b) $(-5c - 2d) \cdot 10$
c) $13 - (x - z)$
d) $(51c - 9) : 3$
e) $3a + (-4b + 5a)$

a) $8x + (3y + (-2x))$
b) $(10{,}2x + 3{,}4) : 17$
c) $(4q + 9r) \cdot 7 - 5q$
d) $13x \cdot (3y - 5x + r)$
e) $x \cdot (-y - z) + (2xy - 3xz)$

4 Stelle einen Term auf und vereinfache so weit wie möglich.

a) Multipliziere die Summe aus 8x und y mit der Zahl –3.
b) Subtrahiere von der Summe aus 7a und 4b die Differenz aus –8b und 12a.
c) Multipliziere y mit der Differenz aus –4x und –8,2.

Von einem Quadrat mit dem Flächeninhalt 64 cm² wird ein Streifen von 3 cm Breite abgeschnitten. Gib verschiedene äquivalente Terme für den Flächeninhalt des entstandenen Rechtecks an.

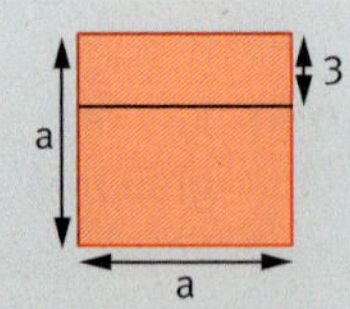

Zu 2.3

5 Übertrage in dein Heft und ergänze so, dass eine wahre Aussage entsteht.

a) $(\square - 1)^2 = 121m^2 - 22m + 1$
b) $(13 - \square)^2 = \square - 52x + 4x^2$
c) $(10 - \square)^2 = 1$

a) $(21 + 13) \cdot (\square - 13) = 441z^2 - \square$
b) $4\,(2{,}5 - \square) \cdot (2{,}5 + \square = \square - 4$
c) $(2k + \square)^2 = \square + \square\, k + 81$

7 Martina hat in der Hausaufgabe Gleichungen gelöst. Überprüfe Martinas Arbeit und gib die Umformungen an, die sie gemacht hat. Notiere jeweils einen Tipp für Martina, wie sie gemachte Fehler vermeiden kann. **Zu 2.4**

$$13 + 0{,}8y = -\frac{2}{5}y - 4$$
$$0{,}8y = -\frac{2}{5}y - 9$$
$$0{,}8y + \frac{2}{5}y = -9$$
$$0{,}8y + 0{,}2y = -9$$
$$y = -9$$

$$(x + 4) \cdot 2 = \frac{1}{3}x - 2$$
$$x + 8 = \frac{1}{3}x - 2$$
$$x = \frac{1}{3}x - 10$$
$$\frac{2}{2}x = -10$$
$$x = -\frac{20}{3}$$

8 Bestimme die Lösungsmenge in $\mathbb{Q}$.

a) $2n + 4 + 3n = 14$
b) $5 - 2x + 10 = 7$
c) $3 = 12 - r + 8$
d) $23 + r - 23 = 17$

a) $\frac{1}{2}y + 2 + \frac{1}{2}y = 4$
b) $120 = 2x + 102 + 2x$
c) $7y + 13 = 13 - 1$
d) $2{,}5 + 0{,}7 = 0{,}02x - 0{,}4$

9 Übertrage die Rechnungen in dein Heft und ergänze die gemachten Äquivalenzumformungen in $\mathbb{Q}$. Bestimme die Lösungsmenge. **Zu 2.5**

$$-13^2 \cdot a > (-8)^3 - 9a$$
$$-169 \cdot a > -512 - 9a$$
$$-160 \cdot a > -512$$
$$a < 3{,}2$$

$$78 + (9w - 11) \cdot (-2) \geqq 4^3 + 6w$$
$$78 - 18w + 22 \geqq 64 + 6w$$
$$100 - 18w \geqq 64 + 6w$$
$$36 - 18w \geqq 6w$$
$$36 \geqq 24w$$
$$1{,}5 \geqq w$$

10 Finde bei jeder Formel heraus, was sie bedeutet. Löse die Formel zu jeder der drei Größen auf. **Zu 2.6**

$p = \frac{F}{A}$ p: Druck	$v = \frac{s}{t}$ v: Geschwindigkeit	$p\,\% = \frac{P}{G}$ p: Prozentsatz

$g = \frac{F}{m}$ g: Ortsfaktor	$D = \frac{F}{s}$ D: Federhärte	$B = \frac{F}{I \cdot l}$ B: Flußdichte

11 Wie lautet die Lösungsmenge? Bestimme D im Bereich der rationalen Zahlen.

Faktorisiere die Nenner rechtzeitig.

a) $\frac{2}{x} + \frac{2}{3x} = 15$
b) $\frac{13}{5x} + \frac{9}{10x} = \frac{47}{75}$
c) $\frac{6}{x-1} - \frac{6}{x+5} = \frac{-4}{(x \cdot 1) \cdot (x+5)}$
d) $\frac{x}{x+3} - \frac{x}{x-3} = \frac{27}{x^2-9}$

a) $\frac{x}{5x-10} - 1 = \frac{2}{5x-10}$
b) $\frac{1}{x} + 5 = \frac{15x}{3x+1}$
c) $\frac{1}{x+3} = \frac{3}{3x^2-27} - \frac{x}{x^2-9}$
d) $\frac{4x+3}{2x-8} - \frac{1-12x}{8+2x} = \frac{8x^2+1}{x^2-16}$

Stell dir vor, du baust die Türme auf einem Tisch auf. Als sichtbar gelten alle von außen erkennbaren Flächen.

1 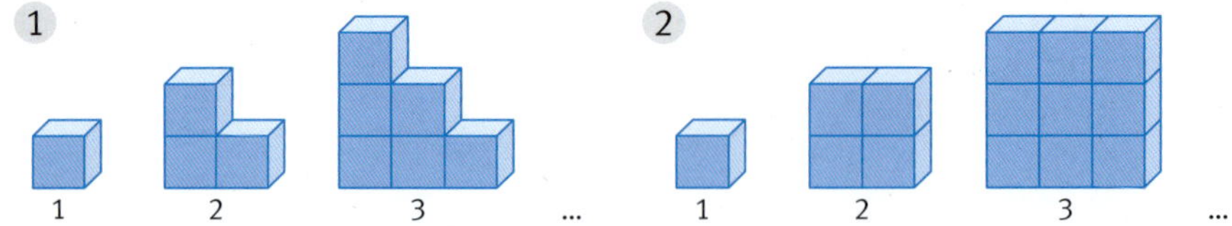

a) Übertrage in dein Heft und setze um mindestens zwei Schritte weiter fort.

b) Bestimme jeweils für jeden Schritt, wie viele Flächen der Würfel sichtbar sind (verdeckt sind). Stelle einen Term auf und beschreibe in Worten.

c) Bestimme die Anzahl der sichtbaren (verdeckten) Flächen nach 8 (10, 12) Schritten.

Findest du mehrere Möglichkeiten?

2 Übertrage in dein Heft und ergänze die Lücken.

a) $3p + 2 - \square : 3 = 8p + 2$ **b)** $1{,}8y + \square = -1{,}9y$

c) $\square \cdot \frac{15}{24}x + 0{,}25 = 5x + \square$ **d)** $(q + 5) : \square = \square\, q - 1$

e) $27r + 126s = \square \cdot (3r + \square s)$ **f)** $\square \cdot \left(\square + \frac{2}{3}y\right) = \square + \frac{4}{9}y$

3 Übertrage die Mauern in dein Heft und vervollständige sie. Finde bei c) und d) zunächst heraus, welche Rechenart verwendet wird.

a) Addition **b)** Multiplikation **c)** **d)**

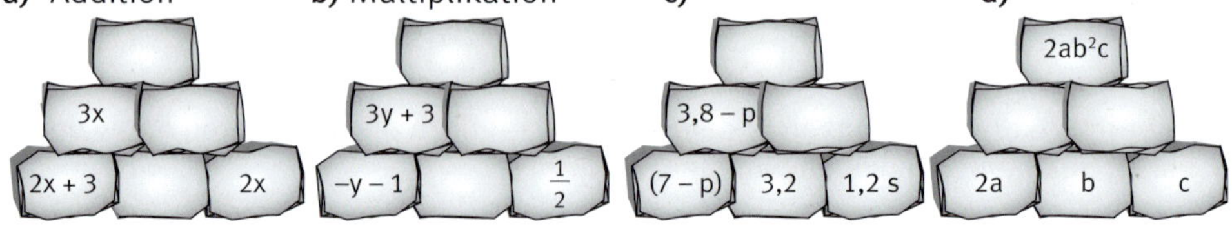

4 **a)** Finde fünf aufeinander folgende natürliche Zahlen, die addiert folgenden Summenwert ergeben.

① 425 ② 12 345 ③ 17 500 ④ 524 765

b) Henriette meint: Wenn n die vorgegebene Zahl ist, dann erhält man die kleinste der fünf Zahlen durch $\frac{1}{5}n - 2$. Hat sie Recht? Überprüfe.

c) Erkläre mit der Formel aus b), dass sich solche fünf Zahlen nur dann finden lassen, falls n durch 5 teilbar ist.

5 Multipliziere die Klammern aus. Nutze die binomischen Formeln.

a) $(4 - x) \cdot (4 + x) \cdot \frac{2}{5}$ **b)** $4 \cdot \left(\frac{1}{2}x + 6y\right)^2$ **c)** $\left(\frac{1}{4}a - 4b\right)^2$

d) $\frac{7}{2} \cdot \left(\frac{1}{8} - \frac{3}{2}x\right) \cdot \left(\frac{3}{2}x + \frac{1}{8}\right)$ **e)** $(ax - by)^2$ **f)** $(3x - 9) \cdot (x + 3)$

6 Zerlege so weit wie möglich in Faktoren. Nutze die binomischen Formeln.

a) $a^2 - 100$ **b)** $9 + 4s + s^2 + 2s$ **c)** $-225b^2 + b$

d) $\frac{9}{16}q^2 - \frac{3pq}{2} + p^2$ **e)** $3x + 1{,}5x^2 + 0{,}5x^4$ **f)** $\frac{1}{4}x^2 - 2{,}5xy + \frac{9}{16}q^2$

7 Wie heißt die gesuchte rationale Zahl?

a) Wenn ich die Summe aus 11 und 5 quadriere, erhalte ich die Differenz aus einer Zahl und 44.

b) Die Differenz aus dem Quadrat einer Zahl und 8 ergibt 136.

c) Wenn ich das Produkt aus der Summe der Zahl und 2 mit der Differenz der Zahl und 2 bilde, erhalte ich 221.

8 Löse die Gleichung im Bereich der rationalen Zahlen.

a) $(2x-5)^2 = 4x^2$ **b)** $(3y-1)^2 = 9y^2 + 7$ **c)** $16x^2 = (4x-6)^2$
d) $(3y+4)^2 = 9y^2 + 28$ **e)** $4x^2 = (2x+5)^2 + 15$ **f)** $(2x-2)^2 = (2x+2)\cdot(2x-2)$
g) $2\cdot(-2x-2)^2 = 8x^2 - 40$ **h)** $4\cdot(2-2x)^2 = 16x^2 + 32$ **i)** $(5-y)^2 = y^2 - 15$
j) $(1-2x)^2 = 4x^2 - 7$ **k)** $(3-3y)^2 = 9y^2 - 45$ **l)** $25x^2 + 39 = (5x+3)^2$

Lösungen zu 8:
$-3; -2; -1; -\frac{1}{2}; \frac{1}{2}; \frac{3}{4}; 1; 1; 1\frac{1}{4}; 2; 3; 4$

9 Bestimme die Lösungsmenge.

a) $3x - \frac{2}{3}\cdot\left(\frac{3}{2}x + 4{,}8\right) = x + 5{,}8$; $D = \mathbb{N}$ **b)** $z + 11{,}8 = 2{,}4z - 1{,}3\cdot(z+3)$; $D = \mathbb{Q}$
c) $7x - 5 + x^2 = 5 - x\cdot(-x+5)$; $D = \mathbb{N}$ **d)** $(2p + 0{,}4) : \frac{4}{5} = 6{,}5 + p$; $D = \mathbb{Z}$
e) $46 - 8p = 5\cdot(3-p) + 112$; $D = \mathbb{Z}$ **f)** $4r^2 + 8r + 2 = (2r+2)^2 - 2$; $D = \mathbb{N}$

10 Vier gleichschenklige Dreiecke mit einer Basis von je 12 cm ergeben zusammen ein Parallelogramm mit 86 cm Umfang. Legt man sie anders zusammen, erhält man wieder ein gleichschenkliges Dreieck. Bestimme den Umfang des großen Dreiecks.

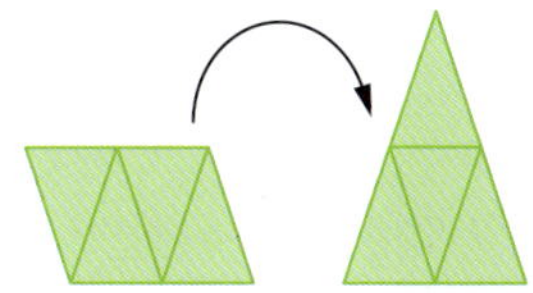

11 a) Stelle die Formel $\rho = \frac{m}{V}$ nach allen Größen um.

ρ bezeichnet man als Dichte.

b) Vervollständige folgende Tabelle. Vergleiche die Dichte mit den Werten in deiner Physik-Formelsammlung (oder recherchiere im Internet).

	Gold	Blei	Beton	Luft
Masse	2 g	50 g	6,9 t	1 kg
Volumen	740 mm³		3 m³	
Dichte		$11{,}34\ \frac{g}{cm^3}$		$1{,}29\ \frac{kg}{m^3}$

c) Ermittle die Masse der Luft in deinem Klassenraum (einem Pkw).

12 Berechne mit einem Tabellenkalkulationsprogramm die fehlenden Größen.
Stelle dazu die Formel $Z = K\cdot p\ \%$ nach jeder Größe um.

K	500 €	733 €		12 250 €	
Z		21,99 €	61 €		60 €
p %	2,5 %		4 %	4 %	1,2 %

13 Bestimme die Definitionsmenge im Bereich der rationalen Zahlen. Wie lautet die Lösungsmenge?

a) $\frac{1}{x} = 5$ **b)** $\frac{3}{x} = -2$ **c)** $\frac{15}{x} = 3$ **d)** $-\frac{6}{x} = -4$ **e)** $\frac{25}{x+3} = -5$

Lösungen zu 13:
$L = \{-8\}$; $L = \{-1{,}5\}$; $L = \left\{\frac{1}{5}\right\}$; $L = \{1{,}5\}$; $L = \{5\}$

14 Gib die Definitionsmenge der Bruchgleichungen in $\mathbb{Q}$ an und löse sie.

a) $\frac{1}{x-3} = \frac{1}{2x+1}$ **b)** $\frac{3}{x+1{,}5} = \frac{2}{x-3}$ **c)** $\frac{2}{3x-1} = \frac{4}{6x+3}$
d) $\frac{1{,}5}{x-7} = \frac{1{,}2}{2{,}4x+9}$ **e)** $\frac{x+1{,}5}{x-1{,}5} = \frac{x+2}{x-2}$ **f)** $\frac{x+2{,}5}{x-3} = \frac{x+3}{x-2{,}5}$

15 Der Quotient einer rationalen Zahl und der Differenz aus dieser Zahl und 4 ergibt $\frac{3}{5}$. Wie lautet die Zahl?

16 a) Eine Bruchgleichung ($D = \mathbb{Q}$) der Form $\frac{T_1(x)}{T_2(x)} = \frac{T_3(x)}{T_4(x)}$ besteht aus den Termen $(x+3)$, $(x-5)$, $(x-1)$ und $(x+23)$. Für die Lösungsmenge der Gleichung gilt: $L = \{7\}$. Wie lautet die Bruchgleichung?

b) Welche anderen Lösungen lassen sich auf diese Weise noch erzeugen?

Klarer Durchblick

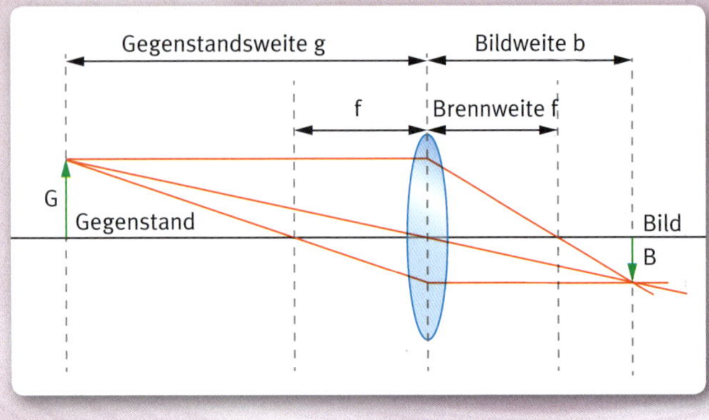

Durch Linsen lassen sich Bilder von Gegenständen auf eine Wand oder einen Schirm projizieren, wie es etwa bei einem Tageslichtprojektor oder Fotoapparat der Fall ist. Die Abbildung eines Gegenstandes durch eine konvexe Linse lässt sich mithilfe der beiden folgenden Gleichungen beschreiben:

❶ $\frac{B}{G} = \frac{b}{g}$ ❷ $\frac{1}{f} = \frac{1}{g} + \frac{1}{b}$

Die Größen sind dabei folgendermaßen definiert:
G: Höhe des Gegenstandes
B: Höhe des Bildes
g: Abstand des Gegenstandes von der Linse
b: Abstand des Bildes von der Linse
f: Brennweite, d. h. charakteristischer Punkt einer Linse, in dem sich Strahlen bündeln

a) Löse die Gleichung ❶ nach b und g auf.

b) Eine Linse hat eine Brennweite von f = 150 mm. In 40 cm (20 cm) Entfernung steht vor der Linse ein 15 cm großer Gegenstand.

❶ Berechne die Bildweite b und die Bildgröße B.

❷ Untersuche für diese Linse die Zusammenhänge zwischen den Größen, wenn g = f, f < g < 2f, g = 2f, g > 2f. Übertrage dazu die Tabelle in dein Heft und vervollständige sie.

g in cm	15	20	25	30	35
b in cm	☐	☐	☐	☐	☐
B in cm	☐	☐	☐	☐	☐
g in cm	40	45	50	55	60
b in cm	☐	☐	☐	☐	☐
B in cm	☐	☐	☐	☐	☐

Ganz Ohr

Um die Höhe von Tönen zu messen, verwendet man die Größe „Frequenz". Die Frequenz einer Schwingung ist die Anzahl der Schwingungen, die ein Gegenstand, beispielsweise eine Gitarrensaite, in einer bestimmten Zeiteinheit macht. Frequenzen werden in der Einheit 1 Hz (Hertz) gemessen. 1 Hz bedeutet, dass eine Schwingung pro Sekunde vorliegt.

Es gilt die Gleichung $f = \frac{n}{t}$, wobei gilt:
f: Frequenz
n: Anzahl der Schwingungen
t: Zeit für n Schwingungen

Für ein und dieselbe Frequenz sind n und t direkt proportional, also quotientengleich.
Hört man beispielsweise den sogenannten „Kammerton a", eine Art Grundton, so schwingt eine Gitarrensaite dabei 440-mal pro Sekunde hin und her.

a) Berechne für den Kammerton a, in welcher Zeit die Saite 1 Schwingung (100 Schwingungen) ausführt.

b) Wie viele Schwingungen führt die Saite in einer Minute beim Kammerton a aus?

Je größer die Frequenz ist, desto höher hören wir einen Ton. Die menschliche Sprechstimme erzeugt Töne zwischen 200 Hz und 8000 Hz, das menschliche Ohr ist zwischen 1000 und 3500 Hz am empfindlichsten.

c) Stelle einen Überblick über das Hörvermögen des menschlichen Ohres dar. Führe dabei Vergleiche aus wie in a) und b). Informiere dich im Internet oder Büchern.

Fühlst du die Kraft?

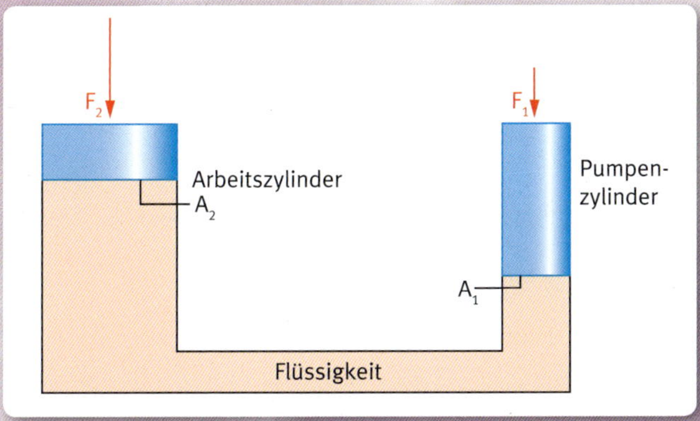

Hast du dich schon einmal gefragt, warum ein Auto in der Werkstatt scheinbar mühelos angehoben werden kann? Sogar ohne elektrische Hilfe kann man mittels eines Wagenhebers ein Auto aufbocken. Dahinter steckt meistens eine hydraulische Anlage.
Die Abbildung oben zeigt das Prinzip einer solchen Anlage:
Die Kraft wird auf einen (kleinen) Pumpenzylinder ausgeübt, über eine Flüssigkeit überträgt dieser dann den Druck auf einen (großen) Arbeitszylinder, der dann eine sehr schwere Last heben kann.

Da in einer hydraulischen Anlage überall in der Flüssigkeit der gleiche Druck wirkt, gilt:

$$\frac{F_1}{A_1} = \frac{F_2}{A_2}$$

F: Kraft in Newton (N)
A: Fläche des Zylinders, auf den die Kraft ausgeübt wird

In einer hydraulischen Anlage wirkt auf den Pumpenzylinder mit einer Querschnittsfläche von 0,5 cm^2 eine Kraft von 150 N. Der Arbeitszylinder hat eine Querschnittsfläche von 400 cm^2.

a) Welche Kraft wirkt am Arbeitszylinder?

b) Welche Fläche müsste der Arbeitszylinder haben, damit dort eine Kraft von 12 000 N wirkt?

c) Bei einer hydraulischen Anlage hat der Pumpenzylinder eine Querschnittsfläche von 2 cm^2, der Arbeitszylinder 27 cm^2. Die Kraft am Arbeitszylinder ist um 100 N größer als die am Pumpenzylinder. Ermittle die wirkenden Kräfte.

Vom Schmecken und Riechen

Geschmack und Geruch sind diejenigen unserer Sinne, die sich nur sehr schwer messen lassen. Um zu ermitteln, ob etwas gut schmeckt oder ein Geruch angenehm ist, werden oftmals viele Testpersonen befragt und ihre Antwort als Maßstab verwendet. In den letzten Jahren wurden vermehrt technische Verfahren eingesetzt, um diese Sinne zu beschreiben.
Informiere dich in Büchern, Internet, ... über einen der beiden Sinne „Geschmack" oder „Geruch". Wie werden die Sinne heute gemessen? Stelle die Ergebnisse deiner Klasse vor. Vielleicht wäre eine Versuchsreihe ja auch sinnvoll ...

Überprüfe deine Fähigkeiten und Kenntnisse. Bearbeite dazu die folgenden Aufgaben und bewerte anschließend deine Lösungen mit einem Smiley.

☺	😐	☹
Das kann ich!	Das kann ich fast!	Das kann ich noch nicht!

Hinweise zum Nacharbeiten findest du auf der folgenden Seite. Die Lösungen stehen im Anhang.

Aufgaben zur Einzelarbeit

1 Die abgebildeten Würfelschlangen liegen auf einem Tisch.

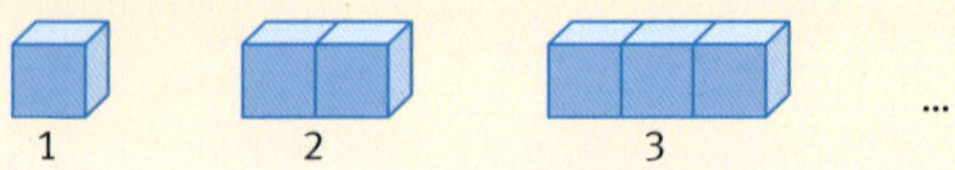

a) Wie viele Flächen der Würfelschlangen sind von außen sichtbar? Setze die Reihe um drei weitere Schritte fort.

b) Stelle einen Term auf, mit dem du die Anzahl der sichtbaren Flächen für jeden Schritt angeben kannst.

2

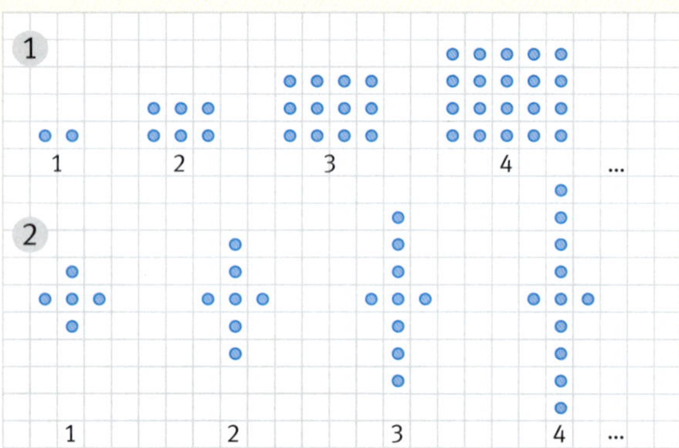

a) Erstelle eine Tabelle für die Anzahl der Punkte der ersten acht Schritte.

b) Beschreibe die Anzahl der Punkte für den n-ten Schritt mit einem Term.

3 Vereinfache so weit wie möglich.

a) $3x + 2{,}8y - 4 + 5{,}4y$ **b)** $2{,}5x + 12y - x^2 - 3y$
c) $\frac{2}{5} \cdot (x + 3y)$ **d)** $(1{,}2y - 4{,}5x) : 1{,}5$
e) $(-4) \cdot \left(-\frac{2}{3}y - 3{,}5 + \frac{1}{2}x\right)$ **f)** $(7ab - 3b) \cdot 2{,}3$
g) $(x - 6y + 1) \cdot (2x - 3)$ **h)** $(2x + 4) \cdot (4x + 2)$

4 Ergänze so, dass die Rechnung stimmt.

a) $2x + \square = 2\frac{1}{2}x$
b) $\square + 1 - \frac{1}{3}s = 1 + 3s$
c) $2 \cdot \left(\square + \frac{2}{7}v\right) = \frac{2}{9}u + \square v$
d) $(28 + 5t) : \square = \square - 1{,}25t$

5 Berechne das Produkt und vereinfache. Du kannst auch eine Verknüpfungstabelle nutzen.

a) $(x - 3) \cdot (x + 1)$ **b)** $(a - b) \cdot (a - 2)$
c) $(-3x + 2) \cdot (x - 4)$ **d)** $(2{,}5y + 7) \cdot (x - y)$
e) $(1{,}2s - 0{,}5) \cdot (1{,}2s - t)$ **f)** $(-0{,}9a + b) \cdot (a - 6)$

6 Wie lautet ein gemeinsamer Faktor? Klammere ihn aus und schreibe als Produkt.

a) $7x^2 + 21x$ **b)** $12ab - 36a^2 + 18ab^2$
c) $15x^3 + 12x^2y$ **d)** $0{,}4klm + 2k^2lm - 1{,}6kl$
e) $0{,}8x^2 + 0{,}4ax - 0{,}2x$ **f)** $-t^4 - 1{,}2t^2 - 4{,}8t^3s$

7 Multipliziere die Klammern aus. Nutze die binomischen Formeln.

a) $(x - 1{,}5)^2$ **b)** $(8x + 2y) \cdot (8x - 2y)$
c) $3 \cdot (3 + h)^2$ **d)** $(2x + 6)^2$
e) $-(9y - 5x)^2$ **f)** $\frac{3}{4} \cdot (0{,}5a - 0{,}25b)^2$

8 Schreibe mit Klammern.

a) $a^2 - 4ab + 4b^2$ **b)** $9 + 16z^2 + 24z$
c) $6{,}25 - 4y^2$ **d)** $-1 - 4r - 4r^2$
e) $1{,}44x^2 - 0{,}64a^2$ **f)** $289y^2 - 4$

9 Wenn du ein Quadrat an beiden Seiten um jeweils 5 cm verkürzt, entsteht ein neues Quadrat mit der Gesamtfläche 64 cm². Welche Seitenlänge hatte das ursprüngliche Quadrat?

10 Gib jeweils die Lösungsmenge an.

a) $12x - 1 = 2 \cdot (5x + 8)$ $D = \mathbb{N}$
b) $-2{,}5 + 4x = 4 - (x - 2{,}5 + 4x)$ $D = \mathbb{Z}$
c) $-z \cdot (2 - z) = (2 - z)^2$ $D = \mathbb{Q}$
d) $(2x + 3)^2 = 4x \cdot (x + 6)$ $D = \mathbb{Q}$

11 Ein Dreieck hat einen Umfang von 19 cm. Die längste Seite ist 2 cm länger als die mittlere, die 1 cm länger ist als die kürzeste. Zeichne das Dreieck.

12 Löse die Ungleichung in $\mathbb{Q}$.

a) $\frac{2}{3}x > \frac{4}{5} + 2x$ **b)** $5 \cdot (r - 2) \geqq \frac{r + 7}{2}$
c) $\frac{y + 3}{3} \leqq \frac{2 + y}{4}$ **d)** $\frac{q - 2}{5} < 5q - 2$

13 Gib die Definitionsmenge in $\mathbb{Q}$ an und löse.

a) $\frac{x+2}{x-4} = \frac{x-3}{x+1}$ **b)** $\frac{x+2}{x-3} = \frac{x-4}{x+1}$

c) $\frac{x-2}{x+2} = \frac{x+3}{x+1}$ **d)** $\frac{x-5}{x+5} = \frac{x+3{,}5}{x-2{,}5}$

e) $\frac{x-5}{x+5} = \frac{x-2{,}5}{x+3{,}5}$ **f)** $\frac{x+3}{x+4} = \frac{x-4}{x-5}$

14 In der Elektrizitätslehre ist die Spannung U (in Volt, V) als Produkt aus Stromstärke I (in Ampère, A) und elektrischem Widerstand R (in Ohm, Ω) definiert: $U = R \cdot I$.
Stelle zunächst die Formel nach der gesuchten Größe um und berechne dann ...

a) die Spannung für einen Widerstand von 12 Ω und eine Stromstärke von 20 A.

b) den Widerstand für eine Spannung von 220 V und eine Stromstärke von 25 A.

c) die Stromstärke für eine Spannung von 220 V und einen Widerstand von 8 Ω.

15 Gegeben ist die Formel $O = 2ab + 2ac + 2bc$.

a) Um welche Formel kann es sich handeln?

b) Löse die Formel durch Ausklammern nach allen Variablen auf.

16 Bestimme die Definitionsmenge im Bereich der rationalen Zahlen. Gib die Lösungsmenge an.

a) $\frac{3}{2} = \frac{6}{x-2}$ **b)** $\frac{1}{2x} + \frac{2}{3x} + \frac{3}{2x} = 4$

c) $4 - \frac{8}{x} + \frac{5}{x} = 1$ **d)** $\frac{2}{x+3} = \frac{1}{x-5}$

e) $\frac{8}{x+1} - \frac{5}{x-1} = 0$ **f)** $\frac{8}{3x-6} = \frac{5}{4x-8}$

17 Ermittle die Lösungsmenge der Ungleichungen in $\mathbb{Q}$. Veranschauliche diese auf einem Zahlenstrahl und gib sie in Intervallschreibweise an.

a) $2x + 4 \leqq 3x$ **b)** $5 - 8x \geqq 37$

c) $-17 + 10x \leqq 39 + 2x$ **d)** $(x-2)^2 > 0$

Aufgaben für Lernpartner

Arbeitsschritte

1 Bearbeite die folgenden Aufgaben alleine.
2 Suche dir einen Partner und erkläre ihm deine Lösungen. Höre aufmerksam und gewissenhaft zu, wenn dein Partner dir seine Lösungen erklärt.
3 Korrigiere gegebenenfalls deine Antworten und benutze dazu eine andere Farbe.

Sind folgende Behauptungen **richtig** oder **falsch**? Begründe schriftlich.

18 Mithilfe von Termen und Variablen lassen sich mathematische Zusammenhänge beschreiben.

19 Wenn in einer Summe ein Faktor ausgeklammert wird, muss er in mindestens einem Summanden der Summe vorkommen.

20 Ausklammern und Vereinfachen sind entgegengesetzte Operationen.

21 $(x + y)^2 = x^2 + y^2$

22 Bei einer Äquivalenzumformung darf sich die Lösungsmenge einer Gleichung nur ein bisschen ändern.

23 Eine Formel umzustellen bedeutet, einfach zwei Variablen miteinander zu vertauschen.

24 In der Definitionsmenge einer Gleichung werden all die Zahlen aufgeführt, die man grundsätzlich in eine Gleichung einsetzen kann.

25 $(a + b) \cdot (a - b) = a^2 + b^2$

26 Es ist oftmals günstig, Terme zuerst zu vereinfachen, bevor man mit ihnen weiterrechnet.

27 Bei Bruchgleichungen müssen diejenigen Zahlen ausgeschlossen werden, bei denen der Nenner null wird.

28 Bei einer Bruchgleichung gehört stets diejenige Zahl zur Lösungsmenge, bei der der Nenner null wird.

Aufgabe	Ich kann ...	Hilfe
1, 2, 18	Terme aufstellen und beschreiben.	S. 42
3, 4, 5, 6, 19, 20	Terme vereinfachen, ausmultiplizieren und gemeinsame Faktoren ausklammern.	S. 42, 44
7, 8, 21, 25	mit binomischen Formeln arbeiten.	S. 48
9, 10, 11, 22, 24, 26	Gleichungen aufstellen und auch durch Äquivalenzumformungen lösen.	S. 52
12, 17	Ungleichungen durch Äquivalenzumformungen lösen.	S. 56
14, 15, 23	Formeln nach einer Variable umstellen und Berechnungen durchführen.	S. 58
13, 16, 27, 28	Bruchgleichungen lösen und deren Definitionsmenge bestimmen.	S. 60

S. 42	Zusammenfassung gleichartiger Summanden: $2x - 3y - 6x + 3y = (2 - 6) \cdot x + (-3 + 3) \cdot y$ $= -4x$	Mathematische Zusammenhänge lassen sich mithilfe von **Termen** und Variablen beschreiben. Terme lassen sich anhand der bekannten Rechenregeln **vereinfachen**. Dadurch entstehen zueinander **äquivalente** Terme.
S. 44	$(3x + 7) \cdot (4x - 5)$ $= 12x^2 + \underbrace{28x - 15x} - 35$ $= 12x^2 \quad + 13x \quad - 35$	**Umformen von Termen** • **Ausmultiplizieren** mit einem Faktor: Jeder Summand wird mit dem Faktor multipliziert. • **Ausmultiplizieren** zweier Summen: Jeder Summand der ersten Summe wird mit jedem Summand der zweiten Summe multipliziert. • **Ausklammern**: Ein gemeinsamer Faktor in jedem Summanden wird ausgeklammert.
S. 48	**Ausmultiplizieren mit binomischen Formeln** $(3 + a)^2 = 9 + 6a + a^2$ $(5x - 2) \cdot (5x + 2) = 25x^2 - 4$ **Zusammenfassen mit binomischen Formeln** $y^2 - 4y + 4 = (y - 2)^2$	**Binomische Formeln** 1. $(a + b)^2 = a^2 + 2ab + b^2$ 2. $(a - b)^2 = a^2 - 2ab + b^2$ 3. $(a + b) \cdot (a - b) = a^2 - b^2$
S. 52 S. 56	Löse in $\mathbb{Q}$. $63 - 50b + 12 = -5b;\ D = \mathbb{Q}$ | (1) vereinfachen $75 - 50b = -5b$ | (2) $+ 50b$ $75 = 45b$ | (3) $: 45$ $b = \frac{75}{45} = \frac{5}{3} = 1\frac{2}{3}$ (4) $1\frac{2}{3} \in \mathbb{Q};\ L = \{1\frac{2}{3}\}$ Probe: l. S.: $63 - 50 \cdot 1\frac{2}{3} + 12 = -8\frac{1}{3}$ r. S.: $-5 \cdot 1\frac{2}{3} = -8\frac{1}{3}$	Gleichungen und Ungleichungen lassen sich durch **Äquivalenzumformungen** lösen. Dabei ändert sich die **Lösungsmenge** nicht. (1) Terme auf jeder Seite vereinfachen. (2) Durch Addition und Subtraktion alle Terme mit Variablen auf eine Seite der Gleichung bringen, alle Zahlen ohne Variable auf die andere. Beide Seiten vereinfachen. (3) Durch Multiplikation und Division den Faktor vor der Variablen zur 1 machen und die Lösung bestimmen. (4) Die Lösungsmenge angeben und zur Probe die Lösung in die Ausgangsgleichung einsetzen.
S. 58	Löse die Formel für das Volumen eines Quaders nach der Breite b auf. $V = a \cdot b \cdot c$ | $: (a \cdot c)$ $b = \frac{V}{a \cdot c}$	Eine **Formel** ist eine Gleichung, die einen Zusammenhang zwischen Variablen, Größen und Zahlen beschreibt. Meistens ist eine der **Variablen** zu **berechnen**. Die Formel wird dann so umgestellt, dass **diese Variable alleine auf einer Seite steht**.
S. 60	Löse in $\mathbb{Q}$. $\frac{3}{(x - 2)} = \frac{2}{(x + 4)}$ $D = \mathbb{Q} \setminus \{-4; 2\}$ $\frac{3}{(x - 2)} = \frac{2}{(x + 4)}$ | $\cdot (x - 2) \cdot (x + 4)$ $3 \cdot (x + 4) = 2 \cdot (x - 2)$ …	In Termen und Gleichungen können **Variablen** auch im **Nenner eines Bruches** stehen. Dabei dürfen keine Zahlen in den Term eingesetzt werden, bei denen der **Nenner null** wird. Die **Definitionsmenge** D enthält die Zahlen, für die der Term definiert ist. Zur Lösung multipliziert man die **Gleichung mit einem gemeinsamen Nenner aller Brüche**, sodass ohne Brüche weitergerechnet werden kann.

Kongruente Figuren

1 Entscheide, welche der Figuren jeweils kongruent zueinander sind.

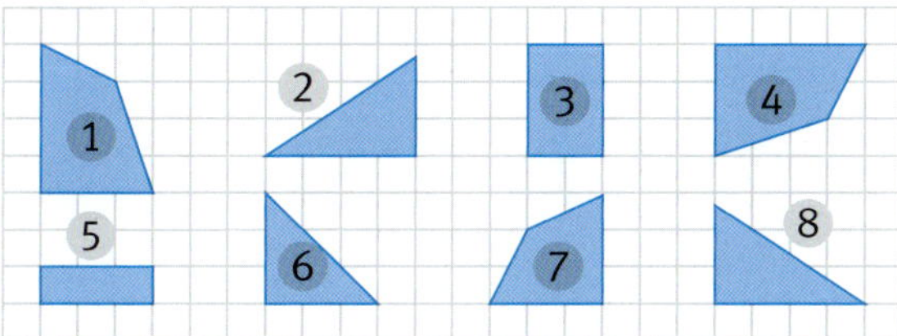

2 Zeichne auf Karopapier eine Figur. Beschreibe sie deinem Nachbarn, sodass er eine dazu kongruente Figur zeichnen kann, ohne dein Original zu sehen.

3 **a)** Durch welche Bewegung (Spiegelung, Drehung, Verschiebung) ist jeweils die blaue Figur aus der grünen hervorgegangen?

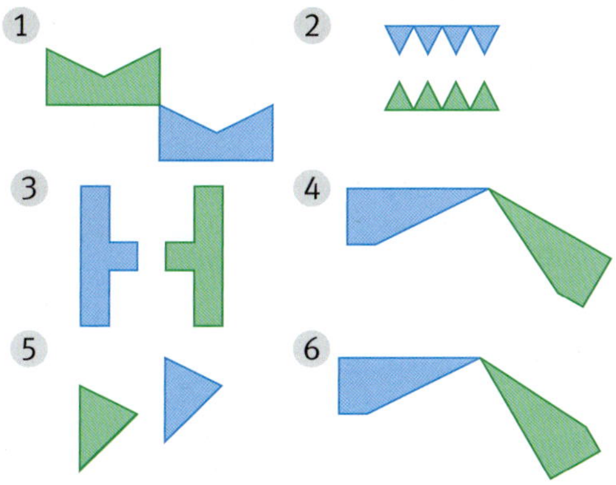

b) Beschreibe jeweils die Lage typischer Symmetrieelemente (Symmetrieachse, Symmetriezentrum, ...)

4 Setze jeweils zwei grüne Figuren so zusammen, dass sich Figuren ergeben, die zu den andersfarbigen kongruent sind.

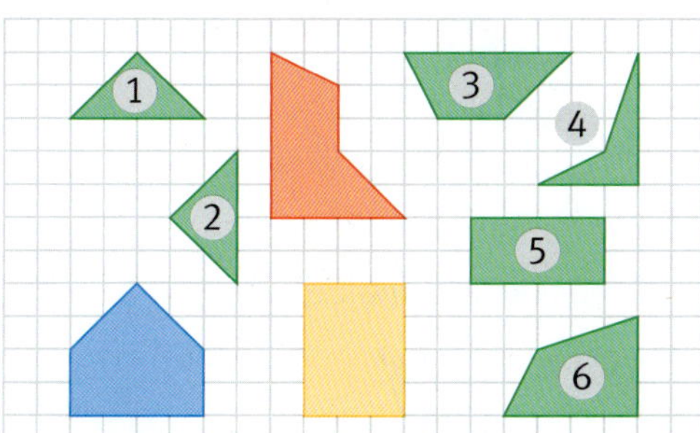

Rationale Zahlen

5 Setze <, > oder = ein.

a) $+5$ □ -8 **b)** $-2{,}3$ □ $+\frac{5}{2}$

c) $-0{,}04$ □ $-0{,}004$ **d)** $|+3|$ □ $|-3|$

6 Bestimme den Betrag und die Gegenzahl. Übertrage dazu die Tabelle in dein Heft.

Zahl	$-0{,}02$	11	$-\frac{7}{5}$	25
Gegenzahl	□	□	□	□
Betrag	□	□	□	□

7 Finde mindestens eine rationale Zahl, die zwischen den beiden angegebenen Zahlen liegt.

a) 2,53 und 2,6 **d)** $\frac{2}{8}$ und $\frac{3}{8}$

b) $-0{,}8$ und $-0{,}79$ **e)** 18,8 und $\frac{189}{10}$

c) $\frac{3}{5}$ und 0,7 **f)** $-\frac{1}{2}$ und $-0{,}59$

8 Nenne ...

a) die größte negative dreistellige ganze Zahl.

b) die zu $-5{,}7$ nächstgrößere ganze Zahl.

c) die zu $-114{,}6$ nächstkleinere ganze Zahl.

9 Drücke mithilfe von rationalen Zahlen aus.

a) Susan hat 237,50 € Schulden.

b) Die Temperatur ist auf 16 °C über Null gestiegen.

c) Carsten musste sich 4 € borgen.

d) In einem Hotel befindet sich der Sportbereich im zweiten Untergeschoss.

10 Bei einem Orientierungslauf erhalten vier Läufer neben Karte und Kompass folgende Anweisungen:
Läufer 1: 4000 m O, 2000 m N
Läufer 2: 3000 m W, 5000 m N
Läufer 3: 2000 m O, 3000 m S
Läufer 4: 5000 m W, 2000 m S
Wohin müssen die Läufer? Gib die Zielpunkte mithilfe von Koordinaten an (1 Einheit entspricht 1000 m).

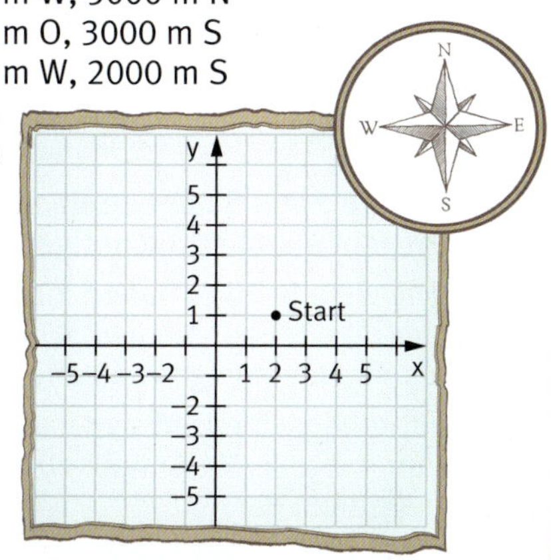

Prozentrechnung

11 20 % auf alles! Berechne die neuen Preise.

Swimming-Pool
99,90 €

Schlitten
59,99 €

Klapphocker
25,99 €

Bohrmaschine
159,90 €

12 Wie viel Prozent der Figuren sind gefärbt?

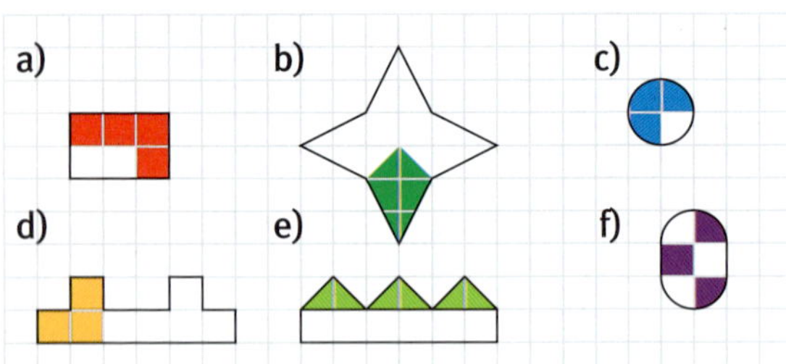

13 Wie viele Schüler besuchen die einzelnen Klassen?

Klasse	8a	8b	8c
Anzahl der Mädchen	5	13	17
Mädchenanteil	20 %	50 %	63 %

14 Die Schüler der 8. Klassen wurden nach ihrem Lieblingsgetränk befragt. Die Ergebnisse sind in einem Streifendiagramm eingetragen.

a) Gib die Anteile der einzelnen Getränke in Prozent an. Miss die nötigen Längen.

b) Wie viele Schüler haben insgesamt an der Umfrage teilgenommen, wenn 27 Schüler Tee als ihr Lieblingsgetränk angegeben haben?

c) Führe dieselbe Umfrage in deiner Klasse durch. Stelle die Anteile ebenfalls als Streifendiagramm dar.

Flächeninhalt von Vierecken

15 Übertrage die Vierecke ins Heft. Berechne anschließend ihren Flächeninhalt.

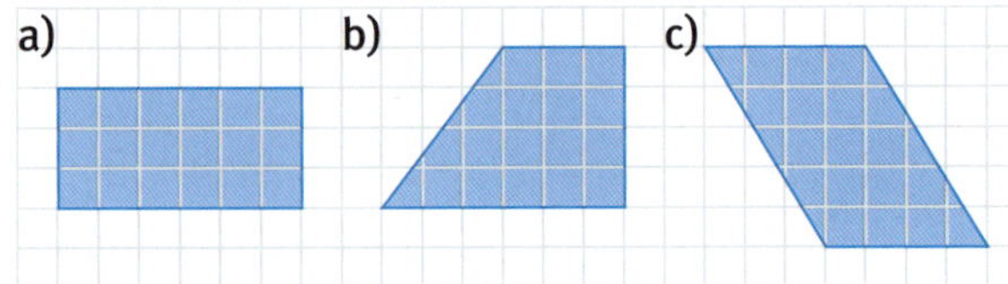

16 Welche Flächeninhaltsformel gehört zu welchem Viereck?

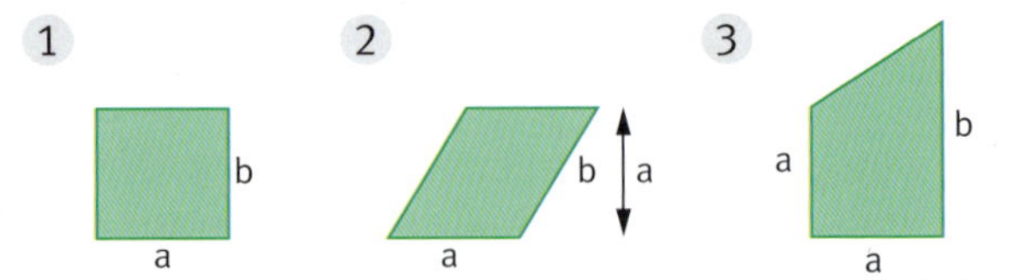

A $A = a^2$

B $A = a \cdot \frac{(a + b)}{2}$

C $A = a \cdot b$

17 Wie viele Blätter der Größe DIN A4 (29,7 cm × 21 cm) passen nebeneinander auf den abgebildeten Tisch? Die Blätter dürfen zerschnitten werden, aber sich nicht überlappen. Runde geeignet.

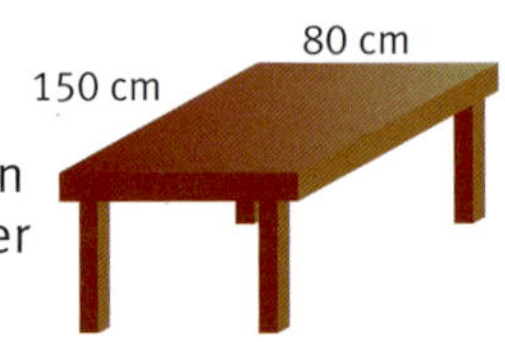

18 Eine Klasse will die hessische Flagge auf den Schulhof malen. Das Wappen soll zunächst ausgespart werden. Wie viel Fläche muss mit weißer Farbe gestrichen werden?

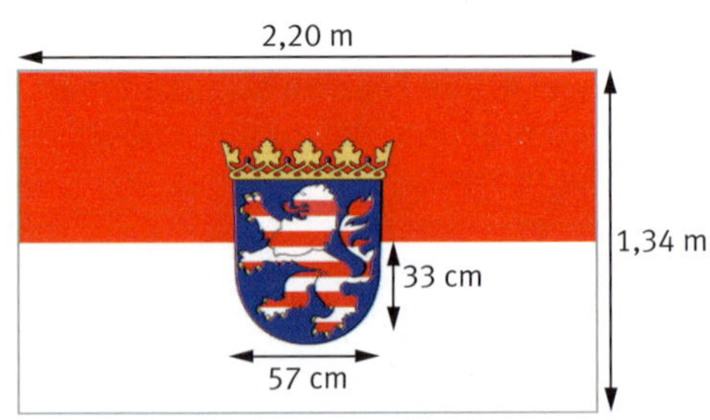

19 Berechne den Flächeninhalt der Figur.

a)

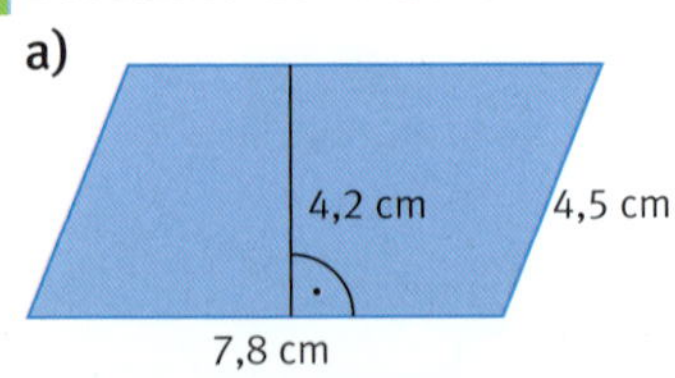

b)

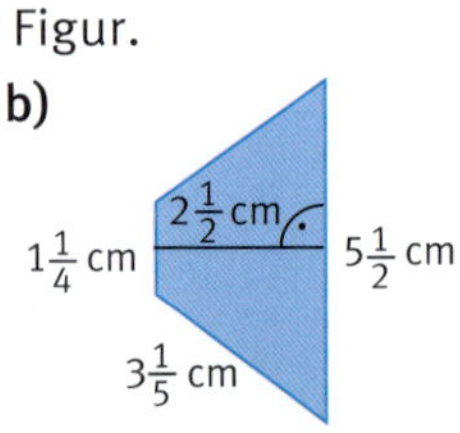

3 Einfache Funktionen und ihre Anwendung

Einstieg

- Temperaturen werden in vielen Ländern, beispielsweise den USA, in Grad Fahrenheit (°F) anstelle von Grad Celsius (°C) angegeben. Bestimme die Temperaturangaben in der Karte in °C.
- Lege eine Wertetabelle an, die zwischen 0 °C und 100 °C in Abständen von 10 °C die zugehörigen Temperaturen in °F angibt.
- Stelle die Zuordnung *Temperatur in °C* $\longmapsto$ *Temperatur in °F* grafisch dar. Beschreibe den Verlauf des Graphen.

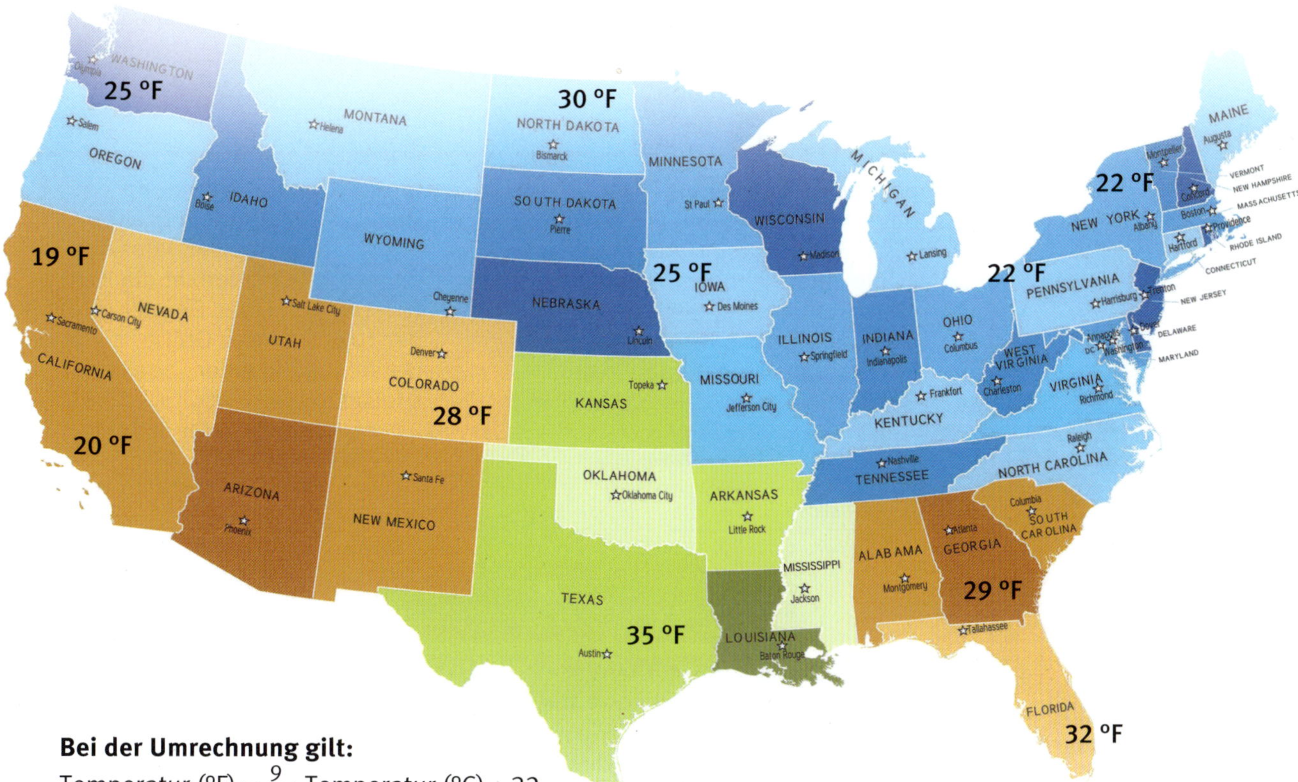

Bei der Umrechnung gilt:
Temperatur (°F) $= \frac{9}{5} \cdot$ Temperatur (°C) + 32

Ausblick

Am Ende dieses Kapitels hast du gelernt, ...

- wie man proportionale und antiproportionale Funktionen beschreiben kann.
- was eine lineare Funktion ist und wie sie mit einer proportionalen Funktion zusammenhängt.
- wie sich die Rechenvorschriften linearer Funktionen bestimmen lassen.
- Funktionen aus dem Alltag zu beschreiben und zu untersuchen.

5 min für 6 Tassen heißes Wasser

15 min für 12 Tassen Kaffee

Paola feiert Geburtstag. Zum Kuchen haben die Gäste die Wahl zwischen Kaffee oder Tee. Beides bereitet Paola vor.

(1)

Anzahl der Tassen Kaffee	12	24	36	6
Zeit in min	15	▪	▪	▪

(2)

Anzahl der Wasserkocher	1	2	3	4
Zeit in min für 24 Tassen	▪	▪	▪	▪

- Ergänze die Tabelle (1). Wie ändert sich die Zeit, wenn sich die Anzahl der Tassen Kaffee verdoppelt (verdreifacht, halbiert, ...)?
- Für das Teewasser hat Paola zwei (drei, vier, ...) Wasserkocher zur Verfügung. Ermittle, wie viel Zeit sie benötigt, bis 24 Tassen Teewasser gekocht sind.
- Wie ändert sich die Zeitdauer, wenn sich die Anzahl der Wasserkocher verdoppelt (verdreifacht, halbiert, ...)?
- Stelle die Zahlenpaare aus (1) und (2) als Punkte in einem Koordinatensystem dar. Beschreibe den Verlauf der Graphen, auf denen die Punkte liegen.

Merkwissen

proportionale Zuordnung:

(1) Dem Doppelten (dem Dreifachen, ..., der Hälfte, ...) der Ausgangsgröße entspricht das Doppelte (das Dreifache, ..., die Hälfte, ...) der zugeordneten Größe. Darstellung in einer Tabelle mit Dreisatz:

Tabelle

	Anzahl Pralinen	Masse in g	
: 3	6	90	: 3
· 4	2	30	· 4
	8	120	

(2) **Quotientengleichheit**: Die Wertepaare in der Tabelle haben alle den gleichen Quotienten.

(3) **Graph (Schaubild)**: Die zu den Wertepaaren gehörenden Punkte liegen alle auf einer **Geraden durch den Ursprung**.

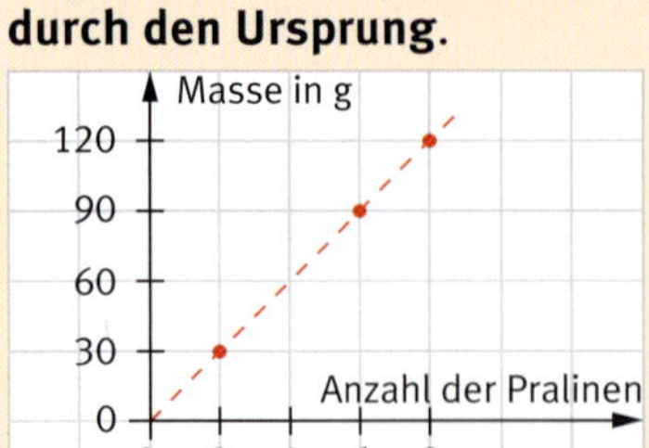

antiproportionale Zuordnung:

(1) Dem Doppelten (dem Dreifachen, ..., der Hälfte, ...) der Ausgangsgröße entspricht die Hälfte (ein Drittel, ..., das Doppelte, ...) der zugeordneten Größe. Darstellung in einer Tabelle mit Dreisatz:

Tabelle

	Anzahl Personen	Gewinn in €	
: 2	10	1500	· 2
· 3	5	3000	: 3
	15	1000	

(2) **Produktgleichheit**: Die Wertepaare in der Tabelle haben alle das gleiche Produkt.

(3) **Graph (Schaubild)**: Die zu den Wertepaaren gehörenden Punkte liegen alle auf einer Kurve, die **Hyperbel** heißt.

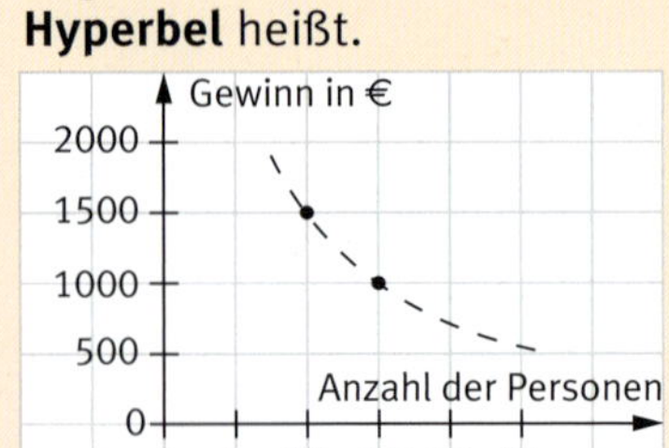

*Das Rechnen von der Ausgangsgröße über eine geeignete Zwischengröße zur gesuchten Größe nennt man **Dreisatz**.*

Um nachzuweisen, dass eine Zuordnung proportional (antiproportional) ist, reicht es eine dieser Eigenschaften nachzuweisen.

Beispiele

I Ein 250-g-Barren reines Gold kostet etwa 9200 €. Wie teuer sind 100 g reines Gold? Löse die Aufgabe auf verschiedene Arten.

Tabelle

	Masse	Preis	
: 5	250 g	9200 €	: 5
· 2	50 g	1840 €	· 2
	100 g	3680 €	

Graph

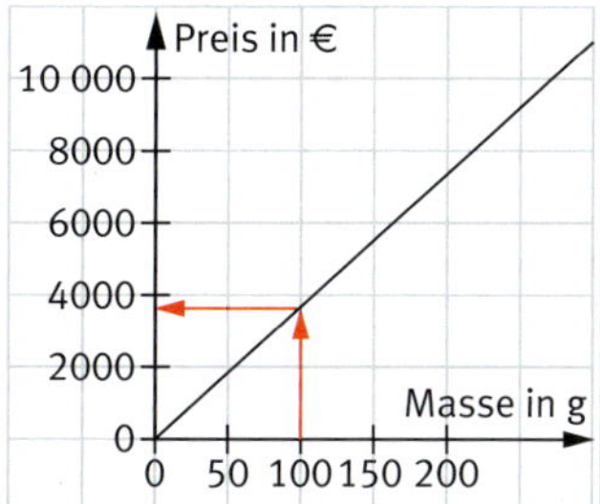

Quotientengleichheit

$$\frac{x}{100\ \text{g}} = \frac{9200\ €}{250\ \text{g}}$$

$$x = \frac{9200\ €}{250\ \text{g}} \cdot 100\ \text{g}$$

$$x = 3680\ €$$

Beschreibung

Wenn 250 g Gold 9200 € kosten, dann kostet ein Fünftel des Goldes , also 50 g, auch ein Fünftel des Preises, nämlich 1840 €. Somit kosten 100 g Gold 3680 €.

II Bei einem Schulfest verkauft die Klasse 8b Kuchen vom Blech. Die Schüler möchten den Kuchen in 15 Stücke zerschneiden und jeweils 1,40 € pro Stück verlangen. Nina macht den Vorschlag, den Kuchen in nur 10 Stücke zu zerlegen. Welchen Preis sollte die Klasse 8b in diesem Fall verlangen? Löse die Aufgabe auf verschiedene Arten.

Beachte, dass die Gesamteinnahme gleich bleiben soll.

Lösung:

Tabelle

	Anzahl	Preis	
: 3	15	1,40 €	· 3
· 2	5	4,20 €	: 2
	10	2,10 €	

Graph

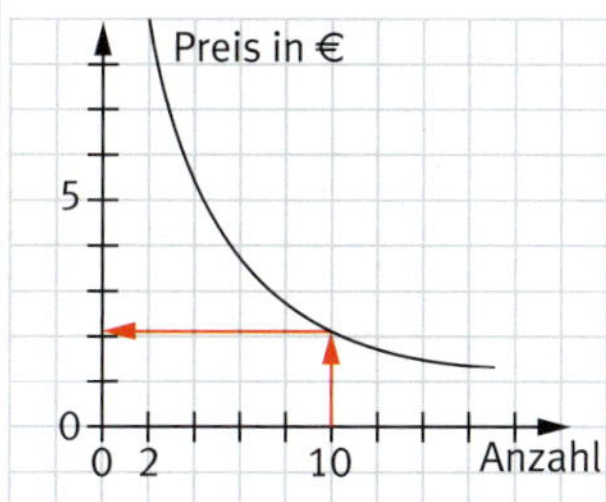

Produktgleichheit

$$x \cdot 10 = 1{,}40\ € \cdot 15$$

$$x = \frac{21\ €}{10}$$

$$x = 2{,}10\ €$$

Beschreibung

Wenn man 15 Stück für je 1,40 € verkauft, dann muss man bei einem Drittel der Menge (5 Stück) den dreifachen Preis verlangen, also 4,20 €. Somit kostet bei 10 Stücken jedes nur halb so viel wie bei 5 Stücken, nämlich 2,10 €.

Erinnere dich:
Einen solchen Graphen nennt man Hyperbel:

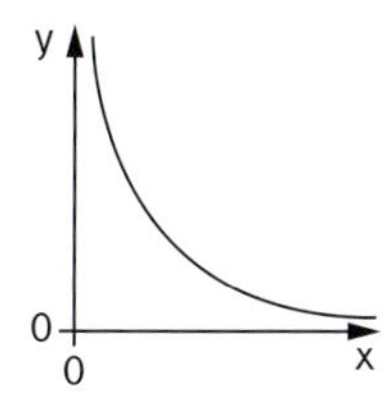

Verständnis

- Jede Zuordnung ist entweder proportional oder antiproportional. Stimmt das? Begründe.
- Begründe: (1) die Quotientengleichheit einer proportionalen Zuordnung
  (2) die Produktgleichheit einer antiproportionalen Zuordnung
- Hamid hat eine proportionale Zuordnung in einer Tabelle dargestellt und behauptet: „Wenn ich die Ausgangszahl um die gleiche Anzahl erhöhe, dann erhöht sich auch die zugeordnete Zahl ebenfalls um diese Anzahl.“ Nimm Stellung zu dieser Aussage.

Aufgaben

1 Ist die Zuordnung proportional oder antiproportional? Begründe bzw. nenne die Voraussetzungen hierfür.

a) *Anzahl der Teilnehmer bei einem Ausflug ⟼ Preis pro Teilnehmer*
b) *Geschwindigkeit eines Pkws ⟼ Fahrzeit in h*
c) *Anzahl der Zuckerpäckchen ⟼ Gesamtpreis in €*
d) *Schrittlänge in cm ⟼ Anzahl der Schritte für eine Strecke*

Lösungen zu 2:
1,5; 2,25; 2,4; 3; 3,75; 4; 4,8; 5; $5\frac{2}{3}$; 7,5; 9; $11\frac{1}{3}$; 12,75; 16; 19,2; $22\frac{2}{3}$; 24; 25,5; 28,8; 30; 38,4; 48; 51; 60

2 Übertrage ins Heft und ergänze die fehlenden Werte so, dass die Zuordnung ...

(1) proportional ist. (2) antiproportional ist.

a)

x	1	5	12	20
y		12		

b)

x	1	2	3	4
y			17	

c)

x	4	10	16	32
y		12		

d)

x	2	3	8	12
y			6	

3 Vervollständige die fehlenden Werte der antiproportionalen Zuordnung mithilfe der Produktgleichheit. Welche Bedeutung hat das Produkt?

a)

Anzahl Arbeiter	4	6		18
Anzahl Arbeitstage	36		16	

b)

Anzahl Gewinner	3	4		12
Gewinn pro Person in €			1592,40	663,50

4 In Geschäften müssen die Preise für Grundmengen von 100 g oder 1 kg angegeben werden. Berechne beide Preise.

a)

300 g kosten 2,79 €.

b)

125 g kosten 0,85 €.

c)

360 g kosten 1,98 €.

5 Untersuche, ob eine bekannte Art der Zuordnung vorliegen kann.

a)

x	3	5	9
y	1,35	2,25	4,05

b)

x	4	5	8
y	9,0	7,2	4,5

c)

x	2	5	7
y	15,6	37,5	54,6

d)

x	0	2	8
y	2,5	4,5	10,5

e)

x	2	4	5
y	$9\frac{1}{4}$	$4\frac{5}{8}$	$3\frac{7}{10}$

f)

x	4	5	8
y	4,7	5,7	8,7

6 Bei Rasendünger wird immer angegeben, für wie viel m² die Menge reicht.

(1) 7,5 kg Reicht für 250 m².
(2) 10 kg Reicht für 330 m².
(3) 1,5 kg Reicht für 60 m².

a) Bestimme für die verschiedenen Sorten die Menge, die pro m² vorgesehen ist.
b) Berechne für jeden Rasendünger, wie weit die Menge reicht, wenn man 2 Packungen (3 Packungen, 4 Packungen, $\frac{1}{2}$ Packung, $\frac{1}{5}$ Packung) auf den Rasen streut.

7 Ein Rechteck soll einen Flächeninhalt von $72\ \text{cm}^2$ haben.

a) Übertrage die Tabelle in dein Heft und vervollständige sie.

Länge in cm	1	2	3	4	6	8	12	18	24	36	72
Breite in cm	▢	▢	▢	▢	▢	▢	▢	▢	▢	▢	▢

b) Zeichne den zugehörigen Graphen. Beschreibe seinen Verlauf.

Wähle einen geeigneten Ausschnitt für den Graphen.

8 Du weißt bereits, wie man aufgrund der Eigenschaften von Zuordnungen Rechenvorschriften angibt.

Bezeichnet man die Ausgangsgröße mit x und die zugeordnete Größe mit y, so gilt für eine ...

proportionale Zuordnung:
Der Quotient $\frac{x}{y}$ ist immer gleich; es ist der Proportionalitätsfaktor; wir bezeichnen ihn mit m.

Es gilt also: $y = m \cdot x$

Beispiel:
2 Eiskugeln kosten 1,40 €. Ermittle die Preise für verschiedene Anzahlen an Eiskugeln.
Es gilt Quotientengleichheit, also:

$$\frac{70\ \text{ct}}{1\ \text{Kugel}} = \frac{140\ \text{ct}}{2\ \text{Kugeln}} = \frac{350\ \text{ct}}{5\ \text{Kugeln}} = \ldots$$

Rechenvorschrift:
$y = 70 \cdot x$

x: Anzahl der Kugeln
y: Preis in €

antiproportionale Zuordnung:
Das Produkt $y \cdot x$ ist immer gleich; es ist die Gesamtgröße; wir bezeichnen sie mit c.

Es gilt also: $y = \frac{c}{x}$

Beispiel:
Ein Hafervorrat reicht für 2 Pferde erfahrungsgemäß 20 Tage. Ermittle, wie lange der Vorrat bei 4 Pferden, 5 Pferden ... reicht.
Es gilt Produktgleichheit, also:
$2 \cdot 20 = 4 \cdot 10 = 5 \cdot 8 = 40$
Bedeutung:
Gesamtvorrat: 40 Tagesportionen

Rechenvorschrift:
$y = \frac{40}{x}$

x: Anzahl Pferde
y: Anzahl Tage
oder
x: Anzahl Tage
y: Anzahl Pferde

a) Erkläre anhand der Beispiele, wie die Rechenvorschriften erstellt wurden. Warum ist die Bedeutung von x und y bei antiproportionalen Zuordnungen vertauschbar?

b) Bestimme zu jeder Zuordnung eine Rechenvorschrift. Beschreibe, was die einzelnen Teile der Rechenvorschrift bedeuten. Bestimme dann mit der Rechenvorschrift mindestens drei weitere Wertepaare.

1 3 kg Sand kosten 1,98 €.
2 35 l Super kosten an der Tankstelle 54,60 €.
3 5 Personen teilen sich den Jackpot von 12,5 Mio. €.
4 8 Äpfel wiegen 1720 g.
5 3 Arbeiter pflastern eine Fußgängerzone in 12 Tagen.
6 Ein Turm aus 20 gleichartigen 5-ct-Münzen ist 33,4 mm hoch.
7 Es dauert 90 min, bis 2 Gartenschläuche einen Teich befüllt haben.
8 Eine Fahrgemeinschaft von 4 Personen muss jeden Monat 60 € für Benzin ausgeben.

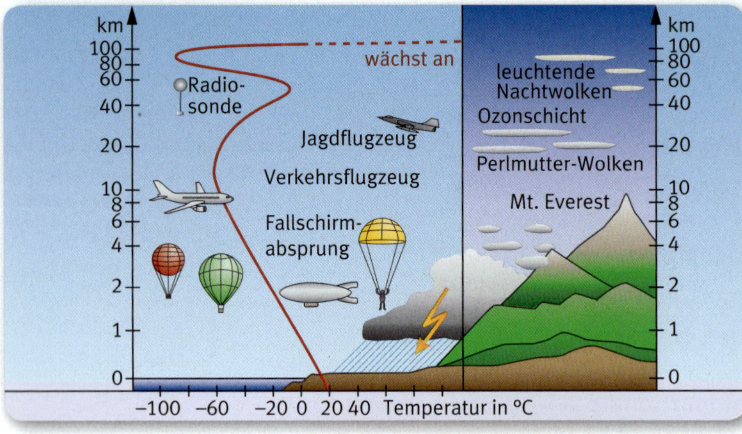

Die Temperatur der Luft unterscheidet sich je nachdem, auf welcher Höhe sie gemessen wird. Die Abbildung stellt diesen Zusammenhang dar.

- Beschreibe den Temperaturverlauf mit zunehmender Höhe in Worten.
- Lies für verschiedene Höhen die Temperaturen ab.
- Lies für verschiedene Temperaturen die zugehörige Höhe ab. Ist diese Zuordnung eindeutig?

Definitionsmenge D: Menge aller x-Werte („Argumente“). Wertemenge W: Menge aller y-Werte („Funktionswerte“).

f(x) sprich: „f von x“

Merkwissen

Zuordnungen beschreiben Zusammenhänge zwischen Größen oder Zahlen. Eine Zuordnung, bei der jeder Ausgangsgröße genau eine Größe zugeordnet wird, ist eindeutig. **Eindeutige Zuordnungen** nennt man auch **Funktionen**.
Bei einer Funktion wird jedem x-Wert aus einer Definitionsmenge D somit genau ein y-Wert aus einer Wertemenge W zugeordnet.

Eine Funktion lässt sich auf verschiedene Arten darstellen:

1 verbale Beschreibung
2 Gleichung $y = f(x)$
3 Wertetabelle
4 Schaubild (bzw. Graph)

Beispiele

I Handelt es sich um den Graphen einer Funktion? Begründe deine Antwort.

a)
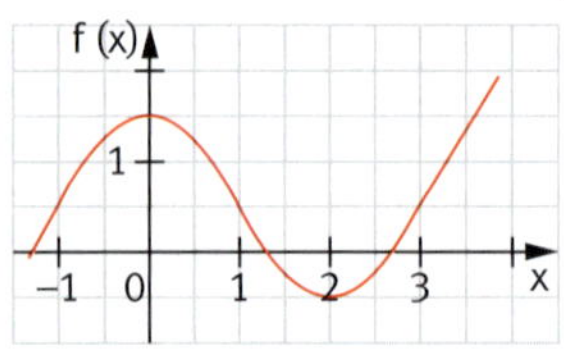

b)
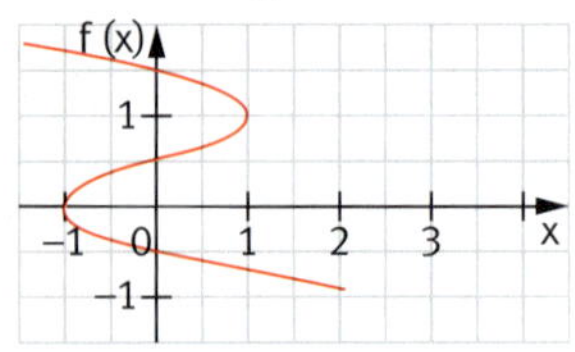

Beachte: Derselbe y-Wert kann zu verschiedenen x-Werten gehören, aber zu jedem x-Wert gehört nur ein eindeutiger y-Wert.

Lösung:

a) Es ist ein Graph einer Funktion, weil jedem x-Wert genau ein y-Wert zugeordnet wird.

b) Es ist kein Funktionsgraph, weil z. B. dem x-Wert 0 drei y-Werte zugeordnet sind.

II Gib weitere zugehörige Darstellungen an: „Jeder natürlichen Zahl, die kleiner ist als 6, wird der Vorgänger ihres Doppelten zugeordnet.“

Lösung:

Wertetabelle:

x	0	1	2	3	4	5
y	–1	1	3	5	7	9

Gleichung: $y = 2x - 1$

Graph: Der Graph besteht aus den Punkten (0 | –1), (1 | 1), (2 | 3), (3 | 5), (4 | 7) und (5 | 9).

Verständnis

- Nenne Vor- und Nachteile der verschiedenen Darstellungsarten einer Funktion.
- Erläutere, ob die Zuordnung *Zahl* ⟼ *Quadratzahl* eine Funktion ist.

Aufgaben

1 Handelt es sich um den Graphen einer Funktion? Begründe deine Antwort.

a)
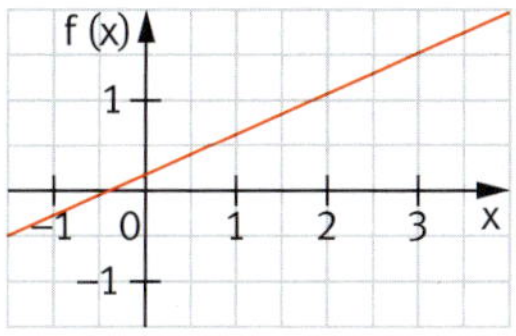

b)
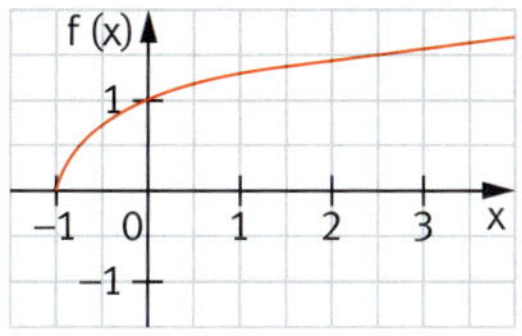

c)
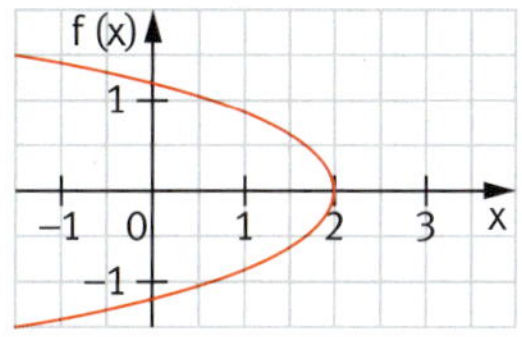

d)
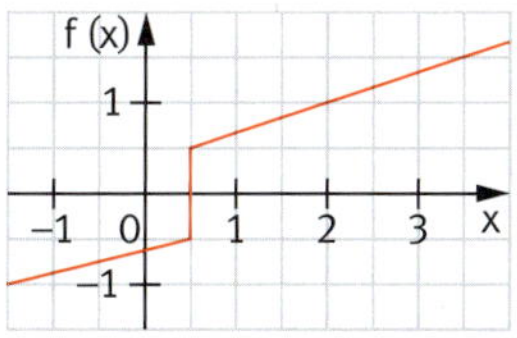

e)
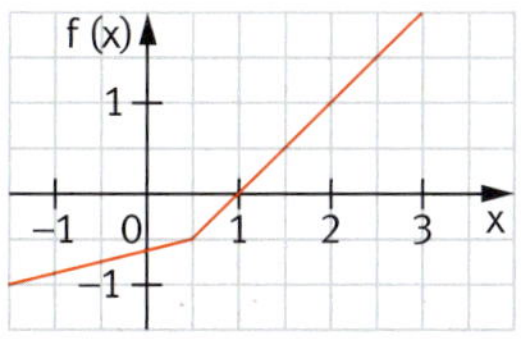

f)
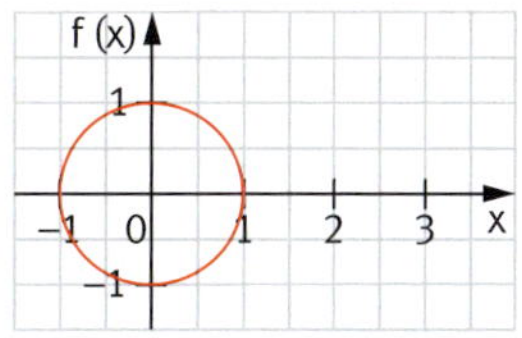

2 (1) $f(x) = 3x$ (2) $g(x) = \frac{1}{4}x$ (3) $h(x) = x^2$ (4) $i(x) = 2x + 1$

a) Beschreibe die Funktion in Worten.

b) Übertrage für jede Funktion die Wertetabelle in dein Heft.

c) Zeichne mithilfe von b) den zugehörigen Graphen der Funktion.

x	−2	−1	0	1	2
f (x)					
g (x)					

3 Handelt es sich bei den Zuordnungen um eine Funktion? Begründe.

a) *Gewicht von Äpfeln* ⟼ *Preis für die Äpfel*

b) *Flusskilometer am Ufer* ⟼ *Breite des Flusses*

c) *Breite des Flusses* ⟼ *Flusskilometer am Ufer*

d) *Drehwinkel am Lautstärkeknopf des Verstärkers* ⟼ *Lautstärke*

e) *Flughöhe eines Flugzeugs in km* ⟼ *Uhrzeit*

Man kann eine Aussage durch ein Gegenbeispiel widerlegen.

4 Stelle eine Funktionsgleichung auf.

a) „Jeder x-Wert wird um 4 verringert."

b) „Der y-Wert ist ein Drittel mal so groß wie der x-Wert."

c) „Jeder Zahl wird ihre Quadratzahl zugeordnet."

d) „Jeder x-Wert wird halbiert und dann um 3 vergrößert."

5 Die Tabelle zeigt einen Auszug aus der Gebührentabelle der Post.

	Gewicht	Porto
Standardbrief	bis 20 g	0,70 €
Kompaktbrief	bis 50 g	0,85 €
Großbrief	bis 500 g	1,45 €
Maxibrief	bis 1000 g	2,60 €

a) Ist die Zuordnung eindeutig? Begründe.

(1) *Gewicht des Briefs* ⟼ *Portogebühr*

(2) *Portogebühr* ⟼ *Gewicht des Briefs*

b) Versuche einen Graphen zu zeichnen, der den Sachverhalt wiedergibt.

Elif hat in einem Möbelhaus ein günstiges Angebot für Dekostoffe gefunden. Daneben hängt folgende Preistabelle:

Länge in m	2	2,5	5	7,5	8	10
Preis in €	2,80	3,50	7,00	10,50	11,20	14,00

- Stelle die Wertepaare im Koordinatensystem dar und beschreibe die Lage der Punkte.
- Um wie viel erhöht sich der Preis, wenn man 1 m (2 m, 3 m) Stoff mehr kauft?
- Bestimme die Preise für 9 m (13 m) Stoff.
- Wie viel Stoff kann Elif kaufen, wenn ihr 20,00 € zur Verfügung stehen?
- Gib eine Gleichung für die Funktion „*Stofflänge in m* ⟼ *Preis in €*" an.

Merkwissen

Eine proportionale Funktion hat eine Gleichung der Form $f(x) = m \cdot x$.
Dabei entspricht die feste Zahl m dem Proportionalitätsfaktor. Er gibt an, um wie viel sich der y-Wert verändert, wenn der x-Wert um 1 erhöht wird.
Ist die Definitionsmenge $\mathbb{Q}$, so ist das Schaubild eine Gerade. Dabei ist m die Steigung der Geraden.
Aus einem rechtwinkligen Steigungsdreieck kann man die Steigung ablesen.

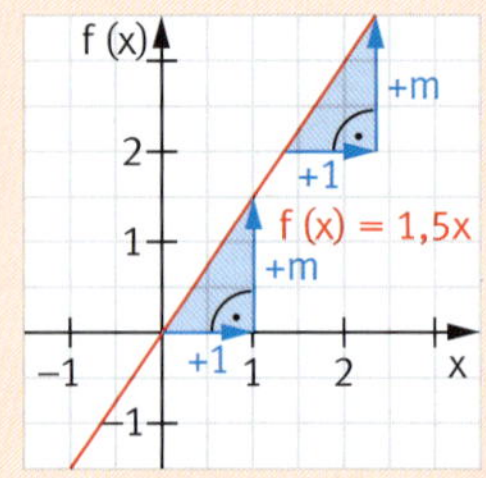

Beispiele

Beachte:
Für m > 0 steigt die Gerade (Beispiel a),
für m < 0 fällt die Gerade (Beispiel b).

I Bestimme die Steigung der proportionalen Funktion. Gib die Funktionsgleichung an.

a)
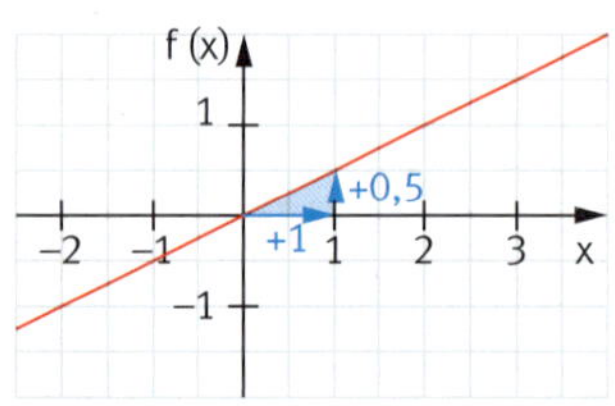

b)
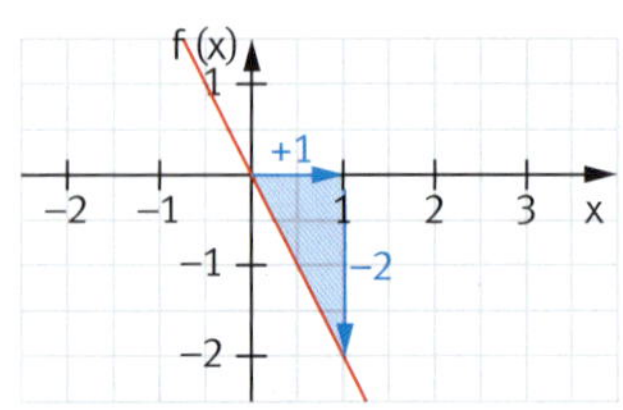

Lösung:

a) Wenn sich der x-Wert um 1 erhöht, erhöht sich der y-Wert um $\frac{1}{2}$.
Steigung: $m = \frac{1}{2}$
Funktionsgleichung: $f(x) = \frac{1}{2} \cdot x$

b) Wenn sich der x-Wert um 1 erhöht, verringert sich der y-Wert um 2.
Steigung: $m = -2$
Funktionsgleichung: $f(x) = -2 \cdot x$

Verständnis

- Wie viele Wertepaare benötigt man mindestens, um eine proportionale Funktion zu zeichnen?
- Wie unterscheiden sich die Graphen von proportionalen Funktionen mit den Steigungen $m = 2$ und $m = -2$?
- Der Graph zur Funktion $f(x) = 0$ ist die x-Achse. Wie lautet die zugehörige Steigung m?

1 Bestimme die Steigung und die Funktionsgleichung der proportionalen Funktion.
a) 40 l Blumenerde kosten 1,40 €. **b)** Ein Auto verbraucht 8 l auf 166 km.
c) 6 Eier der Größe L wiegen 408 g. **d)** In 8 min legt das Licht 150 Mio. km zurück.
e) 45 m^2 eines Teppichbodens kosten 517,50 €.

2
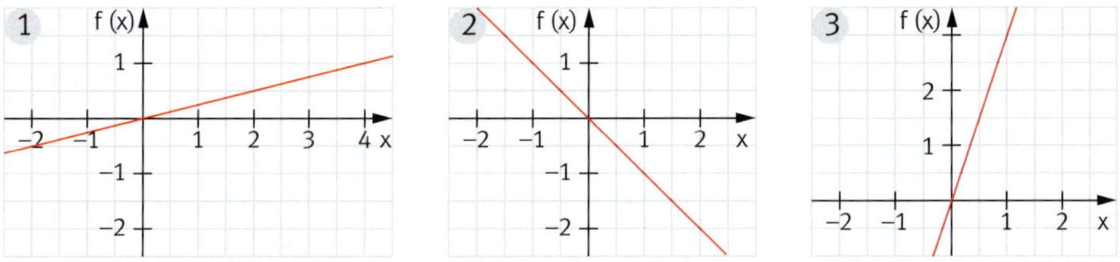

a) Bestimme die Steigung der proportionalen Funktion.
b) Wie lautet die Funktionsgleichung?

3 **a)** Begründe das Vorgehen zum Zeichnen des Graphen der Funktion $f(x) = \frac{1}{2}x$.
b) Zeichne die Graphen folgender Funktionen.
① $f(x) = 2x$ ② $f(x) = 1{,}5x$ ③ $f(x) = \frac{3}{4}x$ ④ $f(x) = \frac{1}{5}x$

Graph zu $f(x) = \frac{1}{2}x$ zeichnen:
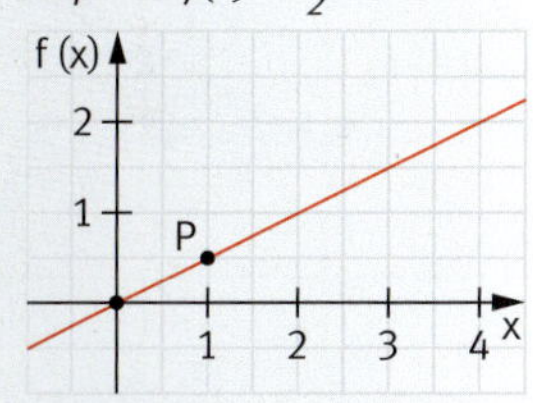

1 Ursprung markieren
2 $m = \frac{1}{2}$: $P\left(1 \mid \frac{1}{2}\right)$
Wenn sich der x-Wert um 1 erhöht, erhöht sich der y-Wert um $\frac{1}{2}$.
3 Der Graph ist die Gerade durch den Ursprung und P.

4 **a)** Zeichne die Graphen der Funktionen mit folgenden negativen Steigungen.
① $m = -\frac{1}{2}$ ② $m = -3$ ③ $m = -1{,}5$ ④ $m = -\frac{1}{3}$
b) Überprüfe anhand einer Wertetabelle, ob auch bei negativer Steigung gilt: „Verdoppelt, verdreifacht, ... sich der x-Wert, so verdoppelt, verdreifacht, ... sich der zugeordnete y-Wert."

5 Eine proportionale Funktion hat folgende Funktionsgleichung:
① $f(x) = 2{,}5x$ ② $f(x) = -4x$ ③ $f(x) = \frac{4}{5}x$ ④ $f(x) = -0{,}1x$
a) Zeichne die zugehörige Gerade der Funktion.
b) Bestimme die Koordinaten der Punkte L (1 | ▢), O (–1 | ▢), G (2,5 | ▢), I (–5 | ▢), S (10 | ▢), C (–2 | ▢) und H (4 | ▢), wenn diese auf der jeweiligen Geraden liegen.
c) Für welchen x-Wert hat y den Wert 10 (–10, 25)?

6 Finde heraus, welche der Punkte E (0 | 0), U (2 | 5), K (–2 | 5), L (–0,4 | –1), I (3 | 7,5) bzw. D (–4 | –10) auf der Geraden g mit der Gleichung $f(x) = \frac{5}{2}x$ liegen.

7 Bestimme jeweils die Steigung m der Geraden $f(x) = m \cdot x$ ($m \in \mathbb{Q}$) so, dass der Punkt P auf dem Graphen von f liegt.
a) P (0,5 | 3) **b)** P (–6 | 4) **c)** P (–2 | –2) **d)** P (10 | –5) **e)** P (1,5 | 7,5)

Lösungen zu 7:
$-\frac{2}{3}$; –0,5; 1; 5; 6

8 Ein Auto fährt auf der Autobahn mit gleichbleibender Geschwindigkeit, d. h. es legt in gleich langen Zeitspannen gleich lange Strecken zurück.
a) Übertrage die Tabelle in dein Heft und ergänze sie dort.

Zeit x in h	0,5	1	1,5	2	2,5	3	3,5
Weg y in km	55						

b) Gib eine passende Funktionsgleichung $f(x) = m \cdot x$ an.
c) Zeichne den Graphen der Funktion (1 h ≙ 2 cm; 50 km ≙ 1 cm).

Ein Lastwagen wird mit Erde beladen. Leer wiegt er 3 Tonnen. 1 m^3 Erde wiegt 1,4 Tonnen.

- Übertrage die Wertetabelle für die Gesamtmasse das Lastwagens in dein Heft. Vervollständige sie und setze sie um mindestens drei Wertepaare fort.

Erdvolumen in m^3	0	1	2
Gesamtmasse in t			

- Gib eine Funktionsgleichung an für *f: Erdvolumen in $m^3 \longmapsto$ Gesamtmasse in t.*
- Übertrage die Wertepaare der Funktion in ein Koordinatensystem und beschreibe ihre Lage. Vergleiche mit dem Graphen einer proportionalen Funktion.
- Wie viel m^3 Erde darf man bei einer Gesamtmasse von max. 35 Tonnen hinzuladen?

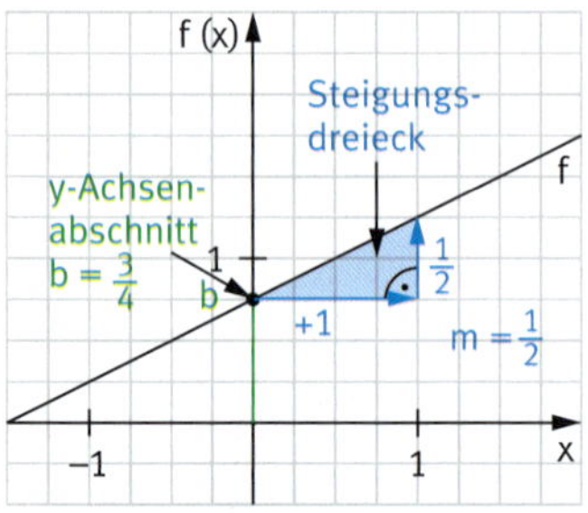

Merkwissen

Verschiebt man den Graphen einer proportionalen Funktion mit $g(x) = m \cdot x$ um b Einheiten entlang der y-Achse, so erhält man eine parallele Gerade. Sie ist der Graph einer Funktion mit der Gleichung $f(x) = m \cdot x + b$.
Eine solche Funktion heißt **lineare Funktion**.
b nennt man dabei auch den y-Achsenabschnitt der Funktion f.

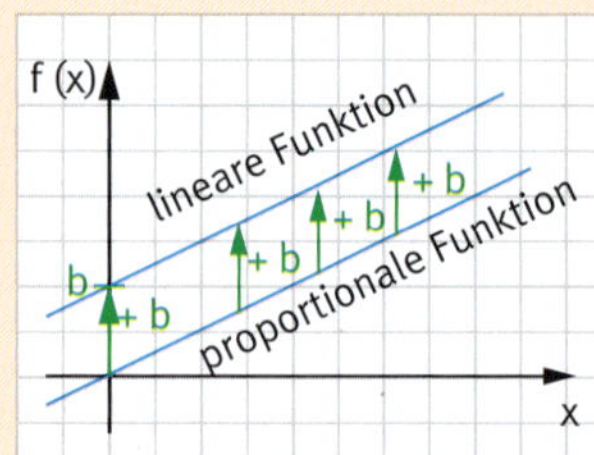

Beispiele

kWh ist eine Einheit für die Energie.

I Energieversorgungsunternehmen berechnen für Strom meist eine monatliche Grundgebühr sowie einen Preis für den Verbrauch pro Kilowattstunde (kWh).

a) Welche Gebühr entspricht der Steigung m, welche dem Wert b? Begründe.

b) Die Stadtwerke Friedberg bieten Strom für eine monatliche Grundgebühr von 6 € bei einem Verbrauchspreis von 0,25 €/kWh an.

(1) Stelle eine Funktionsgleichung für den monatlichen Preis auf.

(2) Zeichne einen Graphen, der den Sachverhalt wiedergibt.

Lösung:

a) Der Preis für den Verbrauch pro kWh entspricht der Steigung m.
Die monatliche Grundgebühr entspricht dem festen Wert b einer linearen Funktion.

b) (1) $f(x) = 0{,}25 \cdot x + 6$
x: monatlicher Verbrauch in kWh
$y = f(x)$: Gesamtpreis in €

(2)
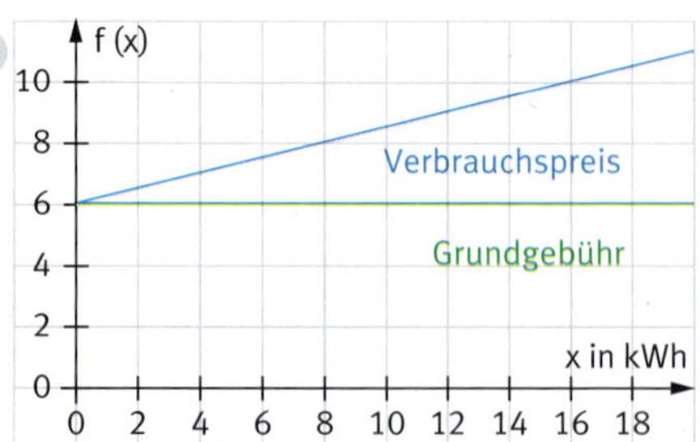

Um den Graphen einer linearen Funktion zu zeichnen, benötigt man zwei Punkte. Neben y-Achsenschnittpunkt b mit den Koordinaten (0|b) bestimmt man mit Hilfe eines Steigungsdreiecks einen weiteren Punkt.

II Bestimme eine Funktionsgleichung zum abgebildeten Graphen einer Funktion. Beschreibe dein Vorgehen.

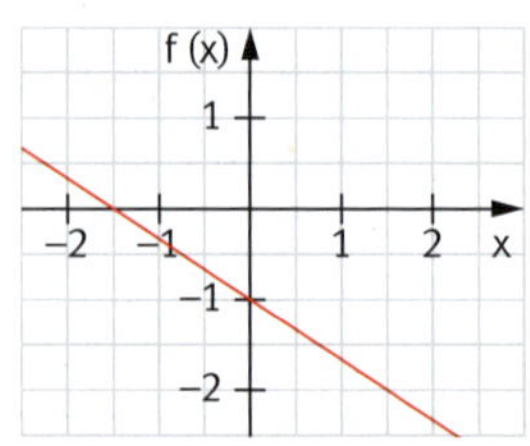

Lösungsmöglichkeit:

Man kann ablesen, dass der y-Achsenabschnitt $b = -1$ ist. Von dort aus zeichnet man ein Steigungsdreieck ein, das man gut ablesen kann, z. B. erhöht sich x um 3 Teilstücke, dann verringert sich y um 2 Teilstücke: $m = -\frac{2}{3}$.
Somit ist die Gleichung der linearen Funktion: $f(x) = -\frac{2}{3}x - 1$

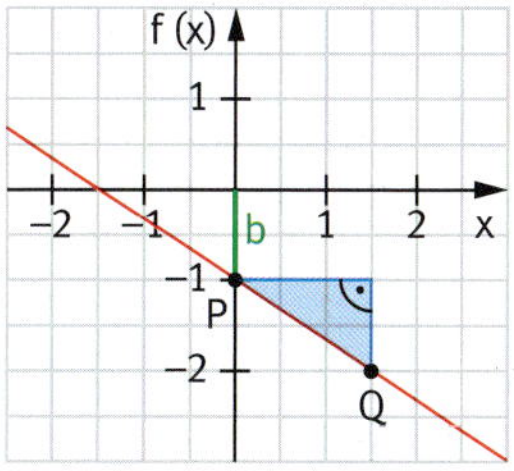

Verständnis

- Jede proportionale Funktion ist eine lineare Funktion. Erkläre.
- Warum reichen zwei Punkte aus, um den Graphen einer linearen Funktion zeichnen zu können?

Aufgaben

1 Um welche Art einer Funktion handelt es sich? Benenne.

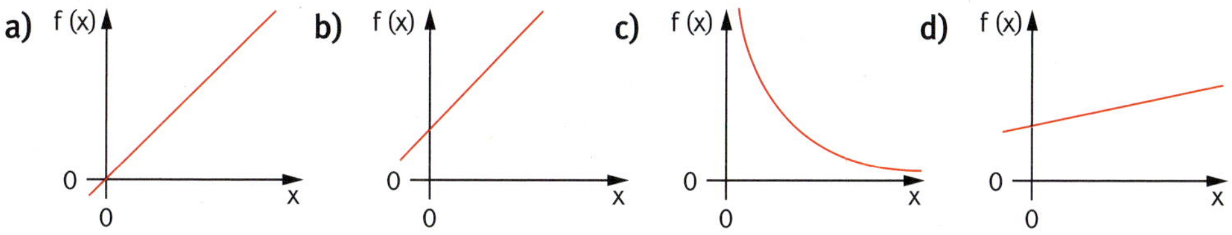

2 Die Gleichung der schwarz eingezeichneten Funktion ist jeweils gegeben. Bestimme jeweils die Funktionsgleichung zu den beiden anderen Geraden.

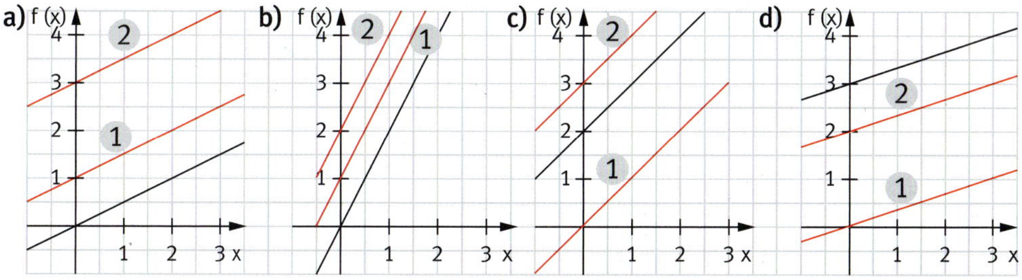

a) $f(x) = \frac{1}{2}x$ b) $f(x) = 2x$ c) $f(x) = x + 2$ d) $f(x) = \frac{1}{3}x + 3$

3 a) Beschreibe den Sachverhalt jeweils durch eine Funktion in Worten und als Gleichung.

1. Bei einem Leihwagen wird eine Leihgebühr von 99 € fällig. Außerdem werden für jeden gefahrenen Kilometer noch einmal 0,11 € berechnet.
2. Ein Musikanbieter bietet ein Abo zu 5,99 € pro Monat an. Jeder Titel, den man downloaded, wird mit 0,99 € berechnet.
3. Eine Online-Bank stellt monatlich eine Servicegebühr von 2,95 € in Rechnung. Außerdem wird jede Überweisung mit 0,25 € abgerechnet.
4. Eine Ferienwohnung kostet pro Tag 45 €. Unabhängig von der Aufenthaltsdauer werden für die Endreinigung 30 € erhoben.

b) Begründe, dass es sich um eine lineare Funktion handelt und interpretiere die Steigung und den y-Achsenabschnitt im Sachzusammenhang.

4

1	x	0	1	2	3	4	5	6
	$f(x) = 2x + 4$							
2	x	0	1	2	3	4	5	6
	$f(x) = -3x + 9$							
3	x	0	2	4	6	8	10	12
	$f(x) = 0{,}25x + 6$							
4	x	0	0,5	1	1,5	2	2,5	3
	$f(x) = 5x + 2{,}5$							

a) Übertrage die Tabelle in dein Heft und vervollständige sie.
b) Zeichne die zugehörigen Graphen in ein Koordinatensystem.
c) Wie lautet die Funktionsgleichung der zugehörigen proportionalen Funktion?

5 Bestimme die Funktionsgleichungen zu den Graphen.

a)
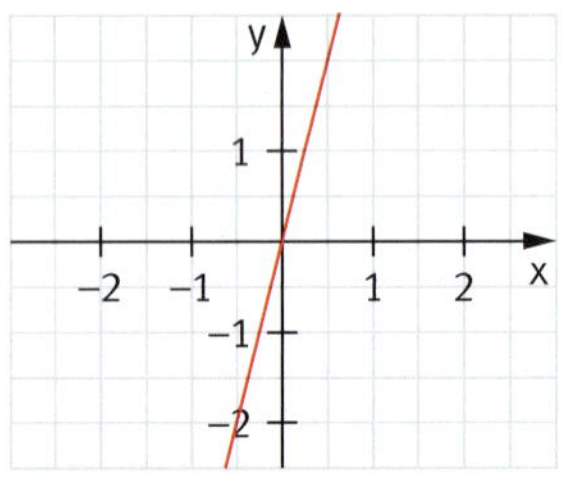

b)
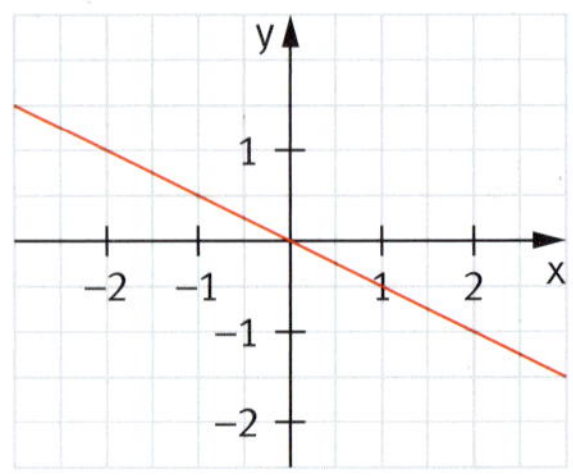

c)
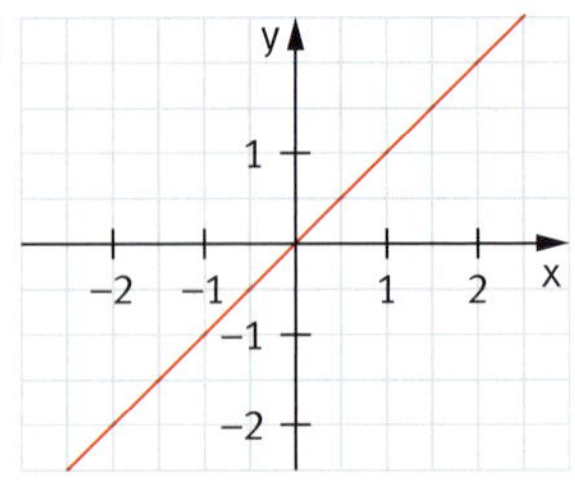

d)
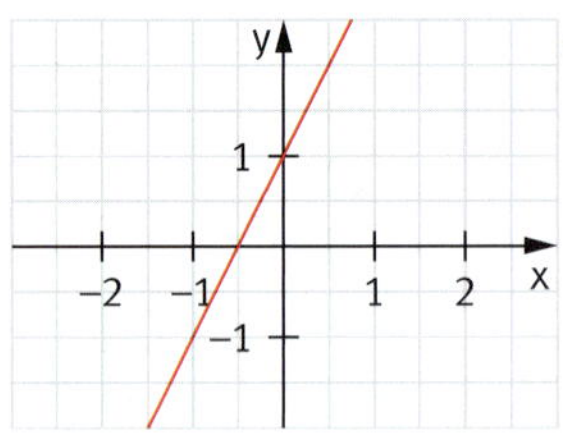

e)
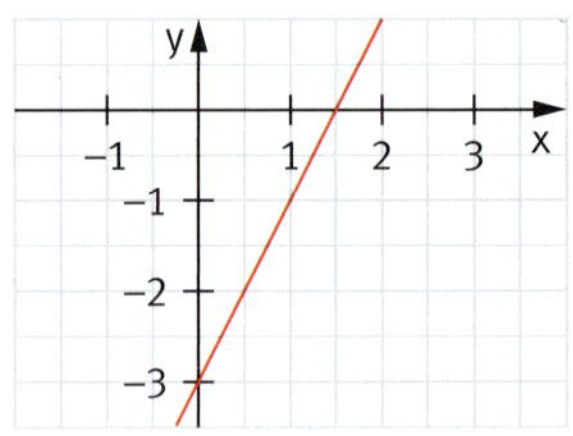

f)
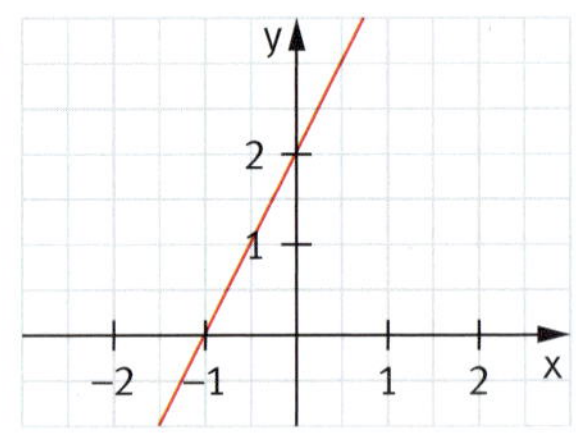

Die Aufgaben 6 und 7 können mit dynamischer Geometriesoftware bearbeitet werden.

6 Zeichne die Graphen der linearen Funktionen $f(x) = m \cdot x + 2$ in ein Koordinatensystem, indem du für m nacheinander die Zahlen $-2, -1, -\frac{1}{2}, 0, \frac{1}{4}, 1, 3$ einsetzt. Beschreibe den Einfluss der Zahl m auf den Verlauf des Graphen. Beachte hierzu die Fälle $m < 0$, $m = 0$ und $m > 0$.

7 Untersuche den Einfluss von b auf den Verlauf des Graphen von $f(x) = 3x + b$, indem du für b geeignete Zahlen einsetzt. Formuliere deine Erkenntnisse.

8 Ein besonderer Punkt des Graphen einer Funktion ist der Schnittpunkt mit der x-Achse.

Schneidet der Graph einer Funktion f die x-Achse im Punkt N (x | 0), so nennt man x eine **Nullstelle von f**.

Sabrinas Rechnung:
$4x - 6 = 0 \quad | +6$
$4x = 6 \quad | :4$
$x = 1{,}5$
Nullstelle: $x = 1{,}5$

a) Sabrina berechnet die Nullstelle der Funktion f mit $f(x) = 4x - 6$.
Begründe das Vorgehen.

b) Bestimme ebenso die Nullstellen der jeweiligen Funktion.

1 $f(x) = x - 1$ 2 $f(x) = -3x + 1$ 3 $f(x) = -4x - 2$
4 $f(x) = \frac{6}{5}x - 3$ 5 $f(x) = -\frac{3}{4}x - 1$ 6 $f(x) = \frac{3}{4}x$

9 **a)** Zeichne den Graphen der linearen Funktion mithilfe seiner Steigung und seines y-Achsenabschnitts in jeweils ein Koordinatensystem ein (Einheit 1 cm).

1 $f(x) = x - 5$	2 $f(x) = 3x - 6$	3 $f(x) = -2x + 5$
4 $f(x) = 4x - 1$	5 $f(x) = 1{,}5x$	6 $f(x) = \frac{1}{2}x + 3{,}5$
7 $f(x) = -2x + 1$	8 $f(x) = -x - 5$	9 $f(x) = 3x + 2$

b) Welche der Geraden mit positiver (negativer) Steigung verläuft am steilsten? Welche Geraden verlaufen parallel zueinander?

c) Bestimme jeweils die Nullstelle der Funktion.

10 Lucas hat eine 12 cm lange Kerze. Er beobachtet, dass sie in jeder Minute um 3 mm kürzer wird.

a) Bestimme die Gleichung der Funktion *Zeit in min* $\longmapsto$ *Kerzenlänge in cm*. Interpretiere Steigung und y-Achsenabschnitt im Sachzusammenhang.

b) Zeichne den zugehörigen Graphen.

c) Bestimme rechnerisch und zeichnerisch nach welcher Zeit die Kerze abgebrannt ist.

d) Führe selbst ein solches Experiment unter Aufsicht eines Erwachsenen durch. Lege eine Wertetabelle an und überprüfe, ob du eine lineare Funktion erhältst.

11 Zeichne die Gerade durch die Punkte U und V und bestimme die zugehörige Funktionsgleichung.

a) U (0 | 0); V (2 | 1)	**b)** U (0 | 4); V (1 | 5)	**c)** U (2 | 2); V (6 | 2)
d) U (0 | –1); V (3 | 1)	**e)** U (0 | –4); V (–3 | 1)	**f)** U (0 | –2,5); V (–0,5 | 1,5)
g) U (0 | –1); V (2 | 10)	**h)** U (0 | –1); V (4 | –1)	**i)** U (0 | –1); V (4 | –2)

12 Bestimme die fehlende Koordinate des Punktes P so, dass P auf dem Graphen der Funktion liegt.

a) $f(x) = x + 5$; P (1 | ☐)	**b)** $f(x) = 2 - 0{,}5x$; P (☐ | 0)
c) $f(x) = 9{,}1 - 1{,}3x$; P (☐ | 0)	**d)** $f(x) = 5$; P (3 | ☐)
e) $f(x) = 4{,}4 - 0{,}5x$; P (2,2 | ☐)	**f)** $f(x) = x$; P (☐ | 2)

13 Oftmals untersucht man, ob ein Wertepaar auf dem Graphen der Funktion f liegt. Dieses bezeichnet man als "**Punktprobe**".

Tim hat **Punktproben** durchgeführt.

a) Erkläre, wie Tim vorgegangen ist.

$f(x) = 1{,}5x - 8$ P (12 | 10)	$f(x) = 1{,}5x - 8$ Q (–4 | –8)
$x = 12$; $f(12) = 1{,}5 \cdot 12 - 8 = 10$	$x = -4$; $f(-4) = 1{,}5 \cdot (-4) - 8 = -14$
$y = 10$	$y = -8$
Der Punkt P gehört zum Graphen von f.	Der Punkt Q gehört nicht zum Graphen von f.

b) Überprüfe, welche der folgenden Punkte zum Graphen von f gehören.
P (0 | –8); Q (2 | 5); R (3 | –3,5); S (8 | 4); T (–8 | –4); U (0,5 | –7,25)

Bei einem Gewinnspiel soll getippt werden, wie viele Golfbälle sich in einem Kleinwagen befinden. Das Preisgeld beträgt 600 €.

- Überlege dir, wie viel jeder erhält, wenn nicht nur eine Person richtig getippt hat, sondern zwei (drei, vier, ...), und das Preisgeld gerecht aufgeteilt wird.
- Stelle den Zusammenhang zwischen der Anzahl x der Personen, die richtig getippt haben, und dem Preisgeld y € pro Person grafisch und mithilfe einer Gleichung dar. Beschreibe den Verlauf des Graphen.
- Um welche Art der Zuordnung handelt es sich?
- Wird durch die Zuordnung eine Funktion beschrieben? Begründe.

Merkwissen

Eine **antiproportionale Funktion** wird durch eine Funktionsgleichung der Form **$f(x) = \frac{c}{x}$** beschrieben mit $D = \mathbb{Q} \setminus \{0\}$. Dabei steht c für die Gesamtgröße, also das konstante Produkt aus zusammengehörenden x- und y-Werten.

Der Graph der Funktion setzt sich aus zwei Ästen einer **Hyperbel** zusammen, die den beiden Koordinatenachsen beliebig nahe kommen. Man sagt die x-Achse (y = 0) und die y-Achse (x = 0) sind **Asymptoten** der Hyperbel.

$c > 0$: Die Hyperbeläste liegen im I. und III. Quadranten.

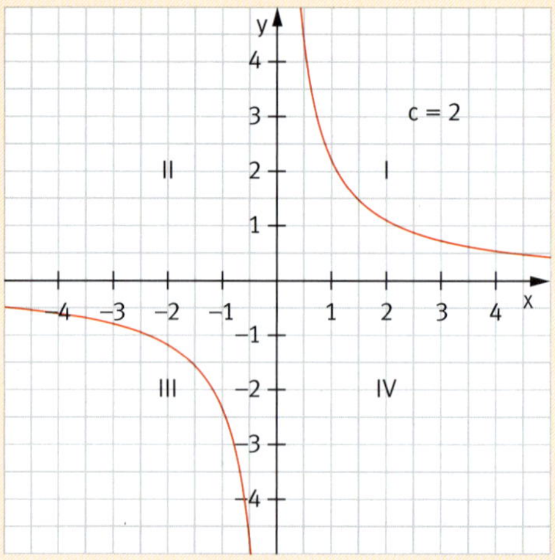

$c < 0$: Die Hyperbeläste liegen im II. und IV. Quadranten.

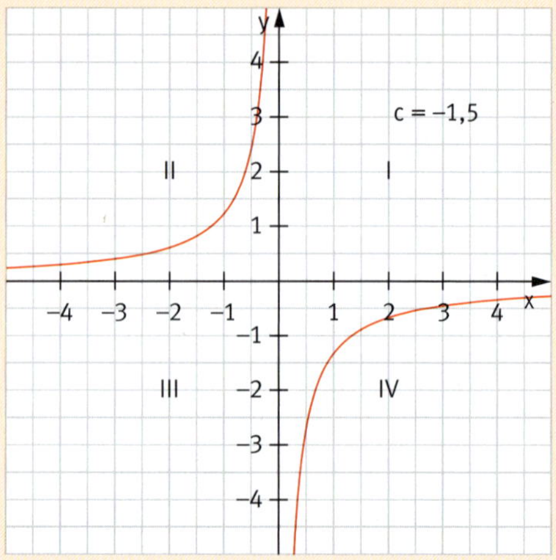

Beispiele

I Was lässt sich über den Verlauf der Hyperbeln in Abhängigkeit von c aussagen?

Zeichne selbst noch weitere Hyperbeln.

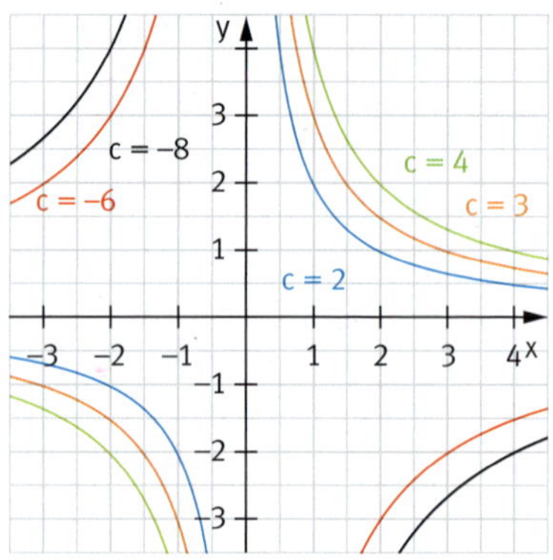

Lösung:
Für $c > 0$ verlaufen die Hyperbeln im I. und III. Quadranten, für $c < 0$ im II. und IV. Quadranten. Je größer $|c|$, desto weiter sind die Hyperbeläste vom Ursprung entfernt.

Da mit dem Punkt $P(x_P | y_P)$ auch der Punkt $P'(-x_P | -y_P)$ auf der Hyperbel liegt, sind Hyperbeln punktsymmetrisch zum Ursprung.

II Der Punkt P (2 | 5) liegt auf dem Graphen einer antiproportionalen Funktion. Ermittle die Funktionsgleichung.

Lösung:
Die antiproportionale Funktion hat die Gleichung $f(x) = \frac{c}{x}$. Für P (2 | 5) gilt somit $f(2) = \frac{c}{2} = 5$. Es folgt: c = 10. Die gesuchte Funktionsgleichung lautet $f(x) = \frac{10}{x}$.

Verständnis

- Wie verändern sich die y-Werte, wenn man sehr kleine positive Zahlen für x einsetzt?
- Hat eine antiproportionale Funktion Nullstellen? Begründe.
- Erläutere mit eigenen Worten, was man unter einer Asymptote versteht.

Aufgaben

Prüfe, wie dir dein Taschenrechner beim Erstellen von Wertetafeln helfen kann.

1 Erstelle für die antiproportionale Funktion eine Wertetabelle für x-Werte von –4 bis 4 mit Schrittweite 0,5; $x \neq 0$.

a) $f(x) = \frac{4}{x}$ **b)** $g(x) = \frac{-3}{x}$ **c)** $h(x) = \frac{-0{,}5}{x}$ **d)** $i(x) = \frac{1}{3x}$

2 Überprüfe, ob die Zahlenpaare zu einer Funktion mit einer Gleichung der Form $y = \frac{c}{x}$ gehören. Falls ja: In welchen Quadranten verläuft der Graph dieser Funktion?

a)

x	–3	–1	0,5	4	5
y	–2	–6	12	1,5	1,2

b)

x	–2	–0,5	0,2	3,5	12
y	2	0,5	–0,2	3,5	12

3 Bestimme die fehlende Koordinate so, dass die Punkte auf einer Hyperbel mit der Gleichung $y = -\frac{0{,}5}{x}$ liegen.

a) A $(0{,}25 \mid y_A)$ **b)** B $(2{,}5 \mid y_B)$ **c)** C $(x_C \mid -5)$ **d)** D$(x_D \mid -0{,}01)$

4 Der Punkt I (–2 | 7) liegt auf einer Hyperbel mit einer Funktionsgleichung der Form $f(x) = \frac{c}{x}$. Bestimme die Funktionsgleichung.

5 Welche Aussagen treffen auf die Funktion f mit $f(x) = \frac{1}{2x}$ zu? Begründe.

1 Der Punkt O (0 | 0) liegt auf dem Graphen der Funktion f.
2 Der Graph zu f verläuft nur im I. und III. Quadranten.
3 Der Graph zu f hat keine Nullstelle.
4 Der Graph zu f ist punktsymmetrisch zum Ursprung.
5 Die Gerade mit der Gleichung y = x ist Asymptote zum Graphen von f.

6 Wie könnte Pia zu ihrer Aussage kommen? Erläutere.

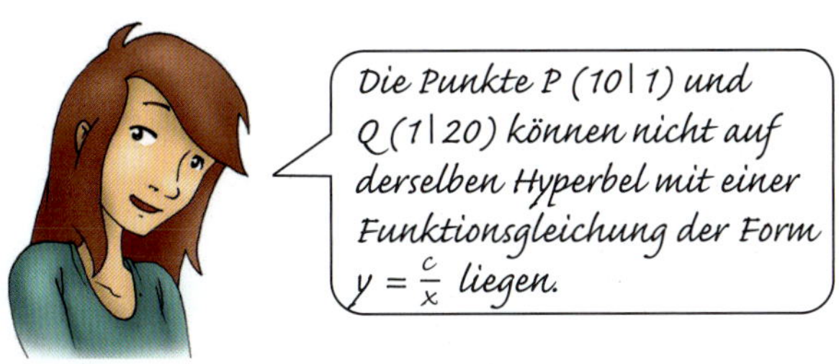

7 Für Willi Wolle, ein Schaf, soll eine rechteckige Weide mit einem Flächeninhalt von 1000 m^2 abgesteckt werden.

a) Gib fünf mögliche Maße für die Länge und Breite der Koppel an.

b) Stelle eine Gleichung auf, welche den funktionalen Zusammenhang zwischen der Länge x m und der Breite y m beschreibt.

c) Gib eine geeignete Definitionsmenge an und zeichne den zugehörigen Graphen.

d) Welche Länge und Breite würdest du für die Koppel wählen? Begründe.

1 Im Haushalt lassen sich oftmals die Kosten für Wasser, Strom, Gas usw. mithilfe von linearen Funktionen beschreiben.

Bei Funktionen im Alltag besteht die Definitionsmenge oftmals nur aus den positiven rationalen Zahlen: $D = \mathbb{Q}^+$.

Für Wasser, Strom und Gas muss jährlich eine Grundgebühr entrichtet werden, die der Anbieter verlangt, um seine Fixkosten zu decken. Diese Gebühr ist unabhängig vom Verbrauch. Zusätzlich kommen noch die verbrauchsabhängigen Kosten hinzu.

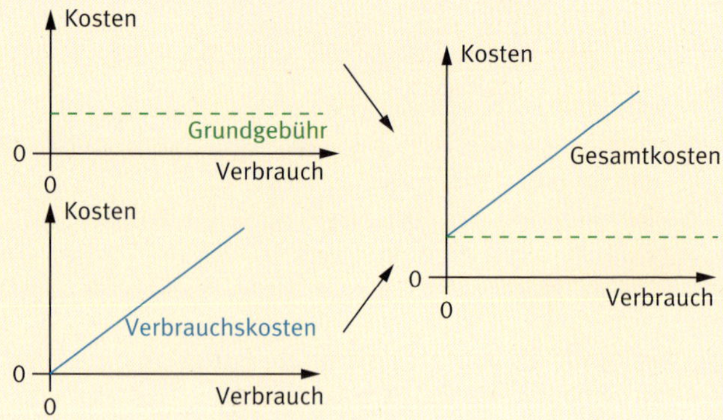

Die Abbildungen zeigen die Wasserkosten in Abhängigkeit vom Verbrauch.

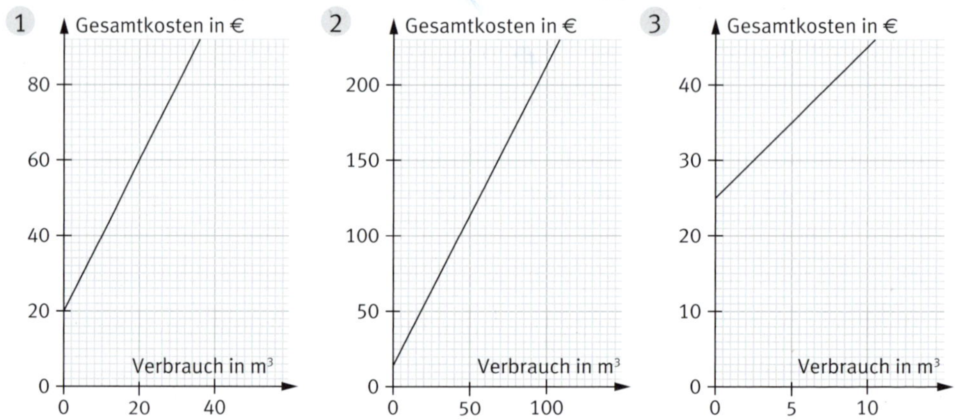

a) Lies die Grundgebühr ab.

b) Bestimme die Kosten für 1 m³ Wasser so genau wie möglich.

c) Stelle die Funktionsgleichung auf.

d) Bestimme die Kosten für einen Verbrauch von 70 m³ (120 m³, 165 m³) rechnerisch und zeichnerisch.

2 Die Tabellen stellen jeweils die Verbrauchs- und die Gesamtkosten für Gas und Strom in einem Jahr dar.

kWh (Kilowattstunde) ist eine Einheit für elektrische Energie.

①

Gasverbrauch in m³	0	100	200			1000
Verbrauchskosten in €	0	90	180	450		
Gesamtkosten in €	30				660	

②

Stromverbrauch in kWh	0	200	400			2000
Verbrauchskosten in €		50	100	250		
Gesamtkosten in €		120			420	

a) Übertrage die Tabellen in dein Heft und vervollständige sie.

b) Stelle die Zuordnungen in einem Koordinatensystem dar.

c) Gib die Funktionsgleichung an.

3 Die Abbildung zeigt einen Ausschnitt aus dem Tarifblatt für eine Wasserversorgung.

Allgemeiner Tarif für die Wasserversorgung
- Der Wasserpreis beträgt 1,87 € pro m³ (cbm).
- Grundpreis: Als monatlicher Teilbetrag des Jahresgrundpreises werden neben dem Wasserpreis für einen Hauswasserzähler 1,64 € erhoben.

a) Gib eine Funktionsgleichung an, mit der man die Gesamtkosten pro Monat und pro Jahr bestimmen kann.

b) Die Tabelle zeigt den aktuellen Zählerstand und den des Vorjahres an. Berechne die Gesamtkosten. Für die Abrechnung werden die Nachkommastellen vernachlässigt.

	1	2	3
alter Stand	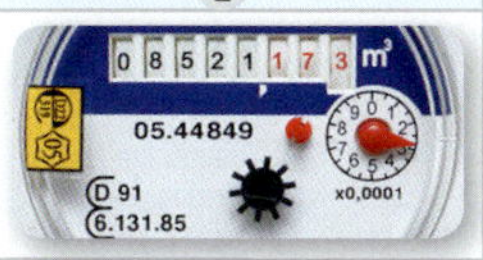		
aktueller Stand		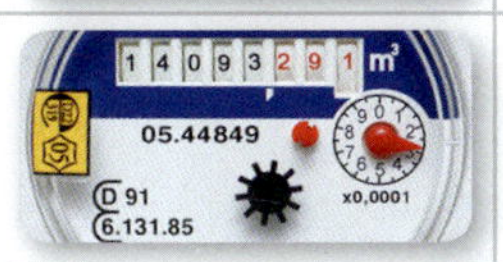	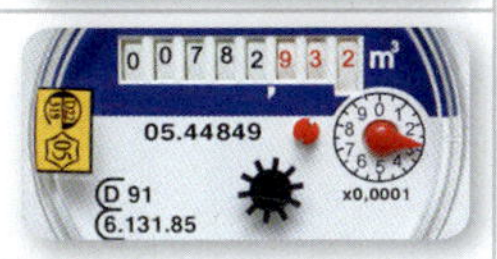

c) Wo findest du bei dir zuhause den Wasserzähler? Lies den Zählerstand ab und vergleiche ihn mit dem Zählerstand des Vorjahres. Welche Funktionsgleichung legt der Anbieter zugrunde? Präsentiere die Ergebnisse.

4 Ein Taxiunternehmen hat die folgenden Tarife:

Grundgebühr	1,90 €	km-Preis für die ersten 5 km	1,80 €
Wartezeit je Stunde	24,00 €	km-Preis ab dem 6. km	1,50 €

a) Frau Sabatini bestellt sich ein Taxi für die 16 km lange Fahrt zum Messezentrum. Der Taxifahrer muss vor ihrem Haus jedoch noch 8 min warten. Erkläre die nebenstehende Rechnung für den Gesamtpreis, den Frau Sabatini am Ziel bezahlen muss.

Grundgebühr		1,90 €
Fahrstrecke	$5 \cdot 1{,}80$ €	9,00 €
	$11 \cdot 1{,}50$ €	16,50 €
Wartezeit	$\frac{8}{60} \cdot 24$ €	3,20 €
Gesamtpreis		30,60 €

b) Berechne den Gesamtpreis für eine Strecke …

1. von 4 km (12 km) ohne Wartezeit.
2. von 17 km mit einer Wartezeit von 12 min.
3. von 21 km mit einer Wartezeit von 21 min.

5 Bei Taxifahrten setzt sich der Gesamtpreis, der vom Fahrgast zu zahlen ist, aus der Grundgebühr, verschiedenen Zuschlägen und dem Preis für die Kilometerleistung zusammen. Die aktuellen Tarife müssen im Taxi sichtbar sein. Welche der Preise sind feste Werte? Welche Bedeutung hat die Steigung?

Grundgebühr		2,10 €
Arbeitspreis	km-Preis für die ersten 4 km	1,70 €
	km-Preis ab dem 5. km	1,50 €
Zuschläge	Kinderwagen, Rollstuhl	frei
	je Koffer im Kofferraum	0,50 €
	Großraumtaxi einmalig	3,00 €

Die Verbrauchspreise werden auch oft Arbeitspreise genannt.

6 Die Stadtwerke bieten ihren Kunden verschiedene Stromtarife an.

Tarif	Classic	Best Natur	Aqua 100
Grundpreis pro Jahr	69,90 €	78,00 €	85,00 €
Arbeitspreis pro kWh	23,2 ct	22,8 ct	22,4 ct

a) Gib jeweils eine Gleichung für die Funktion *Jahresverbrauch in kWh* $\longmapsto$ *Rechnungsbetrag in Euro* an.

Du kannst auch ein Tabellenprogramm nutzen.

b) Lege eine Wertetabelle an und bestimme die Gesamtkosten pro Jahr für einen Verbrauch von 0 kWh, 200 kWh, 400 kWh, ..., 2000 kWh.

c) Zeichne die Graphen der drei Tarife in ein einziges Koordinatensystem.

d) Ab wann lohnt sich welcher Tarif? Erkläre mit den Ergebnissen aus b) und c).

7 In einem Taxameter werden die Fahrpreise bestehend aus Grundgebühr und Arbeitspreis angezeigt. Einmalige Zuschläge werden gesondert ausgewiesen.

Tarifzone 1:
Grundgebühr: 2,20 €
1,70 € pro km

Tarifzone 2:
Grundgebühr: 2,50 €
1,90 € pro km

1
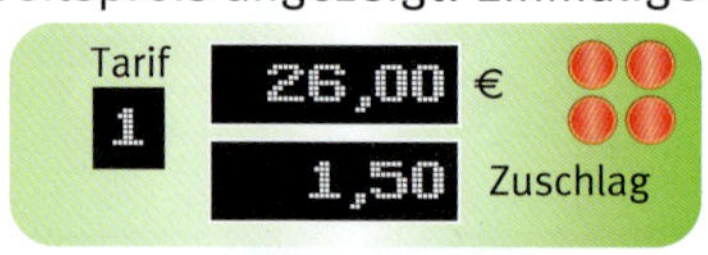

2
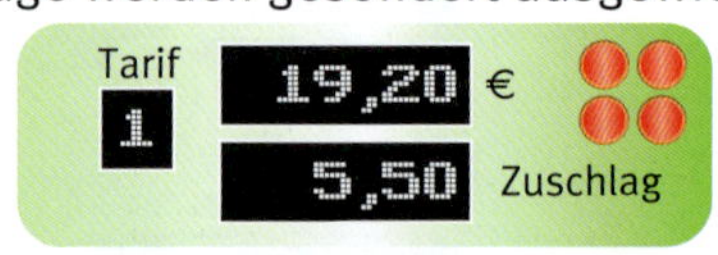

3
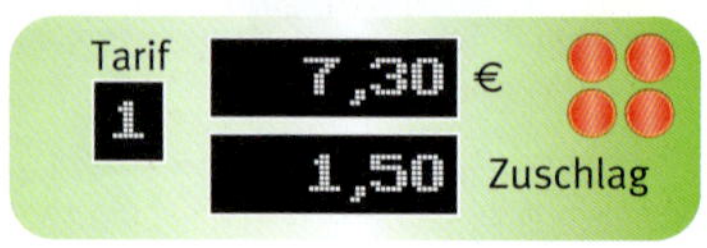

4
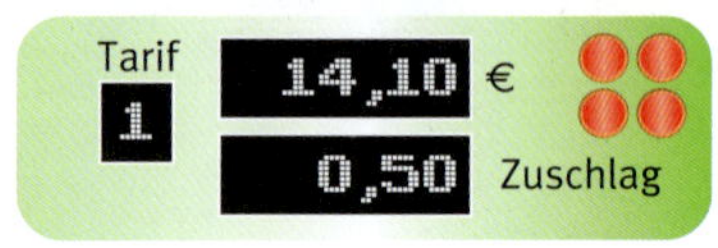

a) Berechne jeweils die Fahrstrecke und den gesamten Fahrpreis.

b) Wie teuer wären dieselben Fahrten jeweils in Tarifzone 2? Nutze a).

8 In der Stadt Offenbach gelten die folgenden Taxitarife.

Als Werktage werden die Arbeitstage von Montag bis Freitag bezeichnet.

	werktags 5–22 Uhr	übrige Zeit
Grundpreis	2,20 €	2,30 €
km-Preis für die ersten 2 km	2,00 €	2,00 €
km-Preis ab dem 3. km	1,45 €	1,65 €

a) Lege eine Wertetabelle an, aus der man den Gesamtpreis werktags zwischen 5 und 22 Uhr bis zu einer Fahrstrecke von 12 km ablesen kann.

b) Erstelle mithilfe von a) einen Graphen. Wie verläuft der Graph zwischen den einzelnen Punkten? Erkläre.

c) Berechne den Gesamtpreis für eine 15 km lange Fahrstrecke ...
1 werktags zwischen 5 und 22 Uhr. 2 sonntags zwischen 5 und 22 Uhr.

Erstelle weitere Aufgaben und lasse sie von einem Partner lösen.

d) Frau Grabowski lässt sich von einer Feier um 1 Uhr nachts mit einem Taxi nach Hause fahren. Sie muss 16,20 € bezahlen. Wie weit ist sie gefahren?

9 Die Graphen stellen die Gesprächskosten für verschiedene Handytarife (nur Gesprächszeit) dar.

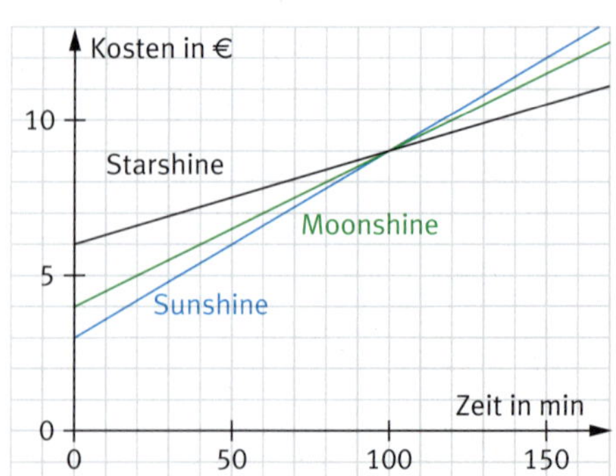

a) Gib für jeden Tarif die Grundgebühr und den Minutenpreis an.

b) Bestimme grafisch und rechnerisch die Kosten bei den einzelnen Tarifen, wenn man im Monat 50 min (80 min, 100 min, 160 min) telefoniert.

c) Wann lohnt sich welcher Tarif? Beschreibe.

10 Die Auswahl an Handytarifen für Gesprächsminuten ist sehr unübersichtlich. Die meisten Tarife lassen sich jedoch einigen Grundarten zuordnen.

① keine Grundgebühr, Preis pro Minute

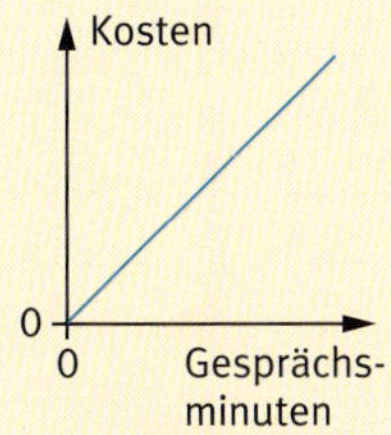

② Grundgebühr, Preis pro Minute

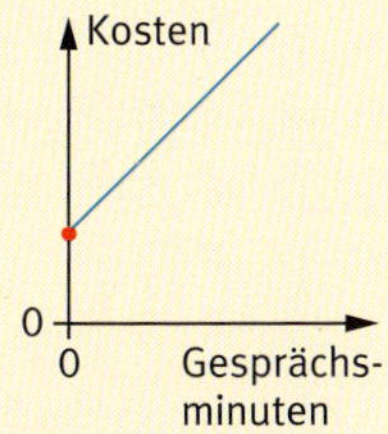

③ Grundgebühr, Freiminuten, dann erst Preis pro Minute

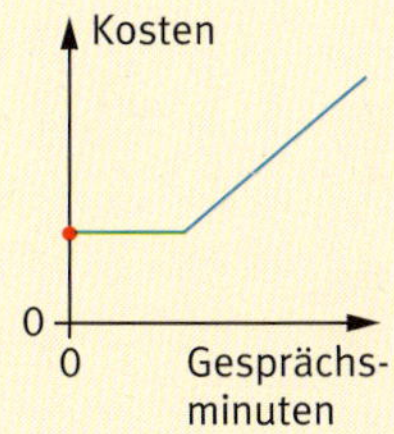

④ Grundgebühr, alle Minuten sind frei („Flatrate“)

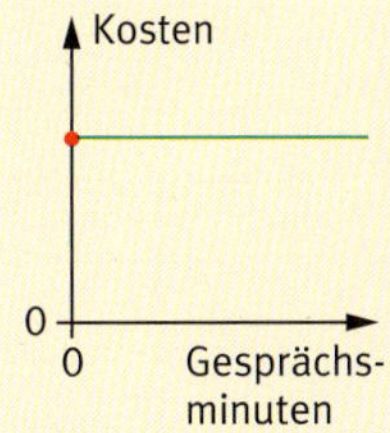

a) Ordne den Angeboten jeweils eine der vier Arten zu.

	LINE	SUN	MOON	HIGH	FREE	EASY	FUN
Grundgebühr	0 €	19,99 €	4,99 €	2,99 €	1,88 €	17,90 €	0 €
Freiminuten	0	0	100	0	50	0	0
Gesprächsminute	9 ct	0 ct	4,5 ct	6 ct	10 ct	0 ct	8 ct

b) Welchen Handytarif hast du? Lässt er sich zuordnen?

c) Um welche Art von Zuordnung handelt es sich bei den einzelnen Tarifarten?

d) Gib Funktionsgleichungen für alle Tarife aus a) an, bei denen es keine Freiminuten gibt.

e) Beschreibe in Worten, wie Funktionsgleichungen zu den Tarifen MOON bzw. FREE aussehen müssen.

11 a) Wie können die Handytarife zu folgenden Graphen aussehen? Beschreibe.

①

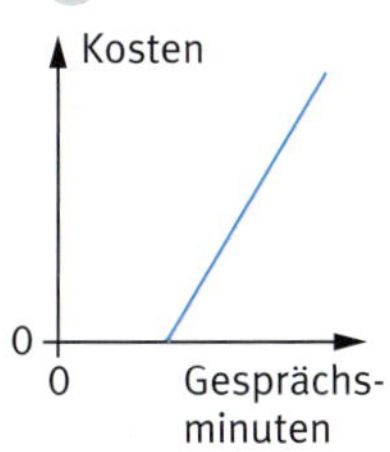

②

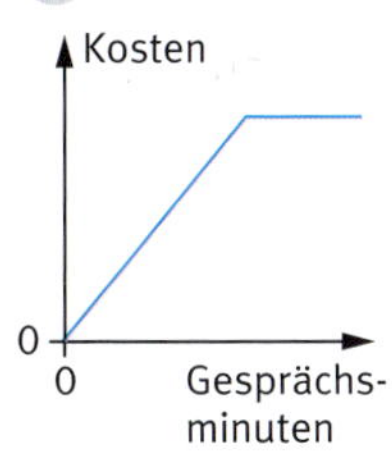

③

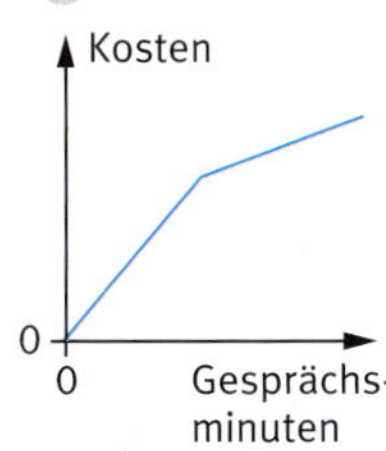

④

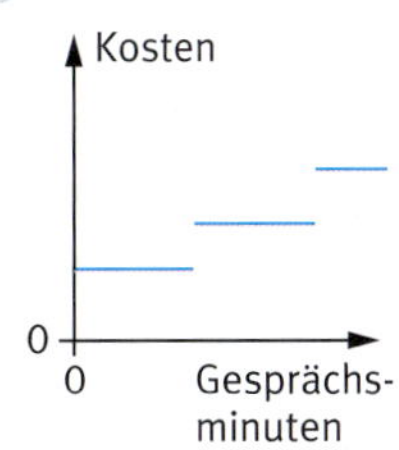

b) Erfinde selbst Tarife und zeichne die zugehörigen Graphen.

12 Ein Autofahrer fährt zunächst mit gleichbleibender Geschwindigkeit. Als vor ihm plötzlich ein Kind auf die Straße läuft, beginnt er nach einer „Schrecksekunde“ gleichmäßig zu bremsen, bis das Auto steht. Das Zeit-Geschwindigkeits-Diagramm veranschaulicht den beschriebenen Vorgang.

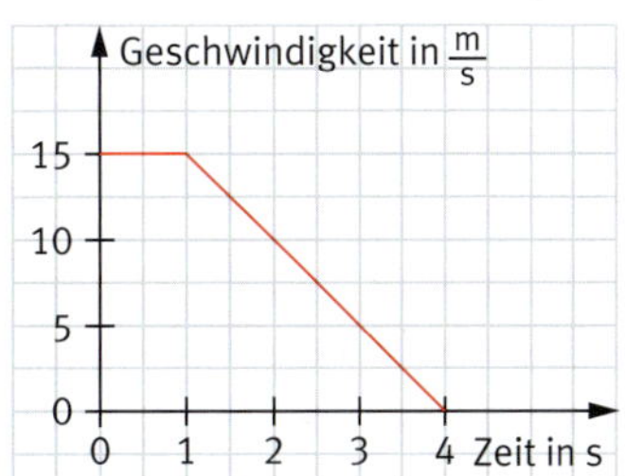

a) Beschreibe den Bremsvorgang anhand des Diagramms.

b) Bestimme die Länge des Wegs während der „Schrecksekunde“.

c) Wie lange dauert der gesamte Bremsvorgang?

Zu 3.1

1 Im Physikunterricht wird der Zusammenhang zwischen der einwirkenden Kraft und der Dehnung untersucht.

a) Beschreibe den Versuch und untersuche, ob die beiden Größen zueinander proportional sind.

b) Stelle den Sachverhalt in einem Diagramm dar.

Feder	
Masse	Dehnung
10 g	7 mm
20 g	14 mm
30 g	21 mm

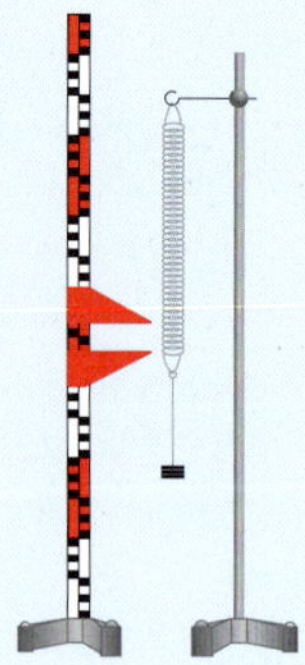

Gummiband	
Masse	Dehnung
20 g	22 mm
30 g	35 mm
50 g	85 mm

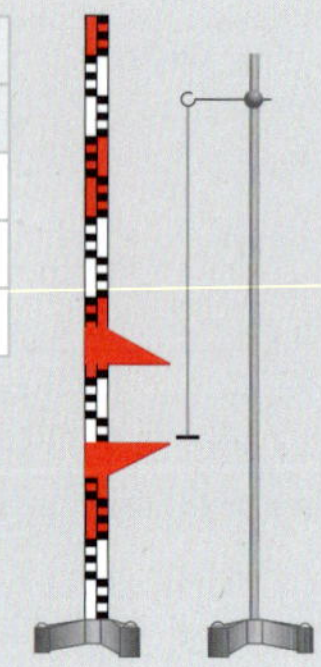

2 **a)** Übertrage das Punktmuster ins Heft und ergänze es um drei Schritte.

b) Stelle einen Term auf, der die Anzahl der Punkte in Abhängigkeit von der Schrittzahl angibt. Beschreibe den Zusammenhang in Worten.

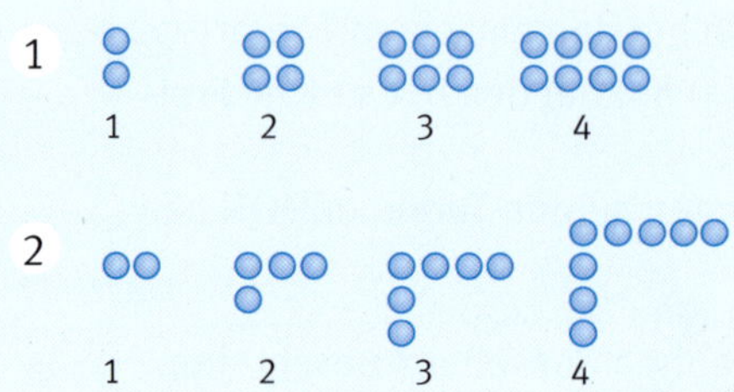

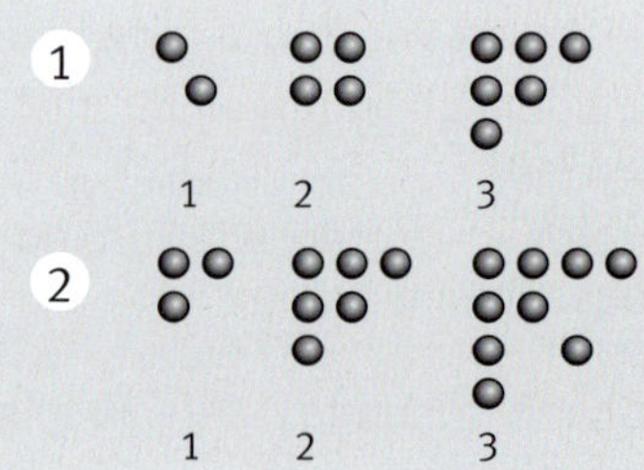

Zu 3.2

3 Gib an, welche der Abbildungen Funktionsgraphen sind. Begründe deine Antwort.

a)
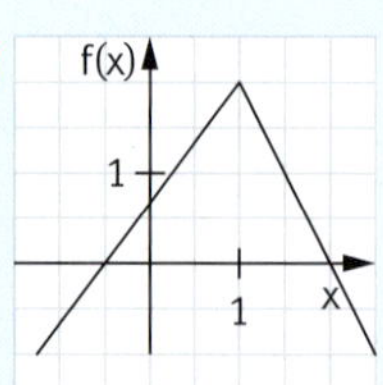

b)
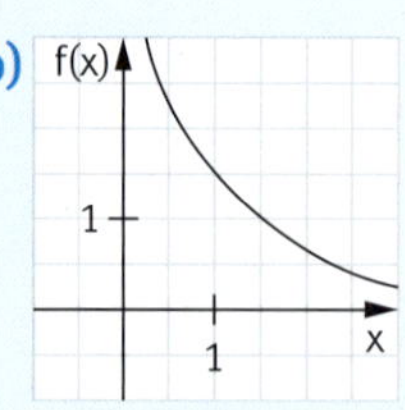

a)
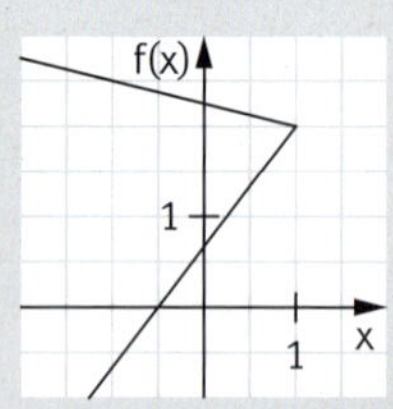

b)
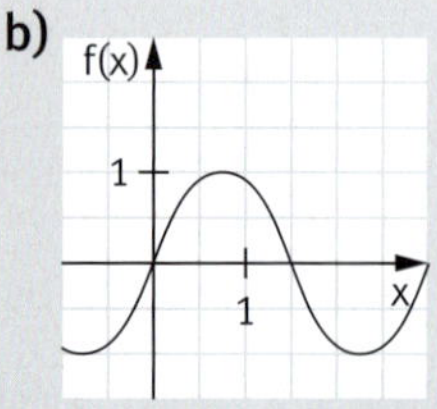

4 Entscheide, ob es sich bei der Zuordnung um eine Funktion handelt oder nicht.

a) Jedem deiner Freunde wird ihr Geburtsdatum zugeordnet.

b) Jedem deiner Freunde wird eine Telefonnummer zugeordnet.

a) Jedem Schüler und jeder Schülerin wird die Klasse zugeordnet.

b) Jeder Hausnummer wird der Nachname eines Hausbewohners zugeordnet.

5 Untersuche, ob die Wertetabelle zu einer proportionalen Funktion gehört. **Zu 3.3**

a)

x	f(x)
0	0
2	4,2
3	6,3
4	8,4
5	10,5
6	12,6

b)

x	f(x)
−4	−2,4
6	3,6
9	5,4
10	6,0
15	9,0
20	12,0

a)

x	f(x)
0,5	1
1,2	2,4
2	4
2,5	4,5
3	6
10	20

b)

x	f(x)
−2	1
−1	0,5
2	−1
2,4	−1,2
3	−1,5
5	−2,5

6 Bestimme für jede der vier Geraden eine zugehörige Funktionsgleichung. **Zu 3.4**

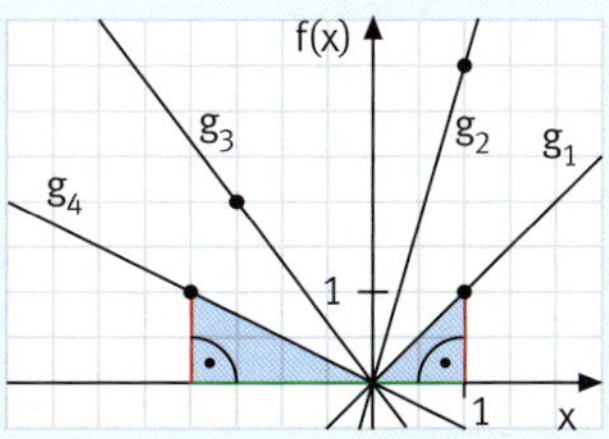

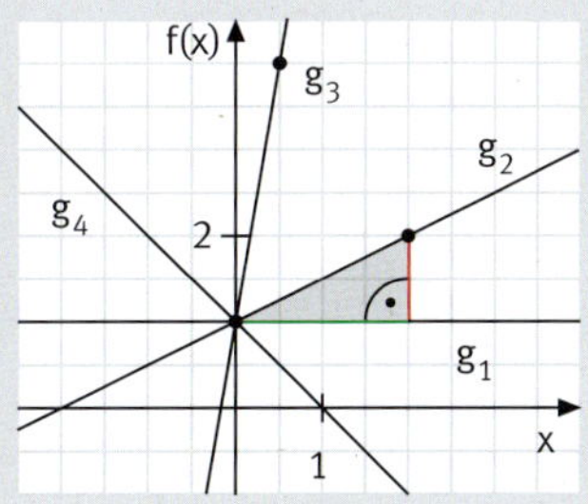

7 Gegeben sind die folgenden Funktionsgleichungen.

1 $f(x) = -x + 3$ 2 $f(x) = \frac{1}{4}x - 1$ 3 $f(x) = 2x + 5$

4 $f(x) = 0$ 5 $f(x) = -2$ 6 $f(x) = -3x + 6$

a) Gib an, welche Graphen der Funktionen fallend (steigend) sind.

b) Suche dir einen Partner oder eine Partnerin. Beschreibe für jede der Funktionen den Verlauf durch möglichst wenig Angaben. Dein Partner oder deine Partnerin zeichnet nach den Angaben den zugehörigen Graphen.

a) Gib an, durch welche Quadranten die Graphen verlaufen.

b) Finde heraus, welche Funktionsgraphen hier beschrieben sind.

1 Der y-Achsenabschnitt ist 6, die Steigung −3.

2 Die Funktion hat die Nullstelle 2 und den y-Achsenabschnitt 6.

8 Der Punkt P (−2,3 | 4) liegt auf einer Hyperbel mit einer Funktionsgleichung der Form $f(x) = \frac{c}{x}$ und zugleich auf einer Geraden g der Form $g(x) = m \cdot x + b$. **Zu 3.5**

a) Bestimme die Gleichung einer Hyperbel.

b) Bestimme die Gleichung einer Geraden, wenn die Gerade…

1 durch den Ursprung verläuft.

2 den y-Achsenabschnitt −2 hat.

a) Wie könnten die zugehörigen Funktionsgleichungen lauten? Finde verschiedene Möglichkeiten.

b) Beschreibe, was alle Geraden, auf denen der Punkt P liegt, gemeinsam haben.

1 Untersuche, ob eine bekannte Art der Zuordnung (proportional, antiproportional) vorliegt. Begründe deine Antwort.

a)

x	2	4	5
y	15	7,5	6

b)

x	4	6	10
y	12	18	30

c)

x	0	2	5
y	1	3	7,5

d)

x	2,5	4,0	6,5
y	52,0	32,5	22,0

e)

x	1	2	7
y	5,5	6,5	11,5

f)

x	3,2	4,8	5,0
y	2,5	$1\frac{2}{3}$	$1\frac{3}{5}$

g)

x	2,4	7,2	12
y	15	5	3

h)

x	3	1	2
y	1,5	$\frac{1}{2}$	1

i)

x	20	28	40
y	$1\frac{9}{40}$	$\frac{7}{8}$	$\frac{49}{80}$

2 Entscheide, ob eine bekannte Zuordnung vorliegt. Begründe deine Antwort.

a) *Gelieferte Menge Heizöl in l $\longmapsto$ Rechnungsbetrag in €*
b) *Fahrstrecke mit einem Taxi in km $\longmapsto$ Gesamtpreis in €*
c) *Anzahl der bestiegenen Treppenstufen $\longmapsto$ erreichte Höhe in m*
d) *Anzahl der Arbeitsstunden $\longmapsto$ Arbeitslohn auf einer Rechnung*
e) *Brenndauer einer dünnen Kerze in min $\longmapsto$ Länge der Kerze in cm*

3 Auf einer Kirmes werden an einem Essensstand Tabellen angelegt, an denen man die Preise für bestellte Portionen direkt ablesen kann.

Erinnere dich: Eine Zuordnung ist eindeutig, wenn jeder Ausgangsgröße genau eine Größe zugeordnet wird.

a) Übertrage die Tabellen in dein Heft und vervollständige sie.
b) Beschreibe, wie die Anzahl der Portionen mit dem Preis zusammenhängt.
c) Beschreibe die Art der Zuordnung. Ist sie eindeutig?

4 Ein Schwimmbecken wird gleichmäßig mit Wasser befüllt. Lies so genau wie möglich ab.

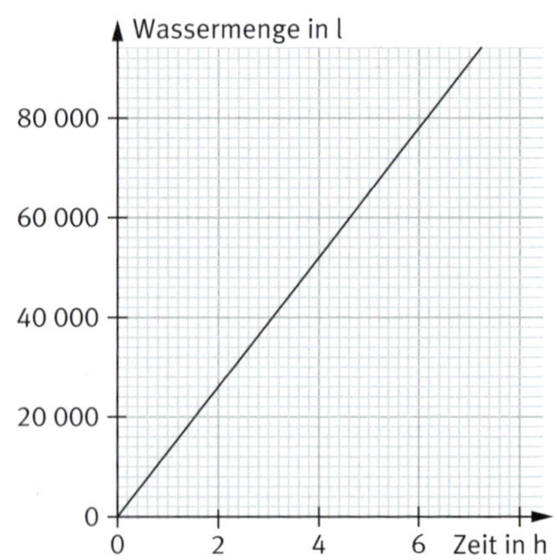

a) Wie viel Wasser befindet sich nach 2 h (3 h, 5 h, 6 h, 7 h) im Becken?
b) Nach welcher Zeit sind 20 000 l (50 000 l, 80 000 l) im Becken?
c) Wie viel Wasser fließt pro Stunde in das Becken? Gib eine Funktionsgleichung zum Graphen an.
d) Das Becken ist 25 m lang und 8 m breit. Das Wasser soll 1,80 m tief sein.
   1 Wie viel Wasser passt in das Becken? Gib das Ergebnis in m^3 und l an.
   2 Wie lange dauert das Befüllen des Beckens? Runde geeignet.

5 Handelt es sich um den Graphen einer Funktion? Begründe.

a) 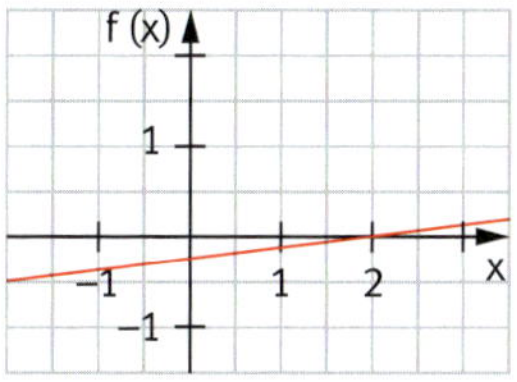

b) 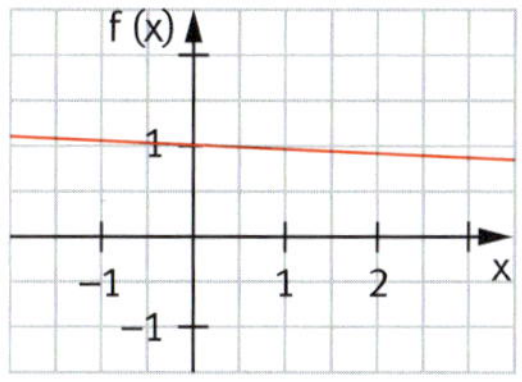

c) 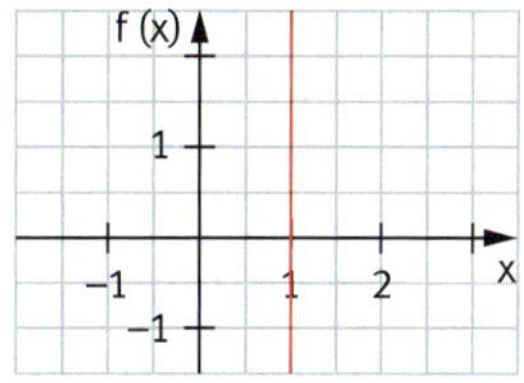

d) 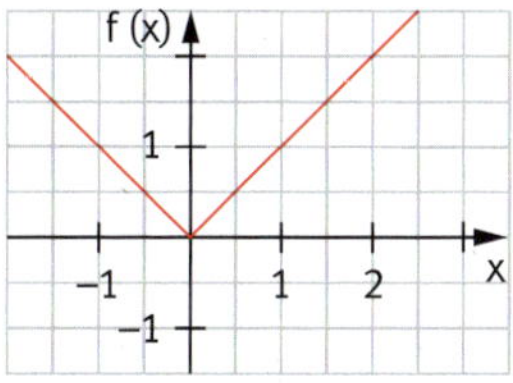

e) 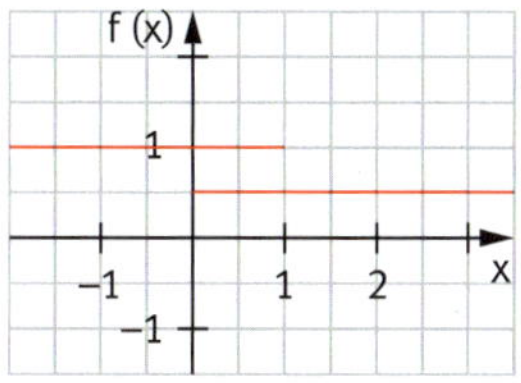

f) 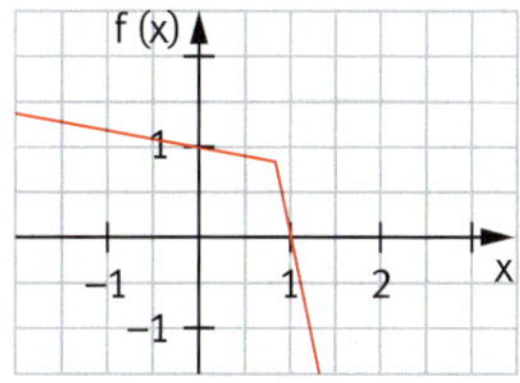

6 Zeichne jeweils ein Koordinatensystem (Einheit 1 cm) und trage den Graphen der Funktion dort ein.

a) $f(x) = 2x + 1$ b) $f(x) = x + 4$ c) $f(x) = -x + 2$ d) $f(x) = 4x - 3$
e) $f(x) = \frac{1}{3}x$ f) $f(x) = -\frac{1}{4}x - 1$ g) $f(x) = \frac{1}{2}x + 1{,}5$ h) $f(x) = -1{,}5x - 1$

7 Gib für die blauen und grünen Graphen jeweils eine Funktionsgleichung an.

a) 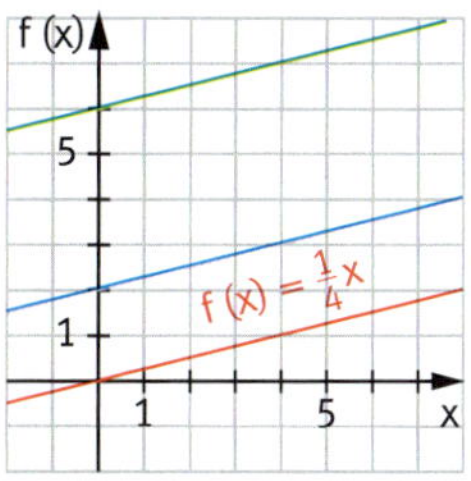

b) 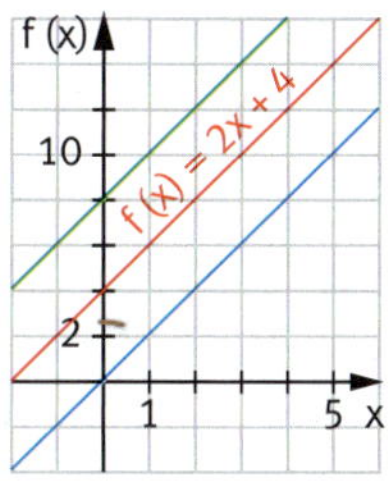

c) 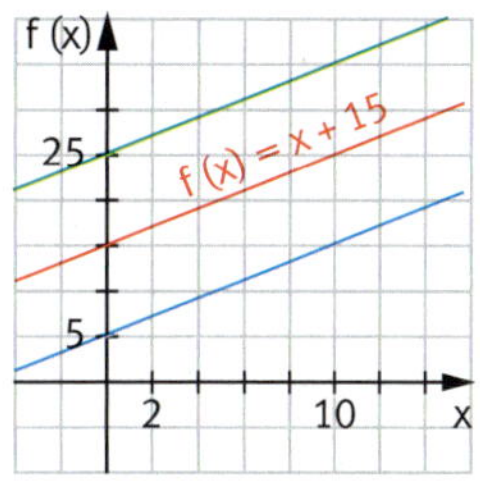

8 Die Tabelle zeigt die Tagesangebote einer Autovermietung.

Fahrzeugtyp	1 	2 	3 	4 
Grundgebühr	59 €	69 €	69 €	99 €
Preis pro km	14 ct	22 ct	19 ct	19 ct

a) Beschreibe den Sachverhalt in Worten. Welche Art von Funktion liegt jeweils vor?
b) Welcher Graph gehört zu welchem Angebot? Begründe.
c) Stelle für jedes Angebot eine Funktionsgleichung auf.
d) Bestimme die Mietkosten für jeden Fahrzeugtyp, wenn man ihn einen Tag mietet und 100 km (150 km, 220 km) weit fährt.
e) Bei Mietangeboten werden oft mit der Grundgebühr auch 100 Freikilometer angeboten. Wie ändern sich die Graphen? Beschreibe.

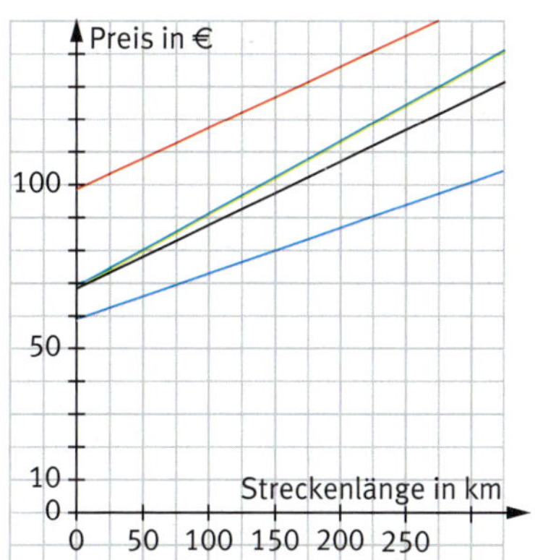

Die Grundgebühr fällt täglich an.

9 Herr Förster leiht sich für Gartenarbeiten eine Fräse aus. Die Kosten hierfür sind aus dem nebenstehenden Graphen ablesbar.

a) Erkläre den dargestellten Sachverhalt.

b) Wie hoch ist die Grundgebühr? Welche Mietkosten werden pro Stunde berechnet?

c) Stelle eine Funktionsgleichung zu dem Sachverhalt auf.

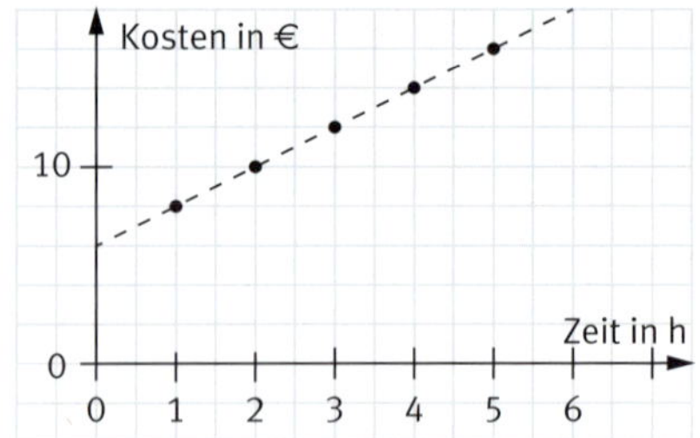

Einzelpreise
Erwachsene: 7,00 €
Schüler: 1,50 €

Gruppenpreise
ab 10 Personen:
Erwachsene: 5,00 €

ab 20 Personen:
Erwachsene: 4,00 €

10 Die Klasse 8b macht einen Klassenausflug ins Goethehaus nach Frankfurt. Dort gelten die nebenstehenden Eintrittspreise.

a) Übertrage die Tabelle in dein Heft und ergänze sie.

Anzahl	1	2	5	8	9	10	11	12	15	18	19	20	21	22
Gesamtpreis bei ... Schülern														
Gesamtpreis bei ... Erwachsenen														

b) Stelle den Sachverhalt für Schüler und Erwachsene jeweils grafisch dar. Beschreibe den Verlauf der Graphen.

c) Liegt dem Sachverhalt eine lineare (proportionale) Funktion zugrunde? Begründe deine Antwort.

d) Wie lautet die Funktion für eine Klasse, die aus mehr als 20 Schülern besteht und von drei Erwachsenen begleitet wird?

11 Zeichne die Graphen zu folgenden linearen Funktionen in ein Koordinatensystem. Benenne die Steigung m sowie den y-Achsenabschnitt b.

a) $f(x) = 2x - 4$ **b)** $f(x) = \frac{1}{4}x + 5$ **c)** $f(x) = -x + 3$ **d)** $f(x) = 2 + 0{,}5x$

12 Überprüfe rechnerisch, ob die Punkte P (2|0) und Q (0|7) auf dem Graphen der Funktion f liegen.

a) $f(x) = 7$ **b)** $f(x) = -2{,}5x$ **c)** $f(x) = \frac{1}{3}x + 7$ **d)** $f(x) = x^2 - 4x + 4$

13

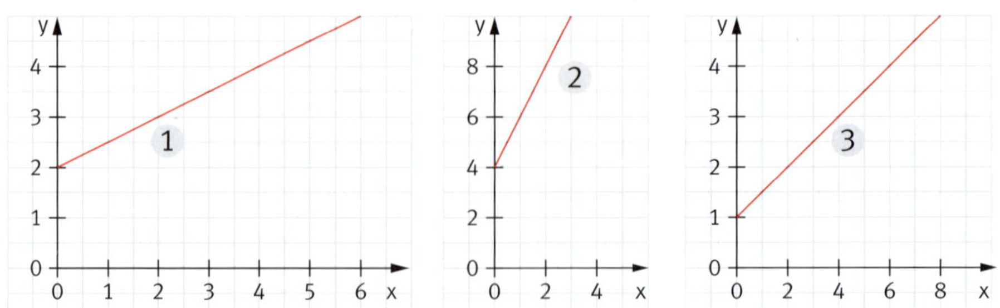

a) Bestimme die Gleichung für die zugehörige lineare Funktion.

b) Zeichne den Graphen in ein Koordinatensystem und bestimme die Rechenvorschrift, wenn der Graph parallel zur y-Achse ...

A um eine Einheit nach unten verschoben wird.

B um drei Einheiten nach oben verschoben wird.

14 Ordne richtig zu: In welcher Farbe sind die Geraden g_1, g_2, g_3 und g_4 gezeichnet? Wie lauten ihre Funktionsgleichungen?

x	−2	−1	0	1	2
$g_1(x)$	$3{,}\overline{6}$	$3{,}\overline{3}$	3	$2{,}\overline{6}$	$2{,}\overline{3}$
$g_2(x)$	−16	−12	−8	−4	0
$g_3(x)$	−1	−1	−1	−1	−1
$g_4(x)$	$1{,}\overline{3}$	$1{,}\overline{6}$	2	$2{,}\overline{3}$	$2{,}\overline{6}$

$y = -\frac{1}{3}x + 3$ $\quad -x + 3y = 6$ $\quad -y = 1$ $\quad 4x - y = 8$

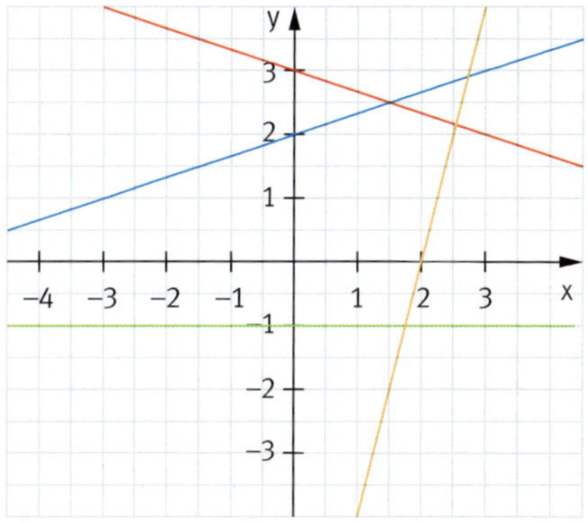

15

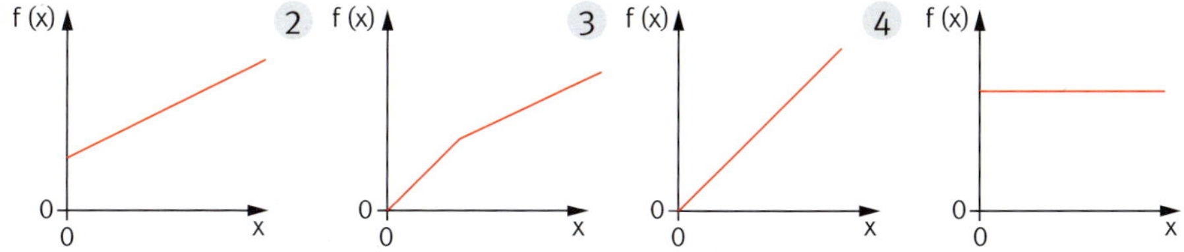

a) Welcher Graph gehört zu einer linearen Funktion?

b) Erfinde zu jedem Graphen einen passenden Sachverhalt und präsentiere ihn.

17 Glühbirnen wurden in der Europäischen Union nach und nach verboten und durch sogenannte Energiesparlampen ersetzt.

Anschaffung: 14,90 €
Lebensdauer: ca. 10 000 h
Leistung: 12 Watt

Anschaffung: 0,99 €
Lebensdauer: ca. 1000 h
Leistung: 60 Watt

kWh (Kilowattstunde) ist ein Maß für die Energie, die in einer Stunde umgewandelt wird: 1 kWh = 1000 W · h

a) Vergleiche die Kosten für 10 000 h Betriebsdauer miteinander, wenn 1 kWh 19,5 ct kostet.

b) Kritiker stellen solchen Rechnungen gegenüber, dass die Herstellung und der Materialverbrauch von Energiesparlampen nicht besonders umweltfreundlich sind. Informiere dich im Internet und stelle die Argumente deiner Klasse vor.

Spiel

Stille Post (Drei Spieler)

- Denke dir eine lineare Funktion aus. Notiere auf einem Blatt Papier den Funktionsterm und darunter eine zugehörige Wertetabelle. Falte das Blatt Papier so, dass nur noch die Wertetabelle sichtbar ist, nicht aber der Funktionsterm. Gib das Blatt einem Mitschüler.
- Der Mitschüler zeichnet unterhalb der Wertetabelle den passenden Graphen in ein Koordinatensystem. Danach faltet er das Blatt so, dass nur noch der Graph sichtbar ist, und reicht es wiederum weiter.
- Der nächste Mitschüler versucht, anhand des Graphen die Funktionsgleichung anzugeben.
- Öffnet nun das Blatt Papier und überprüft gemeinsam, was bei der stillen Post herausgekommen ist – an welchen Stellen sind „Kommunikationsfehler“ aufgetreten?

$f(x) = \frac{1}{2}x + 2$

x	−1	0	1	2	3
y	1,5	2	2,5	3	3,5

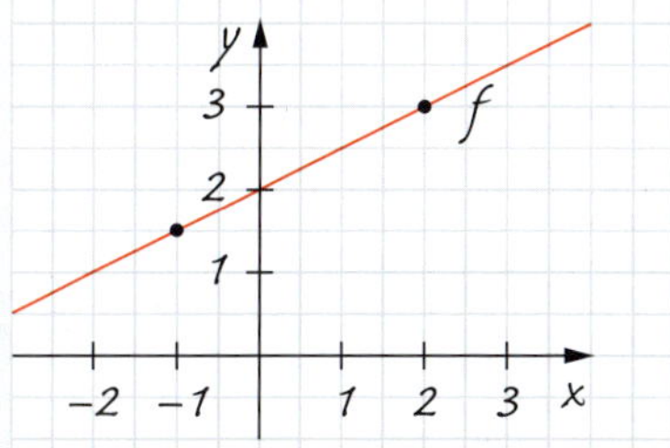

$y = 0{,}5x + 2$

Der Modellierungskreislauf ↺

Sachaufgaben sind ein wichtiges Arbeitsgebiet in der Mathematik. Für die Bearbeitung kennst du bereits das **F**rage-**R**echnung-**A**ntwort-Schema. Dieses soll hier weiter fortgesetzt werden.
Die bisherigen Schritte bei der Bearbeitung von Sachaufgaben lassen sich wie folgt zusammenfassen:

1. Du sollst den Sachverhalt **verstehen** und eine **Frage** selbst formulieren, wichtige Informationen entnehmen und **Vereinfachungen** machen.
2. Du entscheidest dich für ein **mathematisches Modell** (z. B. eine proportionale Zuordnung), mit dessen Hilfe du den Sachverhalt bearbeiten möchtest, und **übersetzt** die Informationen in das mathematische Modell.
3. Du **bearbeitest** das mathematische Modell. Es gibt verschiedene Möglichkeiten (z. B. grafisch, rechnerisch, durch Argumente).
4. Du **deutest** das mathematische Ergebnis in der Realität: Sind Rundungen o. Ä. sinnvoll, ...?
5. Du **bewertest** das reale Ergebnis im Hinblick auf den Sachverhalt: Gibt es Aspekte, die du nicht berücksichtigt hast? Waren die Vereinfachungen und das Modell richtig? Beschreibt das Ergebnis gut die Wirklichkeit? Falls nicht, kannst du das Modell verbessern und den Kreislauf erneut durchlaufen.

Dieser Kreislauf ist hier symbolisch dargestellt:

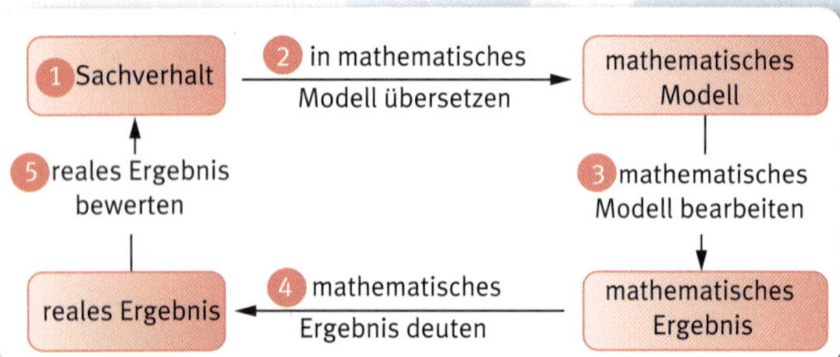

Der Windelstreit – ein Beispiel ↺ ↺

Familie Kleine erwartet ihr erstes Kind und überlegt, welche Windeln am besten geeignet sind.

Herr Kleine möchte Stoffwindeln nehmen. Eine Stoffwindel kostet 19,50 €. Er meint, dass 20 Stoffwindeln reichen. Pro Windel schätzt er die Waschkosten auf 10 ct.

Frau Kleine möchte gerne Einwegwindeln verwenden. Sie rechnet pro Windel mit Kosten von etwa 30 ct.

1. **Verstehen**: Die Kosten für Stoffwindeln werden mit denen von Einwegwindeln verglichen.
   Frage: Was ist günstiger?
   Vereinfachungen im Text:
   Anzahl der benötigten Stoffwindeln (20 Stück)
   Kosten für einen Waschgang (10 ct = 0,10 €)
   Kosten für die Einwegwindeln (30 ct = 0,30 €)
   Weitere Vereinfachung, die festgelegt wird:
   Pro Tag werden etwa 5 Windeln gebraucht.
2. **Mathematisches Modell**:
   Modell Herr Kleine: Die Funktion
   Anzahl Stoffwindeln ⟼ *Kosten in €* ist linear:
   fixe Anschaffungskosten: 20 · 19,50 € = 390 €,
   Waschkosten hängen von der Zahl der Windeln ab.
   Modell Frau Kleine: Die Funktion
   Anzahl Einwegwindeln ⟼ *Kosten in €* ist proportional.
   Funktionsgleichungen:
   Modell Frau Kleine: $f(x)_{Einweg} = 0{,}30x$
   Modell Herr Kleine: $f(x)_{Stoff} = 0{,}10x + 390$
3. **Bearbeitung**: Grafische Lösung mit einem Tabellenprogramm

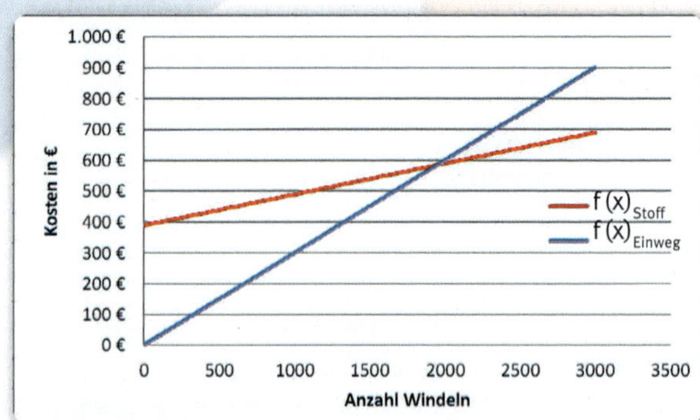

4. **Bedeutung**: Der Schnittpunkt gibt an, wann die Kosten gleich sind. Vorher sind Einwegwindeln günstiger, danach Stoffwindeln. Hier liegt der Schnittpunkt bei etwa 1950 Windeln. Bei täglich 5 Windeln wären das 390 Tage.
   Antwort: Nach gut einem Jahr werden Stoffwindeln günstiger.
5. **Bewertung**: Jede Vereinfachung kann hinterfragt werden (z. B.: Müssen Stoffwindeln erneuert werden?). Wie sieht es mit Preissteigerungen aus? Die Berechnungen sind zwar richtig, aber es handelt sich sicherlich nur um ein einfaches Modell. In der Realität werden neben den Kosten auch andere Faktoren wie Energieverbrauch, Arbeitszeit zum Waschen und Bügeln, Umweltaspekte usw. wichtig sein.

Alles Flatrate oder was? ↺ ↺

Flat-for-all	Surf and more
• Flat ins Festnetz • Flat in alle Handynetze • Flat ins Internet 29,99 € im Monat	9,99 € im Monat • 100 Freiminuten in alle Netze • Internetflat ab Minute 101 in alle Netze 2,9 ct

Vergleiche die beiden Tarife mithilfe der fünf Schritte des Modellierungskreislaufs. Folgende Teilschritte können dabei helfen:

1. Formuliere eine Frage und entnimm der Tabelle die nötigen Informationen. Überlege dir, wie du vorgehen willst.
2. Beschreibe das mathematische Modell, das du zugrunde legst.
3. Bearbeite das mathematische Modell aus 2. Entscheide dich für eine Vorgehensweise (z. B. zeichnerisch, rechnerisch).
4. Welche Bedeutung hat das Ergebnis aus 3? Beschreibe kurz.
5. Bewerte deine Lösung aus 4. Was kann in deinem Modell verändert werden? Welche Auswirkungen haben diese Veränderungen?

Alles digital? ↺ ↺

Auch in Zeiten von Digitalkameras lassen viele Menschen gerne noch Papierbilder herstellen. Doch welches Angebot soll man nehmen? Stell dir vor, jemand möchte 100 Papierbilder bekommen. Berate ihn und erkläre dein Vorgehen. Nutze die Schritte des Modellierungskreislaufs.

Foto-Quick

9 × 13
14 ct

10 × 15
16 ct

13 × 18
23 ct

Versandkosten: 2,95 €
ab 50 Fotos entfallen die Versandkosten

Easy-Click

Format	Einzelpreis	ab 50 Fotos
9 × 13	15 ct	12 ct
10 × 15	18 ct	15 ct
13 × 18	25 ct	20 ct

Versandkosten: 1,99 €

Der einfachste Weg zum Urlaubsfoto

Viele Wege führen nach ... ↺ ↺ ↺

Die Karte zeigt einen Ausschnitt aus dem Gebiet östlich von Frankfurt.

Welches ist der schnellste Weg von Altenstadt nach Gelnhausen? Bearbeite die Aufgabe anhand der fünf Schritte des Modellierungskreislaufs und stelle das Ergebnis deinen Mitschülern vor. Du kannst dir auch andere Kartenausschnitte besorgen.

Überprüfe deine Kenntnisse und Kompetenzen. Bearbeite dazu die folgenden Aufgaben und bewerte anschließend deine Lösungen mit einem Smiley.

☺	😐	☹
Das kann ich!	Das kann ich fast!	Das kann ich noch nicht!

Hinweise zum Nacharbeiten findest du auf der folgenden Seite. Die Lösungen stehen im Anhang.

Aufgaben zur Einzelarbeit

1 Übertrage in dein Heft und ergänze die fehlenden Werte einer proportionalen Zuordnung.

a)

x	3,5	7	8,5	35
y		56		

b)

x	10,5	23,5	28,8	30,4
y				152

c)

x	2,1	3,6	4,8	9,3
y	0,7			

d)

x	6,8	9,2	12,2	17,9
y			18,3	

2 Ergänze in deinem Heft die Werte einer antiproportionalen Zuordnung.

a)

x	2	7	8	10
y			14	

b)

x	$\frac{1}{5}$	$\frac{3}{8}$	$\frac{5}{6}$	$\frac{7}{10}$
y	$17\frac{1}{2}$			

c)

x	0,3	0,4	0,6	1,5
y		2,7		

d)

x	3,5	7,5	10,5	15,0
y			$183\frac{3}{4}$	

3 Handelt es sich um eine proportionale oder eine antiproportionale Zuordnung? Begründe und gib drei mögliche Wertepaare an.

a) *Anzahl Hotelübernachtungen ⟼ Preis in €*

b) *Farbverbrauch in l ⟼ gestrichene Fläche in m²*

c) *Anzahl Teilnehmer eines Ausflugs ⟼ Preis pro Teilnehmer in €*

d) *Fahrpreis Busticket in € ⟼ Fahrstrecke in km*

e) *Anzahl Eiskugeln ⟼ Preis in €*

f) *Anzahl der Gewinner einer Lotterie ⟼ Gewinn pro Gewinner in €*

4 Die 60 Sänger des Odenwaldchores singen das Lied „Freude, schöner Götterfunken" in etwa drei Minuten. Wie lange braucht ein Chor für dieses Lied, der aus 20 (45, 75) Sängern besteht?

5 Eine Schokoladenfirma rechnet für 1 kg Vollmilchschokolade mit Produktionskosten von 2,50 €. Welche Produktionskosten fallen bei den jeweiligen Schokoladengrößen an?

6 Liegt der Graph einer Funktion vor? Begründe.

a)

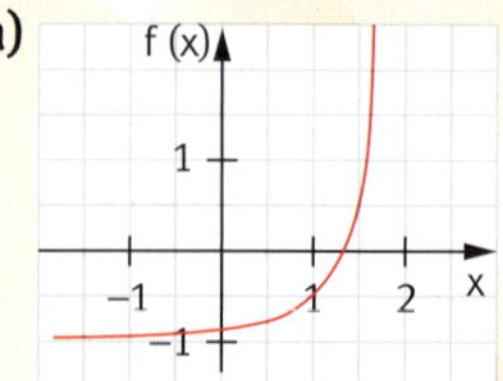

b)

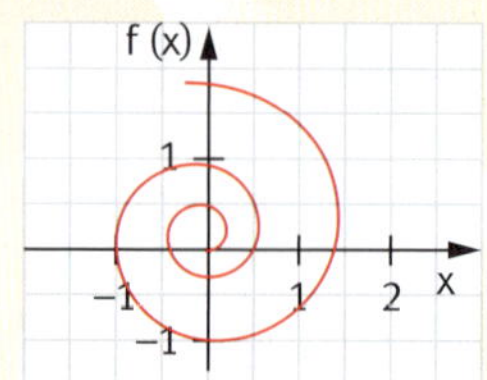

7 ① P (3|6) ② P (–3|4,5) ③ P (3,6|2,4)

Der Graph einer proportionalen Funktion verläuft durch den Punkt P.

a) Zeichne jeweils den Graphen.

b) Bestimme die Funktionsgleichung.

8 Kann hier eine lineare Funtion zugrunde liegen? Begründe deine Antwort und gib, falls möglich, die Funktionsgleichung an.

a) Taxifahrt: 2,70 € Grundgebühr; 1,30 € pro km

b)

Anzahl Bratwürste	1	2	3	4
Verkaufspreis in €	1,40	2,80	4,20	5,60

c)

Anzahl Stühle	20	15	12	8
Anzahl Sitzreihen	24	32	40	60

d)

x	–3	–2	–1	0	2	4
f (x)	–3	–2,5	–2	–1,5	–0,5	0,5

e)

x	–2	–1	0	1	2	3
f (x)	26	27	30	32	34	36

9 Zeichne jeweils den Graphen der linearen Funktion und bestimme die Nullstelle.

a) $f(x) = \frac{1}{2}x - 2$ b) $f(x) = -2{,}5x$ c) $f(x) = 2x - 1{,}5$

d) $f(x) = -x + 5$ e) $f(x) = -\frac{1}{3}x + 3$ f) $f(x) = \frac{1}{2}x + 1$

10 Betrachte die Gerade g mit $g(x) = -1{,}5x + 6$.

a) Prüfe rechnerisch, welche der Punkte zu dieser Geraden gehören.
A (0|6); B (3|0); C (1|4,5); D (0,8|4,8); E (1,4|3,8)

b) Bestimme die fehlende Koordinate so, dass der Punkt auf der Geraden g liegt.
F (2|y); G (x|3); H (−3|y), I (x|−4); J (−2,7|y)

11 Welcher Graph gehört zu welchem Sachverhalt? Ordne zu und begründe.

Reparaturdienst (1)
Anfahrt: 45 €
Kosten je Stunde: 30 €

Gartengeräteverleih (2)
Grundgebühr: 8 €
1. Stunde frei
jede weitere Stunde: 4 €

Aushilfe gesucht: (3)
Stundenlohn: 12 €

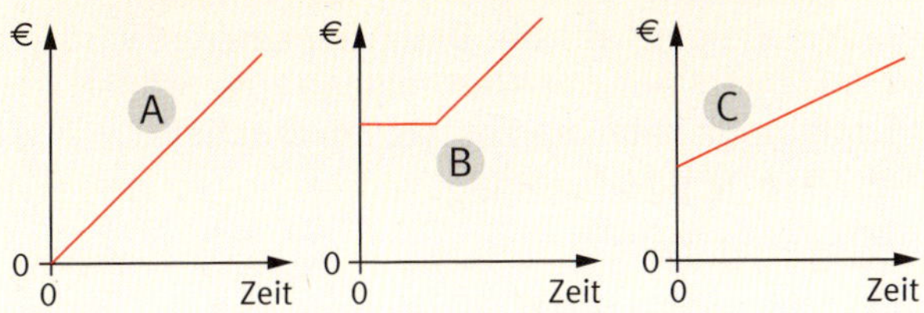

12 Stelle den Sachverhalt jeweils grafisch dar. Bestimme eine Funktionsgleichung.

a) Bei einem Autoverleih zahlt man pro Tag 25 € sowie 0,30 € pro Kilometer.

b) Ein Schlüsseldienst berechnet 40 € für die Anfahrt sowie 35 € pro Stunde.

c) Ein Internetdienst verlangt im Monat 9,99 € sowie 0,02 € pro MB Datentransfer.

Aufgaben für Lernpartner

Arbeitsschritte

1. Bearbeite die folgenden Aufgaben alleine.
2. Suche dir einen Partner und erkläre ihm deine Lösungen. Höre aufmerksam und gewissenhaft zu, wenn dein Partner dir seine Lösungen erklärt.
3. Korrigiere gegebenenfalls deine Antworten und benutze dazu eine andere Farbe.

Sind folgende Behauptungen **richtig** oder **falsch**? Begründe schriftlich.

13 Die antiproportionale Zuordnung ist ein Sonderfall der proportionalen Zuordnung.

14 Bei einer antiproportionalen Zuordnung ist das Produkt der Wertepaare stets gleich.

15 Eine Funktion ist eine eindeutige Zuordnung.

16 Eine Parallele zur y-Achse ist keine Funktion.

17 Um die Funktionsgleichung einer Hyperbel bestimmen zu können, benötige ich nur einen Punkt der Hyperbel.

18 $f(x) = 2x + 4$ bedeutet, dass der Graph der Funktion die y-Achse bei $y = 2$ schneidet.

19 Der Graph einer linearen Funktion verläuft immer durch den Ursprung des Koordinatensystems.

20 Eine proportionale Funktion ist eine lineare Funktion mit dem festen Wert $b = 0$.

21 Der Graph einer Funktion ist immer eine Gerade.

22 Eine Grundgebühr bewirkt stets eine Verschiebung des Graphen entlang der y-Achse.

23 Die Steigung $m = -3$ bedeutet: Wenn man den x-Wert um 1 erhöht, muss man den y-Wert um 3 erhöhen.

24 Eine Hyperbel berührt oder schneidet ihre Asymptoten nie.

Aufgabe	Ich kann ...	Hilfe
1, 2, 3, 4, 5, 13, 14	proportionale und antiproportionale Zuordnungen anhand ihrer Eigenschaften erkennen und fortsetzen.	S. 76
6, 15, 16	erkennen, ob eine Funktion vorliegt.	S. 80
7, 20, 23	eine Rechenvorschrift und den Graph einer proportionalen Funktion erstellen.	S. 82
8, 11	lineare Funktionen erkennen.	S. 84
8, 12, 18	die Gleichung für eine lineare Funktion bestimmen.	S. 84
9, 12, 19, 21	den Graph einer linearen Funktion zeichnen.	S. 84
10	eine Punktprobe nutzen.	S. 87
17, 24	Eigenschaften einer antiproportionalen Funktion angeben.	S. 88
11, 22	Sachaufgaben aus dem Alltag durch Funktionen und ihre Eigenschaften bearbeiten.	S. 90

3.11 Auf einen Blick

S. 76

Masse	Preis
250 g	9200 €
50 g	1840 €
100 g	3680 €

: 5 · 2 (Masse) : 5 · 2 (Preis)

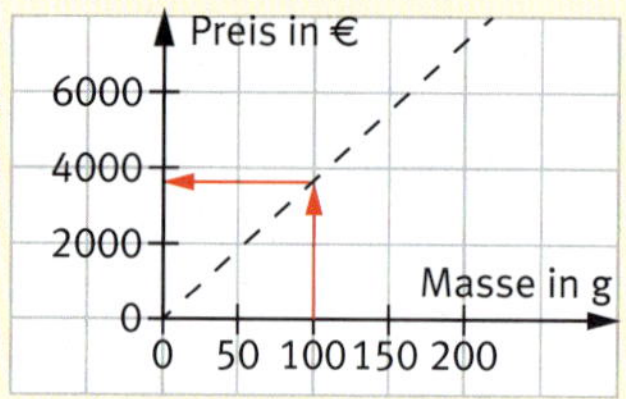

Anzahl	Preis
15	1,40 €
5	4,20 €
10	2,10 €

: 3 · 2 (Anzahl) · 3 : 2 (Preis)

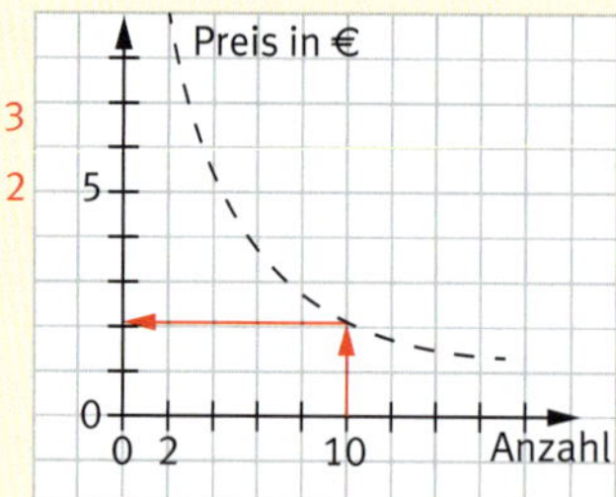

Bei einer **proportionalen Zuordnung** gilt:

- Dem Doppelten (Dreifachen, ...) wird das Doppelte (Dreifache, ...) zugeordnet.
- Alle Werte haben den gleichen Quotienten. (**Quotientengleichheit**)
- Alle Punkte des Graphen liegen auf einer Geraden durch den Ursprung.

Bei einer **antiproportionalen Zuordnung** gilt:

- Dem Doppelten (Dreifachen, ...) wird die Hälfte (ein Drittel, ...) zugeordnet.
- Alle Wertepaare haben das gleiche Produkt. (**Produktgleichheit**)
- Alle Punkte des Graphen liegen auf einer **Hyperbel**.

S. 80

1 Jeder rationalen Zahl wird ihr Doppeltes vermehrt um 1 zugeordnet.

2

x	y
−1	−1
0	1
1	3

3 $f(x) = 2x + 1$

4

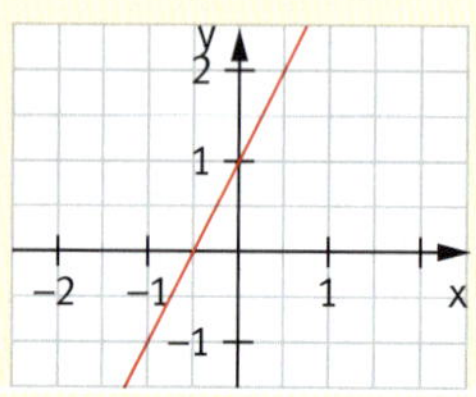

Eine eindeutige Zuordnung heißt **Funktion**. Jedem Element aus der **Definitionsmenge** wird ein Element aus der **Wertemenge** zugeordnet. Funktionen kann man darstellen durch:

1 verbale Beschreibung
2 Wertetabelle
3 Gleichung $y = f(x)$
4 Schaubild (bzw. Graph)

S. 84

Proportionale Funktion: $y = m \cdot x$

Lineare Funktion: $y = m \cdot x + b$

Steigung m

y-Achsenabschnitt

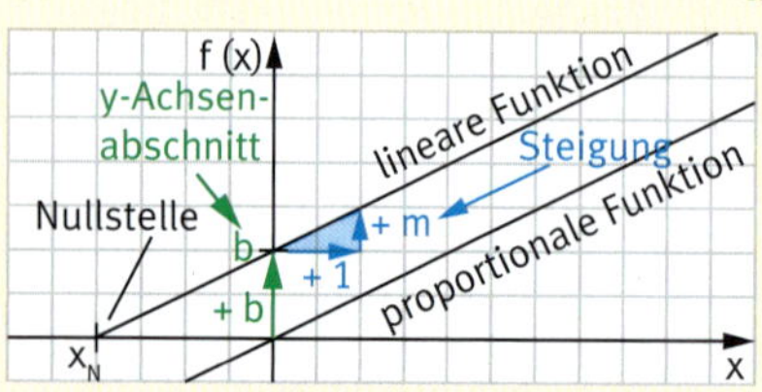

Für eine **lineare Funktion** gilt:

- Die Punkte des Graphen bilden eine Gerade.
- Die Steigung m gibt die Änderung des y-Wertes an, wenn man den x-Wert um 1 erhöht.
- Der y-Achsenabschnitt b gibt an, wo die Gerade die y-Achse im Punkt $(0 | b)$ schneidet.

Sonderfall: Jede **proportionale Funktion** ist eine lineare Funktion. $(b = 0)$

Schnittpunkt mit der x-Achse:
$N(x | 0)$, für die Nullstelle x gilt $y = f(x) = 0$

Schnittpunkt mit der y-Achse:
$S(0 | b)$, für den y-Achsenabschnitt gilt $b = f(0)$.

Der Punkt $P(x_P | y_P)$ gehört genau dann zum Graphen, wenn $f(x_P) = y_P$ gilt.

S. 90

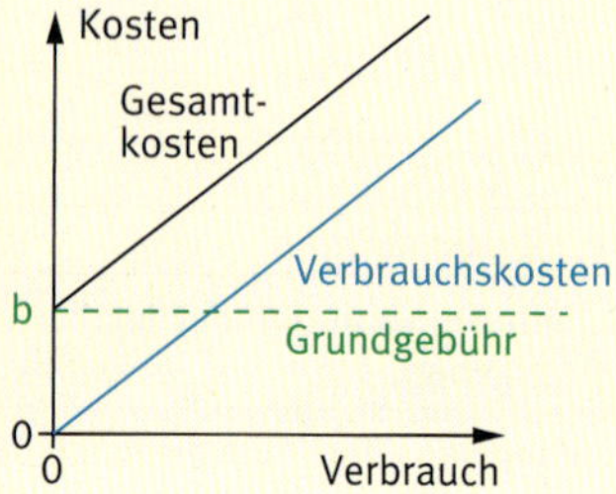

Im **Alltag** kommt eine Vielzahl von Funktionen vor, von denen viele auch linear sind. Der feste Wert b ist dabei oftmals eine Grundgebühr, die unabhängig von einem Verbrauch zu bezahlen ist. Zusätzlich kommen noch Kosten hinzu, die vom Verbrauch abhängen.

Terme umformen

1 Löse alle Klammern auf und vereinfache den Term.

a) $2 \cdot (x + y) - 3x$ **b)** $(4a - 3) \cdot 5 + 8$

c) $\frac{1}{2} \cdot (e - 2) + (f - 1) \cdot 7$ **d)** $\frac{1}{4} \cdot \left(\frac{1}{2}s + 4t\right) - 3s$

e) $(a + b) \cdot 3 + 4 \cdot (a - b)$ **f)** $5k - (0{,}7m - 3k)$

g) $(m - n) \cdot 3 + (m + n) \cdot 2$ **h)** $2 \cdot (2x + 1) - 2x$

2 Drücke die Figuren mithilfe von Termen aus und vereinfache diese so weit wie möglich.

a) **b)** **c)**

3 **a)** Erkläre mithilfe der Abbildungen folgende Umformung: $(a + b) \cdot c = a \cdot c + b \cdot c$.

b) Finde selbst eine Abbildung für die Umformung $(a - b) \cdot c = a \cdot c - b \cdot c$.

4

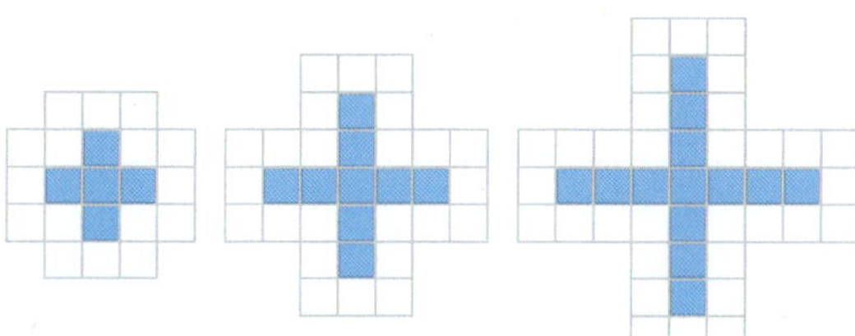

1 2 3

a) Setze das Muster um zwei Schritte fort.

b) Übertrage und ergänze die Tabelle.

Schritt	1	2	3	4	5	8	10
Anzahl blauer Kästchen	▢	▢	▢	▢	▢	▢	▢
Anzahl Kästchen gesamt	▢	▢	▢	▢	▢	▢	▢

c) Finde einen Term, mit dem man die Anzahl der blauen Kästchen (Kästchen insgesamt) für einen beliebigen Schritt bestimmen kann.

Flächeninhalt von Dreiecken

5 Bestimme den Flächeninhalt der abgebildeten Dreiecke. Miss die dafür nötigen Strecken aus.

a)

b)

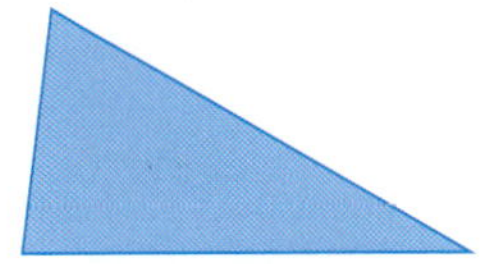

c)

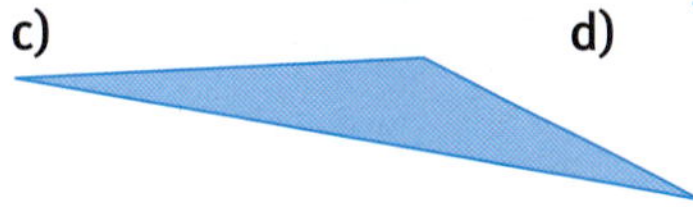

d)

6 Ordne die Dreiecke nach der Größe ihrer Flächeninhalte. Beginne mit dem kleinsten.

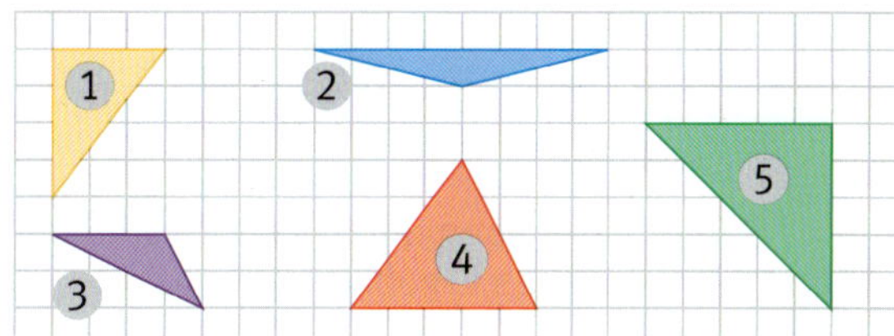

7 Berechne die fehlenden Größen des Dreiecks.

	a)	b)	c)
Grundseite g	2 cm	▢	13 mm
Höhe h	14 mm	2,5 cm	▢
Flächeninhalt A	▢	10 cm²	2,6 cm²

8 Ein Dreieck hat einen Flächeninhalt von 24 cm².

a) Zeichne ein solches Dreieck.

b) Beschreibe, wie du weitere Dreiecke mit demselben Flächeninhalt finden kannst.

9 Übertrage das Dreieck ins Heft. Zeichne mindestens zwei verschiedene weitere Dreiecke, die denselben Flächeninhalt haben.

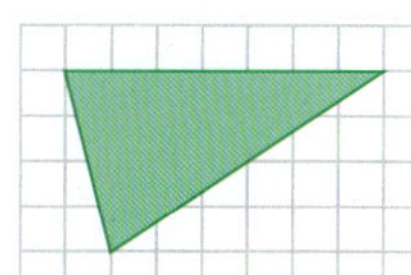

10 Begründe ohne zu messen, warum die beiden Dreiecke denselben Flächeninhalt haben.

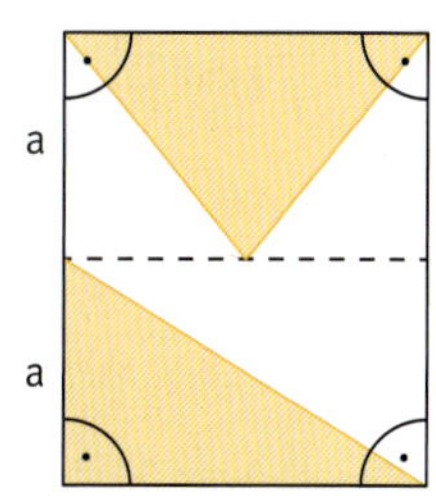

Rechnen mit Brüchen und Dezimalbrüchen

11 Berechne.

a) $\frac{1}{5}+\frac{3}{4}$
$0{,}2+1{,}46$
$\frac{1}{2}+0{,}7$
$\frac{8}{3}:\frac{1}{4}$

b) $\frac{7}{3}-\frac{1}{2}$
$3{,}84-1{,}2$
$2{,}1-\frac{2}{5}$
$4{,}8:2{,}4$

c) $\frac{1}{2}\cdot\frac{2}{3}$
$2{,}3\cdot 1{,}1$
$\frac{4}{3}\cdot 1{,}5$
$\frac{1}{7}:1{,}5$

12 Welche Abbildung gehört zu welcher Aufgabe? Eine Abbildung bleibt übrig.

① $\frac{1}{2}-\frac{1}{10}$ ② $\frac{7}{6}+\frac{2}{6}$ ③ $\frac{3}{4}+\frac{1}{4}$

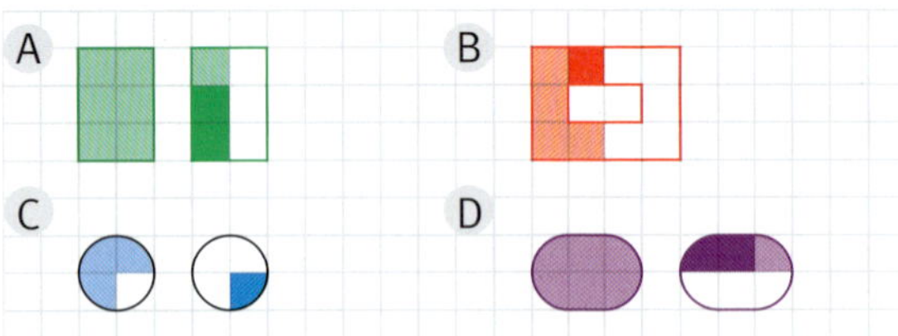

13 Stelle folgende Aufgaben durch eine Zeichnung dar und bestimme das Ergebnis.

a) $1{,}25:5$
b) $\frac{2}{5}+\frac{3}{10}$
c) $\frac{2}{3}\cdot 6$
d) $3:\frac{1}{2}$

14 Korrigiere die Hausaufgaben von Tanja.

a) $\frac{1}{2}+\frac{1}{3}=\frac{1}{2+3}=\frac{1}{5}$

b) $0{,}2+0{,}35$
$$\begin{array}{r} 0{,}2 \\ +\,0{,}35 \\ \hline 0{,}37 \end{array}$$

c) $\frac{7}{4}:\frac{1}{2}=\frac{7}{4}\cdot\frac{2}{1}=\frac{7}{4}\cdot\frac{8}{4}$
$=\frac{7\cdot 8}{4}=\frac{56}{4}=14$

15 Gib den Umfang der Figuren an.

a)
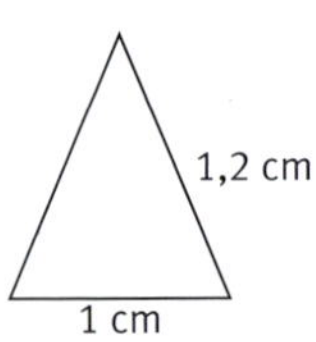

b)
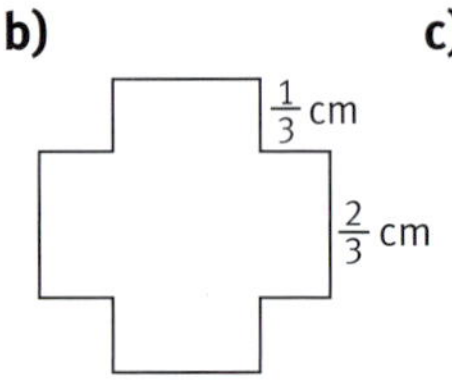

c)
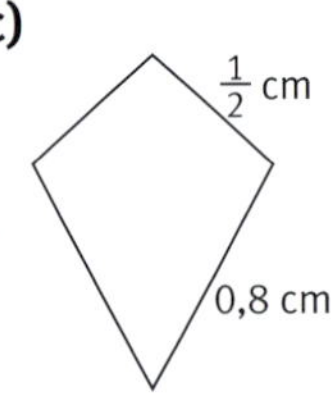

16 Ergänze zu einer wahren Aussage. Findest du mehrere Möglichkeiten?

a) $\frac{1}{\square}+\frac{1}{5}=\frac{7}{10}$
b) $3{,}25-\square=1{,}9$
c) $\frac{\square}{2}+\frac{7}{\square}=\frac{9}{2}$
d) $2{,}5:\square=\frac{1}{\square}$

Satz des Thales

17 Konstruiere mithilfe des Thaleskreises ein Dreieck mit folgenden Maßen. Erstelle zunächst eine Planfigur.

a) $c=5$ cm; $a=3$ cm; $\gamma=90°$
b) $\alpha=90°$; $\beta=30°$; $a=6$ cm
c) $a=4$ cm; $b=10$ cm; $\beta=90°$
d) $a=5$ cm; $c=8$ cm; $\gamma=90°$

18 a) Konstruiere, ohne Winkel oder Strecken zu messen, ein gleichschenklig-rechtwinkliges Dreieck. Beschreibe dein Vorgehen.
b) Lass die Konstruktion aus a) nach deiner Beschreibung von einem Mitschüler durchführen. Kommt ihr zu demselben Ergebnis?

19 Entscheide ohne zu messen, ob das grüne Dreieck rechtwinklig ist. Begründe deine Entscheidung.

a)
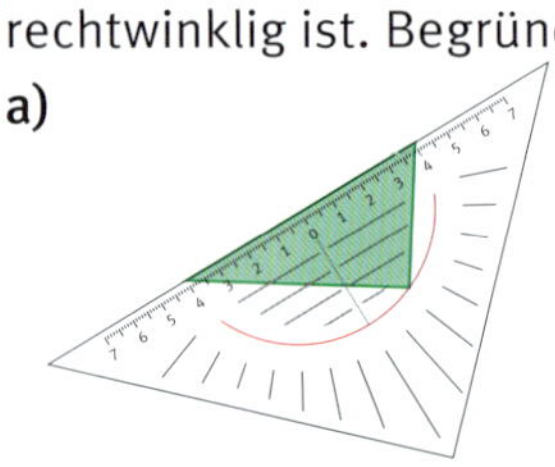

b)
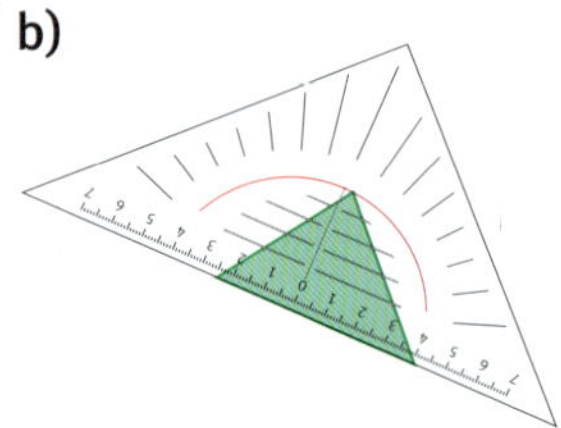

c)
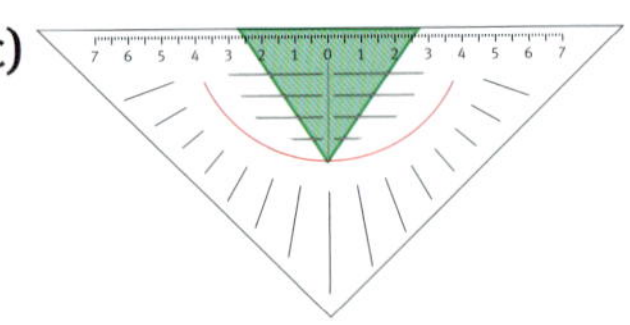

20 Konrad hat mit einem Geometrieprogramm mehrmals folgende Konstruktion durchgeführt. Er wundert sich, dass am Ende immer ein Quadrat entsteht. Kannst du ihm das erklären?

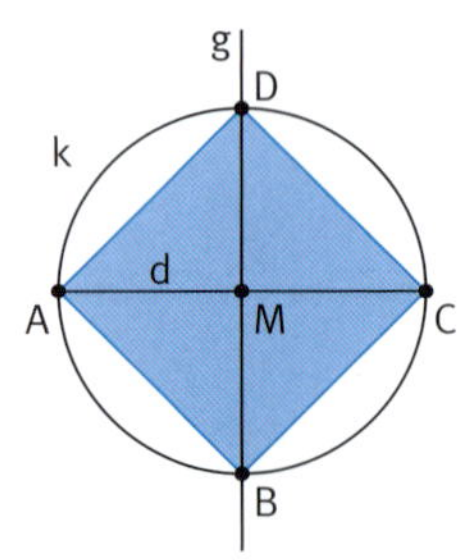

Name	Konstruktion
Punkte A und C	
Strecke d	Strecke $\overline{AC}$
Punkt M	Mittelpunkt von d
Kreis k	Kreis durch C um M
Gerade g	Gerade durch M senkrecht zu d
Punkte B und D	Schnittpunkte von k, g
Viereck ABCD	Verbinde A, B, C, D

4 Prozent- und Zinsrechnung

Einstieg

Um ein Auto zu kaufen, muss man oftmals einen Kredit aufnehmen.
- Der sogenannte Gesamtkreditbetrag ist das Produkt aus Laufzeit und monatlicher Rate. Berechne für alle Angebote den Gesamtkreditbetrag.
- Vergleiche die Angebote. Finde Zusammenhänge zwischen den angegebenen Größen.

ab 18 800,- €

Drive and fun

18 800 €	Kredithöhe
36	Monate Laufzeit
557,- €	monatliche Rate

Classic

18 800 €	Kredithöhe
48	Monate Laufzeit
439,- €	monatliche Rate

Easy and go

18 800 €	Kredithöhe
72	Monate Laufzeit
313,- €	monatliche Rate

Ausblick

Am Ende dieses Kapitels hast du gelernt, ...
- dass die Zinsrechnung eine Anwendung der Prozentrechnung ist.
- was vermehrte und verminderte Grundwerte sind.
- welche Begriffe und Grundaufgaben in der Zinsrechnung verwendet werden.
- einfache Aufgaben zur Zinseszinsrechnung aus dem Alltag zu bearbeiten.

Das Fernsehprogramm wird immer wieder von Werbung unterbrochen, mit der die Fernsehsender Geld verdienen. Es gilt folgender rechtlicher Rahmen:

> Werbung darf 20 Prozent des gesamten Programms nicht überschreiten.
> Zwischen zwei Werbeblöcken muss mindestens ein Abstand von 20 Minuten liegen.

- Wie viele Minuten Werbung dürfen demnach pro Stunde ausgestrahlt werden?

Bei einer Untersuchung stellt Marius fest, dass während eines Spielfilms, der 95 min dauert, 17 min Werbung gezeigt wird. Eine Sportsendung, die um 18.10 Uhr beginnt und um 20.00 Uhr endet, wird von 24 min Werbung unterbrochen.

- Werden die rechtlichen Bestimmungen eingehalten?
- Wie lang darf die maximale Werbezeit für die Sendungen sein?
- Wie lang muss eine Sendung mit 12 min (18 min) Werbung mindestens dauern?

Hundertstelbruch *Prozent*

$0{,}35 = \frac{35}{100} = \frac{7}{20} = 35\,\%$

gekürzter Bruch

Dezimalbruch

Merkwissen

Anteile lassen sich durch einen **Bruch, Dezimalbruch** oder durch **Prozente** beschreiben und vergleichen. Vergleicht man Anteile, spricht man von einem **relativen Vergleich**.

In der Prozentrechnung wird mit dem Grundwert G „das Ganze" bezeichnet, mit dem Prozentwert P der Teil vom Ganzen und mit dem Prozentsatz p % der Anteil vom Ganzen.

Beispiel:
16 Schüler von 25 Schülern haben ein Smartphone. Das sind $\frac{16}{25} = \frac{64}{100} = 64\,\%$.

Prozentwert P — Grundwert G — Prozentsatz p %

Die Eigenschaften proportionaler Zuordnungen findest du in Kapitel 3.

Bei den Grundaufgaben der Prozentrechnung ist entweder der Grundwert G, der Prozentwert P oder der Prozentsatz p % gesucht. Die Zuordnungen zwischen den Größen sind jeweils proportional, sodass man für die Bestimmung die **Eigenschaften proportionaler Zuordnungen** nutzen kann.

Beispiele

I Wie viel Prozent sind 90 cm von 300 cm? Berechne auf verschiedene Arten.

***Prozentsatz** gesucht:*
G ≙ 100 %
P ≙ p %

Lösungsmöglichkeiten:
Gegeben: Grundwert G = 300 cm; Prozentwert P = 90 cm
Gesucht: Prozentsatz p %
Rechnung:

① Tabelle mit Dreisatz

	Länge	p %	
: 10	300 cm	100 %	: 10
· 3	30 cm	10 %	· 3
	90 cm	30 %	

② Anteil

$p\,\% = \frac{P}{G}$

$p\,\% = \frac{90\text{ cm}}{300\text{ cm}} = \frac{30}{100} = 30\,\%$

Antwort: 90 cm sind 30 % von 300 cm.

II Wie viel sind 3 % von 1200 €? Berechne auf verschiedene Arten.

Lösungsmöglichkeiten:
Gegeben: Grundwert G = 1200 €; Prozentsatz p % = 3 %
Gesucht: Prozentwert P
Rechnung:

① Tabelle mit Dreisatz	② Teil vom Ganzen
p % / Geldbetrag: 100 % → 1200 € (: 100) 1 % → 12 € (: 100) (· 3) 3 % → 36 € (· 3)	$P = G \cdot \frac{p}{100}$ bzw. $P = G \cdot p\,\%$ $P = 1200\,€ \cdot \frac{3}{100} = 36\,€$

Antwort: 3 % von 1200 € sind 36 €.

Prozentwert bestimmen:
100 % ≙ G
↓
p % ≙ P

III 60 % sind 84 €. Wie groß ist das Ganze? Berechne auf verschiedene Arten.

Lösungsmöglichkeiten:
Gegeben: Prozentwert P = 84 €; Prozentsatz p % = 60 %
Gesucht: Grundwert G
Rechnung:

① Tabelle mit Dreisatz	② Vom Teil zum Ganzen
p % / Geldbetrag: 60 % → 84 € (: 6) 10 % → 14 € (: 6) (· 10) 100 % → 140 € (· 10)	$G = P \cdot \frac{100}{p}$ bzw. $G = P : p\,\%$ $G = 84\,€ \cdot \frac{100}{60} = 140\,€$

Antwort: Wenn 60 % 84 € sind, dann entsprechen dem Ganzen 140 €.

Grundwert bestimmen:
p % ≙ P
↓
100 % ≙ G

Verständnis

- Die Angabe eines Anteils in Prozent ist genauer als die Angabe als Bruch. Stimmt das?
- Gilt folgender Zusammenhang? „Wenn der Grundwert gleich bleibt, dann ist der Prozentwert umso größer, je größer der Prozentsatz ist.“ Begründe.

Aufgaben

1 Berechne den Prozentsatz im Kopf.

a) 27 von 100 Mädchen **b)** 66 von 200 Autos **c)** 90 von 300 Bonbons
d) 56 kg von 800 kg **e)** 250 kg von 0,75 t **f)** 30 cm von 20 cm
g) 90 min von 2 h **h)** 6 m von 10 m **i)** 17 h von 51 h

2 Berechne den Prozentsatz auf verschiedene Arten wie in Beispiel I.

	a)	b)	c)	d)	e)
Grundwert G	78 min	475 kg	80 m	26,50 l	9200 €
Prozentwert P	39 min	76 kg	13,6 m	12,72 l	9660 €
Prozentsatz p %					

Lösungen zu 2:
16 %; 17 %; 48 %; 50 %; 105 %

3 Berechne den Prozentwert im Kopf.

a) 25 % von 40 € b) 10 % von 270 m c) 50 % von 125 l
d) 20 % von 15 min e) 60 % von 450 kg f) 75 % von 2 h
g) 5 % von 420 € h) 15 % von 300 t i) 12,5 % von 80 cm

Lösungen zu 4:
49,14; 53,55; 56,28; 61,23; 61,36
Die Einheiten sind nicht angegeben.

4 Berechne den Prozentwert auf verschiedene Arten wie in Beispiel II.

	a)	b)	c)	d)	e)
Grundwert G	268 m	357 kg	472 €	45,5 t	78,5 l
Prozentsatz p %	21 %	15 %	13 %	108 %	78 %

5 Berechne den Grundwert im Kopf.

a) 24 m sind 50 %. b) 150 € sind 10 %. c) 4 s sind 20 %.
d) 2,5 t sind 25 %. e) 2,1 cm sind 1 %. f) 3 kg sind 2 %.
g) 360 € sind 75 %. h) 1 h sind 60 %. i) 5,60 € sind 80 %.

Lösungen zu 6:
15,5; 246; 280; 345; 390
Die Einheiten sind nicht angegeben.

6 Berechne den Grundwert auf verschiedene Arten wie in Beispiel III.

	a)	b)	c)	d)	e)
Prozentwert P	79,35 €	12,09 kg	27,06 m	171,60 €	156,8 g
Prozentsatz p %	23 %	78 %	11 %	44 %	56 %

Beispiel Streifendiagramm:

P: 25 % ≙ 5 €

G: 100 % ≙ 20 €

Günstig ist ein Streifen von 10 cm = 100 mm Länge. Dann entspricht 1 % genau 1 mm.

7 Ordne die Begriffe Grundwert G, Prozentwert P und Prozentsatz p % den Angaben in den Aufgaben zu. Stelle den Sachverhalt auch im Streifendiagramm dar.

a) In der Klasse 8a sind 25 Schüler. 17 von ihnen kommen mit dem Bus zur Schule. Das sind 68 %.

b) Hefeteig muss vor dem Backen erst aufgehen. Sein Volumen nimmt dabei um 50 % zu. Ein Anfangsvolumen von 1200 cm^3 vergrößert sich also um 600 cm^3.

c) In einer Schokocreme sind 56 % Zucker enthalten. Bei einem Glas mit 250 g Inhalt sind das immerhin 140 g Zucker.

d) Ein Liter Apfelschorle enthält 60 % Apfelsaft. Das sind 600 ml.

8 Familie Koschitz bezahlt monatlich 443 € Miete. Der Vermieter lässt das Badezimmer renovieren und erhöht die Miete um 6 %. Wie hoch ist die Mieterhöhung?

9 Ein Architekt erhält üblicherweise 3,5 % der Bausumme als Honorar. Wie hoch ist die Bausumme, wenn er 8470 € erhält?

10 Das Land Hessen gab nach dem Haushaltsplan im Jahr 2015 insgesamt fast 32,8 Mrd € aus, davon wurden etwa 6,4 Mrd € zur Tilgung von Schulden verwendet. Wie viel Prozent sind das?

Runde geeignet.

Das Vorzeichen „+" zeigt eine Preiserhöhung an, das Vorzeichen „–" eine Preiserniedrigung.

11 Das Statistische Bundesamt erfasst regelmäßig Preisänderungen. Übertrage die Tabelle in dein Heft und berechne die fehlenden Angaben.

	T-Shirt	Milch	Salat	Handy	Auto
alter Preis	5,50 €	0,79 €	▢	78,50 €	18 600 €
Preisänderung in %	+ 6 %	▢	– 5 %	▢	▢
Preisänderung in €	▢	▢	– 0,04 €	▢	+ 837 €
neuer Preis	▢	0,89 €	▢	75,36 €	▢

Erinnere dich:
100 % ≙ 360°

12 Das Kreisdiagramm zeigt die Kulturausgaben einer Gemeinde.

a) Wie viel Prozent der Ausgaben entfallen auf die einzelnen Bereiche? Entnimm die notwendigen Angaben dem Diagramm.

b) Für die Musikschule werden 45 500 € bezahlt. Wie viel € entfallen auf die anderen Bereiche? Runde geeignet.

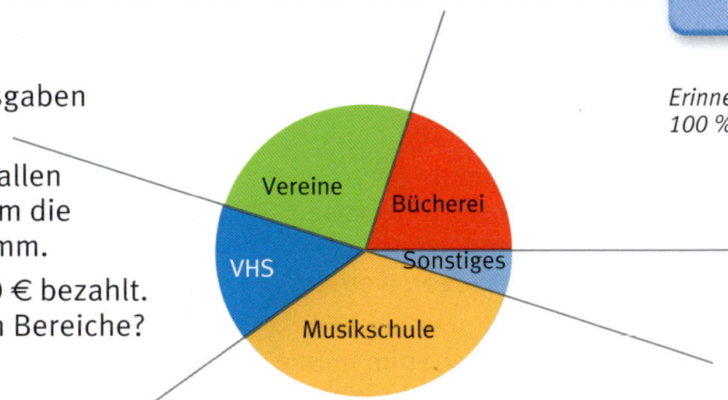

13 Die Bundesanstalt für Arbeit gibt jedes Jahr ein Diagramm für die am häufigsten nachgefragten Ausbildungsberufe („Top Ten“) von Männern und Frauen heraus.

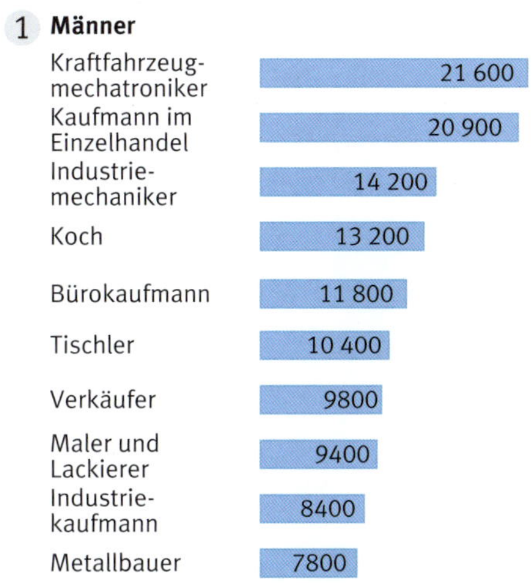

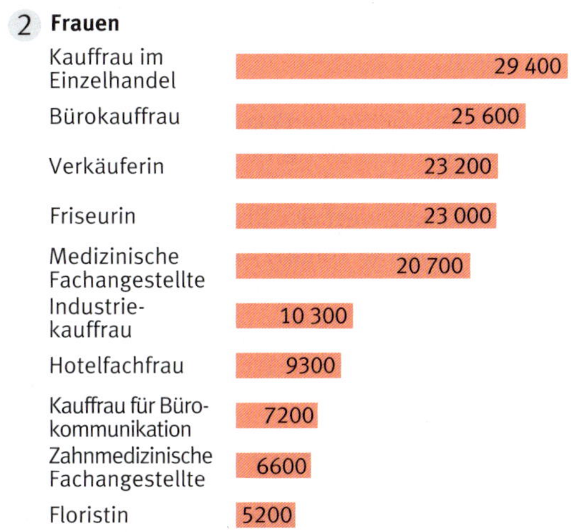

a) Wie viel Prozent entfallen innerhalb der 10 beliebtesten Ausbildungsberufe auf die einzelnen Berufsfelder? Trenne nach Geschlechtern.

b) Stelle den Sachverhalt in einem Kreisdiagramm (Streifendiagramm) dar.

c) Vergleiche die Berufswünsche miteinander.

Medizin

Gesunde Ernährung

Eine Ernährungspyramide gibt an, welche Nahrungsgruppen man häufig und welche seltener essen sollte.

- Bestimme die prozentualen Anteile für die einzelnen Nahrungsgruppen. Wofür steht wohl welches Symbol?
- Übersetze die Angaben in ein Kreisdiagramm. Welche Vor- und Nachteile hat es gegenüber der Pyramide?

An vielen Lebensmitteln wird heute gekennzeichnet, wie viel des Tagesbedarfs an einzelnen Inhaltsstoffen durch eine Portion abgedeckt ist.

- Bestimme die Tagesmenge, die den einzelnen Angaben zugrunde liegt.
- Bestimme die Werte der einzelnen Inhaltsstoffe bezogen auf 100 ml bzw. 100 g.

1 Glas Milch (250 ml) enthält:

Brennwert 168 kcal	Zucker 12 g	Fett 9,5 g	gesätt. Fettsäu. 6 g	Natrium 0,13 g
8 %	13 %	8 %	30 %	5 %

des Tagesbedarfs

1 Portion Chips (30 g) enthält:

Brennwert 162 kcal	Zucker 0,7 g	Fett 11 g	gesätt. Fettsäu. 6 g	Natrium 0,2 g
7 %	1 %	15 %	5 %	8 %

des Tagesbedarfs

*Die **Mehrwertsteuer** (MwSt.) ist ein **Preisaufschlag** des Staates auf Waren und Dienstleistungen.*

*Einen **Preisnachlass** bezeichnet man als **Rabatt**.*

Ein Elektromarkt wirbt mit einer Anzeige.

- Bestimme die reduzierten Preise, wenn jeweils 20 % abgezogen werden.
- Bestimme die Mehrwertsteuer im neuen Preis. Erkläre dein Vorgehen.

Merkwissen

Wird ein **Grundwert G** um p % **erhöht**, dann bezeichnet man den erhöhten Wert als **vermehrten Grundwert G^+**.

G^+ = Grundwert G + Prozentwert P

Man erhält G^+ direkt, indem man G um den Faktor $\left(1 + \frac{p}{100}\right)$ bzw. (100 + p) % erhöht:

$G^+ = G \cdot \left(1 + \frac{p}{100}\right)$ bzw. $G^+ = G \cdot (100 + p)\ \%$

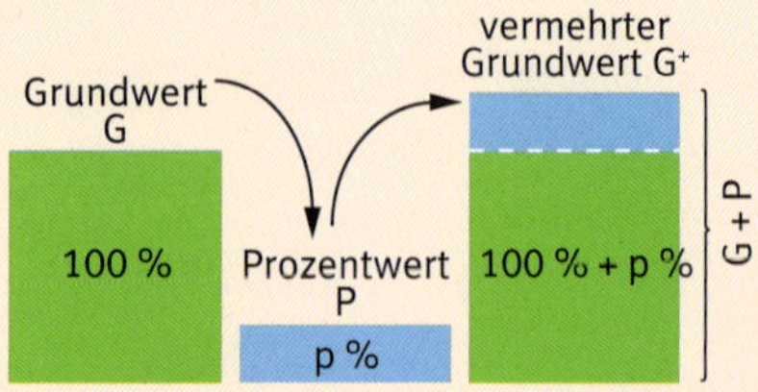

*100 % + p % bzw. (100 + p) % wird auch als **vermehrter Prozentsatz** bezeichnet.*

Wird ein **Grundwert G** um p % **erniedrigt**, dann bezeichnet man den reduzierten Wert als **verminderten Grundwert G^-**.

G^- = Grundwert G – Prozentwert P

Man erhält G^- direkt, indem man G um den Faktor $\left(1 - \frac{p}{100}\right)$ bzw. (100 – p) % verringert:

$G^- = G \cdot \left(1 - \frac{p}{100}\right)$ bzw. $G^- = G \cdot (100 - p)\ \%$

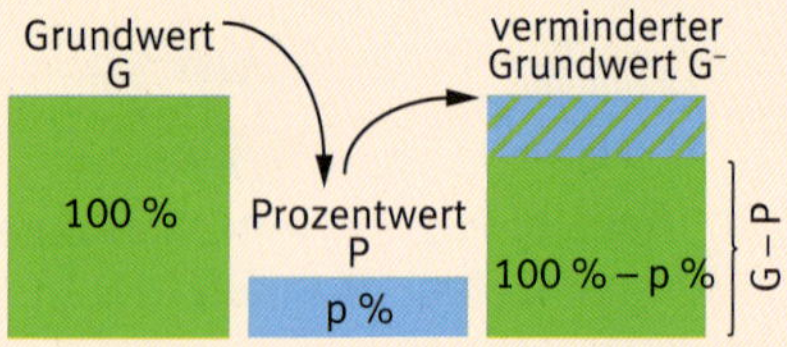

*100 % – p % bzw. (100 – p) % wird auch als **verminderter Prozentsatz** bezeichnet.*

Beispiele

I Im Großhandel kostet ein Skate-Roller ohne 19 % MwSt. 40 €. Wie teuer ist der Roller mit MwSt.? Rechne auf verschiedene Arten.

Lösung:
Gegeben: G = 40 €; p % = 19 %
Gesucht: G^+
Rechnung:

① mithilfe des Prozentsatzes:

$P = G \cdot \frac{p}{100}$

$P = 40\ € \cdot \frac{19}{100} = 7{,}60\ €$

$G^+ = G + P$

$G^+ = 40\ € + 7{,}60\ € = 47{,}60\ €$

② direkt mit vermehrtem Prozentsatz:

$G^+ = G \cdot \left(1 + \frac{p}{100}\right)$

$G^+ = 40\ € \cdot \left(1 + \frac{19}{100}\right)$

$G^+ = 40\ € \cdot 1{,}19 = 47{,}60\ €$

Antwort: Der Skate-Roller wird für 47,60 € verkauft.

II Ein mp3-Player kostet nach Abzug von 15 % Rabatt 25,33 €. Wie hoch ist der ursprüngliche Preis?

Lösung:
Gegeben: $G^- = 25{,}33$ €; verminderter Prozentsatz: (100 – 15) % = 85 %
Gesucht: G

① Tabelle mit Dreisatz	② Verminderter Prozentsatz
see below	$G = G^- \cdot \frac{100}{85}$ $G = 25{,}33\text{ €} \cdot \frac{100}{85}$ $G = 29{,}80\text{ €}$

	p %	Geldwert	
: 17	85 %	25,33 €	: 17
· 20	5 %	1,49 €	· 20
	100 %	29,80 €	

Antwort: Der mp3-Player kostete ursprünglich 29,80 €.

Es stehen dieselben Lösungsmöglichkeiten wie bei der Prozentrechnung zur Verfügung. Überlege zunächst, was G^+, G^-, G und P sind.

Verständnis

- Erkläre, warum es keinen Unterschied macht, ob du mit dem Faktor $\left(1 + \frac{15}{100}\right) = 1{,}15$ oder mit 100 % + 15 % = 115 % rechnest.
- Ein Preis wird um 2 % erhöht. Muss der Grundwert mit dem Faktor 1,2 oder 1,02 multipliziert werden? Begründe.
- Der vermehrte Grundwert entspricht stets mehr als 100 %. Richtig? Begründe.

Aufgaben

1 Gib den vermehrten bzw. verminderten Prozentsatz an. Bestimme auch den zugehörigen Faktor als Dezimalzahl.
a) Preiserhöhung um 5 % **b)** 20 % Rabatt **c)** Preisnachlass 12 %
d) 2 % Skonto **e)** Wertsteigerung 30 % **f)** Preis mit 7 % MwSt.
g) Nachlass von 9 % **h)** Preisminderung 40 % **i)** ein Viertel mehr

*Wenn man eine Rechnung innerhalb einer bestimmten Zeit bezahlt, bezeichnet man diesen Rabatt als **Skonto**.*

2 Die Angaben stehen für einen vermehrten oder verminderten Prozentsatz bzw. den zugehörigen Faktor als Dezimalzahl. Gib die Erhöhung bzw. die Minderung in Prozent an und beschreibe sie in Worten.
a) 120 %; 95 %; 104 %; 83 %; 101 % **b)** 0,99; 1,1; 1,25; 0,84; 1,02
c) 77 %; 175 %; 1,8; 81 %; 0,9 **d)** 2; 2 %; 1,5; 50 %; 0,5

3 Die Wohnung von Familie Schulze kostet 750 € im Monat. Die Miete soll im nächsten Jahr um 12 % steigen. Wie hoch ist der neue Mietpreis?

4 ① 115 € · 1,08 = □ ② □ · 0,92 = 1150 € ③ 250 € · 0,86 = □

④ 48,50 € · □ = 47,53 €
$\frac{47{,}53\text{ €}}{48{,}50\text{ €}} = □$
p % = □

⑤ 62,40 € · □ = 65,52 €
$\frac{65{,}52\text{ €}}{62{,}40\text{ €}} = □$
p % = □

⑥

p %	Geldwert
119 %	101,15 €
1 %	□
19 %	□

a) Erkläre die Rechenwege. Berechne die fehlende Größe.
b) Ordne die Begriffe vermehrter bzw. verminderter Grundwert, Grundwert, Prozentwert, vermehrter bzw. verminderter Prozentsatz den Angaben zu.
c) Erfinde eine Textaufgabe zu jeder Rechnung.

4 Übertrage die Tabellen in dein Heft und vervollständige sie.

a)

Länge in cm	12	
Anteil	60 %	100 %

b)

Preis in €	62,72	
Anteil	112 %	100 %

c)

Masse in kg	82,46	
Anteil	95 %	100 %

d)

Fläche in cm²	107,44	
Anteil	85 %	100 %

Ein „+“-Zeichen zeigt bei der Änderung eine Erhöhung an, ein „–“-Zeichen eine Reduzierung.

5 Übertrage die Tabelle in dein Heft und ergänze die fehlenden Angaben.

	a)	b)	c)	d)	e)	f)
alter Preis	340 €	125 €	1450 €			
Änderung um ...	+ 8 %			– 25 %		
vermehrter/verminderter Prozentsatz		83 %			112 %	
Änderungsfaktor als Dezimalzahl			1,02			0,9
neuer Preis				243 €	4032 €	567 €

6 Berechne die neuen Preise. Runde geeignet.

*außer Tiernahrung

Lösungen zu 7:
10 %; 13 %; 20 %; 21 %; 40 %; 50 %
Alle Angaben sind gerundet.

7

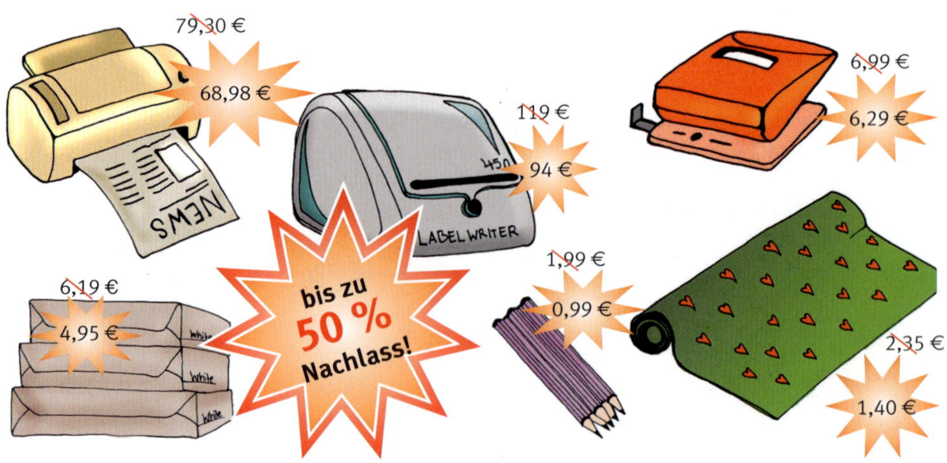

a) Wie groß ist der prozentuale Nachlass bei den einzelnen Artikeln?

b) Findest du die Werbung angemessen? Begründe.

8 Die folgenden Preise enthalten 19 % MwSt. Wie hoch ist der Preis ohne Mehrwertsteuer? Berechne auf verschiedene Arten. Runde geeignet.

9 Herr Groß ist übergewichtig und wiegt 106 kg. Mit Sport und gesunder Ernährung möchte er ein Gewicht von 97 kg erreichen. Um wie viel Prozent soll sich das Gewicht reduzieren?

10 Ein Preis wird um 10 % reduziert. Der reduzierte Preis wird anschließend wieder um 10 % erhöht. Damit ist der neue Preis kleiner als der ursprüngliche.

a) Überprüfe die Aussage an einem Zahlenbeispiel (z. B. 100 €).

b) Begründe die Aussage. Beachte die Grundwerte, auf die du dich beziehst.

11 Die Tabelle zeigt die Marktanteile von fünf beliebten Radiosendern.

Sender	2014 I	2014 II	2015 I	2015 II
Antenne	27,3 %	28,3 %	23,4 %	19,9 %
Aktuell	22,7 %	22,9 %	25,9 %	23,2 %
LandesWelle	17,2 %	15,6 %	17,3 %	17,5 %
planet radio	13,6 %	13,2 %	9,6 %	9,5 %
RADIO ENERGY	3,0 %	3,4 %	1,5 %	3,8 %

2014 I beudeutet das erste Halbjahr 2014, entsprechend 2014 II das zweite.

a) Beschreibe die Entwicklung der Marktanteile. Zeichne ein Diagramm.

b) Um wie viel Prozent haben sich die Marktanteile jeweils geändert?

Alltag

Mehrwertsteuerrechner

Mit einem Tabellenprogramm lässt sich ein Mehrwertsteuerrechner erstellen.

- Welche Formel musst du in die Zelle B3 eintragen?
- Prüfe mit dem Programm Einkaufszettel von zuhause nach. Die Mehrwertsteuer muss jeweils angegeben sein.

	A	B
1	**Mehrwertsteuerrechner**	
2	Preis mit MwSt.	130,00 €
3	Preis ohne MwSt.	109,24 €
4	Mehrwertsteuer	=B2-B3

Bei vielen Grundnahrungsmitteln, bei Büchern, aber auch bei Kunstwerken und einigen Tierarten erhebt der Staat nur einen reduzierten Mehrwertsteuersatz von 7 %.

- Wandle dein Tabellenblatt so ab, dass du die Mehrwertsteuer für verschiedene Sätze bestimmen kannst.
- Für die folgenden Produkte gilt der reduzierte Satz. Wie viel Mehrwertsteuer erhält der Staat? Wie viel entgeht dem Staat im Vergleich zum vollen Satz? Finde weitere Beispiele.

Gemälde 279 €

Maulesel 800 €

Münzsammlung 390 €

Brot 2,40 €

1 Mischa hat bei einem Preisausschreiben den Hauptgewinn erhalten: 1000 € in bar. Diese legt sie bei einer Bank an.

2 Das 15 Jahre alte Auto von Frau Grün ist nicht mehr durch den TÜV gekommen. Zeit für ein neues! Frau Grün nimmt dazu einen Kredit auf.

- Welche kaufmännischen Fachbegriffe bringst du mit diesen beiden Situationen in Verbindung?
- Wie hängen diese Begriffe mit den Begriffen Grundwert, Prozentwert und Prozentsatz zusammen?

Merkwissen

Die **Zinsrechnung** ist eine Anwendung der Prozentrechnung.

Prozentrechung	Zinsrechnung
Grundwert G	Kapital K (auch: Guthaben, Darlehen, Kreditbetrag, ...)
Prozentwert P	Zinsen Z (auch: Jahreszinsen, Dividende)
Prozentsatz p %	Zinssatz p % (auch: Verzinsung, Zinsfuß)

In den meisten Fällen wird ein **Jahreszins** vereinbart.
Die Zinsen nach einem Jahr lassen sich somit als Teil vom Ganzen bestimmen:
$Z = K \cdot p\,\%$ („**Zinsformel**“)

Vergleiche: $P = G \cdot p\,\%$

Wird Geld nur einen **Teil des Jahres** angelegt, dann wird auch nur der zugehörige **Anteil der Jahreszinsen** Z berechnet.

Vereinbarung:
1 Monat hat 30 Tage,
1 Jahr hat 360 Tage.

Beispiel: Jahreszinsen 120 €

Zinsen für 150 Tage:
$Z\,(150\text{ Tage}) = 120\,€ \cdot \frac{150}{360} = 50\,€$

Zinsen für 7 Monate:
$Z\,(7\text{ Monate}) = 120\,€ \cdot \frac{7}{12} = 70\,€$

Beispiele

p. a. (lat. pro anno) heißt „pro Jahr“

I a) Ein Kapital von 4000 € wird zu einem Zinssatz von 1,8 % p. a. angelegt. Berechne die Jahreszinsen.

b) Welches Guthaben muss man anlegen, um beim Zinssatz 2 % nach einem Jahr 60 € Zinsen zu haben?

c) Bei einem Guthaben von 12 000 € werden nach einem Jahr 450 € Zinsen gutgeschrieben. Gib den Zinssatz an.

Bei der Zinsrechnung hast du die gleichen Lösungsmöglichkeiten wie bei der Prozentrechnung.

Lösung:

a) $Z = K \cdot p\,\%$

$Z = 4000\,€ \cdot \frac{1{,}8}{100} = 72\,€$

Die Jahreszinsen betragen 72 €.

b)

Prozentsatz	Geldbetrag
2 %	60 €
100 %	3000 €

(· 50 auf beiden Seiten)

Man muss 3000 € anlegen.

c) Anteil $p\,\% = \frac{Z}{K}$

$p\,\% = \frac{450\,€}{12\,000\,€} = 0{,}0375 = 3{,}75$

Der Zinssatz beträgt 3,75 %.

Am Einzahlungstag werden keine Zinsen berechnet, jedoch am Auszahlungstag.

II Herr Maier hat vom 15. April bis zum 10. Dezember 1800 € auf einem Tagesgeldkonto zu 2,4 % angelegt. Ermittle zunächst die Anzahl der Tage. Welche Zinsen bekommt er für diese Zeit?

Lösung:

$t = 15\text{ Tage} + 7 \cdot 30\text{ Tage} + 10\text{ Tage} = 235\text{ Tage}$

$Z\,(235\text{ Tage}) = 1800\,€ \cdot 2{,}4\,\% \cdot \frac{235}{360} = 28{,}20\,€.$

Herr Maier erhält 28,20 € Zinsen.

Verständnis

- Gib an, wovon die Höhe der erhaltenen Zinsen abhängt.
- Eine Bank wirbt wie folgt: „5 % p. a. Zinsen, die dem Kapital jährlich gutgeschrieben werden." Sind die insgesamt erhaltenen Zinsen proportional zur Anlagedauer in Jahren? Begründe.

Aufgaben

1 Berechne die Zinsen.

a) 2 % von 700 € **b)** 3 % von 1050 € **c)** 1,5 % von 800 €
d) 12,5 % von 2000 € **e)** 0,75 % von 9600 € **f)** 3,75 % von 15 000 €

2 Übertrage die Tabelle in dein Heft und vervollständige sie.

	a)	b)	c)	d)	e)	f)	g)
Kapital in €	320		7450		43 000	3870	
Zinssatz p. a.	1,75 %	2,2 %		2,4 %	3,25 %		2,5 %
Zinsen in €		88,00	141,55	285,60		69,66	387,50

3 Übertrage die Tabelle in dein Heft und vervollständige sie.

	a)	b)	c)	d)	e)	f)	g)
Darlehen in €	6000	36 000	1980		798	8000	27 000
Zinssatz p. a.	4,0 %	4,3 %	9,5 %	3,9 %	10,0 %		6,8 %
Zinsen in €			20,90	468,00		130,00	612,00
Laufzeit in d	180	72		60	250	45	

4 Frank möchte sich von den Zinsen seines ersparten Geldes in Höhe von 6000 € in fünf Monaten ein aktuelles Smartphone mit einem Preis von etwa 500 € kaufen. Berechne den dafür notwendigen Zinssatz bei einer Bank und schätze diesen Wert unter aktuellen Gesichtspunkten realistisch ein.

5 Berechne und beschreibe jeweils deinen Rechenweg.

a) Herr Böttcher hat 1200 € für 240 Tage angelegt und bekommt 48 € an Zinsen für den Zeitraum gutgeschrieben. Wie hoch war der Zinssatz?

b) Frau Guthoff hat bei einem Zinssatz von 4 % nach 9 Monaten 45 € Zinsen bekommen. Welches Kapital hatte sie angelegt?

6 Mark und Tina legen jeweils 2000 € zu einem Zinssatz von 4 % auf einer Bank an. Beide belassen das Kapital zwei Jahre auf der Bank. Mark lässt sich jedoch die Zinsen nach einem Jahr auszahlen, während Tina im zweiten Jahr Zinsen auch für den Zinswert des ersten Jahres erhält.

a) Berechne den Unterschied der Erträge am Ende des zweiten Jahres.

b) Was passiert, wenn Mark und Tina ihr Geld mehrere Jahre in der beschriebenen Weise anlegen? Begründe.

7 Erkundigt euch bei einer Bank in Gruppen (3 bis 4 Schüler) über 4 Möglichkeiten, Geld für 1 Jahr (2 Jahre, 3 Jahre) anzulegen. Präsentiert eure Ergebnisse.

Kennst du die Anlageangebote?

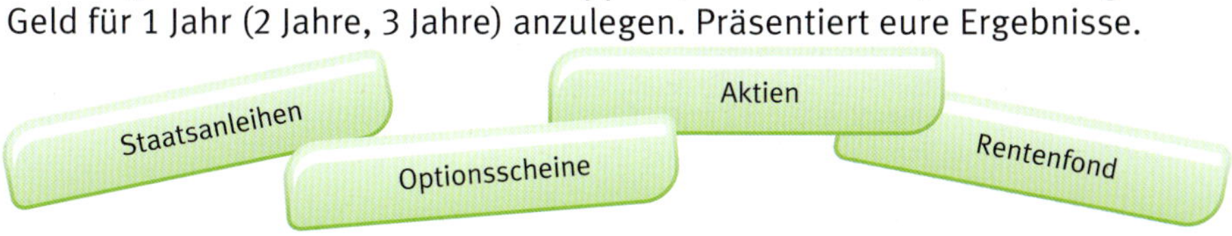

Legt man sein Geld über mehrere Jahre auf einem Konto an, so werden die erzielten Zinsbeträge diesem Konto gutgeschrieben. Damit erhöht sich also der Grundwert in jedem Jahr.

- Ermittle das Guthaben am Ende des 1. Jahres (2. Jahres, ..., 5. Jahres), wenn 1000 € zu 4 % angelegt werden und die Zinsen jeweils am Jahresende zum bisherigen Kapital zugeschlagen werden.
- Stelle die Veränderung des Guthabens grafisch dar. Ist der Verlauf des Graphen linear? Begründe.

Merkwissen

Wenn ein Anfangskapital K zu einem jährlichen Zinssatz p % über n Jahre hinweg verzinst wird und die Zinsen jeweils zum Ende eines Jahres ausgezahlt werden, so berechnet sich das Kapital K (n) nach diesem Zeitraum mittels der sogenannten **Zinseszinsformel**:

$K(n) = K \cdot (1 + p\,\%)^n$.

Beispiel:

Zinssatz 3 %; Anfangskapital K

- Kapital am Ende des 1. Jahres:
  $K(1) = K \cdot 1{,}03$ bzw. $K(1) = K \cdot 1{,}03^1$
- Kapital am Ende des 2. Jahres:
  $K(2) = \underbrace{(K \cdot 1{,}03)}_{K(1)} \cdot 1{,}03$ bzw. $K(2) = K \cdot 1{,}03^2$
- Kapital am Ende des 3. Jahres:
  $K(3) = \underbrace{(K \cdot 1{,}03 \cdot 1{,}03)}_{K(2)} \cdot 1{,}03$ bzw. $K(3) = K \cdot 1{,}03^3$
- Kapital am Ende des n-ten Jahres:
  $K(n) = K \cdot \underbrace{1{,}03 \cdot \ldots \cdot 1{,}03}_{n\text{-mal}} = K \cdot 1{,}03^n$

Beispiele

I Ein Kapital in Höhe von 5000 € wird genau 5 Jahre zu einem Zinssatz von 3,5 % p. a. angelegt. Berechne den Wert, auf den das Kapital nach dieser Laufzeit angestiegen ist.

Endkapital K (n) gesucht

Lösung:
$K(5) = 5000\,€ \cdot 1{,}035^5 \approx 5938{,}43\,€$
Nach 5 Jahren beträgt der Wert des Kapitals ca. 5938,43 €.

II Ein Kapital in Höhe von 6500 € wird mit 4,0 % p. a. über mehrere Jahre angelegt. Wie viele Jahre muss man das Kapital liegen lassen, um das Kapital zu verdoppeln?

Anzahl der Jahre n gesucht

Lösung:
Mithilfe eines Tabellenkalkulationsprogramms oder mit dem Taschenrechner probiert man verschiedene Laufzeiten aus.
$K(17) = 6500\,€ \cdot 1{,}04^{17} \approx 12\,661{,}35\,€$
$K(18) = 6500\,€ \cdot 1{,}04^{18} \approx 13\,167{,}81\,€$
Demzufolge hat sich nach 18 Jahren das Kapital erstmalig verdoppelt.

III Ein Kapital noch unbekannter Höhe soll für ein zukünftiges Bauvorhaben über einen Zeitraum von 10 Jahren und einem Zinssatz von 3,8 % p. a. angelegt werden. Der Zielbetrag liegt bei 25 000 €. Ermittle das notwendige Anfangskapital.

Anfangskapital K gesucht

Lösung:
Es gilt: $K(10) = x \cdot 1{,}038^{10} \geqq 25\,000\,€$
$\Longrightarrow x \geqq 17\,217{,}36\,€$
Der Anlagebetrag sollte bei mindestens 17 217,36 € liegen.

Verständnis

- Begründe, warum das Anfangskapital auch oftmals mit K (0) bezeichnet wird.
- Ein Kapital K wird angelegt. Beschreibe, wie sich K entwickelt, wenn die Zinsen am Jahresende jeweils abgehoben werden (auf dem Konto verbleiben).

Aufgaben

1 Berechne das Kapital zum Ende der Laufzeit. Zinsen werden mitverzinst.

	a)	b)	c)	d)	e)
Anfangskapital	3000 €	7000 €	12 000 €	25 000 €	45 000 €
Laufzeit	2 Jahre	3 Jahre	3 Jahre	2 Jahre	4 Jahre
Zinssatz	4 %	6 %	3,5 %	2,5 %	3 %

2 Sabrina legt 2000 € für 3 Jahre auf einem Bankkonto an. Der Zinssatz beträgt 4,5 %, die Zinsen werden jeweils mitverzinst.

a) Wie hoch ist das Guthaben am Ende der Laufzeit?

b) Bestimme den Gesamtbetrag der Zinsen, den Sabrina im Laufe der 3 Jahre erhält.

c) Vergleiche das Ergebnis aus b) mit den Zinsen, die Sabrina insgesamt bekommen hätte, wenn die Zinsen jeweils ausgezahlt worden wären.

3 Ein Kapital von 10 000 € wird auf zwei unterschiedliche Weisen angelegt:
1. Mit einem Zinssatz von 6 % für drei Jahre, die Zinsen werden mitverzinst.
2. Im ersten Jahr werden 600 € Zinsen, im 2. Jahr 650 € und im 3. Jahr 700 € gutgeschrieben. Die Zinsen werden nicht verzinst.

Welche Anlageform ist die günstigere? Schätze zunächst und berechne dann.

4 Beim Sparen ist es oftmals üblich, regelmäßige Einzahlungen vorzunehmen, anstatt einen Sparbetrag auf einmal anzulegen.

Beim **Ratensparen** werden regelmäßig gleich große Geldbeträge, die **„Raten“**, auf ein Konto eingezahlt. Die Zinsen innerhalb des Jahres werden dabei nur für die Zeit berücksichtigt, die die Rate tatsächlich auf dem Konto liegt.

Raten können beispielsweise jeden Monat oder auch nur einmal pro Quartal eingezahlt werden.

Beispiel:
Auf ein neu angelegtes Tagesgeldkonto werden zu Beginn jedes Monats 250 € eingezahlt. Der jährliche Zinssatz beträgt 2,5 %. Dann ergeben sich für die ersten vier Monate folgende Werte:

Monat	1	2	3	4
Rate	250 €	250 €	250 €	250 €
Monate	12	11	10	9
Zinsanteil pro Jahr	$\frac{12}{12}$	$\frac{11}{12}$	$\frac{10}{12}$	$\frac{9}{12}$
Zinsen	$250\,€ \cdot \frac{12}{12} \cdot 2{,}5\,\% = 6{,}25\,€$	$250\,€ \cdot \frac{11}{12} \cdot 2{,}5\,\% \approx 5{,}73\,€$	$250\,€ \cdot \frac{10}{12} \cdot 2{,}5\,\% \approx 5{,}21\,€$	$250\,€ \cdot \frac{9}{12} \cdot 2{,}5\,\% \approx 4{,}69\,€$

a) Übertrage die Tabelle aus dem Beispiel in dein Heft und setze die Tabelle bis zum 12. Monat fort. Wie viele Zinsen erhält man im ersten Jahr?

Du kannst auch ein Tabellenprogramm verwenden.

b) Bestimme die Höhe des Guthabens am Ende des ersten Jahres.

5 Auf ein Sparkonto werden zu Beginn jedes Monats 100 € eingezahlt. Der Zinssatz beträgt 3 % pro Jahr.

a) Übertrage die Tabelle und bestimme die Zinsen für die einzelnen Raten.

Beginn des Monats	Januar	Februar	März		November	Dezember
Rate	100 €	100 €	100 €	...	100 €	100 €
Monate	12	11	10		2	1
Zinsen	▢	▢	▢		▢	▢

b) Bestimme mithilfe von a) die Zinsen, die man während des gesamten Jahres beim Ratensparen erhält. Vergleiche mit den Zinsen, die man bekommen würde, wenn man das gesamte Geld zu Jahresbeginn angelegt hätte.

c) Welches Kapital hätte man zu Jahresbeginn anlegen müssen, um dieselben Zinsen zu bekommen wie beim Ratensparen insgesamt im Jahr?

d) Bestimme nun mithilfe eines Tabellenkalkulationsprogramms für dieses Ratensparen die Zinsen der ersten 30 Monate.

Beachte, dass die Zinsen mitverzinst werden.

6 Herr Yilmaz legt bei einer Bank 20 000 € für drei Jahre an. Im ersten Jahr erhält er 3,5 % Zinsen, im zweiten Jahr 4,0 % und im dritten Jahr 4,5 %.

a) Über welches Sparguthaben verfügt Herr Yilmaz nach drei Jahren?

b) „Durchschnittlich hat er 4,0 % Zinsen p. a. erhalten.“ Was meinst du dazu?

7 Bei vielen Tagesgeldkonten werden die Zinsen nicht jährlich, sondern am Ende eines Quartals dem Konto gutgeschrieben.

> Wenn ein Kapital K zu einem jährlichen Zinssatz von p % über q **Quartale** hinweg angelegt wurde, so kann man den Wert des Kapitals K (q) zum Ende dieser Laufzeit wie folgt bestimmen: $K(q) = K \cdot \left(1 + \frac{p\,\%}{4}\right)^q$

a) Begründe die Richtigkeit der obigen Formel.

b) Gib eine Formel zur Berechnung des Kapitals nach m Monaten (t Tagen) an, wenn man davon ausgeht, dass die erreichten Zinsen monatlich (täglich) dem Konto gutgeschrieben werden. Begründe deine Vorgehensweise.

c) Ein Tagesgeldkonto bietet einen jährlichen Zinssatz von 3,5 % an. Ein Interessent möchte 100 000 € anlegen. Er kann selbst entscheiden, welche Art der Verzinsung er wünscht. Es stehen die jährliche, die quartalsmäßige, die monatliche sowie die tägliche Gutschrift der Zinsen zur Wahl. Begründe (möglichst ohne Rechnung), auf welches Angebot der Interessent eingehen sollte. Berechne für alle drei Angebote den Kapitalbetrag nach 5 Jahren.

8 Familie Schlappau zahlt jedes Quartal zu Quartalsbeginn 2500 € in einen bis dahin leeren Bausparvertrag ein. Das Geld wird mit 2,5 % verzinst.

a) Bestimme die Zinsen für jede Rate mithilfe einer Tabelle.

b) Wie hoch ist der Kontostand am Ende des 1. Jahres, wenn man die erhaltenen Zinsen berücksichtigt?

9 Beim Ratensparen werden die Zinsen je nach Einzahlungszeitpunkt bis zum Jahresende berechnet. Herr Schell eröffnet ein Konto und legt jedes Quartal 300 € an. Berechne die Zinsen, die er am Jahresende erhält, wenn er die Rate ...

a) zu Beginn b) in der Mitte c) am Ende

eines Quartals einbezahlt. Der Zinssatz beträgt 3 %.

10 Viele Menschen finanzieren sich Gegenstände des täglichen Lebens. Die Rate, die sie dabei bezahlen, umfasst sowohl die Zinsen als auch die Abzahlung. Wie hoch sind die Zinsen beim nebenstehenden Angebot?

Laufzeit in Monaten	6 Monate	12 Monate
Rechnungsbetrag in €	monatliche Rate in €	
1000,-	172,-	88,-
2000,-	346,-	176,-
keine Bearbeitungsgebühr		

11 Es gibt länderspezifische Gepflogenheiten, wie die Zeit bei der Zinsrechnung berücksichtigt wird.

Der Einzahlungstag wird jeweils nicht mitgezählt, der Auszahlungstag allerdings schon.

	Der Monat wird mit 30 Tagen, das Jahr mit 360 Tagen berechnet.
	Die Monate werden mit ihren tatsächlichen Tagen berücksichtigt, das Jahr jedoch mit 360 Tagen berechnet.
	Es werden die tatsächlichen Tage berechnet, auch für das Jahr (also 365 Tage bzw. 366 im Schaltjahr).

Vergleiche die Gepflogenheiten miteinander. Welche sind für den Sparer am günstigsten, welche für die Bank? Berechne dazu die Zinsen, die ein Kapital von 10 000 € erbringt, das im Schaltjahr 2016 angelegt wird.

Nimm für alle Länder denselben Zinssatz an. Wähle den Zinssatz möglichst einfach.

a) vom 1. März bis zum 31. Dezember **b)** vom 30. Januar bis zum 1. März

c) vom 25. Mai bis zum 15. September **d)** im gesamten Jahr

12 Auf einem Girokonto schwanken die täglichen Kontostände beträchtlich. Deshalb werden beim Überziehen des Kontostandes auch tagesgenau die Zinsen berechnet. Die Summe der Zinsen wird dann am Ende eines Quartals dem Konto hinzugerechnet. Der Auszug zeigt die Kontobewegungen von Herrn Kauertz in einem Monat.

Bei einem Girokonto sind die Zinssätze recht hoch. Deshalb lohnt sich ein dauerhaftes Überziehen nicht.

[Logo]

Kontoauszug Nr. 6		LOGO-Bank 31.06.2015
letzter Auszug: 30.05.2015		**Saldo alt in : –3271,30**
02.06.	Lohn Mai 2015	+ 1943,14
03.06.	Miete und Abgaben	– 745,50
03.06.	Versicherungsverein	– 215,67
05.06.	EC-Automat, Goethestraße	– 150,00
07.06.	TANK-Spenner	– 45,12
10.06.	EC-Automat, Lessingstraße	– 100,00
14.06.	CAR-Kreditbank	– 221,48
17.06.	EC-Automat, Schillerstraße	– 100,00
21.06.	Tank-Spenner	– 49,78
27.06.	Auto-Meier, Rechnung	– 438,71
28.06.	EC-Automat, Heinestraße	– 150,00
30.06.	Riester-Vertrag	– 79,80
Kreditlimit	€ 5000 (10,5 %)	
Saldo neu	€	

a) Berechne die Zinsen, die in dem dargestellten Zeitraum anfallen. Nutze ein Tabellenkalkulationsprogramm.

b) Erkläre den Aufbau der abgebildeten Tabelle. Welche Bedeutung hat die Formel in der Zelle D4?

	A	B	C	D
1	**Berechnung von Tageszinsen**			
2				
3	**Anzahl Tage**	**Darlehen**	**Zinssatz**	
4	2	3.271,30 €	10,50%	=A4*B4*C4/360
5	1	1.328,16 €	10,50%	0,39 €

Zu 4.1

1 Eine Automobilzeitung schätzt, dass sich die Unterhaltskosten für einen Mittelklassewagen wie folgt zusammensetzen:

Festkosten pro Jahr		Betriebskosten pro 100 km		Jährlicher Wertverlust bei einer Fahrleistung von	
Steuer	238 €	Kraftstoff	14,00 €	10 000 km	4000 €
Versicherung	2080 €	Öl	1,50 €	15 000 km	4500 €
		Reparaturen	10,50 €	20 000 km	5000 €
		Reifen	2,50 €		

a) Berechne die Gesamtkosten bei einer jährlichen Fahrleistung von 10 000 km (20 000 km).

b) Veranschauliche den Anteil der drei Kostenarten in einem Säulendiagramm für eine jährliche Fahrleistung von 10 000 km.

a) Berechne die durchschnittlichen Kosten pro km bei einer jährlichen Fahrleistung von 10 000 km (20 000 km).

b) Veranschauliche den Anteil der drei Kostenarten in einem Kreisdiagramm für eine jährliche Fahrleistung von 10 000 km.

c) Begründe, ob die Gesamtkosten proportional zur jährlichen Fahrleistung steigen oder nicht.

Erinnere dich:

$8\,\% = \frac{8}{100}$

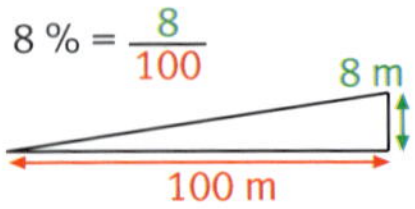

2 Bestimme die Steigung der Treppe in Prozent.

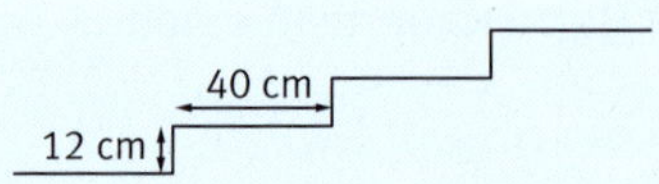

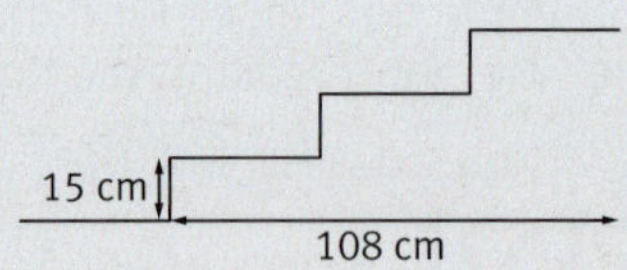

Zu 4.2

3 Eine Zahl wird um 3 % vermindert, das Ergebnis nochmals um 15,2 % und dieses Ergebnis wiederum um 7,8 %. Der Endwert wird um 26 % erhöht.

a) Bestimme das Ergebnis, indem du für die ursprüngliche Zahl 2000 einsetzt.

b) Ermittle den prozentualen Unterschied zum Grundwert.

a) Warum erhält man nicht wieder die ursprüngliche Zahl, obwohl die Summe aus 3 %, 15,2 % und 7,8 % doch 26 % ergibt?

a) Mit welchem Prozentsatz muss man den Grundwert multiplizieren, um direkt das Endergebnis zu erhalten?

4 Ein Sportgeschäft hat drei Fahrräder im Preis reduziert: CrossRide kostet 599 € statt 749 €, TourBike kostet statt 1299 € jetzt 870 € und B-Racer wurde von 950 € auf 429 € reduziert. Berechne, bei welchem Fahrrad der Preis prozentual am stärksten reduziert wurde.

Kerstin hat einen Würfel der Kantenlänge 4 cm, die Kantenlänge von Steffis Würfel ist 10 % größer. Berechne, um wie viel Prozent das Volumen (der Oberflächeninhalt) von Steffis Würfel größer ist als von Kerstins Würfel.

5 Zwei Banken haben folgende Kreditangebote: **Zu 4.3**

Monetenbank
Rückzahlung 1 Jahr, Zinssatz 6 %, keine Bearbeitungsgebühr.

Kreditbank
Rückzahlung 1 Jahr, Zinssatz 5 %, Bearbeitungsgebühr: 29 €.

Vergleiche die Angebote für einen Kreditbetrag von 2000 € (3000 €).

Vergleiche die Angebote miteinander. In welchen Fällen ist welches Angebot am günstigsten?

6 Übertrage die Tabelle in dein Heft und ergänze.

	a)	b)	c)
Kapital	2000 €	450 €	▢
Zinssatz	3%	▢	2,25%
Jahres-Zinsen	▢	15,75%	450 €

Wer hat sein Geld am besten angelegt?

- Frau Braun erhält im Jahr für 6000 € Zinsen in Höhe von 150 €.
- Frau Weiß hat 375 € neun Monate angelegt und bekommt 11,16 € Zinsen.
- Frau Rot erhält für 30 Tage bei einem Kapital von 15 000 € Zinsen in Höhe von 18,75 €.

7 Berechne die Zinsen für den angegebenen Zeitraum.

Darlehen	Zinssatz	Zeitraum
4920 €	7 %	01.02. – 31.06.
1670 €	5,75 %	18.03. – 01.07.

Darlehen	Zinssatz	Zeitraum
1260 €	3,25 %	06.03. – 12.05.
2900 €	4 %	19.03. – 07.07.

8 Was würde es an Zinsen kosten, wenn man ein Darlehen von 1 Mio. € zu 8,5 % aufnehmen würde, um für einen Tag Millionär zu sein?

Könnte deine Familie von den Zinsen eines zu 2,5 % angelegten Kapitals von 1 Mio. € im Jahr leben? Schätze zuerst und rechne dann.

9 Herr Götz hat im Lotto gewonnen. Er benötigt das Geld die nächsten 5 Jahre nicht und lässt sich von der Bank beraten. Er erhält folgende zwei Angebote: **Zu 4.4**

A

Unser Super-Sparbrief

Zinssatz: 2,8 %
Laufzeit: 5 Jahre

B

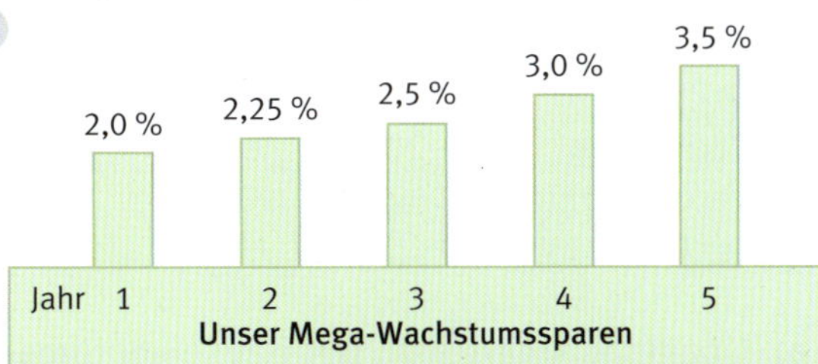

Vergleiche die Angebote miteinander, wenn Herr Götz 15 000 € gewonnen hat.

Vergleiche die Angebote miteinander. Begründe, warum die Frage unabhängig von der Höhe des Gewinns ist.

1 Berechne die fehlende Größe.

	a)	b)	c)	d)	e)
Grundwert G	368 m	44 min	845,00 €	78,90 kg	
Prozentwert P			211,25 €	47,34 kg	3,75 t
Prozentsatz p %	12 %	8 %			30 %

Überlege zunächst, was der Grundwert ist.

2 Eine Kinokarte kostet für Jugendliche 4 €, für Erwachsene 5,50 €.

a) Um wie viel Prozent ist eine Karte …

1 für einen Jugendlichen billiger als für einen Erwachsenen?

2 für einen Erwachsenen teurer als für einen Jugendlichen?

b) Finde zwei weitere Paare von Eintrittspreisen, die im selben Verhältnis stehen wie die Preise in a).

Wenn du lieber mit Preisen rechnest, kannst du auch Angaben aus deiner Umgebung verwenden.

3 Viele Geschäfte bieten Bonuskarten an. Wie viel Prozent spart man jeweils?

a)

b)

c)

4 Bei der Bewertung der Nebenwirkungen von Medikamenten werden die nebenstehenden Häufigkeitsangaben zugrunde gelegt. Übersetze die Angaben in Prozent.

Häufigkeitsangaben von Nebenwirkungen bei Medikamenten
- sehr häufig: mehr als 1 von 10 Behandelten
- häufig: weniger als 1 von 10, aber mehr als 1 von 100 Behandelten
- gelegentlich: weniger als 1 von 100, aber mehr als 1 von 1000 Behandelten

5 Übertrage die Tabelle in dein Heft und ergänze die fehlenden Angaben.

	a)	b)	c)	d)	e)	f)
alter Preis	150 €	2350 €		1800 €		
Änderung um	– 20 %		+ 10 %		– 6 %	
Änderungsfaktor		0,99		1,15		1,04
neuer Preis			525 €		1756 €	367 €

6 **a)** Opa Hans ärgert sich: Der Hauseigentümer hat die Miete um 15 % erhöht! Von nun an muss er monatlich 529 € überweisen.
Berechne, wie hoch die Miete vor der Erhöhung war.

b) Wenigstens etwas: Die monatliche Rente von Opa Hans steigt um 0,75 %. Er erhält jetzt jeden Monat 1209 €. Welchem Geldbetrag entspricht diese Erhöhung?

c) Hat Opa Hans nach den Änderungen bei der Miete und der Rente nun mehr oder weniger Geld zur Verfügung?

7 „Alles 20 % reduziert“: Jan freut sich, dass er für den Spaten nur 20,00 €, für den Rechen 23,92 € und für den Rasenmäher 279,20 € bezahlen muss. Wie viel hätte er regulär für die drei Gartengeräte bezahlen müssen?

8 In der Bäckerei Flusshuber gibt es ab 17 Uhr „Happy Hour“, d. h. auf alle Produkte 25 % Rabatt. Katja kauft eine Brezel, einen Amerikaner und ein Kassler Landbrot. Die Verkäuferin rechnet: „60 ct und 1,20 € und 2,20 € sind 4 €. Halt! Jetzt habe ich vergessen, jeweils den Feierabend-Rabatt abzuziehen. Dann muss ich eben nochmals von vorne anfangen: 45 ct und 90 ct und 1,65 € sind ...“
Was meinst du zum Vorgehen der Verkäuferin? Erläutere.

9 Die Nassauer Nachrichten schrieben zum Volksfest 2014: „Katastrophales Wetter! Besucherrückgang um 30 % im Vergleich zum Rekordjahr 2013.“ 2015 lautete die Schlagzeile: „35 % mehr Besucher im Vergleich zum Vorjahr – neuer Besucherrekord!“ Kann diese Schlagzeile aus mathematischer Sicht stimmen? Begründe.

10 Familie Schmidt möchte ein Darlehen in Höhe von 9000 € für ein Jahr lang aufnehmen. Sie erhält folgende Angebote.

1. 5,4 % Zinsen pro Jahr
2. 4,9 % Zinsen und 100 € Bearbeitungsgebühr
3. 4,9 % Zinsen und 1,5 % der Darlehenssumme Bearbeitungsgebühr

Erläutere einem Partner die Angebote. Welches ist am günstigsten?

11 Die Abbildung stammt aus dem Schaufenster einer Bank.

a) Ermittle, wie hoch der Zinssatz im ersten (zweiten, dritten) Jahr ist. Runde gegebenenfalls geeignet.

b) Berechne, wie viel Zinsen man bei einem Kapital von 12 000 € im ersten (zweiten, dritten) Jahr erhält.

c) Welchen falschen Eindruck erweckt das Diagramm?

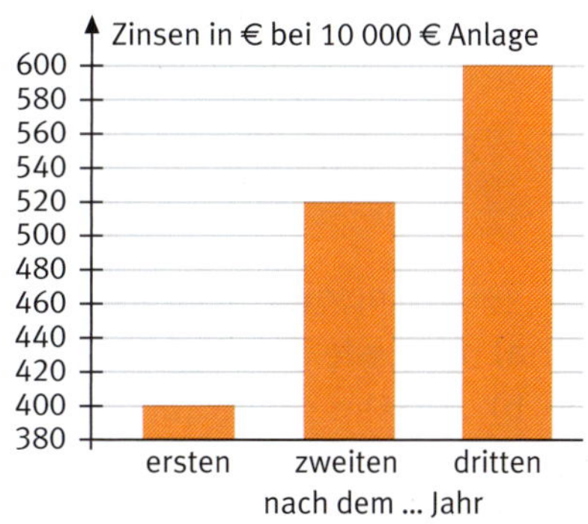

Beachte, dass die Zinsen am Ende des Jahres nicht mitverzinst werden bei der Darstellung.

12 Familie Groß kauft eine Doppelhaushälfte für 250 000 €. Mit ihrem Eigenkapital kann sie 45 % davon bezahlen. Für den restlichen Betrag nimmt die Familie einen Kredit von der Bank auf. Ihr Finanzierungsplan sieht wie folgt aus: Zehn Jahre lang bezahlen sie pro Jahr 17 737,50 €.

a) Berechne, über welchen Betrag Familie Groß den Kredit aufnimmt.

b) Wie viele Euro Zinsen bezahlt die Familie innerhalb der zehn Jahre, wenn die Bank keine Bearbeitungsgebühr etc. verlangt?

c) Zu welchem Zinssatz hat sich Familie Groß den Geldbetrag geliehen?

13 Ein rechteckiger Acker ist 60 m lang und 90 m breit. Während einer Flurbereinigung werden die beiden längeren Seiten um jeweils 15 % gekürzt und jede der kürzeren Seiten um 30 % verlängert.

a) Zeichne den Acker im Maßstab 1 : 1000 vor und nach der Veränderung ins Heft.

b) Bestimme den Faktor, um den sich der Flächeninhalt des Ackers insgesamt verändert hat.

14 Auf vielen Büchern ist auf der Rückseite der Verkaufspreis aufgedruckt, der bereits die Mehrwertsteuer enthält. Dabei sind aufgrund der unterschiedlichen Mehrwertsteuersätze für Deutschland (D) und Österreich (A) jeweils andere Preise angeben.

RAINER GRENKOWITZ
Goldsteins Weg ins Glück
Roman einer unwillkommenen Erleuchtung
Originalaugabe
260 Seiten
12 x 20,5 cm
€ [D] 18,-/€ [A] 18,50 f/sFr 31,80
ISBN 13: 978-3-7934-2027-9

a) In Deutschland werden auf Bücher 7 % Mehrwertsteuer erhoben. Bestimme den Preis des Buches ohne Mehrwertsteuer.

b) Bestimme mithilfe von a) den MwSt.-Satz in Österreich. Runde geeignet.

15 Stelle übersichtlich alle möglichen Begriffe der Zinsrechnung den zugehörigen Begriffen der Prozentrechnung gegenüber.

16 Übertrage die Tabelle in dein Heft und vervollständige sie.

	a)	b)	c)	d)	e)	f)
K	3600 €		560 €	4850 €		3500 €
p %	4 %	6 %		3,5 %	12 %	3 %
Zeit	1 Jahr	1 Jahr	$\frac{1}{2}$ Jahr	2 Monate	120 Tage	
Z		56 €	19,60 €		300 €	70 €

Nutze ein Zahlenbeispiel und argumentiere dann.

17

Super-Sparen
1. Jahr: 2 %
2. Jahr: 3 %
3. Jahr: 4 %

TOP-Sparen
1. Jahr: 3 %
2. Jahr: 3 %
3. Jahr: 3 %

Extra-Sparen
1. Jahr: 1 %
2. Jahr: 3 %
3. Jahr: 5 %

Vergleiche die Angebote der Banken miteinander, wenn die Zinsen ...

a) am Ende jedes Jahres ausbezahlt werden.

b) am Jahresende auf dem Konto verbucht und mitverzinst werden.

Nutze ein Tabellenprogramm.

18 Herr Jeschke zahlt für einen Autokredit über 15 000 € ab dem zweiten Monat jeweils zu Monatsbeginn 300 € zurück. In diesem Betrag sind die Zinsen und die Tilgung enthalten. Für das Darlehen wurden 4,5 % Zinsen pro Jahr vereinbart.

Monat	Rückzahlung	Stand des Darlehens am Monatsanfang	Zinsen	Stand des Darlehens am Monatsende
1	0 €	15 000 €	56,25 €	15 056,25 €
2	300 €	14 756, 25 €	55,34 €	
3				

a) Erkläre den Aufbau der Tabelle.

b) Setze die Tabelle fort. Nach wie viel Monaten ist der Kredit abbezahlt?

19 Frau Vieldahl lässt ein Guthaben von 4200 € drei Jahre lang auf ihrem Konto liegen. Am Ende zeigt der Kontoauszug ein Guthaben von 4724,43 € an. Mit welchem gleichbleibenden Zinssatz wurde das Geld verzinst? Probiere aus.

20 Bei der Geburt ihres ersten Kindes legt Familie Simon bei der Bank 1000 € an bei einer jährlichen Verzinsung von 1,8 %. Zinsen verbleiben auf dem Konto.

a) Wie entwickelt sich der Kontostand in den ersten fünf Jahren?

b) Wie hoch ist der Kontostand nach fünf Jahren, wenn zu Beginn jedes Jahres 1000 € auf das Konto eingezahlt werden?

c) Wie viel Geld hätte die Famlie einmalig anlegen müssen, um nach fünf Jahren den gleichen Kontostand zu haben wie in b)?

21 Ein Kapital in Höhe von 25 000 € wird auf einem Festgeldkonto mit einem Zinssatz in Höhe von 3,8 % p. a. angelegt. Die Zinsen werden nicht ausgezahlt. Nutze zur Lösung ein Tabellenkalkulationsprogramm.

a) Berechne die Höhe des Kapitals jeweils am Ende des Jahres bei einer Laufzeit von 10 Jahren.

	A	B	C	D	E
1	**Jahre**	**Kapital**	**Zinssatz**	**Zinsen**	**Endkapita**
2	1	25.000,00 €	3,80%	950,00 €	
3	2		3,80%		
4	3		3,80%		
5	4		3,80%		

b) Ermittle die Mindestlaufzeit für die Verdopplung des Kapitals.

c) Bestimme die Laufzeit, ab der der jährliche Zuwachs durch Zinszahlungen über 3500 € liegt.

d) Stelle in einem geeigneten Diagramm die Kapitalentwicklung innerhalb der ersten 10 Jahre dar.

e) Ermittle den Zinssatz, der mindestens notwendig wäre, um das angegebene Kapital innerhalb von 10 Jahren zu verdoppeln.

22 Ein Sparkonto mit einem festen Zinssatz in Höhe von 2,2 % wurde am 01.06.2015 eröffnet. Der Kontoauszug vom 31.12.2015 enthält folgende Angaben:

LOGO-BANK		
Datum	**Beschreibung**	**Wertstellung**
01.06.2015	Einzahlung – Neueröffnung	+2800,00 €
05.08.2015	Auszahlung – Geldautomat	−500,00 €
24.09.2015	Einzahlung – Geburtstagsgeld	+350,00 €
02.10.2015	Einzahlung – Lottogewinn	+1490,00 €
22.12.2015	Auszahlung – Geldautomat	−920,00 €

Berechne anhand dieser Angaben die Höhe der Zinsen, die zum Jahresabschluss der Bank jeweils fällig werden. Nutze dazu ein Tabellenkalkulationsprogramm. Wie muss die Formel in E3 lauten?

	A	B	C	D	E	F
1	**Datum**	**Anzahl Tage**	**Ein- bzw. Auszahlung**	**Kontostand**	**Zinsen**	**Zinsen insgesamt**
2	01.06.2015	0	2.800,00 €	2.800,00 €	0,00 €	0,00 €
3	05.08.2015	64	-500,00 €	2.300,00 €	10,95 €	10,95 €
4	24.09.2015		350,00 €			
5	02.10.2015		1.490,00 €			
6	22.12.2015		-920,00 €			

Was ist eine Aktie?
Wenn man eine Aktie kauft, beteiligt man sich an einer Firma, das heißt man wird Miteigentümer. Jede Aktie hat einen Geldbetrag aufgedruckt (den „Nennwert“ der Aktie), der den Teil des Grundkapitals angibt, mit dem man sich beteiligt. Rechts siehst du ein paar beispielhafte Werte einiger großer deutscher Unternehmen. Da sich Aktienkurse ständig ändern, handelt es sich nicht um aktuelle Werte. Die Angaben der Commerzbank stammen beispielsweise vom 31.12.2014.
Aktien werden je nach Ausgabezeitpunkt in € oder der früheren Währung D-Mark (DM) geführt, dabei gilt: 1 € = 1,95583 DM. Bei der Umrechnung wird auf ganze Cent gerundet.

a) Welchen Anteil am Grundkapital gibt eine einzelne Aktie jeweils an? Runde geeignet.
b) Wie viele Aktien hat jede Firma ausgegeben?
c) Wie viele Aktien muss jemand besitzen, der 1 % (5 %, 16 %) des Grundkapitals besitzt? Welchen „Nennwert“ haben diese Aktien?

COMMERZBANK
Wert einer Aktie: 11 €
Grundkapital: 1 138 506 941,00 €

SIEMENS
Wert einer Aktie: 3 €
Grundkapital: 2 742 610 263,00 €

BMW
Wert einer Aktie: 20 DM
Grundkapital: 601 995 196,21 €

RWE
Wert einer Aktie: 50 DM
Grundkapital: 1 339 916 800,00 €

DAX – der Maßstab
Der DAX (Deutscher Aktienindex) spiegelt die Entwicklung der 30 größten deutschen Unternehmen wieder, deren Aktien an der Börse frei gehandelt werden. Sein Grundwert wurde zum 01.01.1988 auf 1000 Punkte festgelegt. Je nachdem, zu welchem Wert die Aktien der 30 Unternehmen an der Börse gehandelt werden, steigt oder sinkt der DAX-Wert. Die Tabelle zeigt die besten fünf Handelstage im Zeitraum von 1975 – 2015 jeweils mit der Veränderung gegenüber dem Vortag.

Datum	Schlusskurs in Punkten	Zunahme gegenüber Vortag in Punkten
13. Okt. 2008	5062,45	518,14
28. Okt. 2008	4823,45	488,81
24. Nov. 2008	4554,33	426,93
29. Juli 2002	3859,78	280,78
8. Dez. 2008	4715,88	334,41

a) Um wie viel Prozent hat sich der DAX jeweils gegenüber dem Vortag verändert? Achte auf den Grundwert.
b) Suche im Internet oder in der Zeitung die Schlusskurse des DAX aus der letzten Woche und beschreibe seine Veränderung. Stelle die Ergebnisse deinen Mitschülern vor.
c) Vor dem Eingang zur Börse in Frankfurt am Main, der wichtigsten in Deutschland, stehen Bulle und Bär. Finde heraus, was die beiden Tiere symbolisieren.

Dividende – die Zinsen der Aktien

Am Ende jedes Geschäftsjahres einer Aktiengesellschaft wird festgelegt, in welcher Höhe eine sogenannte Dividende ausgezahlt wird, also wie viel Geld man für jede Aktie bekommt. Die Dividende ist damit mit Zinsen vergleichbar, weil sie eine Ausschüttung auf das eingesetzte Kapital darstellt.
Die Abbildung zeigt die Dividende für eine Aktie der Deutschen Post AG über einen Zeitraum von 9 Jahren.

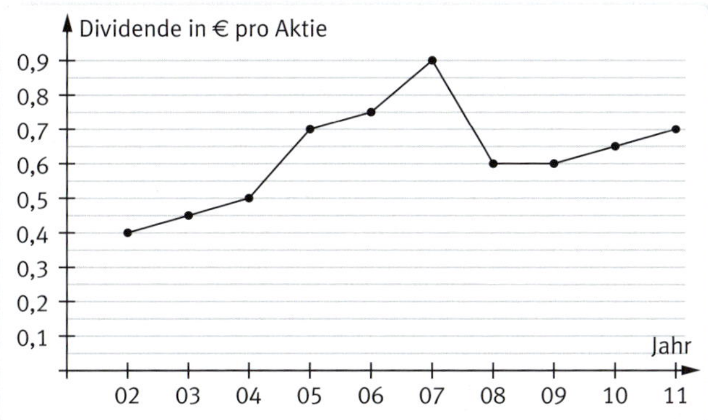

a) Beschreibe die Entwicklung der Dividende in den dargestellten Geschäftsjahren.

b) Insgesamt wurden 1 209 015 874 Aktien ausgegeben. Wie viel € wurden jeweils insgesamt an die Aktionäre ausgeschüttet?

Aktienkurse – ein ständiges Auf und Ab

Die Grafiken zeigen die Entwicklung der Aktie eines deutschen Unternehmens zu verschiedenen Zeiträumen.

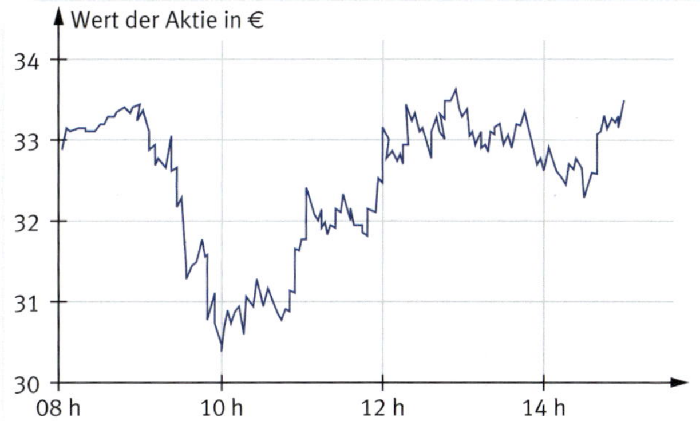

a) Beschreibe und vergleiche die Grafiken.

b) Welche Grafik wird für welche Zwecke sinnvoll sein? Begründe.

c) Suche im Internet nach dem Aktienkurs einer Firma und stelle die Firma anhand des Kursverlaufs deiner Klasse vor.

Überprüfe deine Kenntnisse und Kompetenzen. Bearbeite dazu die folgenden Aufgaben und bewerte anschließend deine Lösungen mit einem Smiley.

☺	😐	☹
Das kann ich!	Das kann ich fast!	Das kann ich noch nicht!

Hinweise zum Nacharbeiten findest du auf der folgenden Seite. Die Lösungen stehen im Anhang.

Aufgaben zur Einzelarbeit

1 Welche der Größen Grundwert G, Prozentwert P und Prozentsatz p % sind gegeben, welche ist gesucht? Ordne zu.

a) 16 von 18 Mädchen der Klasse 8b sind Rechtshänder.

b) Der Preis für ein Paar Schuhe wurde um 20 % reduziert. Man spart also 15 €.

c) Luisa bekommt bisher im Monat 25 €. Ab ihrem 14. Geburtstag erhält sie 20 % mehr.

2 Berechne den Prozentwert auf verschiedene Arten. Runde gegebenenfalls geeignet.

a) 15 % von 680 € b) 3 % von 96 m
c) 10,5 % von 320 t d) 8,4 % von 44 m^3
e) 160 % von 170 min f) 46,3 % von 85 ha

3 Übertrage die Tabelle in dein Heft und bestimme die fehlenden Größen.

	a)	b)	c)	d)
G	240 cm	30,25 t	☐	☐
p %	☐	☐	24 %	85 %
P	60 cm	18,15 t	18,6 l	102 s

4 Bei einer Befragung von Bürgern wird festgestellt, dass ein Auto am Tag durchschnittlich nur 45 min gefahren wird. Wie viel Prozent des Tages steht das Auto still?

5 Bei Zahlung innerhalb von 7 Tagen kann der Rechnungsbetrag um 2 % Skonto gekürzt werden. Runde auf ct. Bearbeite die Teilaufgaben für folgende Rechnungsbeträge:
① 87,50 € ② 99,20 € ③ 5628 € ④ 456,27 €

a) Wie hoch ist der Nachlass?

b) Wie hoch ist der neue Rechnungsbetrag?

6 Stelle den Sachverhalt jeweils durch ein Schaubild dar und berechne.
Beispiel: Eine Ferienwohnung kostete in der letzten Saison 290 € pro Woche. In diesem Jahr werden die Preise um 15 % erhöht. Bestimme den neuen Preis.

$G^+ = G \cdot \left(1 + \frac{p}{100}\right)$
$G^+ = 290\,€ \cdot 1{,}15$
$G^+ = 333{,}50\,€$

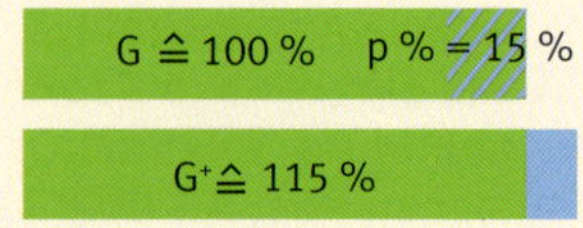

a) Wegen der hohen Energiekosten werden die Preise für Brote um 10 % erhöht. Wie teuer ist ein Brot, das bisher 2,40 € kostete?

b) Familie Sandoz kauft ein Sofa, das 980 € kosten soll. Das Möbelhaus gibt jedoch 16 % Rabatt. Wie teuer ist das Sofa jetzt?

c) Eine Aktie hat während eines Jahres um 4 % zugelegt. Berechne ihren aktuellen Wert, wenn sie vor einem Jahr 23,50 € gekostet hat.

7 Eine Sonnenblume ist zu Beginn der Woche 120 cm hoch. Während der Woche wächst sie um 6 %. Chanel, Jenny und Enna berechnen die Größe am Ende der Woche auf verschiedene Arten. Beschreibe ihre Rechenwege.

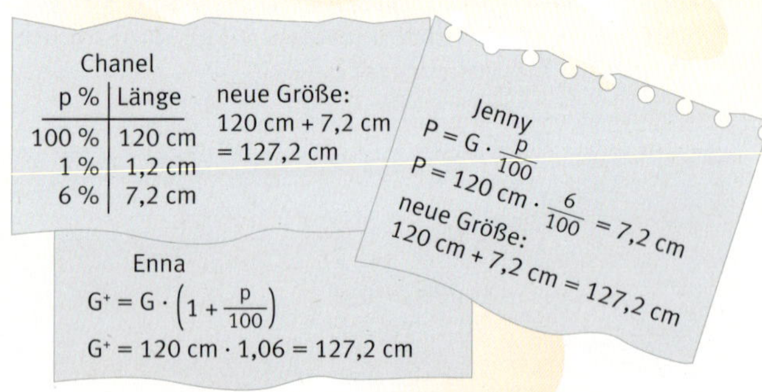

8 Übertrage und vervollständige die Tabelle.

	a)	b)	c)	d)
alte Größe	120 kg	33 min	86 m^2	☐
Änderung in %	+ 12 %	☐	− 8 %	☐
Gesamtänderung als Dezimalzahl	☐	0,95	☐	1,2
neue Größe	☐	☐	☐	576 m

9 Ordne die Begriffe aus der Zinsrechnung den zugehörigen Begriffen der Prozentrechnung zu.

Guthaben	Jahreszinsen	Darlehen
Zinssatz	Kreditzinsen	Geldanlage
Kapital	Kreditbetrag	Guthabenzinsen

10 Berechne die fehlenden Werte.

	a)	b)	c)	d)	e)
K	460 €	1200 €	245 €		
p %	4 %	6,5 %		6 %	3,5 %
Z			4,90 €	46,80 €	126 €

11 **a)** Frau Bons hat ein Darlehen aufgenommen und muss bei 7,5 % im Jahr 405 € Zinsen bezahlen. Wie hoch ist das Darlehen?

b) Auf einem Sparbuch liegen 640 €, die mit 2 % im Jahr verzinst werden. Welche Zinsen werden am Jahresende gutgeschrieben?

c) Zu welchem Zinssatz wurde ein Guthaben angelegt, wenn 1200 € in einem Jahr 30 € Zinsen bringen?

12 Frau Fischer hat ihr Girokonto 30 Tage lang um 350 € überzogen. Welche Zinsen werden ihr bei 12 % Überziehungszins dafür berechnet?

13 Berechne die fehlenden Größen im Heft. Runde gegebenenfalls geeignet.

	a)	b)	c)	d)
K	2500 €	680 €	1400 €	1800 €
p %	6 %	4 %	3 %	
Zeit	4 Monate	8 Monate		120 Tage
Z			10,50 €	24 €

14 Herr Müller zahlt in einen neu angelegten Bausparvertrag zu Beginn eines Quartals jeweils 80 € ein. Um welchen Betrag erhöht sich der Vertragswert im ersten Jahr, wenn ein Zinssatz von 2 % zugrunde gelegt wird?

15 Vergleiche die Zinsen, die nach einem Jahr gutgeschrieben werden, wenn jemand ...

a) zu Beginn **b)** am Ende

eines Quartals jeweils 130 € bei einem Zinssatz von 3,5 % auf ein Sparkonto einzahlt, das zuvor leer war.

16 1000 € (2500 €) werden zu 3 % pro Jahr angelegt. Dabei werden die Zinsen jeweils mitverzinst. Bestimme jeweils den Kontostand am Ende jedes Jahres, wenn das Geld vier Jahre angelegt wird.

17 Aus 500 € werden nach 2 Jahren 561,80 €, wenn die Zinsen jeweils mitverzinst wurden. Wie hoch ist der Zinssatz? Probiere aus.

Aufgaben für Lernpartner

Arbeitsschritte

1 Bearbeite die folgenden Aufgaben alleine.
2 Suche dir einen Partner und erkläre ihm deine Lösungen. Höre aufmerksam und gewissenhaft zu, wenn dein Partner dir seine Lösungen erklärt.
3 Korrigiere gegebenenfalls deine Antworten und benutze dazu eine andere Farbe.

Sind folgende Behauptungen **richtig** oder **falsch**? Begründe schriftlich.

18 Der Grundwert entspricht einem Prozentwert von 100 %.

19 Die Grundaufgaben der Prozentrechnung lassen sich auf die verschiedenen Arten wie eine proportionale Zuordnung lösen.

20 Beim vermehrten Grundwert gilt: $G^+ = G - P$

21 Wenn ein Preis um 20 % reduziert wurde, dann ist der neue Preis 80 % des alten Preises.

22 Die Jahreszinsen entsprechen dem Grundwert bei der Prozentrechnung.

23 Wird ein Kapital von 200 € mit 2 % verzinst, dann erhält man nach einem Jahr 2 € Zinsen.

24 Wird Geld nur einen Teil des Jahres angelegt, dann wird auch nur der zugehörige Anteil der Jahreszinsen Z ausgeschüttet.

Aufgabe	Ich kann ...	Hilfe
1, 18	die Grundbegriffe der Prozentrechnung zuordnen.	S. 108
2, 3, 4, 19	die Grundaufgaben der Prozentrechnung auf verschiedene Arten lösen.	S. 108
5, 6, 7, 8, 20, 21	den vermehrten und verminderten Grundwert bestimmen.	S. 112
9, 22	die Zinsrechnung als eine Anwendung der Prozentrechnung auffassen.	S. 116
10, 11, 23	die Grundaufgaben der Zinsrechnung bearbeiten.	S. 116
12, 13, 24	Zinsen auch nur für einen Teil des Jahres bestimmen.	S. 116
14, 15	Zinsen bei Ratenzahlungen innerhalb eines Jahres bestimmen.	S. 119
16, 17	einfache Aufgaben der Zinseszinsrechnung lösen.	S. 118

S. 108

16 Schüler von 25 Schülern haben ein Smartphone. Das sind $\frac{16}{25} = \frac{64}{100} = 64\ \%$.

Prozentwert P Grundwert G Prozentsatz p %

Bei den Grundaufgaben der Prozentrechnung ist entweder der Grundwert G, der Prozentwert P oder der Prozentsatz p % gesucht. Die Zuordnungen zwischen den Größen sind jeweils proportional, sodass man für die Bestimmung die **Eigenschaften proportionaler Zuordnungen** nutzen kann.

S. 112

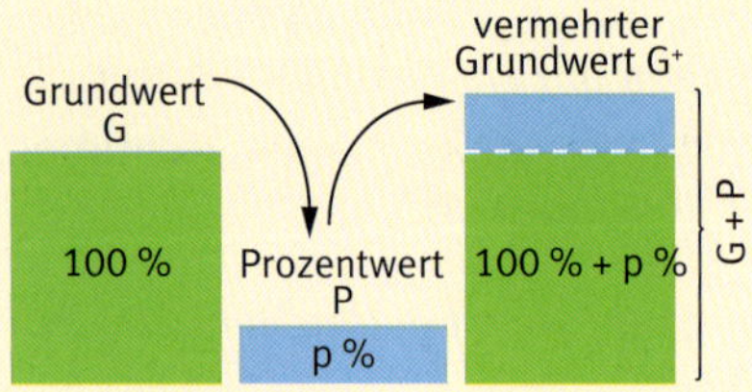

$G^{+} = G \cdot \left(1 + \frac{p}{100}\right)$

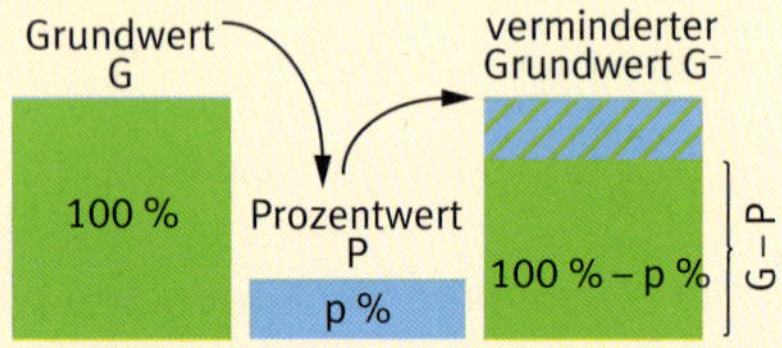

$G^{-} = G \cdot \left(1 - \frac{p}{100}\right)$

Wird ein Grundwert G um p % erhöht, dann bezeichnet man den erhöhten Wert als **vermehrten Grundwert G^{+}**.

G^{+} = Grundwert G + Prozentwert P

Entsprechend bezeichnet man bei einer Reduzierung um p % den erniedrigten Wert als **verminderten Grundwert G^{-}**.

G^{-} = Grundwert G – Prozentwert P

S. 116

Prozentrechung	Zinsrechnung
Grundwert G	Kapital K
Prozentwert P	Zinsen Z
Prozentsatz p %	Zinssatz p %

Die Zinsrechnung ist eine Anwendung der Prozentrechnung.
In den meisten Fällen wird ein **Jahreszins** vereinbart, d. h. nach einem Jahr wird das Kapital um die berechneten Zinsen erhöht.

Z = K · p % („**Zinsformel**“)

S. 116

Jahreszinsen 120 €, Zinsen für 7 Monate sind dann $Z = 120\ € \cdot \frac{7}{12} = 70\ €$, Zinsen für 45 Tage sind dann $Z = 120\ € \cdot \frac{45}{360} = 15\ €$.

Wird Geld nur einen **Teil des Jahres** angelegt, dann wird auch nur der zugehörige **Anteil von den Jahreszinsen** Z berechnet.

S. 118

Zinssatz 3 %
Kapital K nach 1 Jahr: $K(1) = K \cdot 1{,}03$
Kapital K nach 2 Jahren: $K(2) = K \cdot 1{,}03^{2}$
Kapital K nach 3 Jahren: $K(3) = K \cdot 1{,}03^{3}$
⋮
Kapital K nach n Jahren: $K(n) = K \cdot 1{,}03^{n}$

Werden am Ende eines Jahres die **Zinsen** nicht abgehoben, so werden sie zum Guthaben hinzugerechnet und im **nächsten Jahr** ebenfalls **mitverzinst**. Man spricht vom **Zinseszins**.

Kapitel K nach n Jahren bei einem Zinssatz von p %:
$K(n) = K \cdot (1 + p\ \%)^{n}$ („**Zinseszinsformel**“)

S. 119

Beispiel für Zinszeitraum einzelner Raten

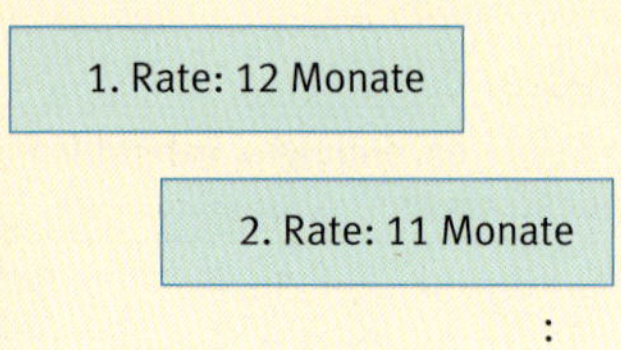

Im Alltag werden oft regelmäßig gleich große Geldbeträge bezahlt, die man **Raten** nennt. Die Zinsen werden dabei nur für die Zeit berücksichtigt, die die Rate auch tatsächlich bezahlt wurde.

Mit rationalen Zahlen rechnen

1 Fülle die Lücken im Bauch der Rechenschlange aus. Beginne beim Kopf.

2 Ordne die Terme den entsprechenden Texten zu. Die Einheiten wurden bei den Termen weggelassen.

A $235 - 75$

B $-75 + 235$

C $-235 + 75$

D $235 + 75$

1 Ein Güterzug hat 235 t Sand geladen. An einem Betonwerk lädt er 75 t davon ab.

2 Peter befindet sich 235 m über dem Meeresspiegel und wandert nochmals 75 m bergauf.

3 Zwei Läufer laufen eine Langstrecke. Der eine Läufer kommt 75 s vor der vorgesehenen Zeit ins Ziel, der andere 235 s danach.

4 Claudia hat auf ihrem Konto 235 € Schulden. Zum Glück erhält sie von ihrer Oma zum Geburtstag 75 € Taschengeld.

3 Löse folgende Sachaufgaben.

a) Frau Braun hat am Ende des Monats 123 € Schulden. Dann wird ihr Gehalt von 1360 € überwiesen. Berechne den Kontostand, wenn sie ihre Miete von 410 € bezahlt hat.

b) Johann, Luisa und Clara haben auf dem Markt Gebasteltes verkauft. Sie haben 36 € eingenommen, mussten jedoch 20 € für Standmiete und 43 € für Material bezahlen. Der Gewinn bzw. Verlust soll gleichmäßig geteilt werden. Wie viel € sind das für jeden?

Gleichungen lösen

4 Löse die nachfolgenden Gleichungen. Ordne jedem Ergebnis den entsprechenden Buchstaben des Alphabets zu ($1 \mathrel{\hat{=}} A$, $2 \mathrel{\hat{=}} B$, ...). Die Buchstaben ergeben der Reihe nach den Namen eines Mathematikers.

a) $5x - 7 = -2$

b) $3x = 2\left(29 - \frac{x}{4}\right) - 11x$

c) $\frac{1}{3} - \frac{1}{2}x = -\frac{1}{6}x$

d) $\frac{1}{8}x \cdot 16 - 4 = 22$

e) $27 - x : (-3) = 33$

f) $2 - \frac{3}{2}x = -11{,}5$

g) $-\frac{1}{20}x + 0{,}25 = 0$

h) $(x - 7) : 2 = x - 13$

5 Sandra stellt ihrer Klasse ein Zahlenrätsel. Wie lautet die gesuchte Zahl? Löse durch Probieren.

6 Welchen Wert muss die Variable x annehmen, damit die Waage im Gleichgewicht ist?

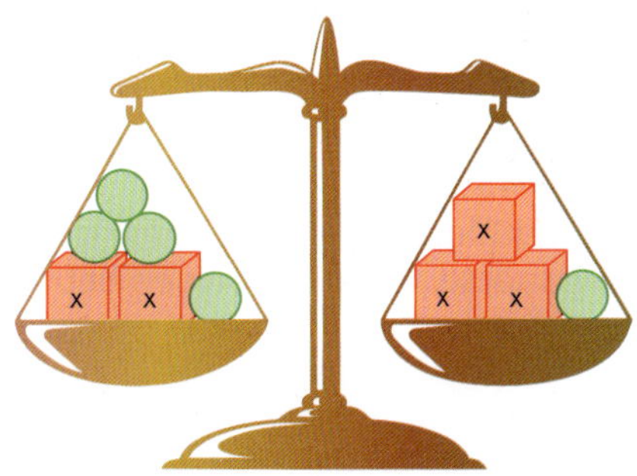

7 Stelle eine Gleichung auf und löse sie.

a) Peter behauptet: Wenn ich bei „Sparfuchs" 6 Stifte und einen Rucksack für 15,95 € kaufe, bezahle ich genauso viel, wie wenn ich bei „Kauf günstig" 17 Stifte und ein Linealset für 5,50 € kaufe. Ein Stift kostet in beiden Läden gleich viel.
Wie viel kostet ein Stift?

b) Theresa sagt: „Im Schwimmbad kostet meine Eintrittskarte 40 % von dem Preis, den meine Mutter bezahlen muss. Zusammen zahlen wir 6,30 €." Wie teuer ist die Karte für Theresa?

Sachrechnen

8 Tina und Anja kaufen sich je eine Tüte Kartoffelchips. Tina hat sich für Angebot 1 und Anja für Angebot 2 entschieden. Beide behaupten, dass sie die preiswertere Variante gewählt haben. Untersuche, wer von beiden Recht hat.

Angebot 1:
150 g Chips zu 0,90 €

Angebot 2:
250 g Chips zu 1,60 €

9 Jan fährt in den Sommerferien in die Schweiz. Hierfür möchte er sein Taschengeld von 20 € in Schweizer Franken (CHF) umtauschen. Die Umtauschgebühr wird vernachlässigt.

Umtauschkurs:
1 € → 1,2027 CHF
LOGO-Bank

a) Berechne, wie viel Schweizer Franken Jan für sein Geld bekommt.

b) Jans Mutter hat 108,11 Schweizer Franken in ihrer Geldbörse. Berechne diesen Betrag in €.

10 Um in einem Bergwerk den Wasserpegel allmählich zu senken, wurden 3 gleichartige Pumpen installiert. Wenn alle 3 Pumpen gleichzeitig arbeiten, ist der Schacht in 40 Stunden leer gepumpt.

a) Gib an, wie lange es dauert, wenn eine Pumpe von Beginn an ausfällt.

b) Damit der Vorgang beschleunigt wird, werden zu Beginn 2 mobile Pumpen gleicher Bauart zusätzlich eingesetzt. Berechne, in welcher Zeit die Anlage jetzt leer gepumpt werden kann.

c) Aufgrund von unvorhersehbaren Arbeiten muss der Schacht bereits in 15 Stunden leer gepumpt sein. Gib die Anzahl der Pumpen an, die nun benötigt werden.

Winkel

11 Gib für folgende Winkel die Winkelart an und bestimme anschließend die Winkelgröße mithilfe eines Geodreiecks.

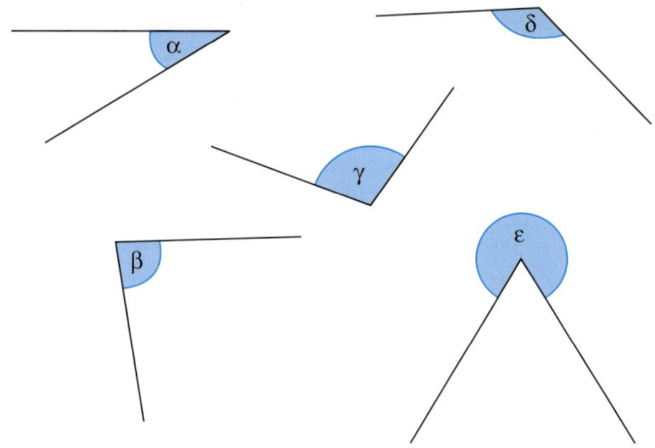

12 Ermittle alle mit griechischen Buchstaben gekennzeichneten Winkelgrößen. Es gilt stets: g ∥ h.

a)

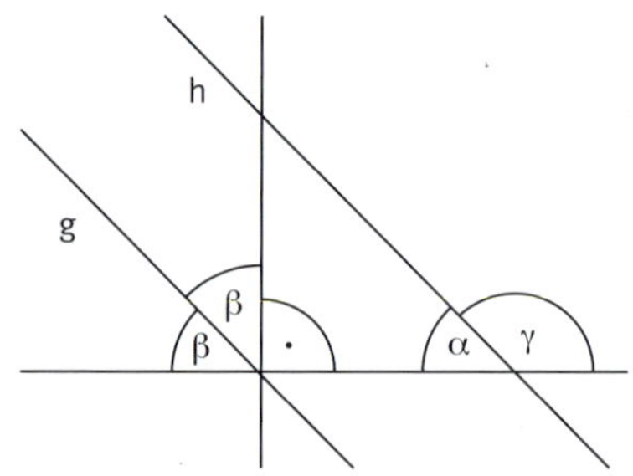

b)

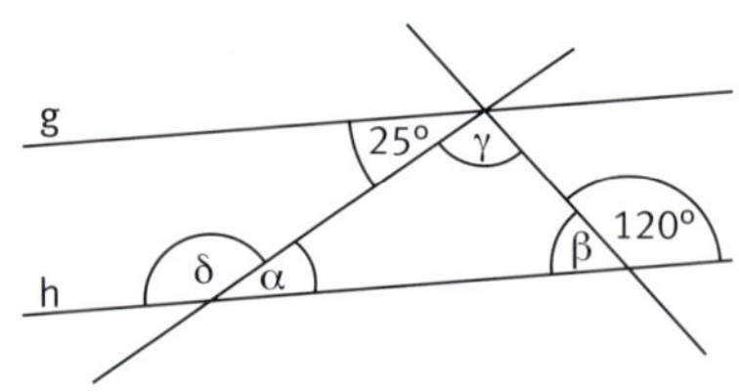

13 Berechne die fehlenden Winkel im Dreieck ABC.

	a)	b)	c)	d)
α	35°		60°	95°
β	120°	73°		48°
γ		90°	60°	

14 Übertrage und ergänze zur angegebenen Figur.

a) Parallelogramm

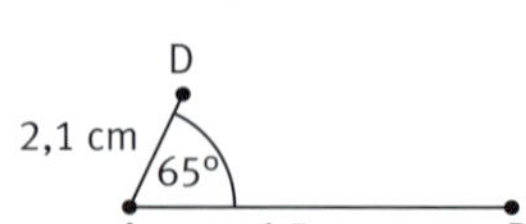

b) Raute

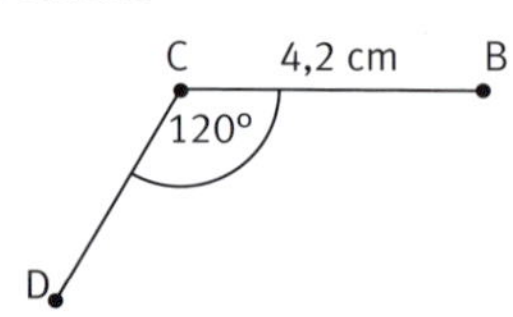

5 Daten und Zufall

EINSTIEG

- Viele Schulen in Deutschland haben einen eigenen Schulchor. In der Tabelle sind die Aktivitäten der Schülerinnen und Schüler an einer Schule dargestellt.
  Beschreibe die Bedeutung der einzelnen Einträge in der Tabelle.
- Von allen Schülerinnen und Schülern der Schule wird eine Person zufällig ausgewählt. Bestimme die Wahrscheinlichkeit dafür, dass diese Person im Schulchor singt (im Orchester spielt).
- Ein Mitglied des Orchesters wird zufällig ausgewählt. Bestimme die Wahrscheinlichkeit, dass diese Person auch im Schulchor singt.

	im Schulchor	nicht im Schulchor	gesamt
im Orchester	10	50	60
nicht im Orchester	40	500	540
gesamt	50	550	600

AUSBLICK

Am Ende dieses Kapitels hast du gelernt, ...
- Daten zu beschreiben und deren Verteilung darzustellen.
- die Wahrscheinlichkeit von Ereignissen zu bestimmen.
- Wahrscheinlichkeiten mithilfe von Vierfeldertafeln zu bestimmen.
- Wahrscheinlichkeiten für mehrstufige Zufallsexperimente zu bestimmen.

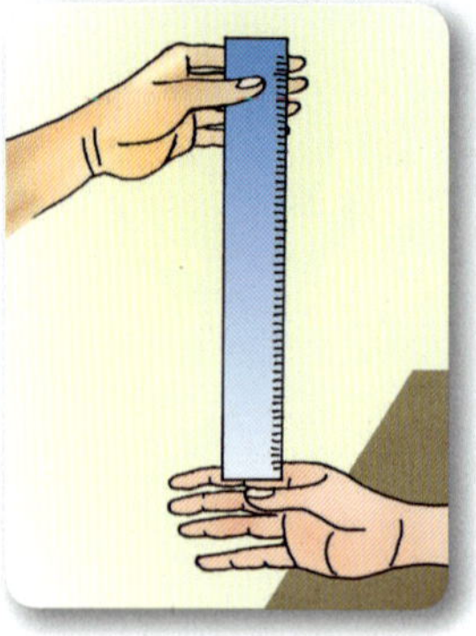

Mit einem 30 cm langen Plastiklineal lässt sich ein Reaktionstest durchführen. Dazu hält ein Schüler als Testleiter das Lineal am oberen Ende fest. Ein Partner hält die Hand an der Unterkante des Lineals leicht geöffnet. Der Testleiter lässt plötzlich das Lineal los. Der Partner muss sofort reagieren und das Lineal auffangen. An der oberen Handkante wird die Länge abgelesen, um die das Lineal gefallen ist.

- Führt den Reaktionstest paarweise wiederholt durch (mindestens 10-mal pro Person) und notiert die Daten. Beschreibt die Reaktion durch typische Zahlenwerte.
- Stellt die beiden Reaktionen graphisch dar und vergleicht sie.

Merkwissen

Daten lassen sich durch Kennwerte beschreiben. Man verwendet folgende **Mittelwerte:**

- Der Modalwert m_0 ist der Wert, der **am häufigsten** vorkommt.
- Der Median m_e ist der Wert in der **Mitte** einer geordneten Datenreihe („Rangliste“).
- Das arithmetische Mittel $\overline{x}$ **verteilt** die Summe aller Einzelwerte **gleichmäßig** auf alle Werte: $\overline{x} = \frac{\text{Summe aller Einzelwerte}}{\text{Anzahl der Einzelwerte}}$.

Für die **Streuung** von Daten kennst du bereits die Spannweite R als Differenz von Maximum (größter Wert) und Minimum (kleinster Wert).

Die Verteilung von Daten lässt sich mit einem **Boxplot** darstellen.
Beispiel:

$\overline{x} \approx 8{,}62$

5 6 6 7 7 7 8 8 8 8 8 8 9 9 10 10 10 11 12 12 12

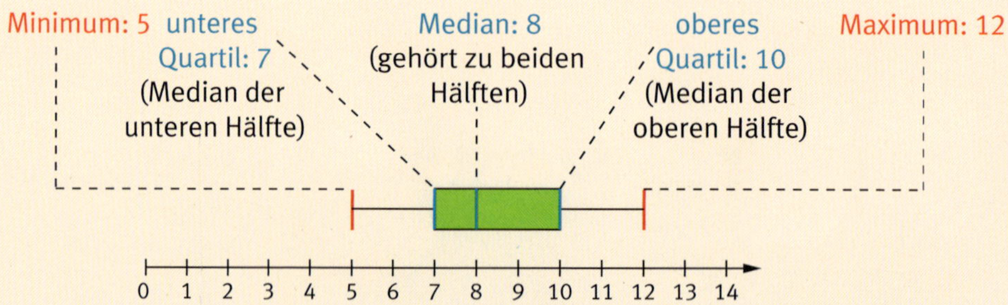

Vorgehen:
- *Ordne die Daten der Größe nach und bestimme Minimum, Maximum und Median der Datenreihe.*
- *Der Median teilt die Datenreihe in zwei Hälften. Bestimme den Median für jede der Hälften. Du erhälst die **Quartile**.*
- *Wähle einen geeigneten Ausschnitt auf der Zahlengeraden und zeichne den Boxplot.*

Beispiele

I Die beiden Boxplots zeigen die Verteilung der Körpergrößen der Jungen und Mädchen in der Klasse 8e.
Vergleiche die Verteilung der Körpergrößen.

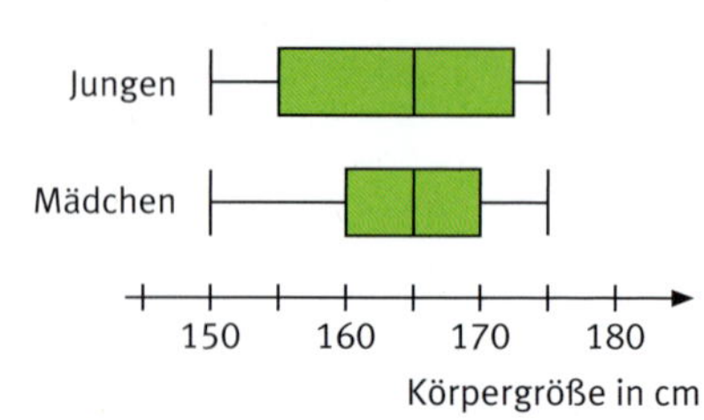

Lösung:
Bei den Körpergrößen der Jungen und Mädchen sind sowohl der Median als auch das Minimum und Maximum und somit die Spannweite gleich. Die kleinere Box bei den Mädchen bedeutet, dass die mittleren 50 % der Daten dichter um den Median liegen als bei den Jungen. Bei den Jungen sind dafür die beiden Antennen kürzer, d. h. die unteren und die oberen 25 % der Daten liegen hier dichter beisammen.

II Zehn Schüler wurden nach der Anzahl ihrer Geschwister befragt: 2; 3; 1; 1; 2; 0; 0; 2; 2; 1
Veranschauliche die Daten mit einem Boxplot.

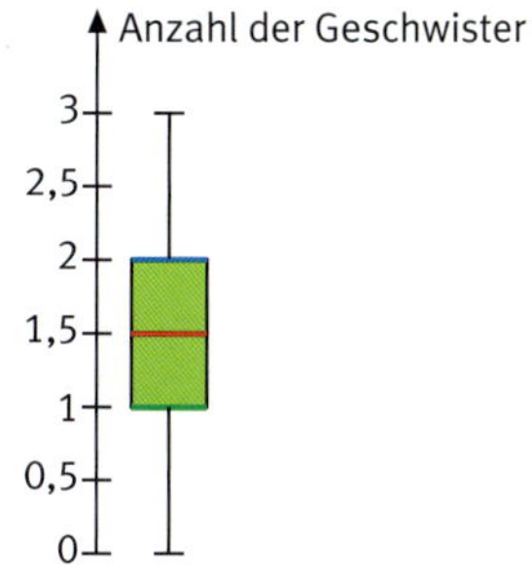

Lösung:
Rangliste: 0 0 1 1 1 2 2 2 2 3

unteres Quartil: 1 Median: 1,5 (gehört zu keiner Hälfte, da er „zwischen" den Daten liegt) oberes Quartil: 2

Verständnis

- Der Median wird auch als „mittleres Quartil" bezeichnet. Erkläre.
- Kann der Modalwert (der Median, das arithmetisches Mittel) auch das Minimum einer Datenreihe sein? Überlege ein Beispiel und begründe.

Aufgaben

1 Beschreibe die Datenreihen anhand von Mittelwerten und der Spannweite.

a) 2; 6; 3; 5; 2; 7; 3; 1; 7; 4

b) −2; 8; −4; 6; 4; −2; 8; −10; −4; 0; 2; −6; 8; −12; 4; −8; 7; −6; 2; 0

c) 0,2; 0,1; 0,7; 0,3; 0,6; 1,5; 0,1; 0,3; 0,5; 0,8

d) −210; −320; −120; −300; −280; −310; −240; −290; −310; −270

e) 6,3; 9,2; 32,1; 17,6; 19,8; 7,3; 17,4; 12,4; 8,4; 25,8

2

	Daten							Min.	Max.	R
1	4,1 m	1,7 m	3,9 m	5,3 m	5,2 m	5,1 m	4,8 m			
2	200,2	198,0	177,6	213,8	186,3	207,8	200,2			
3	34 s		51 s	48 s	59 s	16 s	22 s	15 s		
4	27 ct	33 ct		75 ct		61 ct	69 ct		81 ct	67 ct
5	87 g	150 g	74 g		103 g	112 g		67 g		46 g
6	$\frac{1}{2}$ l	$\frac{1}{8}$ l	$\frac{3}{4}$ l	$\frac{2}{3}$ l	$\frac{7}{8}$ l	$1\frac{1}{2}$ l	$\frac{1}{4}$ l			

a) Übertrage die Tabelle in dein Heft und vervollständige sie.

b) Bestimme den Median und das arithmetische Mittel der Reihen 1, 2, 3 und 6.

3 Bei den Fußballern eines Sportvereins wird zu Saisonbeginn der Ruhepuls gemessen: 49; 54; 57; 62; 52; 58; 51; 61; 60; 55; 54; 51; 60.
Stelle die Verteilung der Messwerte in einem Boxplot dar.

4 In einer Molkerei wird Milch maschinell in Litertüten abgefüllt. Mit einer neuen Maschine soll die Abfüllgenauigkeit verbessert werden. Die Daten geben die Ergebnisse einer Kontrolle der beiden Maschinen an (alle Angaben in Litern).

alte Maschine	neue Maschine
0,97; 0,98; 1,02; 0,99; 1,01; 0,97; 1,00; 0,96; 1,03; 0,99; 1,02; 0,99; 0,97; 1,00; 1,02	0,99; 0,98; 1,04; 1,02; 0,97; 1,00; 1,00; 0,98; 1,02; 0,99; 1,01; 1,03; 1,02; 0,97; 1,00

a) Stelle für jede Maschine die Verteilung der Daten als Boxplot dar.

b) Vergleiche die Maschinen miteinander. Ist die neue Maschine besser?

5 Der Boxplot zeigt das Ergebnis einer Umfrage zur Höhe des wöchentlichen Taschengeldes. Welche Kenngrößen kannst du ihm entnehmen?

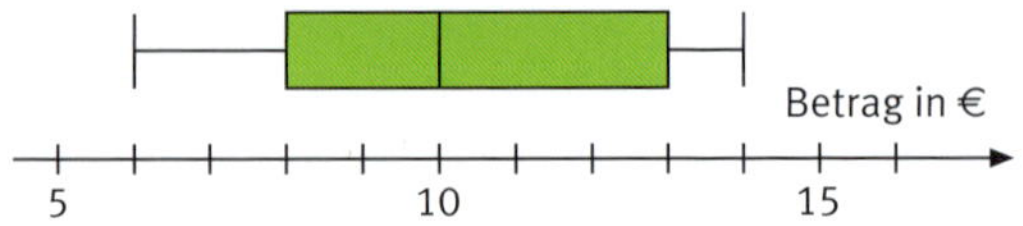

6 Gib eine Datenreihe mit 9 (10; 11) Werten an, die zu dem Boxplot gehören könnte.

a)
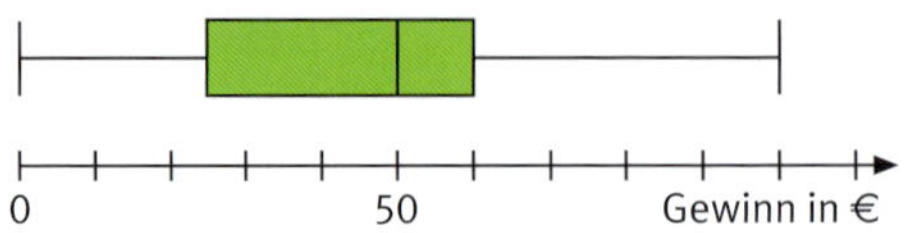

b)
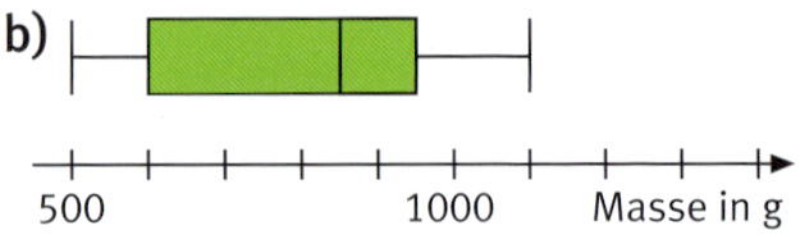

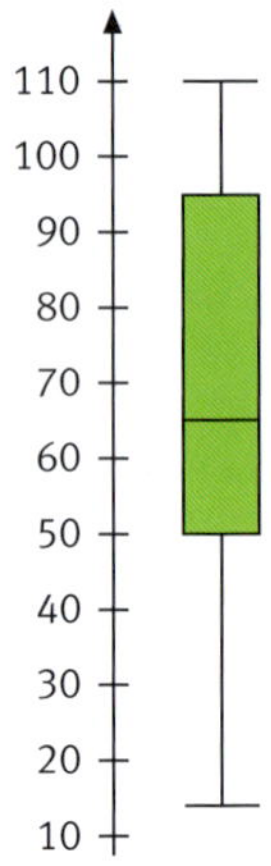

7 Welche Datenreihen passen zum dargestellten Boxplot? Begründe deine Antwort.
1 15 50 60 60 80 95 100 110
2 15 40 60 60 70 90 100 110
3 10 15 50 60 80 95 100 110
4 15 50 50 65 65 95 95 110

8 Erstelle aus den gegebenen Daten zuerst eine Rangliste, bestimme dann die für den Boxplot notwendigen Kennwerte und zeichne den Boxplot.
a) 7; 13; 5; 8; 9; 2; 6; 6; 10; 12
b) 999; 994; 1003; 1010; 988; 1005; 998; 990; 1006; 996; 1002; 1001
c) 25,5; 23; 27; 24,5; 28,5; 25; 23,5; 27; 28,5; 28; 25,5
d) 1,0; 0,7; 1,6; 1,2; 0,1; 0,5; 1,2; 1,6; 0,8; 1,4; 0,1; 1,3; 1,5; 0,9

9 1 0 0 0 0 0 0 10 10 10 20
2 0 0 10 10 10 10 20 20 20 20
a) Betrachte die beiden Ranglisten. Beschreibe die auftretenden Gemeinsamkeiten und Unterschiede.
b) Zeichne die Boxplots zu beiden Datenreihen über einen gemeinsamen Zahlenstrahl. Vergleiche die Darstellungen miteinander.
c) Vergleiche das Vorgehen aus a) mit dem in b). Nenne Vor- und Nachteile.

10 Beim Schulfest traten Jungen und Mädchen im Kirschkern-Weitspucken gegeneinander an. Das Diagramm zeigt die auf halbe Meter gerundeten Ergebnisse.

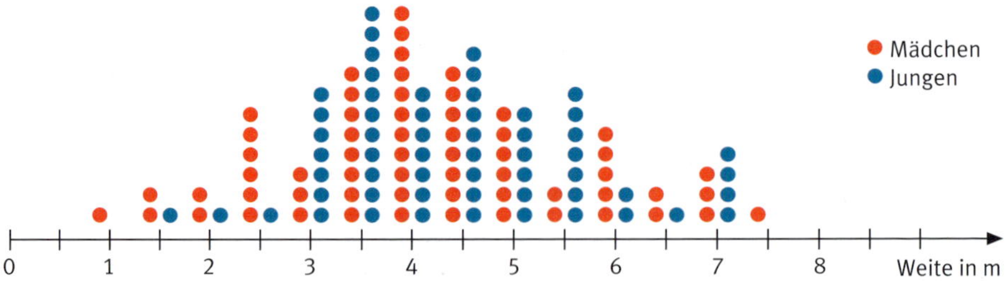

a) Übertrage die Werte in eine Tabelle und bestimme die absoluten und relativen Häufigkeiten für Jungen und Mädchen (alle Teilnehmer).
b) Wie viel Prozent aller Teilnehmer (Jungen, Mädchen) haben ...
1 weiter als 6 m 2 weniger als 3 m weit 3 genau 4,5 m weit
gespuckt?
c) Zeichne für Jungen und Mädchen jeweils einen Boxplot über denselben Zahlenstrahl. Entscheide mithilfe der Boxplots, wer den Wettbewerb gewonnen hat.

10 Bei einem 2000-m-Lauf wurden folgende Zeiten gemessen:
8:24; 9:03; 7:57; 8:12; 8:49; 8:11; 7:20; 7:27; 9:28; 7:51
6:36; 9:42; 8:39; 8:17; 9:08; 8:18; 9:37; 7:12; 8:39; 8:21

8:24 steht für 8 min 24 s.

a) Erstelle eine Rangliste. Beginne bei der besten Zeit.
b) Bestimme die durchschnittliche Zeit. Wandle die Zeiten zuvor in s um.
c) Bestimme den Modalwert sowie den Median der Messung.
d) Zeichne einen Boxplot. Bestimme zuvor die fehlenden Kennwerte.
e) Beschreibe mit dem Boxplot aus d) die Verteilung der Daten.

11 Erfinde zu jedem Boxplot jeweils eine Datenreihe mit mindestens neun Werten.

a)

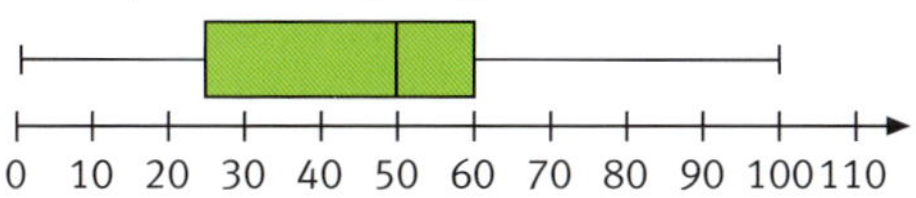

b)

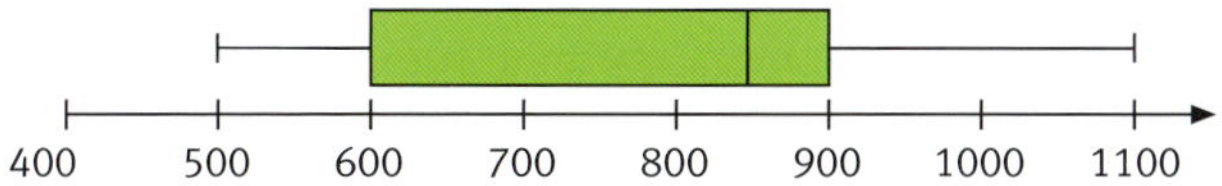

12 Welche Aussagen zu den Boxplots sind richtig? Berichtige falsche Aussagen.

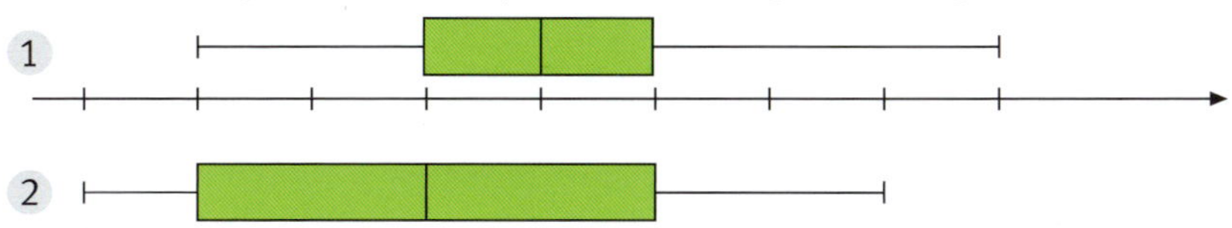

a) Die Spannweiten beider Datenreihen sind gleich groß.
b) Wenn die Spannweiten von 1 und 2 gleich sind, dann sind auch Minimum und Maximum gleich.
c) Wenn in 2 50 % der Daten in der Box liegen, dann kann es in Reihe 1 nur halb so viele Daten geben, weil die Box nur halb so lang ist.
d) Die kürzere Box von 1 gegenüber 2 bedeutet, dass die mittleren 50 % von 1 dichter um den Median herum liegen als bei 2.
e) Außerhalb der Box liegen mehr als 50 % aller Daten.
f) Bei 2 sind die unteren 25 % der Daten dichter zusammen als die oberen 25 %.

13 Raphael notiert die Anzahl der Schläge, die zehn verschiedene Golfspieler auf einer Runde (Par 72) benötigen. Wie könnte Jana zu ihrer Aussage kommen? Erkläre.

14 Wirf einen gewöhnlichen Spielwürfel 20-mal und notiere die gewürfelten Augenzahlen. Zeichne anschließend den zugehörigen Boxplot und vergleiche mit den Boxplots deiner Klassenkameraden.

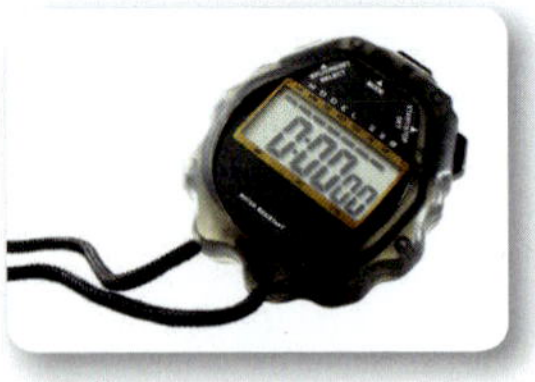

Zufallsexperiment (Zufallsversuch)

Paula startet die abgebildete Stoppuhr und lässt sie eine Weile laufen, bevor sie irgendwann blind die Stopptaste drückt.

- Mit welcher Wahrscheinlichkeit zeigen die Hundertstelsekunden eine ungerade Zahl (eine durch vier teilbare Zahl, eine gerade Zahl) an?
- Wie muss ein Experiment aussehen, um diese Wahrscheinlichkeit zu ermitteln?

Merkwissen

Fasst man mehrere mögliche Ergebnisse eines Zufallsexperiments zusammen, so spricht man von einem **Ereignis**.
Ein **Laplace-Experiment** ist ein Zufallsexperiment, bei dem alle n möglichen Ergebnisse (n = 1, 2, 3, ...) die gleiche **(Laplace-)Wahrscheinlichkeit** $\frac{1}{n}$ haben.

Bestimmen der Laplace-Wahrscheinlichkeit für ein Ereignis E:

$$\mathbf{P(E) = \frac{|E|}{|\Omega|}}$$

|E|: Anzahl der Ergebnisse, die das Ereignis E enthält
|Ω|: Anzahl aller Ergebnisse des Ergebnisraums Ω

Alle möglichen Ergebnisse, die nicht zum Ereignis E gehören, gehören zum Gegenereignis $\overline{E}$.
Für ein Ereignis E und sein Gegenereignis $\overline{E}$ gilt: $P(E) + P(\overline{E}) = 1$

Führt man ein Zufallsexperiment sehr häufig durch, so nähert sich die relative Häufigkeit h (E) eines Ergebnisses E dessen **Wahrscheinlichkeit P (E)** immer weiter an (**Gesetz der großen Zahlen**).

Man sagt auch:

„$P(E) = \frac{\text{günstige Ergebnisse}}{\text{mögliche Ergebnisse}}$"

$\overline{E} = \Omega \setminus E$

↑ *„ohne"*

Beispiele

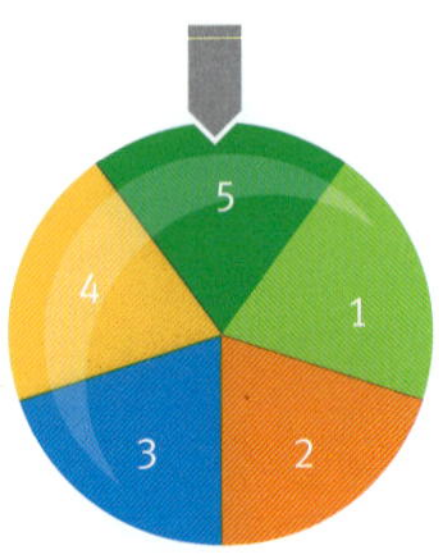

Gewinnspiel:

Zahle 50 ct und drehe das Rad zweimal. Ist die Summe durch 3 teilbar, so winkt ein toller Preis.

I a) Ist das abgebildete Gewinnspiel ein Laplace-Experiment? Begründe.

b) Ermittle alle möglichen Summen beim zweimaligen Drehen und bestimme die Wahrscheinlichkeit, einen Preis zu erhalten. Liegt ein Laplace-Experiment vor?

Lösung:

a) Jede Zahl hat den gleichen Bereich auf dem Glücksrad. Es handelt sich um ein Laplace-Experiment, weil alle Ergebnisse gleich wahrscheinlich sind. Es gilt: P(„1") = P („2") = ... = $\frac{1}{5}$

b) Das Bilden der Summe ist kein Laplace-Experiment, da es nicht für alle Summenwerte gleich viele Möglichkeiten gibt.

1 + 1 = 2	2 + 1 = 3	3 + 1 = 4	4 + 1 = 5	5 + 1 = 6
1 + 2 = 3	2 + 2 = 4	3 + 2 = 5	4 + 2 = 6	5 + 2 = 7
1 + 3 = 4	2 + 3 = 5	3 + 3 = 6	4 + 3 = 7	5 + 3 = 8
1 + 4 = 5	2 + 4 = 6	3 + 4 = 7	4 + 4 = 8	5 + 4 = 9
1 + 5 = 6	2 + 5 = 7	3 + 5 = 8	4 + 5 = 9	5 + 5 = 10

Durch 3 teilbar sind 9 von 25 möglichen Ergebnissen, also P (E) = $\frac{9}{25}$.

II Ein Laplace-Würfel wird geworfen. Ermittle die Wahrscheinlichkeit dafür, dass keine 4 gewürfelt wird.

Lösung:

E: „Mit einem Laplace-Würfel wird keine Vier gewürfelt."
Ω = {1; 2; 3; 4; 5; 6}; E = {1; 2; 3; 5; 6}

1. Möglichkeit:
P (E) = P (1, 2, 3, 5 oder 6) = $\frac{5}{6}$

2. Möglichkeit:
$P(\overline{E}) = P(4) = \frac{1}{6}$; $P(E) = 1 - P(\overline{E}) = \frac{5}{6}$

III Alina, Emil und Maren sind zu Nicos Geburtstagsfeier eingeladen. Bestimme die Wahrscheinlichkeit dafür, dass die drei Gäste in alphabetischer Reihenfolge (vorwärts oder rückwärts) eintreffen.

Lösung:
Die Anzahl der Pfade im Baumdiagramm entspricht der Anzahl aller möglichen Ergebnisse: $|\Omega| = 6$.
Die markierten Zweige zeigen die günstigen Ereignisse: $|E| = 2$.
Somit folgt: $P(E) = \frac{2}{6} = \frac{1}{3}$.

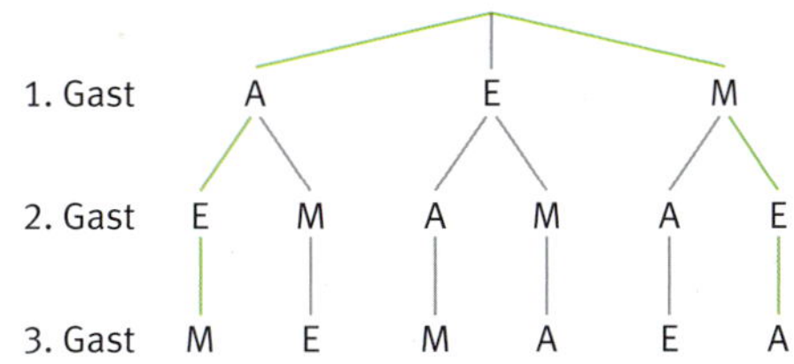

Um |E| und |Ω| zu bestimmen, können Baumdiagramme nützlich sein.

VERSTÄNDNIS

- Gib die Anzahl der Möglichkeiten an, die sieben Harry-Potter-Bände nebeneinander ins Regal zu stellen.
- Stimmt das? Das Gegenereignis des Gegenereignisses ist das Ereignis selbst.

AUFGABEN

1 Bei einer Geburtstagsfeier wird ein Glücksspiel nach folgenden Regeln gespielt: Reihum muss jeder am abgebildeten Glücksrad mit den Farben rot, blau, grün und orange drehen und anschließend eine Bohne mit der entsprechenden Farbe essen. In jeder Farbe gibt es jeweils 10 Bohnen mit leckerem Geschmack und genauso viele, die nicht lecker schmecken.

a) Wie groß ist die Wahrscheinlichkeit, beim ersten Drehen eine leckere (nicht leckere) Bohne zu erwischen?

b) Das Glücksrad wird einmal gedreht. Bestimme die Wahrscheinlichkeit dafür, eine rote oder eine blaue Bohne mit unangenehmem Geschmack zu bekommen.

c) Beschreibe das Gegenereignis von b) und berechne dessen Wahrscheinlichkeit.

d) Mark hat in den ersten drei Runden jeweils eine leckere Bohne erwischt. Er sagt: „Beim nächsten Drehen erhalte ich eine nicht leckere Bohne." Was sagst du dazu? Begründe.

2 Um einen Online-Account zu sichern, sollte man sichere Passwörter verwenden.

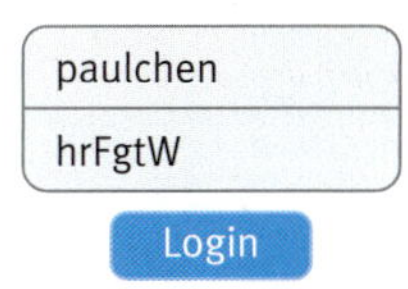

a) Nenne Kriterien für sichere Passwörter.

b) Berechne die Anzahl der verschiedenen sechsstelligen Passwörter, falls nur Buchstaben ohne Umlaute und kein „ß" verwendet werden. Dabei wird zwischen Groß- und Kleinschreibung ...
(1) nicht unterschieden. (2) unterschieden.

c) Ermittle die Anzahl der möglichen sechsstelligen Passwörter, wenn neben allen Buchstaben und Umlauten auch Ziffern sowie die Sonderzeichen ! " § $ % & / = ? ; : * € @ und # verwendet werden dürfen. Unterscheide zwischen Groß- und Kleinschreibung.

3 Beschreibe jeweils ein sicheres und ein unmögliches Ereignis für die angegebenen Zufallsexperimente.

*Erinnere dich:
Ein Ereignis, das auf jeden Fall eintritt, ist sicher.*

a) Zweimaliges Werfen eines Laplace-Würfels und Bilden der Summe (des Produkts) der beiden Augenzahlen.

b) Gleichzeitiges Ziehen von drei Gummibärchen aus der abgebildeten Schale mit geschlossenen Augen.

4 An der Bushaltestelle stehen fünf Schultaschen hintereinander auf dem Boden. Jenny und ihre vier Freundinnen haben sie dort in der Reihenfolge ihrer Ankunft an der Haltestelle abgestellt. Plötzlich ruft Marc: „So ein Mist! Ein Vogel hat mitten auf eine eurer Schultaschen gemacht!“ Wie groß schätzt du die Wahrscheinlichkeit ein, dass Jennys Schultasche die betreffende ist?

5 Die Abbildung zeigt ein Kartenspiel. Daraus wird eine Karte zufällig gezogen.

a) Gib mindestens ein Ereignis an, ...
1. dessen Wahrscheinlichkeit $\frac{1}{32}$ ist.
2. dessen Wahrscheinlichkeit $\frac{1}{2}$ ist.
3. dessen Wahrscheinlichkeit $\frac{7}{8}$ ist.
4. dessen Wahrscheinlichkeit $\frac{15}{16}$ ist.
5. das wahrscheinlicher ist als das Ereignis K: „Es wird ein König gezogen.“
6. das weniger wahrscheinlich eintritt als F: „Es wird eine Figurenkarte, aber kein Ass gezogen.“

b) Gib die Wahrscheinlichkeiten der Ereignisse K und F sowie deiner Ereignisse von 5 und 6 an.

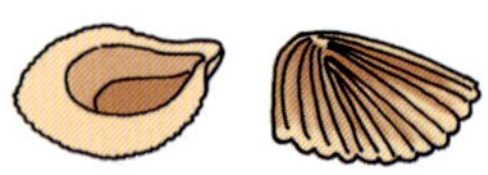

Position 1 *Position 2*

6 Betrachtet wird das Zufallsexperiment „Werfen einer kleinen Muschelschale“ mit dem Ergebnisraum $\Omega = \{\text{Position 1; Position 2}\}$.

a) Erläutere, warum die Formel $P(E) = \frac{|E|}{|\Omega|}$ nicht anwendbar ist, um die Wahrscheinlichkeit des Elementarereignisses E: „Position 1“ zu bestimmen.

b) Welche alternative Methode schlägst du vor? Beschreibe sie.

7 Wie groß schätzt du die Wahrscheinlichkeit ein, dass eine auf der Straße angesprochene, zufällig ausgewählte Person im Monat September Geburtstag hat? Gib an, von welchen Annahmen du dabei ausgehst.

8 In einem Stoffsäckchen befinden sich vier bis auf die Farbe identische Kugeln. Eine ist gelb, eine grün, eine rot und eine blau. Ohne hinzusehen werden zwei Kugeln nacheinander entnommen, wobei die erste Kugel nicht zurückgelegt wird.

Verwende Farbstifte: ●, ●, ●, ●

a) Stelle die möglichen Ausgänge des Zufallsexperiments in einem Baumdiagramm dar und notiere den Ergebnisraum.

b) Ermittle die Wahrscheinlichkeit, dass folgendes Ereignis eintritt:
1. E: „Eine der gezogenen Kugeln ist gelb, die andere blau.“
2. E: „Keine der gezogenen Kugeln ist gelb.“
3. E: „Eine der gezogenen Kugeln ist entweder grün, rot oder blau.“
4. E: „Beide gezogenen Kugeln haben die gleiche Farbe.“

c) Formuliere in Worten ein Ereignis, das mit der Wahrscheinlichkeit 25 % eintritt.

9 Ein gewöhnlicher Spielwürfel wird dreimal in Folge geworfen. Welches der drei Ergebnisse ist bei diesem Zufallsexperiment am unwahrscheinlichsten? Oder sind alle drei Ergebnisse gleich unwahrscheinlich? Begründe deine Meinung.

1 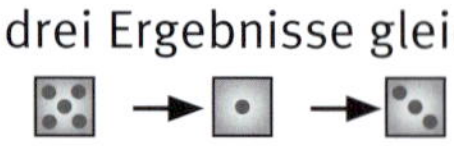 2 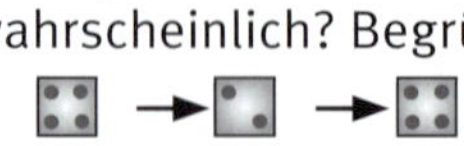 3 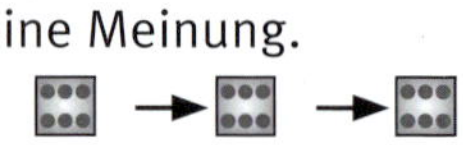

10 Eine Kugel wird in das sich drehende Roulette-Rad geworfen. Welches Ereignis könnte diesbezüglich für einen Glücksspieler von Interesse sein?
Finde verschiedene Möglichkeiten. Formuliere das jeweilige Ereignis in Worten und ermittle die Wahrscheinlichkeit, dass es eintritt.

11 Daniel wirft einen grauen und einen roten Spielwürfel gleichzeitig. Die möglichen Ergebnisse sehen wie folgt aus:

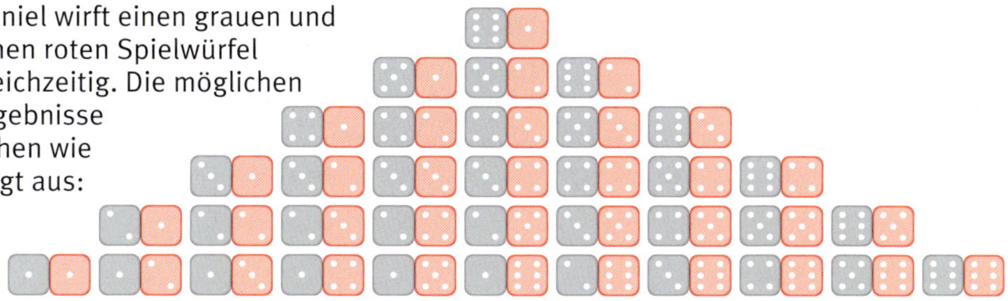

a) Die von den beiden Würfeln angezeigten Augenzahlen werden addiert. Übertrage die Tabelle in dein Heft und vervollständige sie.

Wert der Summe beider Augenzahlen	2	3	4	...
Anzahl der Möglichkeiten	1			...
Zugehörige Wahrscheinlichkeit				...

b) Ermittle die Wahrscheinlichkeit für das Eintreten des Ereignisses E: „Der Summenwert ist eine Primzahl." Beschreibe dein Vorgehen.

c) Daniel stellt fest: „Bei meinem Wurf ist der Summenwert 10." Wie groß schätzt du die Wahrscheinlichkeit ein, dass Daniel  gewürfelt hat? Begründe.

12 Bei dem abgebildeten Buchstabenwürfel stehen jeweils auf gegenüberliegenden Begrenzungsflächen gleiche Buchstaben.

a) Der Buchstabenwürfel wird einmal geworfen. Mit welcher Wahrscheinlichkeit tritt das Ereignis E: „Der geworfene Buchstabe ist kein Vokal." ein?

b) Der Buchstabenwürfel wird 500-mal geworfen. Welche relative (absolute) Häufigkeit erwartest du für das Ergebnis L? Erläutere deine Einschätzung.

Wissen

Wahrscheinlichkeiten einschätzen

Ein mit Knetmasse gefülltes zylinderförmiges kurzes Stück eines dicken Trinkhalms lässt sich als Zufallsgerät verwenden. Wird es auf eine Tischplatte geworfen, dann bleibt es in Position A oder B liegen.

Material
Knetmasse, dicker Trinkhalm, Schere

- Schneide ein zylinderförmiges Stück vom Trinkhalm ab. Versuche dabei, die Länge des abgeschnittenen Stücks so zu bemessen, dass die beiden Ergebnisse „Position A" und „Position B" gleich wahrscheinlich sind, wenn das mit Knetmasse gefüllte Stück anschließend geworfen wird (achte darauf, den Trinkhalm beim Abschneiden nicht zu verformen).
- Überprüfe anschließend, wie erfolgreich deine Einschätzung war, indem du 100-mal (250-mal) wirfst.
- Welche Wahrscheinlichkeiten lassen sich den einzelnen Positionen bei deinem Zufallsgerät zuordnen?

Moritz ist mit seiner Freundin Tessa auf dem Volksfest. Er möchte ihr gerne eine Rose schießen. Erfahrungsgemäß liegt seine Trefferwahrscheinlichkeit bei einem Schuss bei etwa 60 %. Sobald er eine Rose getroffen hat, hört er auf, spätestens jedoch nach dem vierten Schuss.

- Zeichne ein Baumdiagramm, das dieses Zufallsexperiment beschreibt. Beschrifte die Pfade mit den zugehörigen Wahrscheinlichkeiten.
- Berechne mithilfe des Baumdiagramms die Wahrscheinlichkeit dafür, dass Moritz beim ersten (zweiten, dritten, vierten) Schuss trifft.
- Bestimme die Wahrscheinlichkeit, dass Moritz spätestens beim vierten Schuss trifft. Erkläre dein Vorgehen.

Zum Zeichnen des Baumdiagramms kann man sich vorstellen, dass zuerst der Reißnagel auf dem Boden landet (er bleibt in Pos. 1 oder Pos. 2 liegen), dann die Ansichtskarte (sie bleibt mit dem Bild oder dem Text oben liegen) und schließlich der Tetraeder-Würfel.

Insgesamt sind $2 \cdot 2 \cdot 4 = 16$ verschiedene Ergebnisse möglich.

Merkwissen

Wird ein Zufallsexperiment mehrfach hintereinander ausgeführt, spricht man von einem **mehrstufigen Zufallsexperiment**, das man an einem Baumdiagramm veranschaulichen kann. Auch bei mehrstufigen Zufallsexperimenten entspricht jedem Ergebnis ein Pfad am Baumdiagramm.

Beispiel:
Ein Reißnagel, eine Ansichtskarte und ein Tetraeder-Würfel (Seitenflächen weiß, rot, grün und blau) werden gleichzeitig in die Luft geworfen.

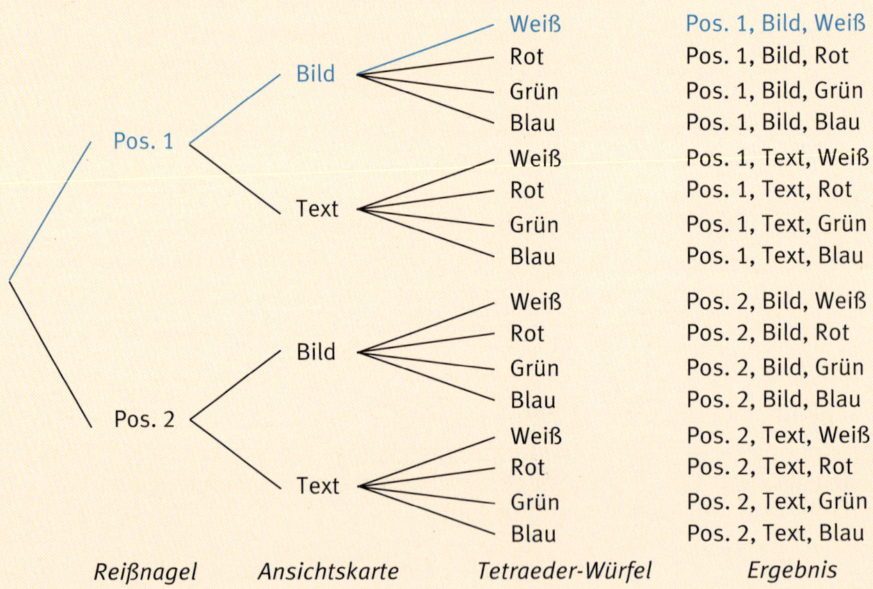

Für die Berechnung der Wahrscheinlichkeiten in einem solchen Baumdiagramm gelten folgende Pfadregeln:

1. Wahrscheinlichkeiten **entlang eines solchen Pfades** werden **multipliziert (1. Pfadregel).**
2. Beim **Zusammenfassen mehrerer Ergebnisse** werden die zugehörigen **Wahrscheinlichkeiten** der einzelnen Ergebnisse **addiert (2. Pfadregel).**

Ferner ist die Summe der Wahrscheinlichkeiten auf den Teilpfaden, die von einem Verzweigungspunkt ausgehen, stets 1.

Beispiele

I Ein Schmerzmittel wirkt erfahrungsgemäß in 80 % aller Fälle. Ein Arzt verschreibt dieses Medikament drei Patienten zum ersten Mal.

a) Zeichne ein Baumdiagramm zum Sachverhalt.

b) Bestimme die Wahrscheinlichkeit, dass das Medikament bei genau zwei der Betroffenen wirkt.

c) Berechne die Wahrscheinlichkeit dafür, dass das Medikament bei niemandem Wirkung zeigt.

d) Bestimme die Wahrscheinlichkeit, dass das Medikament bei mindestens einem Patienten wirkt.

Lösung:

a)

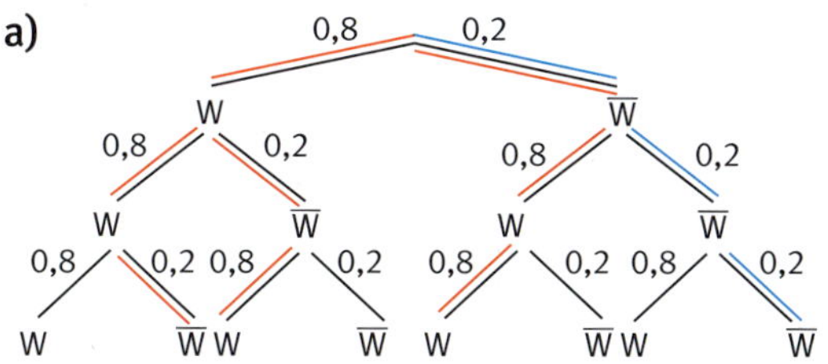

W: „Das Medikament wirkt."

Pfade für Wirkung bei genau zwei Patienten

Pfad für keine Wirkung bei einem Patienten

b) P („Medikament wirkt bei genau zwei Patienten."): rote Pfade in a)

$P(WW\overline{W}) + P(W\overline{W}W) + P(\overline{W}WW)$

$= 0{,}8 \cdot 0{,}8 \cdot 0{,}2 + 0{,}8 \cdot 0{,}2 \cdot 0{,}8 + 0{,}2 \cdot 0{,}8 \cdot 0{,}8$

$= 3 \cdot 0{,}8^2 \cdot 0{,}2 = 0{,}384 = 38{,}4\,\%$

c) P („Medikament wirkt bei niemandem."): blauer Pfad in a)

$P(\overline{W}\,\overline{W}\,\overline{W}) = 0{,}2 \cdot 0{,}2 \cdot 0{,}2 = 0{,}2^3 = 0{,}008 = 0{,}8\,\%$

d) P („Medikament wirkt bei mindestens einem Patienten.")

= 1 – P („Medikament wirkt bei niemandem.")

$= 1 - 0{,}008 = 0{,}992 = 99{,}2\,\%$

Denke an die Gegenwahrscheinlichkeit:
$P(E) + P(\overline{E}) = 1$

II In einer Klasse mit 30 Schülern wird jede Woche ein Schüler für den Tafeldienst ausgelost. Wer einmal Tafeldienst hatte, wird von der Liste gestrichen.

a) Bestimme die Wahrscheinlichkeit, dass Simon in der dritten Woche Tafeldienst hat. Zeichne ein zugehöriges Baumdiagramm.

b) Berechne die Wahrscheinlichkeit dafür, dass Simon spätestens in der dritten Woche Tafeldienst hat.

Lösung:

a) S: „Simon wird für den Tafeldienst ausgelost."

P („Simon wird in der 3. Woche ausgelost."): roter Pfad im Baumdiagramm

$P(\overline{S}\,\overline{S}\,S) = \frac{29}{30} \cdot \frac{28}{29} \cdot \frac{1}{28} = \frac{1}{30} = 0{,}0\overline{3} \approx 3\,\%$

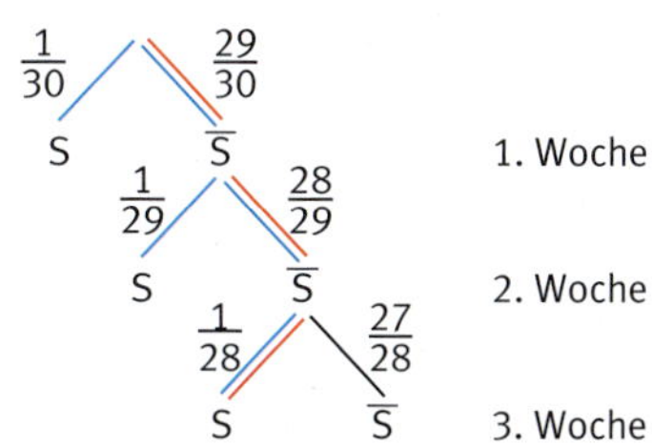

Wenn Simon Tafeldienst hatte, kann der Pfad enden. Es ist unmöglich, dass er beim nächsten Mal gezogen wird.

b) P („Simon ist spätestens in der 3. Woche dran."): blaue Pfade im Baumdiagramm

$P(S) + P(\overline{S}\,S) + P(\overline{S}\,\overline{S}\,S) = \frac{1}{30} + \frac{29}{30} \cdot \frac{1}{29} + \frac{1}{30} = \frac{1}{10} = 0{,}1 = 10\,\%$

Verständnis

- Erkläre die Ursache für die Änderung der „Trefferwahrscheinlichkeit“ beim Ziehen ohne Zurücklegen im Vergleich zum Ziehen mit Zurücklegen.
- Begründe die folgende Aussage: Würfelt man 5-mal hintereinander mit einem Würfel, dann kann man das als Ziehen ohne Zurücklegen interpretieren.

1 Denke dir zu dem Baumdiagramm ein „Spielgerät“ aus. Bestimme die Wahrscheinlichkeit dafür, dass das „Spielgerät“ zweimal hintereinander das Ereignis „1“ anzeigt.

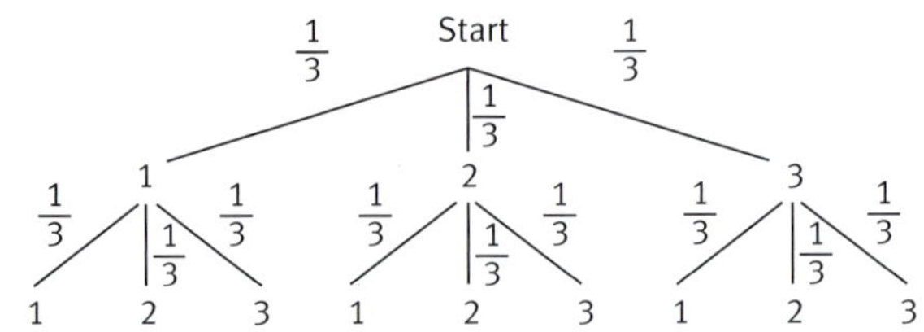

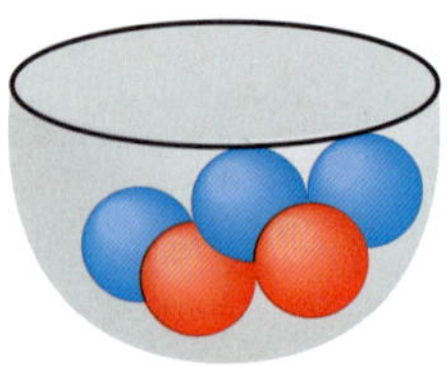

2 In einer oben offenen Dose sind zwei rote und drei blaue Kugeln. Gregor zieht „blind“ zweimal nacheinander je eine Kugel. Dabei zieht er erst eine Kugel und notiert die Farbe. Dann

1. legt er die Kugel wieder zurück und zieht erneut eine Kugel.
2. zieht er eine zweite Kugel, ohne vorher die erste Kugel zurückzulegen.

a) Zeichne für jedes der beiden Zufallsexperimente ein Baumdiagramm und schreibe jeweils die Wahrscheinlichkeiten an die Teilpfade.

b) Ermittle in jedem der beiden Fälle die Wahrscheinlichkeit dafür, dass Gregor zweimal eine rote Kugel zieht.

Lösungen zu 3:
1,5 %; 1,7 %; 7,6 %; 7,9 %; 10,7 %; 11,0 %

3 In einer Studie soll ein neues Grippemittel getestet werden. Mit dem Wirkstoff werden 8000 von insgesamt 10 000 Testpersonen geimpft. Von den Geimpften erkrankten 136 trotzdem an Grippe, von den Nichtgeimpften 158.

a) Bestimme Näherungswerte für beide Testgruppen für die Wahrscheinlichkeit, zu erkranken.

b) Sylvia und ihre beiden Schwestern Therese und Waltraud haben an der Studie teilgenommen. Therese wurde als einzige nicht geimpft. Zeichne ein geeignetes Baumdiagramm zur Sachsituation und berechne die Wahrscheinlichkeit, dass ...

1. nur Therese an Grippe erkrankt.
2. nur Waltraud erkrankt.
3. genau eine der drei Schwestern Grippe bekommt.
4. mindestens eine der Schwestern an Grippe erkrankt.

Verwende die Ergebnisse aus a) - d), um Teil e) zu lösen.

4 In einem Supermarktregal stehen noch 15 Konservendosen mit Tomaten. Drei davon haben ein höheres Füllgewicht als angegeben. Paul kauft vier der Dosen. Ermittle die Wahrscheinlichkeit, dass er zufällig ...

a) keine der schwereren Dosen erwischt.

b) genau eine der schwereren Dosen kauft.

c) mindestens eine der schwereren Dosen nimmt.

d) alle drei schwereren Dosen erwischt.

e) genau zwei der schwereren Dosen kauft.

5 Lucas wirft einen Laplace-Spielwürfel zweimal. Zeichne ein Baumdiagramm und ermittle jeweils die Wahrscheinlichkeit des Ereignisses auf Zehntel Prozent gerundet.

a) E1: „Er wirft zuerst die Augenzahl 4 und dann 5“

b) E2: „Er wirft zweimal die gleiche Augenzahl“

c) E3: „Er wirft nicht zweimal die gleiche Augenzahl“

d) E4: „Die Summe der geworfenen Augenzahlen hat den Wert 10“

e) E5: „Die Summe der geworfenen Augenzahlen hat nicht den Wert 12“

6 Konstantin und Rosanna treten gegeneinander im Torwandschießen an. Jeder hat fünf Schuss. Konstantin weiß aus Erfahrung, dass seine Trefferquote bei 25 % liegt. Rosanna versenkt in der Regel 3 von 10 Schüssen. Bestimme die Wahrscheinlichkeit, dass …

a) Rosanna beim vierten Schuss zum ersten Mal trifft.

b) Konstantin mindestens einmal das Tor verfehlt.

c) beide bei jedem Schuss treffen.

7 Bei einem Würfelspiel werden fünf Würfel gleichzeitig geworfen.

a) Berechne die Wahrscheinlichkeit dafür, auf Anhieb eine „große Straße“ zu würfeln. Die großen Straßen sind „1-2-3-4-5“ oder „2-3-4-5-6“.

b) Berechne die Wahrscheinlichkeit, bei einem Wurf fünf gleiche Zahlen zu würfeln.

8 Beim Lotto befinden sich 49 Kugeln in einer Lostrommel. Sie sind mit den Zahlen von 1 bis 49 beschriftet. Jeden Samstag werden sechs von ihnen zufällig gezogen. Die Reihenfolge, in der die Zahlen gezogen werden, wird nicht berücksichtigt. Um zu spielen, muss man auf dem Tippschein sechs Zahlen ankreuzen. Till hat die dargestellten Zahlen angekreuzt.

a) Gib die Wahrscheinlichkeit dafür an, dass die erste gezogene Gewinnzahl eine von Tills getippten Zahlen ist.

b) Berechne die Wahrscheinlichkeit dafür, dass die erste und die zweite gezogene Zahl beide auf Tills Tippschein angekreuzt sind.

c) Ermittle die Wahrscheinlichkeit, dass Till „sechs Richtige“ getippt hat.

9 Die Flächen eines Laplace-Tetraeders sind mit den Zahlen 1; 2; 3 bzw. 4 beschriftet. Gregor „würfelt“ zweimal mit ihm. Als geworfen gilt jeweils die Zahl, die auf der unten liegenden Tetraederfläche steht.

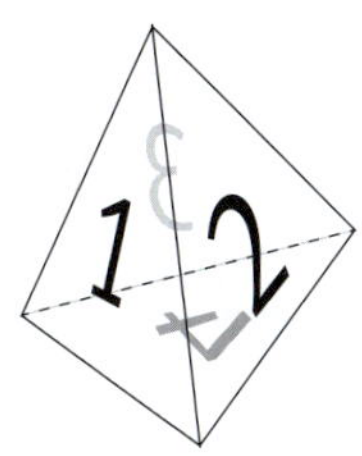

a) Zeichne ein Baumdiagramm und gib die Wahrscheinlichkeit dafür an, dass der Summenwert der gewürfelten Zahlen gerade ist.

b) Baue ein Tetraeder aus dünnem Karton und führe das beschriebene Zufallsexperiment 100-mal durch. Vergleiche die relative Häufigkeit der geraden Summenwerte mit der Wahrscheinlichkeit aus Teilaufgabe a).

5.4 Vierfeldertafel

Die Schulmannschaft im Volleyball ist sehr erfolgreich. Sie gewann mehrfach den Stadtmeister- und den Landesmeistertitel. Manchmal sogar beide im gleichen Jahr. In der Tabelle ist dargestellt, wie oft die Schulmannschaft in den letzten zehn Jahren die einzelnen Titel gewonnen hat.

	L	$\overline{L}$	gesamt
S	□	□	7
$\overline{S}$	1	□	□
gesamt	3	□	10

S: „Mannschaft wurde Stadtmeister."
L: „Mannschaft wurde Landesmeister."

- Beschreibe die Bedeutung aller Felder der Tabelle.
- Übertrage die Tabelle in dein Heft und ergänze die fehlenden Angaben. Ersetze anschließend die absoluten Häufigkeiten durch die entsprechenden relativen Häufigkeiten.
- Zeichne ein passendes Baumdiagramm zu dem Sachverhalt.

Merkwissen

Interessiert man sich bei einer Datenerhebung mit **genau zwei unterschiedlichen Merkmalen**, ob sie einzeln oder gemeinsam eintreten oder gar nicht, so kann man die Daten in einer **Vierfeldertafel** darstellen.

Beispiel: Umfrage an einem Gymnasium in Hessen:
N: „Schüler besucht die 8. Klasse."
A: „Schüler ist mindestens 14 Jahre alt."

	N	$\overline{N}$	gesamt
A	35 7 %	180 36 %	215 43 %
$\overline{A}$	25 5 %	260 52 %	285 57 %
gesamt	60 12 %	440 88 %	500 100 %

7 % aller Schüler (das sind 35) sind mindestens 14 Jahre alt und besuchen die 8. Klasse.

285 Schüler der Schule (das sind 57 % aller Schüler) sind jünger als 14 Jahre.

In diesem Feld steht immer die **Gesamtheit,** also stets 100 %.

*Es gibt **vier Möglichkeiten**, um das Eintreten von zwei Merkmalen zu kombinieren.*

*In Vierfeldertafeln kann man entweder absolute oder relative Häufigkeiten eintragen. Die relativen Angaben werden immer auf die **Gesamtheit** bezogen.*

Beispiele

I In einer Firma, die USB-Sticks herstellt, sind erfahrungsgemäß 2 % aller produzierten Sticks fehlerhaft. 90 % der fehlerhaften Sticks werden bei einem Test erkannt, jedoch werden auch 5 % der funktionsfähigen Sticks fälschlicherweise aussortiert.

a) Zeichne ein Baumdiagramm und eine Vierfeldertafel zu dem Sachverhalt.

b) (1) Ermittle die Wahrscheinlichkeit, mit der ein USB-Stick aussortiert wird.
(2) Ermittle die Wahrscheinlichkeit für einen Sortierfehler durch den Test.

Sortierfehler: Ein fehlerhafter Stick wird nicht bemerkt oder ein funktionsfähiger Stick wird aussortiert.

F: „Stick ist fehlerhaft."
T: „Test stuft Stick als fehlerhaft ein."

Lösung:

a)

	F	$\overline{F}$	gesamt
T	0,018	0,049	0,067
$\overline{T}$	0,002	0,931	0,933
gesamt	0,020	0,980	1,000

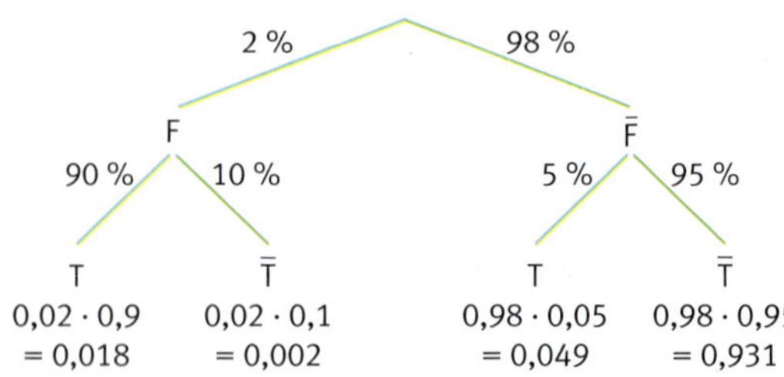

b) (1) $P(T) = 0{,}018 + 0{,}049 = 0{,}067 \approx 7\,\%$
(2) $P(F\overline{T}, \overline{F}T) = 0{,}002 + 0{,}049 = 0{,}051 \approx 5\,\%$

Verständnis

- Die Ereignisse A und B sollen beide eintreten. Beschreibe, an welcher Stelle du die zugehörige Angabe in der Vierfeldertafel (im Baumdiagramm) findest.
- Gib mithilfe der Vierfeldertafel im Merkwissen die relative Häufigkeit der Schüler in der 8. Klasse an, die mindestens 14 Jahre alt sind.

Aufgaben

1 Übertrage die Vierfeldertafel in dein Heft und ergänze die fehlenden Einträge.

a)

	B	$\overline{B}$	gesamt
A		800	1000
$\overline{A}$	400		
gesamt			

b)

	D	$\overline{D}$	gesamt
C	20 %		
$\overline{C}$		0,1	
gesamt	0,7		

2 Bei einem Einstellungstest, an dem 250 Personen teilnehmen, werden Kopfrechnen (K) und logisches Denken (D) geprüft. Besteht ein Prüfling beide Teile, wird er anschließend zu einem Vorstellungsgespräch eingeladen. Einige der zugehörigen relativen Häufigkeiten sind in der Vierfeldertafel festgehalten.

a) Übertrage die Vierfeldertafel in dein Heft und vervollständige sie.

b) Ermittle die Anzahl der Personen, die zum Vorstellungsgespräch eingeladen werden.

c) Bestimme die Anzahl der Personen, die nicht eingeladen werden, obwohl sie einen der beiden Testteile bestanden haben.

	D	$\overline{D}$	gesamt
K			0,20
$\overline{K}$	0,56		
gesamt		0,36	

3 Eine Studie hat gezeigt, dass in Großstädten etwa 7 % der Fahrgäste in öffentlichen Verkehrsmitteln ohne gültigen Fahrschein fahren. Bei Kontrollen werden 5 % der Schwarzfahrer erwischt. Bestimme die Wahrscheinlichkeit dafür, dass eine beliebige Person in einem Bus ohne gültigen Fahrschein fährt und dabei nicht erwischt wird. Recherchiere die Höhe der Strafe für ein solches Vergehen.

4 Eine Umfrage in einem Musik-Club brachte folgende Ergebnisse:

1 60 % der Gäste sind weiblich.

2 55 % aller Besucher bevorzugen Loungemusik.

3 30 % der männlichen Gäste mögen keine Loungemusik.

Erstelle eine Vierfeldertafel und bestimme den Anteil der weiblichen Gäste, die Loungemusik mögen.

5 Das Einstein-Gymnasium hat 1200 Schülerinnen und Schüler. 30 % von ihnen engagieren sich in der SMV. 65 % der Aktiven sind Mädchen. Von den Schülern, die sich nicht engagieren, sind 45 % Mädchen.

SMV: Schülermitverantwortung als Teil der Schülervertretung einer Schule

a) Ermittle mit einem Baumdiagramm, wie viele Mädchen das Einstein-Gymnasium besuchen.

b) Erstelle eine Vierfeldertafel zu dem Sachverhalt.

c) Berechne die Wahrscheinlichkeit, dass ein zufällig ausgewählter Junge in der SMV tätig ist.

Sarahs Italienisch-Vokabeltest

coccio bedeutet
☐ Kutsche ☐ Geschirr ☐ Schätzchen

tappa bedeutet
☐ Kontrolltaste ☐ Rast ☐ Korken

sagoma bedeutet
☐ Probe ☐ Sage ☐ Zielscheibe

montante bedeutet
☐ Pfosten ☐ Bergpfad ☐ Zeiger

Mary: *„Unsere Prüfungen sind häufig Multiple-Choice-Tests."*
Gregor: *„Cool – da muss man ja nur ankreuzen."*
Laura: *„Mach doch mal einen Versuch mit Sarahs Vokabeltest."*

- Finde heraus, wie viele verschiedene Möglichkeiten des Ankreuzens es bei Sarahs Vokabeltest gibt.
- Wie könnte man mit einem Spielwürfel festlegen, welche Übersetzung man jeweils ankreuzt?
- Mit welcher Wahrscheinlichkeit kreuzt Gregor „mit reinem Raten" viermal richtig an, mit welcher keinmal?

Merkwissen

Zahlreiche Aufgabenstellungen bei mehrstufigen Zufallsexperimenten kann man sich wie einen Urnenversuch vorstellen.

Bei mehrstufigen Zufallsexperimenten kann man je nach Versuchsdurchführung zwei Fälle unterscheiden, die sich als ein **Urnenmodell simulieren** lassen.

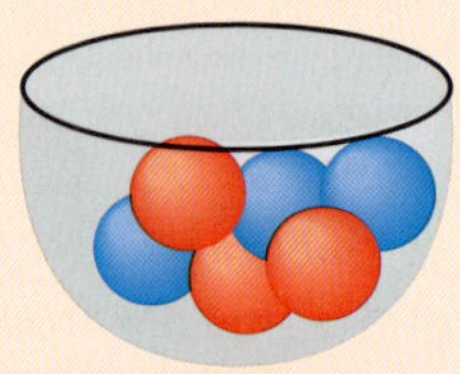

In einer Urne sind drei blaue und drei rote Kugeln.
In jedem Durchgang soll eine Kugel gezogen werden.
Es wird jeweils die Wahrscheinlichkeit betrachtet, eine rote Kugel zu ziehen.

① Ziehen mit Zurücklegen	② Ziehen ohne Zurücklegen
Die gezogene Kugel wird nach jedem Durchgang in die Urne zurückgelegt. Die Wahrscheinlichkeit, eine rote Kugel zu ziehen, ist also in jedem Durchgang gleich groß.	Die gezogene Kugel wird nicht zurückgelegt. Die Wahrscheinlichkeit, eine rote Kugel zu ziehen, ändert sich in jedem Durchgang.
P („rot") = P („rot im 1. Zug") = P („rot im 2. Zug") = ... $= \frac{3}{6} = \frac{1}{2}$	P („rot im 1. Zug") $= \frac{3}{6} = \frac{1}{2}$ Für die Wahrscheinlichkeit im 2. Zug muss das Ergebnis im 1. Zug berücksichtigt werden: 1. Zug: blaue Kugel gezogen P („rot im 2. Zug") $= \frac{3}{5}$ 1. Zug: rote Kugel gezogen P („rot im 2. Zug") $= \frac{2}{5}$

Beispiele

I Man zieht aus einer Urne, in der rote und schwarze Kugeln sind, dreimal je eine Kugel mit Zurücklegen. Wie viele verschiedene Möglichkeiten gibt es jeweils, aus dieser Urne dreimal, zweimal, einmal bzw. keinmal eine rote Kugel zu ziehen?

Lösung:

Anzahl der roten Kugeln	3	2	1	0
Möglichkeiten	🔴🔴🔴	🔴🔴⚫ 🔴⚫🔴 ⚫🔴🔴	🔴⚫⚫ ⚫🔴⚫ ⚫⚫🔴	⚫⚫⚫
Anzahl der Möglichkeiten	1	3	3	1

Verständnis

- Finde jeweils ein passendes Urnenmodell, wenn die Wahrscheinlichkeit für einen Gewinn 25 % (30 %; 50 %; 0 %; 100 %) ist.
- In einer Urne sind 4 rote und 3 blaue Kugeln. Es wird wiederholt eine Kugel gezogen, die dann nicht wieder zurückgelegt wird. Erkläre, wie sich mit jedem Zug die Wahrscheinlichkeit ändert, dass man eine rote Kugel zieht.

Aufgaben

1 Gib bei jeder Situation an, ob sie mit Ziehen ohne Zurücklegen oder Ziehen mit Zurücklegen verglichen werden kann. Wie sieht ein passender Urnenversuch aus?

a) Melanie würfelt fünf Mal nacheinander gleichzeitig mit zwei Würfeln und bildet die Augensumme.

b) Ein Päckchen enthält 25 Tulpenzwiebeln. Laut Etikett werden dabei aus 20 % der Zwiebeln rote Tulpen und aus je 40 % weiße bzw. gelbe Tulpen. Henriette pflanzt drei Zwiebeln ein.

c) Bei der Bundestagswahl 2013 wählten etwa 13 % der männlichen Erstwähler die Piratenpartei. Auch Laurin, Jona und Sascha durften damals zum ersten Mal wählen.

2 Beschreibe mindestens drei Beispiele für Zufallsexperimente, die man ...

a) wie Ziehen mit Zurücklegen behandeln kann.

b) wie Ziehen ohne Zurücklegen behandeln kann.

3 In einer Urne sind sechs rote und drei schwarze Kugeln sowie eine goldene Kugel. Laura zieht nacheinander „blind" zwei Kugeln, ohne sie zurückzulegen.

a) Zeichne ein Baumdiagramm.

b) Ermittle die Wahrscheinlichkeit, dass Laura
1 zwei rote Kugeln zieht.
2 eine rote und eine schwarze Kugel zieht.
3 nicht die goldene Kugel zieht.
4 zwei gleichfarbige Kugeln zieht.
5 die goldene und eine rote Kugel zieht.

4 In einer Lostrommel sind 100 Lose; davon sind 20 Gewinnlose. Gregor kauft zwei Lose. Übertrage Gregors nebenstehendes Baumdiagramm in dein Heft, ergänze es dann dort und ermittle die Wahrscheinlichkeit, dass Gregor

a) kein Gewinnlos zieht. **b)** genau ein Gewinnlos zieht.

c) mindestens ein Gewinnlos zieht. **d)** höchstens ein Gewinnlos zieht.

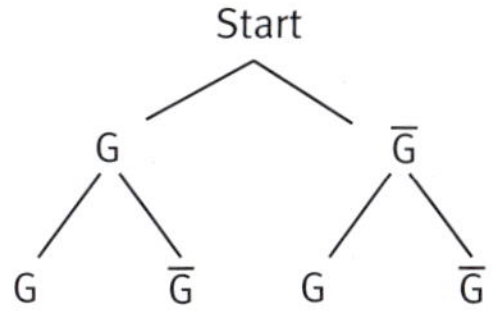

5 Fünf Personen erhalten ein Fiebermittel, das erfahrungsgemäß in 60% aller Fälle zur Senkung des Fiebers führt.

a) Erkläre die Veranschaulichung, die Lucas zu diesem Problem entworfen hat:

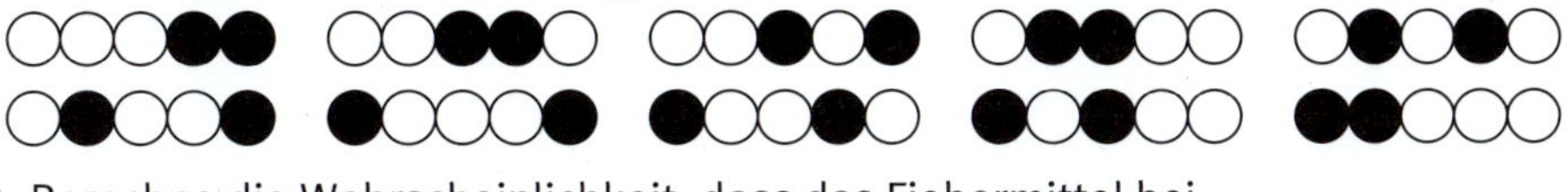

b) Berechne die Wahrscheinlichkeit, dass das Fiebermittel bei
1 genau drei 2 genau zwei 3 höchstens zwei 4 mindestens zwei
der fünf Personen zur Senkung des Fiebers führt.

Zu 5.1

1 Vervollständige.

a) 2; 4; 6; 8; 10 m_e = □; $\bar{x}$ = □
b) 1; 3; 5; 7; 9; 11 m_e = □; $\bar{x}$ = □
c) 5; 5; 5; 5; 5; 5; 5 m_e = □; $\bar{x}$ = □

a) 7; 10; 90; 40; 3 m_e = □; $\bar{x}$ = □
b) 1; 6; □; 19; 4 $\bar{x}$ = 7; m_e = □
c) □; 13,0; 14,1; 17,8; 9,2
$\bar{x}$ = 15,6; m_e = □

2 Stelle die Daten in einem Boxplot dar.

Der Viererbob Deutschland II hatte bei Trainingsläufen auf der Bobbahn in Winterberg folgende Rückstände auf den Viererbob Deutschland I:
0,21 s; 0,30 s; 0,19 s; 0,24 s; 0,27 s; 0,32 s; 0,22 s; 0,28 s; 0,21 s; 0,31 s; 0,30 s; 0,25 s; 0,24 s

Auf der Terrasse eines Einfamilienhauses wurden in den Weihnachtsferien folgende Tageshöchsttemperaturen gemessen:
–5 °C; –9 °C; –11 °C; –10 °C; –11 °C; –8 °C; –5 °C; –3 °C; 0 °C; 2 °C; 3 °C; 1 °C; 0 °C; –2 °C

Zu 5.2

3 Die 48 Buchstaben der Wörter
AFRIKA ASIEN AUSTRALIEN EUROPA NORDAMERIKA SÜDAMERIKA
wurden auf Kärtchen geschrieben, gemischt und verdeckt auf den Tisch verteilt. Merle zieht eines der Kärtchen. Gib an, mit welcher Wahrscheinlichkeit zieht sie ...

a) ein E. b) ein A.
c) ein W. d) ein A oder ein S.

a) einen Vokal. **b)** einen Umlaut.
c) ein E, U, R O, P oder A.

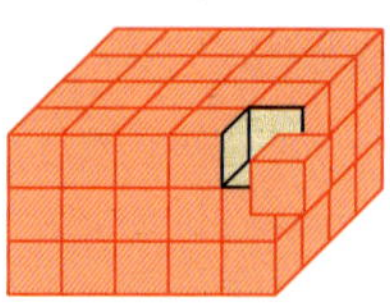

4 Theresa und Luise haben für den vierjährigen Ben zum Geburtstag Bausteine hergestellt. Dazu haben sie einen roten Holzquader (10 cm × 8 cm × 6 cm) in würfelförmige Bausteine (Kantenlänge 2 cm) zersägt und diese in einen Karton gegeben. Ben fischt ohne hinzusehen einen Baustein aus dem Karton. Mit welcher Wahrscheinlichkeit ist dieser Baustein ...

a) auf keiner Fläche rot lackiert?
b) auf genau zwei Flächen rot lackiert?
c) auf drei Flächen rot lackiert?

a) auf allen Flächen rot lackiert?
b) auf höchstens zwei Flächen rot lackiert?
c) auf mindestens zwei Flächen rot lackiert?

Zu 5.3

Pos. 1

Pos. 2

5 Ein halbkugelförmiges Karamellbonbon wurde 1000-mal geworfen. In Pos. 1 ist es 717-mal liegen geblieben, in Pos. 2 dagegen nur 283-mal. Nun wird das Bonbon erneut geworfen.

a) Wie groß schätzt du die Wahrscheinlichkeit, dass das Bonbon auf Pos. 1 (Pos. 2) liegen bleibt? Erläutere.
b) Bestimme die Wahrscheinlichkeit, dass beim zweimaligen Wurf das Bonbon immer auf Pos. 1 (Pos. 2) landet.

a) Ermittle die Wahrscheinlichkeiten für folgende Ereignisse für dreimaliges Werfen des Bonbons.
① Pos 1, Pos 1, Pos 2
② Pos 1, Pos 2, Pos 1
③ Pos 2, Pos 1, Pos 1
b) Beschreibe Auffälligkeiten in a) und begründe.

Zu 5.3

6 Tim hat einen gewöhnlichen Spielwürfel sechsmal hintereinander geworfen und jedes Mal eine Sechs erhalten. Annika vermutet, dass der Spielwürfel gezinkt ist. Finde eine mathematische Begründung.

Überlege dir in Bezug auf das zufällige Antippen einer Taste auf der Computertastatur selbst mögliche Aufgabenstellungen, zu deren Lösung die Anwendung der Pfadadditions- bzw. Pfadmultiplikationsregel nötig ist.

Zu 5.4

7 Für einen Computerkurs haben sich 32 Kinder angemeldet, von denen 16 ein Notebook besitzen. Darunter haben sich 17 Jungen angemeldet, von denen 10 ein Notebook haben.

	Jungen	Mädchen	
Notebook			
kein Notebook			

a) Übertrage die Vierfeldertafel in dein Heft und ergänze die fehlenden Angaben.

b) Bestimme, wie viel Prozent der Mädchen ein Notebook besitzen.

c) Beschreibe, welche Informationen du der Vierfeldertafel entnehmen kannst.

Am Schiller-Gymnasium werden alle 120 Schüler zu einem Mathematikwettbewerb eingeladen. Das Ergebnis ist in einer Vierfeldertafel dargestellt.

	Mädchen	Junge	
nimmt teil	36		90
nimmt nicht teil		26	
			120

a) Übertrage die Vierfeldertafel in dein Heft und ergänze fehlende Angaben.

b) Wahr oder falsch? Begründe anhand der Vierfeldertafel.

1 90% aller Mädchen der 8. Klassen nehmen teil.

2 Aus einer Klasse nimmt nur ein Junge teil.

3 Mehr als die Hälfte aller Jungen der 8. Klassen nehmen teil.

Zu 5.5

8 Simuliere jeweils durch ein Urnenmodell ...

a) das wiederholte Würfeln eines Spielwürfels.

b) das wiederholte Werfen einer Münze.

c) das wiederholte Werfen einer Reißzwecke.

d) das wiederholte Ziehen einer Karte aus einem Kartenspiel mit Entfernen der gezogenen Karte.

a) das wiederholte Ziehen von Losen (Gewinn oder Niete) aus einer Lostrommel.

b) das wiederholte Werfen einer Briefmarke.

c) das wiederholte Drehen eines Glücksrades mit sechs gleich großen Sektoren.

d) das wiederholte Werfen eines beschrifteten Tetraeder-Würfels.

9 Löse mithilfe einer passenden Simulation.

Ein Laplace-Spielwürfel wird viermal geworfen. Finde heraus, mit welcher Wahrscheinlichkeit genau zwei der vier geworfenen Augenanzahlen Primzahlen sind.

Etwa 12% einer Bevölkerung sind Linkshänder. Wie groß ist die Wahrscheinlichkeit, dass unter zehn aus ihr zufällig ausgewählten Personen mindestens ein (höchstens ein) Linkshänder ist?

1 Bei einer Klassenarbeit sind maximal 15 Punkte erreichbar. Nach der Korrektur stellt die Lehrerin die von den Schülerinnen und Schülern erreichten Punktzahlen als Boxplot dar:

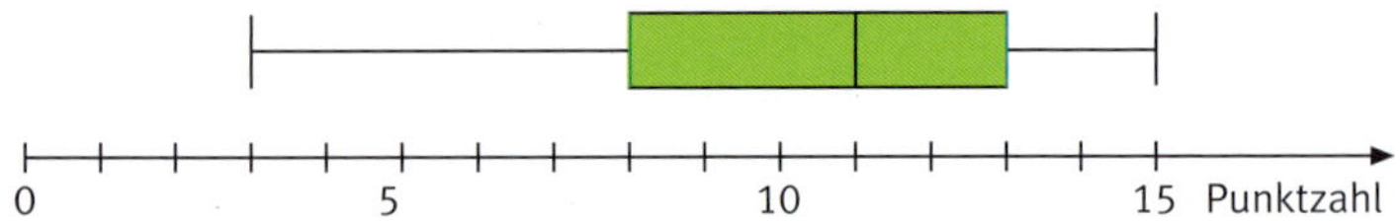

a) Gib alle Informationen an, die du dem Boxplot entnehmen kannst.

b) Die Klassenarbeit wurde von insgesamt 30 Schülerinnen und Schülern bearbeitet. Gib eine mögliche Liste von erreichten Punktzahlen an.

c) Begründe, welches der beiden Diagramme zu diesem Boxplot gehören könnte:

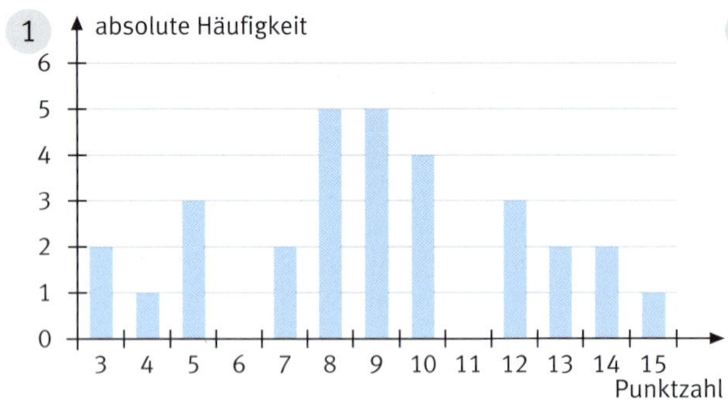

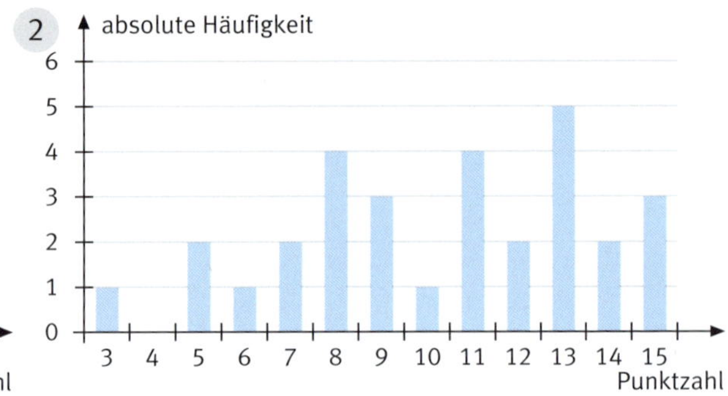

2 Johanna will wissen, wie viele Fahrgäste in der S-Bahn Zeitung lesen. Dazu zählt sie jedes Mal, wenn sie fährt: 17; 52; 61; 34; 22; 19; 56; 49; 21; 51.

a) Welche Schlüsse kannst du aus Johannas Daten ziehen?

b) Welche zusätzlichen Informationen bräuchtest du, um die Daten zu beurteilen?

c) Zeichne einen Boxplot für Johannas Daten.

3 Viktor wirft einen sechsseitigen Laplacewürfel und sagt: „Ich habe eine Primzahl." Gib die Wahrscheinlichkeit an, mit der Tanja die gewürfelte Zahl erraten kann.

4 Übertrage die nebenstehende Vierfeldertafel in dein Heft, vervollständige sie und bestimme die Wahrscheinlichkeiten für P (E), P (SE) und P (SE, S$\overline{E}$, $\overline{S}$E).

	E	$\overline{E}$	gesamt
S	0,2		0,6
$\overline{S}$		0,3	
gesamt			

5 Im Fahrradbereich der Schule stehen 360 Fahrräder. Darunter sind 240 Mountainbikes. Bei einer Überprüfung stellt sich heraus, dass fünf von neun Fahrrädern eine Beleuchtung haben. Von den Mountainbikes hat jedes dritte keine Beleuchtung.

a) Erstelle für diese Situation eine Vierfeldertafel.

b) Wie viel Prozent der Fahrräder mit Beleuchtungsanlage sind Mountainbikes?

6 Ein Multiple-Choice-Test besteht aus fünf Fragen. Zu jeder Frage gibt es vier Antwortmöglichkeiten, von denen genau zwei als richtig angekreuzt werden müssen.

a) Bestimme die Wahrscheinlichkeit, bei der ersten Frage zufällig die richtigen Felder anzukreuzen.

b) Ermittle die Wahrscheinlichkeit dafür, alle fünf Fragen richtig zu beantworten, wenn nur zufällig angekreuzt wird.

c) Berechne die Wahrscheinlichkeit dafür, genau eine der Fragen falsch zu beantworten.

7 Betrachtet man die Geburtenrate über einen langen Zeitraum, so stellt man fest, dass die Wahrscheinlichkeit für die Geburt eines Mädchens in Deutschland etwa 48,5 % beträgt.

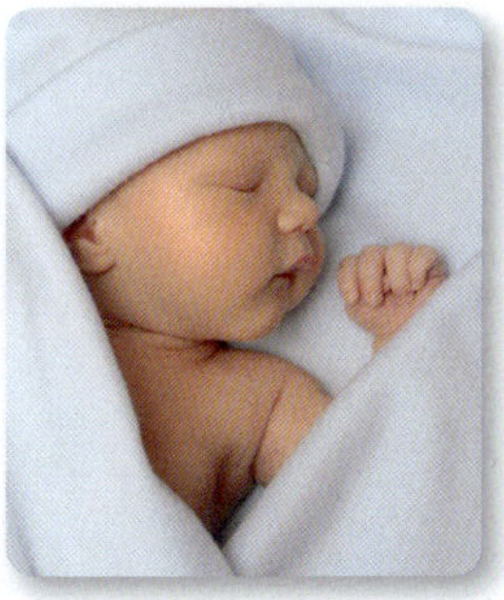

a) Gib Gründe an, warum es notwendig ist, solche Daten über eine lange Zeit zu erheben.

b) An einem bestimmten Tag kamen in einer Klinik 6 Kinder zur Welt. Berechne die Wahrscheinlichkeit dafür, dass ...

1 mindestens ein Mädchen darunter war.

2 genau ein Junge geboren ist.

8 Im Humboldt-Gymnasium werden die Fremdsprachenwahlkurse Japanisch und Schwedisch angeboten. 5 % der Schüler lernen beide Sprachen, 15 % lernen Japanisch, aber kein Schwedisch und insgesamt 15 % aller Schüler sind im Schwedischkurs. Ein zufällig ausgewählter Schüler lernt gerade Schwedisch. Ermittle, mit welcher Wahrscheinlichkeit er auch am Japanischkurs teilnimmt.

9 Zu Karneval haben Kevin und seine fünf Freunde acht Pfannkuchen mit Marmeladen- und zwei mit Senffüllung gekauft. Jeder isst einen Pfannkuchen. Bestimme die Wahrscheinlichkeit, dass ...

In manchen Gegenden Deutschlands sagt man statt „Pfannkuchen“ auch „Berliner“ oder „Krapfen“.

a) alle einen Marmeladenpfannkuchen bekommen.

b) nur der erste einen Senfpfannkuchen erwischt.

c) genau einer einen Senfpfannkuchen erwischt.

d) mindestens einer einen Pfannkuchen mit Senffüllung essen muss.

10 Henriettes Hobby ist Klettern. Bei Regen geht sie gerne in die Kletterhalle und stellt fest: „Ich stürze genauso oft in Kletterrouten mit blauen Griffen wie in solchen mit roten! Trotzdem mag ich die blauen lieber. Dort klettere ich doppelt so häufig wie in den roten.“ Heute ist Henriette mal wieder gestürzt. Wie groß ist die Wahrscheinlichkeit, dass sie gerade eine rote Tour geklettert ist?

11 Eine berühmte Vermutung von Antoine Chevalier de Méré besagt, dass beim dreimaligen Würfelwurf die Wahrscheinlichkeit des Augensummenwerts 11 ebenso groß ist wie die des Augensummenwerts 12.

a) Überprüfe die Vermutung durch ein Simulationsexperiment (zum Beispiel mit einem Tabellenprogramm) mit je 1000 Wurfergebnissen und bestimme damit die relativen Häufigkeiten der Augensummenwerte 11 und 12.

b) Welche Mindestanzahl von Würfen erscheint dir nötig, um aussagekräftig über die Vermutung von de Méré zu entscheiden? Begründe deine Antwort.

Freudige Erwartung

Frau Sarkow bekommt ein Baby und die Wehen haben eingesetzt. Ihr Mann nimmt den schnellsten Weg in die Klinik. Unterwegs muss er zwei Ampeln passieren. Aus Erfahrung hat er das Gefühl, dass jede Ampel in der Hälfte aller Fälle grün anzeigt.
Wie groß ist die Wahrscheinlichkeit, dass ...

a) beide Ampeln grün anzeigen?

b) mindestens eine Ampel grün anzeigt?

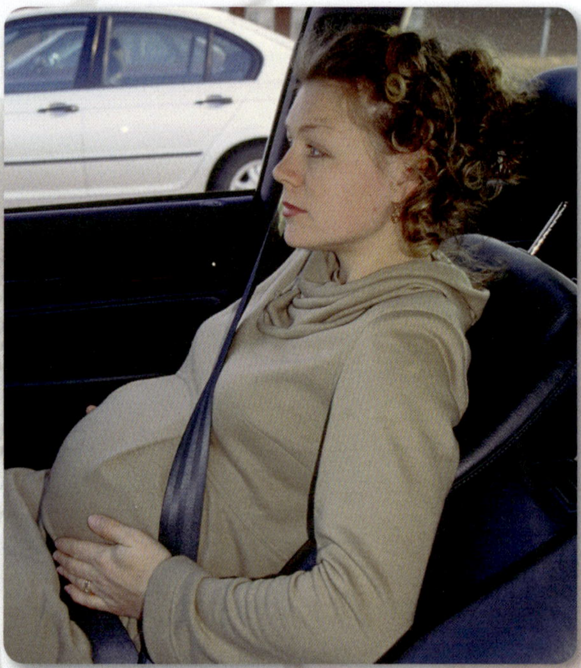

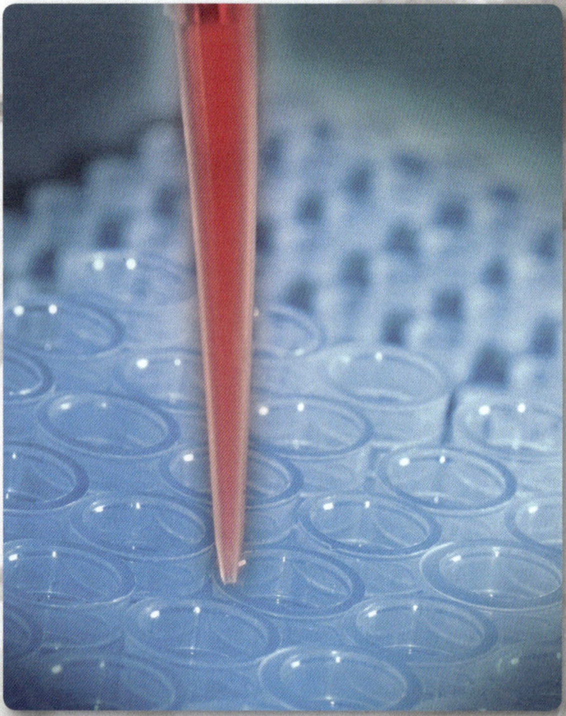

Testsprache

Sensitivität: Anteil der infizierten Personen, die durch den Test als infiziert erkannt werden. Man sagt, sie erhalten ein positives Ergebnis.

Spezifität: Anteil der nicht-infizierten Personen, die durch den Test als nicht-infiziert erkannt werden, also ein sogenanntes negatives Ergebnis erhalten.

Nicht jeder Test ist richtig

Beim ELISA-Suchtest geht es darum, möglichst alle HIV-infizierten Personen zu entdecken. Dabei nimmt man bei dem Test bewusst in Kauf, auch nicht infizierte Personen zunächst positiv zu testen.
Mit einem Kontrolltest, der jedoch viel aufwändiger und teurer ist, werden alle als infiziert eingestuften Personen dann noch einmal getestet.
Die Vierfeldertafel zeigt die Verteilung der Ergebnisse, die man aufgrund der Verteilung der HIV-Infizierten in Deutschland pro 1 000 000 Einwohner erwarten kann.

	HIV-infiziert	nicht HIV-infiziert	gesamt
ELISA-Test positiv	999	1998	2997
ELISA-Test negativ	1	997 002	997 003
gesamt	1000	999 000	1 000 000

a) Bestimme den Prozentsatz an HIV-Infizierten, den man in Deutschland erwartet.

b) Bestimme die Sensitivität und die Spezifität des ELISA-Tests (vgl. Info-Kasten „Testsprache“).

c) Beurteile den Test, indem du die Wahrscheinlichkeit bestimmst, dass eine positiv getestete Person tatsächlich infiziert ist.

Doppeltes Glück

Eineiige Zwillinge entstammen einer Eizelle und haben immer dasselbe Geschlecht. Zweieiige Zwillinge dagegen entstehen aus zwei Eizellen und können auch unterschiedliches Geschlecht haben. Statistiken haben ergeben, dass in Deutschland etwa bei jeder 60. Geburt Zwillinge zur Welt kommen. Dabei liegt das Verhältnis der eineiigen zu den zweieiigen Zwillingsgeburten ungefähr bei 1 : 2.

a) Bestimme die Wahrscheinlichkeit, dass eine Geburt eine Zwillingsgeburt mit eineiigen (zweieiigen) Zwillingen ist.

b) Die Nachbarn haben Zwillinge bekommen. Mit welcher Wahrscheinlichkeit handelt es sich dabei um zwei Jungen, wenn die Zwillinge ...

① eineiig sind. ② zweieiig sind.

Gehe davon aus, dass die Wahrscheinlichkeiten für Jungen- und Mädchengeburten gleich groß sind.

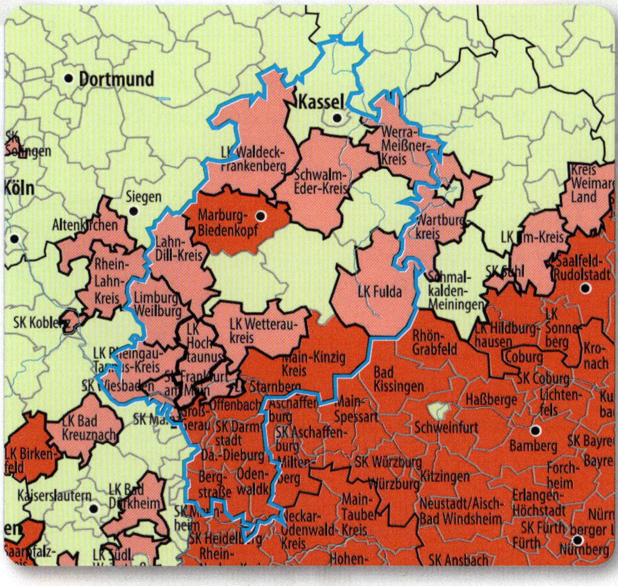

■ Risikogebiet: Mehr als 1 Erkrankung pro 100 000 Einwohner

■ vereinzelt auftretende Fälle: Weniger als 1 Erkrankung pro 100 000 Einwohner

■ keine aufgetretenen Fälle

Ungebetene Gäste

Zecken können in der Natur unbemerkt auf Menschen krabbeln. Sie sind kleine blutsaugende Parasiten, die zahlreiche Krankheiten übertragen können. Besonders gefährlich ist dabei die Hirnhautentzündung (**Meningitis**), deren Viren während des Blutsaugens übertragen werden. Die Hälfte aller Patienten, die eine Hirnhautentzündung haben, klagen zu Anfang unter einer Steifheit des Nackens. Jedoch klagt in einer Arztpraxis jeder 20. Patient über dieses Symptom, das auch ganz andere Ursachen haben kann.

a) In Hessen gibt es einige Risikogebiete für Hirnhautentzündungen. Erstelle für ein solches Gebiet eine Vierfeldertafel mit den Ereignissen H: „Hirnhauteinzündung“ und N: „steifer Nacken“. Gehe dabei in einem Risikogebiet von durchschnittlich 3 Erkrankungen pro 100 000 Einwohnern aus.

b) Während eines Urlaubs an der Lahn im Landkreis Marburg-Biedenkopf klagt Svenja über einen steifen Nacken. Wie groß ist die Wahrscheinlichkeit, dass Svenja tatsächlich an einer Hirnhautentzündung erkrankt ist?

Überprüfe deine Fähigkeiten und Kenntnisse. Bearbeite dazu die folgenden Aufgaben und bewerte anschließend deine Lösungen mit einem Smiley.

☺	😐	☹
Das kann ich!	Das kann ich fast!	Das kann ich noch nicht!

Hinweise zum Nacharbeiten findest du auf der folgenden Seite. Die Lösungen stehen im Anhang.

Aufgaben zur Einzelarbeit

1 Frau May fragt die 26 Schüler der Klasse 8c, wie viele Bücher sie haben. Erkläre jeweils die Angaben.

a) Der Median aller Antworten liegt bei 11.

b) Der Modalwert der Antworten liegt bei 9.

c) Ist es nach Aufgabe a) und b) möglich, dass 14 Schüler der Klasse 10 Bücher haben?

2 Ergänze zu den Daten je eine Zahl so, dass ...

a) das arithmetische Mittel unverändert bleibt.
0; 1; 3; 4

b) das arithmetische Mittel der Zahlen 30 wird.
10; 40; 30; 10

c) der Modalwert 0 ist.
0; 1; 2; 3; 4

d) der Median 2 ist.
3; 13; 1; 1; 7

e) die Spannweite 11 ist.
5; 2; 5; 9

3 Einer Umfrage zum Bücherkonsum zufolge lesen „Leseratten“ bis zu 23 Bücher im Jahr. „Lesemuffel“ lesen gar nicht. Immerhin geben ca. 50 % der Befragten an, mindestens fünf Bücher im Jahr zu lesen. 50 % der Befragten geben an, jedes Jahr drei bis zehn Bücher zu lesen. Nur ein Viertel der Befragten liest mehr als zehn Bücher jährlich. Zeichne einen Boxplot, der zu diesen Aussagen passt.

4 In einer Untersuchung von 20 Katzen wurde erfasst, wie viele Katzenbabys sie innerhalb eines Jahres geboren haben. Die Ergebnisse wurden in einem Boxplot dargestellt. Beschreibe die Ergebnisse in Worten.

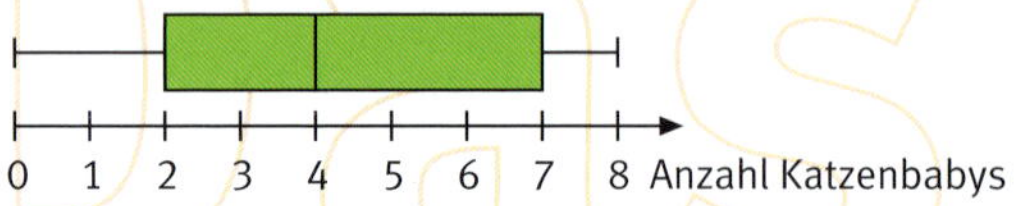

5 In einer schwarzen Plastiktüte liegen zehn deutsche 1-ct-Münzen und eine monegassische. Charlene zieht so oft eine Münze, bis sie die monegassische hat. Natürlich legt sie die gezogenen Münzen nicht wieder in die Tüte zurück! Gib einen passenden Ergebnisraum an.

6 Übertrage das abgebildete Baumdiagramm in dein Heft und markiere alles, was ...

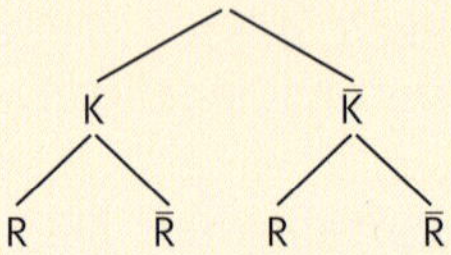

a) $K\overline{R}$ beschreibt, blau.

b) $\overline{K}$ beschreibt, grün.

c) R beschreibt, rot.

7 Übertrage die Vierfeldertafel in dein Heft und vervollständige sie.

	A	$\overline{A}$	gesamt
B	0,25	0,3	
$\overline{B}$			
gesamt	0,3		

8 Aus einer Urne mit sechs blauen, drei roten und einer gelben Kugel zieht Tim drei Kugeln ...

a) mit Zurücklegen. **b)** ohne Zurücklegen.

Bestimme jeweils die Wahrscheinlichkeit, dass Tim ...

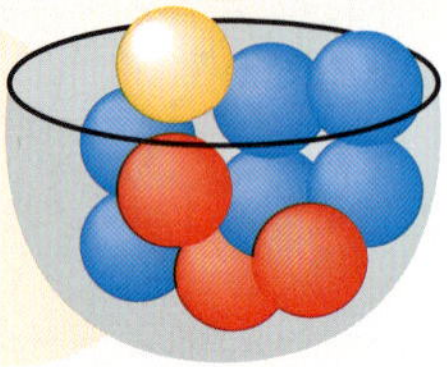

1 drei gleichfarbige Kugeln zieht.

2 von jeder Farbe eine Kugel erwischt.

3 nur rote und blaue Kugeln erhält.

4 nur zwei verschiedene Farben zieht.

9 Zu einem Faschingsfest verkleiden sich 120 Gäste, der Rest kommt ohne Verkleidung. 90 Frauen haben sich verkleidet. Das ist die Hälfte der weiblichen Gäste. Ohne Verkleidung kommen 60 Männer.

a) Erstelle eine Vierfeldertafel und bestimme, wie viele Männer verkleidet zum Fest erschienen sind.

b) Welcher Anteil der Nicht-Verkleideten ist männlich?

10 Eine Münze wird mehrmals hintereinander geworfen.

a) Wie kann der Münzwurf durch das Ziehen von Kugeln aus einer Urne simuliert werden?

b) Berechne die Wahrscheinlichkeit, beim fünften Wurf zum ersten Mal Zahl zu erhalten.

c) Bestimme die Wahrscheinlichkeit, spätestens beim fünften Wurf zum ersten Mal Zahl zu erhalten.

11 An einem Flughafen trägt etwa jeder hundertste Passagier verbotene Drogen bei sich. Die Spürhunde der Polizei erkennen Schmuggler mit 99 %-iger Wahrscheinlichkeit. Allerdings schlagen sie auch bei Unschuldigen in 5 % der Fälle an. Berechne die Wahrscheinlichkeit, dass jemand tatsächlich Drogen bei sich hat, falls ein Spürhund bei ihm anschlägt.

12 Nach der Ziehung der Lottozahlen 1; 5; 19; 25; 26; 49 werden für die nächste Ziehung sofort zwei neue Tipps abgegeben.
Tipp 1: 1; 5; 19; 25; 26; 49
Tipp 2: 4; 10; 15; 22; 35; 45
Gib den Tipp an, der mit einer höheren Wahrscheinlichkeit gewinnt. Begründe.

Aufgaben für Lernpartner

Arbeitsschritte

1 Bearbeite die folgenden Aufgaben alleine.

2 Suche dir einen Partner und erkläre ihm deine Lösungen. Höre aufmerksam und gewissenhaft zu, wenn dein Partner dir seine Lösungen erklärt.

3 Korrigiere gegebenenfalls deine Antworten und benutze dazu eine andere Farbe.

Sind folgende Behauptungen **richtig** oder **falsch**? Begründe schriftlich.

13 Bei einem Boxplot umschließt die Box immer genau die Hälfte aller Werte.

14 Der Modalwert ist immer ein tatsächlich vorkommender Wert.

15 Der Median ist immer ein tatsächlich vorkommender Wert.

16 Das arithmetische Mittel ist immer ein tatsächlich vorkommender Wert.

17 Wenn das arithmetische Mittel von zwei Zahlen den gleichen Wert hat wie eine der beiden Zahlen, so hat die zweite Zahl ebenfalls denselben Wert.

18 Die Spannweite ist höchstens so groß wie das Maximum.

19 Die Spannweite ist mindestens so groß wie das Minimum.

20 Zwischen dem oberen Quartil und dem Maximum beim Boxplot liegen 25 % aller Werte.

21 Aus einer Urne mit je 12 roten und blauen Kugeln werden 5 Kugeln ohne Zurücklegen gezogen. Dann wird die Wahrscheinlichkeit für das Ziehen einer roten Kugel immer kleiner.

22 Mit den beiden abgebildeten Baumdiagrammen kann man dasselbe Zufallsexperiment beschreiben.

1
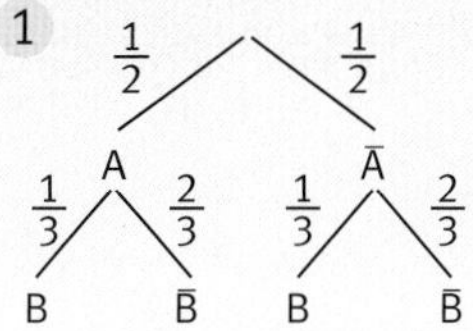

2
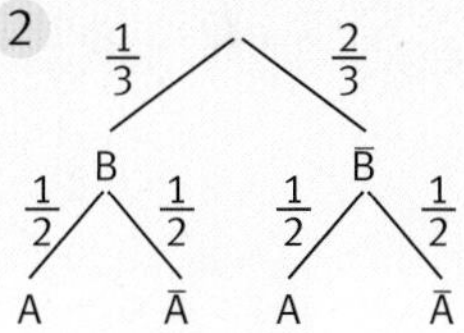

23 Bei einem gezinkten Spielwürfel ist die Wahrscheinlichkeit, eine Sechs zu werfen, 20 %. Damit ist die Wahrscheinlichkeit, vier Sechser hintereinander zu werfen, kleiner als 1 %.

24 Bei einem Laplace-Experiment kann ein Ergebnis mit einer Wahrscheinlichkeit größer als 50 % eintreten.

Aufgabe	Ich kann ...	Hilfe
1, 2, 14, 15, 16, 17, 18, 19	Daten anhand statistischer Kennwerte beschreiben.	S. 136
3, 4, 13, 20	die Verteilung von Daten mit Boxplots darstellen und beurteilen.	S. 136
5, 24	Laplace – Wahrscheinlichkeiten bestimmen.	S. 140
6, 22, 23	Wahrscheinlichkeiten von Ergebnissen anhand von Baumdiagrammen und Pfadregeln bestimmen.	S. 144
7, 9, 11	Wahrscheinlichkeiten anhand von Vierfeldertafeln ermitteln.	S. 148
8, 10, 12, 21	Zufallsexperimente als Urnenmodelle simulieren.	S. 150

5.10 Auf einen Blick

S. 136

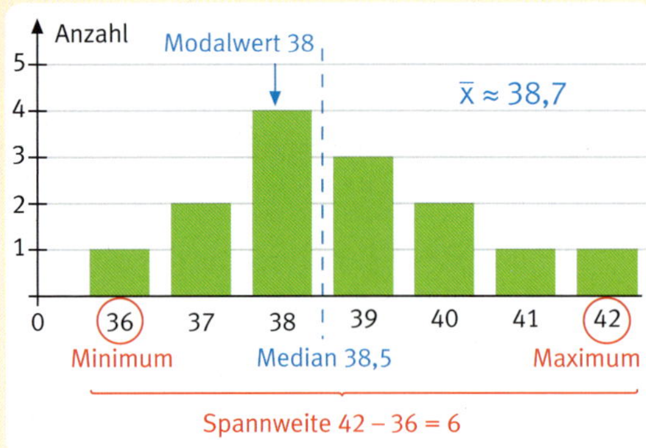

Kennwerte, die die Streuung von Daten beschreiben:
Minimum: kleinster Datenwert
Maximum: größter Datenwert
Spannweite: Unterschied zwischen Minimum und Maximum

Kennwerte, die Daten durch einen zentralen Wert beschreiben:
Modalwert: häufigster Wert
Median: Wert in der Mitte einer geordneten Datenreihe
arithmetisches Mittel: $\bar{x} = \frac{\text{Summe aller Einzelwerte}}{\text{Anzahl der Einzelwerte}}$

S. 136

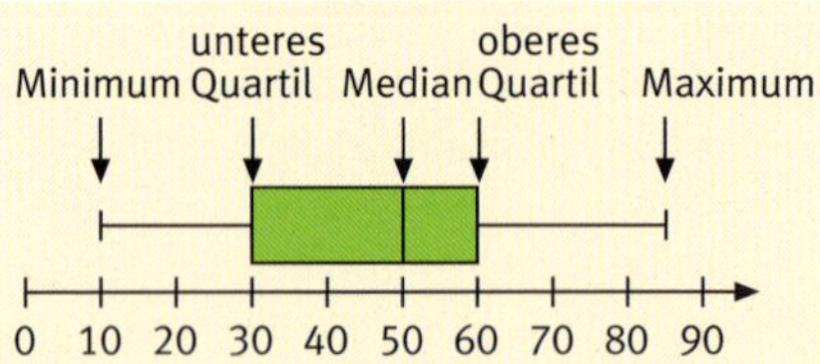

Ein **Boxplot** gibt Auskunft darüber, wie die Werte verteilt sind.
Der Median unterteilt die Daten in zwei Hälften.
unteres Quartil: Median der unteren Hälfte
oberes Quartil: Median der oberen Hälfte
Die **Box** umfasst die mittlere Hälfte aller Werte.

S. 144

Zweimaliges Drehen eines Glücksrads:

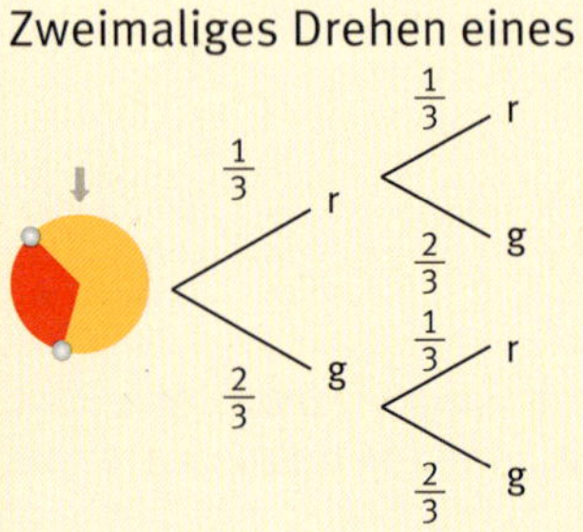

$P(rr) = \frac{1}{3} \cdot \frac{1}{3} = \frac{1}{9}$

$P(gg) = \frac{2}{3} \cdot \frac{2}{3} = \frac{4}{9}$

P („gleiche Farbe“) $= \frac{1}{9} + \frac{4}{9} = \frac{5}{9}$

In einem Baumdiagramm werden die Wahrscheinlichkeiten, an dem zugehörigen Pfad notiert. Regeln für die Wahscheinlichkeiten zusammengesetzter Ereignisse:

1. Pfadregel: Die Wahrscheinlichkeiten entlang eines Pfades werden multipliziert.

2. Pfadregel: Wenn mehrere Pfade zu einem Ereignis gehören, addiert man die Wahrscheinlichkeiten der entsprechenden Pfade.

S. 148

N: „Schüler besucht die 8. Klasse.“
A: „Schüler ist mindestens 14 Jahre alt.“

	N	$\overline{N}$	gesamt
A	35 7 %	180 36 %	215 43 %
$\overline{A}$	25 5 %	260 52 %	285 57 %
gesamt	60 12 %	440 88 %	500 100 %

Betrachtet man **zwei Ereignisse** gleichzeitig, so können sowohl absolute als auch relative Häufigkeiten sowie Wahrscheinlichkeiten in **Vierfeldertafeln** dargestellt werden.

Ganz rechts in jeder Zeile steht die Summe der beiden linken Felder. Unten in jeder Spalte steht die Summe der beiden Felder darüber.

S. 150

Ziehen einer roten Kugel ohne Zurücklegen:

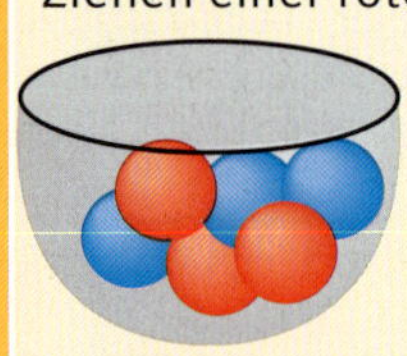

P („rot im 1. Zug“) $= \frac{3}{6} = \frac{1}{2}$
1. Zug: blaue Kugel gezogen
P („rot im 2. Zug“) $= \frac{3}{5}$
1. Zug: rote Kugel gezogen
P („rot im 2. Zug) $= \frac{2}{5}$

Beim Ziehen mit Zurücklegen ist die Wahrscheinlichkeit bei jedem Zug gleich.

Werden Zufallsexperimente mehrfach hintereinander ausgeführt, dann spricht man von **mehrstufigen Zufallsexperimenten**. Man kann dabei je nach Versuchsdurchführung zwei Fälle unterscheiden:

- **Ziehen mit Zurücklegen**
- **Ziehen ohne Zurücklegen**

Zuordnungen

1 Welche der folgenden Zuordnungen sind proportional, antiproportional oder gehören keiner dieser beiden Zuordnungsarten an?

a) *Anzahl an Schokoriegeln ⟼ Preis*

b) *Seitenlänge eines Rechtecks mit 48 cm² Flächeninhalt ⟼ Breite des Rechtecks*

c) *Anzahl der Kinder gleichen Alters ⟼ Gewicht*

d) *Zahl der Maurer ⟼ Dauer für den Bau einer Mauer*

2 Entscheide, ob die Graphen zu einer proportionalen (antiproportionalen) Zuordnung gehören.

a)

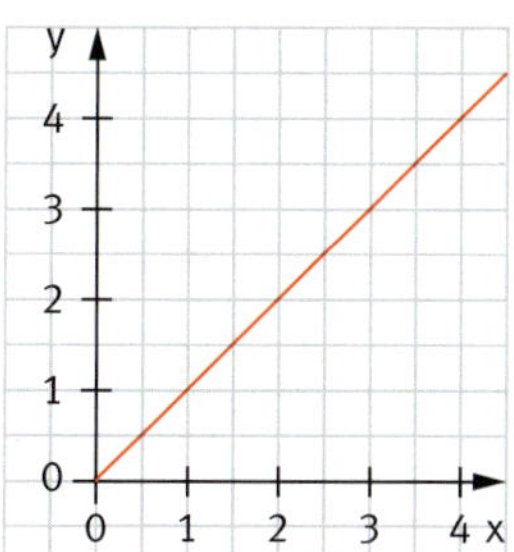

c)

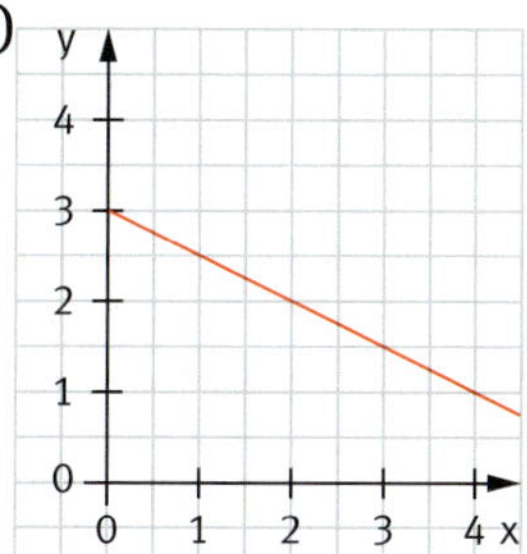

b)

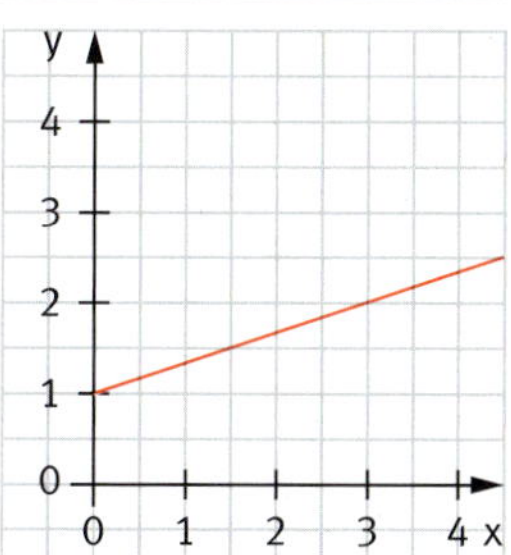

d)

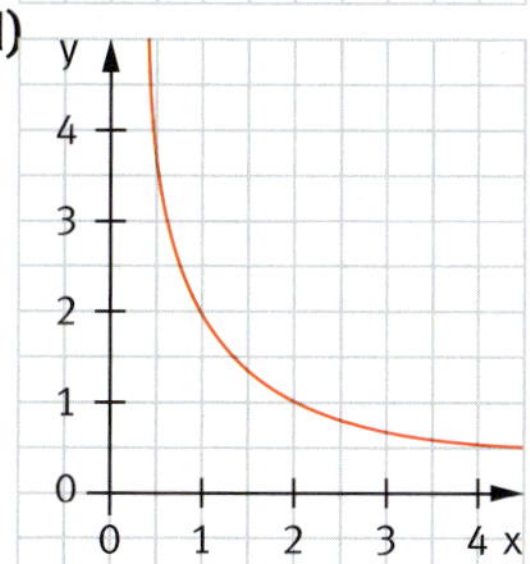

3 Überprüfe, ob die vorgegebenen Tabellenwerte zu einer proportionalen oder antiproportionalen Zuordnung gehören. Ergänze dann die Lücken.

a)

x	0,1	0,5	▢	3,1	11	42
y	0,4	▢	4,8	▢	44	▢

b)

x	▢	0,3	5	20	1	▢
y	0,15	▢	12	▢	60	0,1

4 Welche Mengen musst du von den Zutaten besorgen, wenn du für 21 Gästen deiner Geburtstagsfeier Pizza backen möchtest?

Zutaten für 4 Personen
500 g Pizzateigmischung
300 ml Wasser
800 g geschälte Tomaten
12 Scheiben Salami
100 g Pilze
140 g geriebener Käse

Prozente im Alltag

5 Berechne, wie viel Gramm Getreideprodukte, wie viel Gramm Obst und wie viel Fett und Süßigkeiten ein Mensch zu sich nimmt, der pro Tag ca. 1,2 kg Nahrung verzehrt und sich an der Ernährungspyramide orientiert.

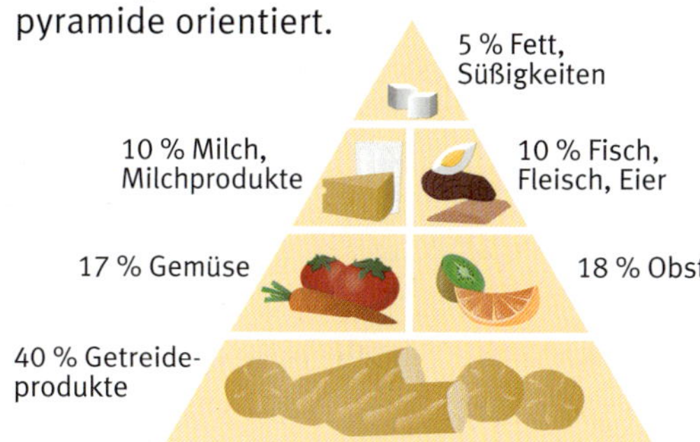

6 Sandra geht mit ihrer Mutter einkaufen. Im Laden sind einige Produkte mit Rabattschildern versehen. Berechne, wie viel Sandra für ihr neues Outfit insgesamt noch bezahlen muss.

a)

b)

c)

7 Eine Schokoladentafel der Firma „Zuckersüß" kostet 0,89 €. Der Händler möchte den Preis um 15 % erhöhen. Damit der Käufer die Erhöhung nicht direkt bemerkt, beschließt er, den Preis zunächst um 8 % zu erhöhen.
Einige Wochen später steigt der dann aktuelle Preis nochmals um 7 %. Untersuche, ob sich damit der ursprüngliche Preis um insgesamt 15 % erhöht hat.

8 Bei einer Sonnenblume hat man folgendes Wachstum beobachtet:

Alter in Tagen	5	10	15	20	25	30	35
Höhe in cm	16	24	38	55	80	82	82

a) Wie viel Prozent der vollen Pflanzenhöhe (82 cm) hat die Sonnenblume an den beobachteten Tagen jeweils erreicht? Runde geeignet.

b) Um wie viel Prozent ist die Pflanze zwischen den beobachteten Tagen jeweils gewachsen? Runde geeignet.

Lineare Funktionen

9 Lies die Funktionsgleichungen der linearen Funktionen aus den Graphen ab.

a)
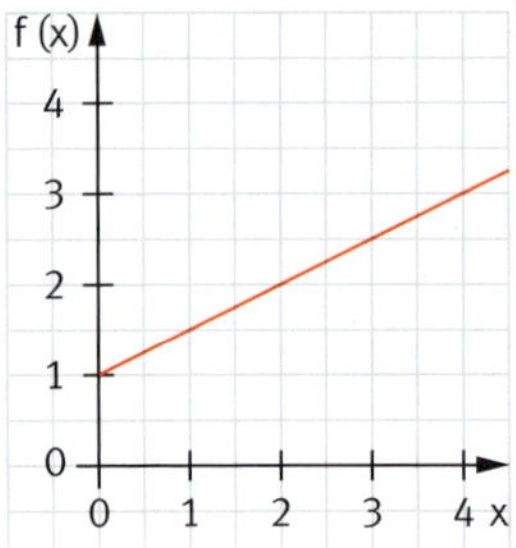

b)
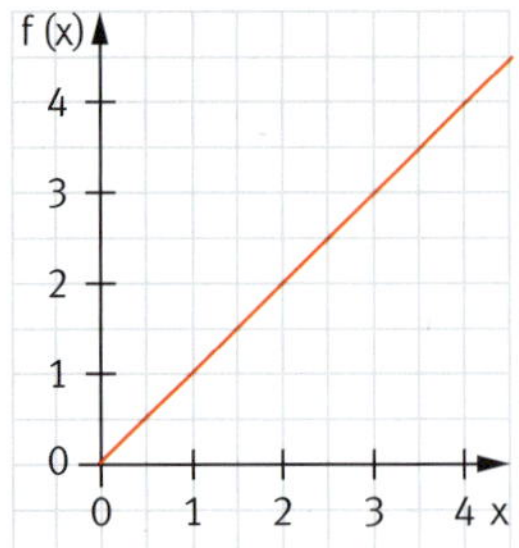

c)
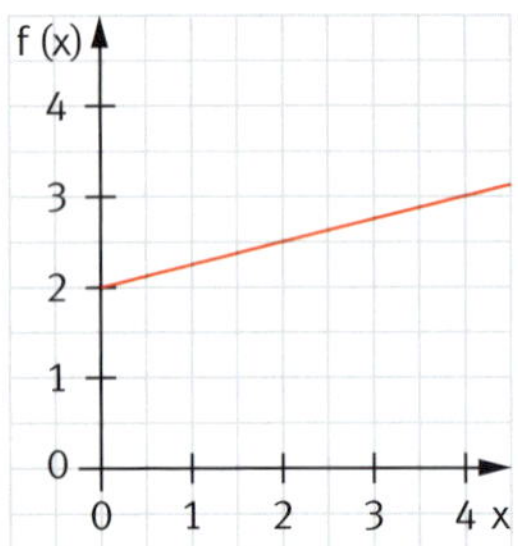

d)
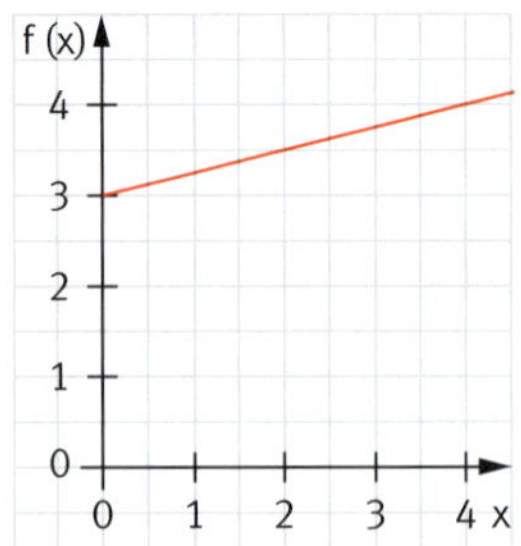

10 Entscheide jeweils, ob man die Situationen mit linearen Funktionen beschreiben kann.

a) Für eine Taxifahrt zahlt man eine Grundgebühr und pro gefahrenem Kilometer eine Verbrauchsgebühr.

b) In einer Fußgängerzone wird zu verschiedenen Uhrzeiten die Anzahl der Passanten gezählt.

c) 1 kg Äpfel kostet 1,99 €. Beim Einkauf wird jeder Menge an Äpfeln ein bestimmter Preis zugeordnet.

11 Zeichne die Graphen zu folgenden linearen Funktionen. Erstelle falls nötig, eine Wertetabelle.

a) $f(x) = 2x + 1$ **b)** $f(x) = 2{,}5x + 1$

c) $f(x) = \frac{1}{2}x + 1{,}5$ **d)** $f(x) = \frac{1}{4}x + 2$

12 Für welches Produkt würdest du dich entscheiden? Begründe.

Dreiecke konstruieren

13 Konstruiere mithilfe der Kongruenzsätze ein Dreieck ABC. Fertige zunächst eine Planfigur an.

a) $a = 5$ cm; $b = 7$ cm; $c = 9$ cm

b) $c = 8$ cm; $\alpha = 50°$; $\beta = 42°$

c) $a = 4$ cm; $\beta = 75°$; $c = 6{,}3$ cm

14 Ein gleichschenkliges Dreieck hat Basiswinkel von 20° und eine Schenkellänge von 5 cm. Bestimme zeichnerisch die Länge der Basis und die Größe des Scheitelwinkels.

15 Die Abbildungen zeigen die Konstruktion eines Dreiecks. Entscheide, nach welchem Kongruenzsatz konstruiert wurde.

a)
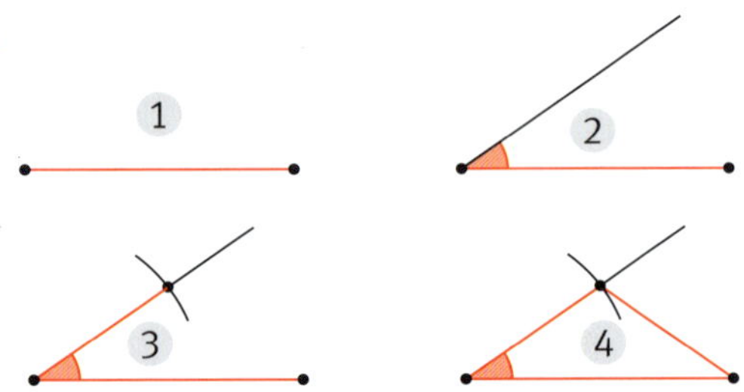

b)
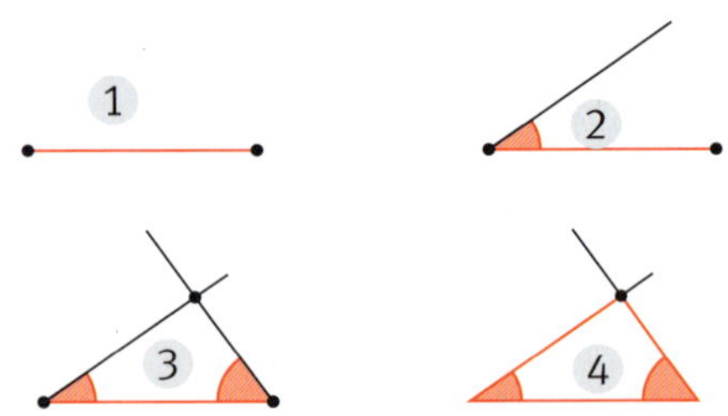

16 Ein Dreieck ABC soll folgende Maße haben: $a = 8$ cm; $b = 5{,}5$ cm; $\beta = 67°$

a) Konstruiere dieses Dreieck. Was fällt dir auf? Begründe.

b) Verändere β auf 34°. Was stellst du bei der Konstruktion fest?

17 Bestimme zeichnerisch die Breite des Flusses. Gib an, mit welchem Maßstab du zeichnest.

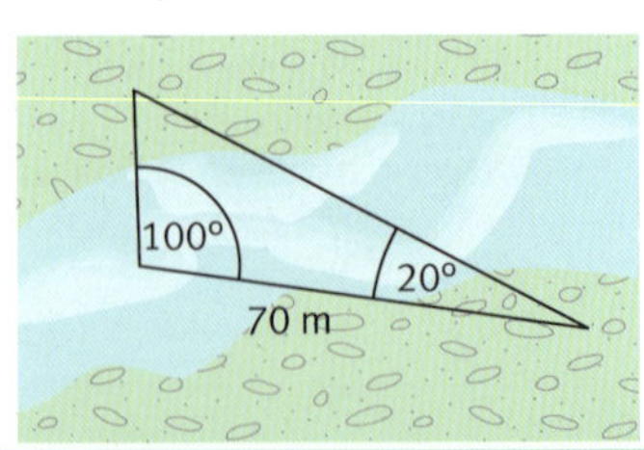

6 Rund ums Prisma

Einstieg

- Die Abbildung zeigt die Wewelsburg, die einzige Dreiecksburg in Deutschland. Beschreibe, aus welchen mathematischen Körpern das Bauwerk zusammengesetzt ist. Vereinfache gegebenenfalls.
- Versuche, Schrägbilder der Elemente zu skizzieren.
- Wie sieht eine Person die Burg, die direkt von oben schaut? Beschreibe und skizziere.

Ausblick

Am Ende dieses Kapitels hast du gelernt, ...
- Flächeninhalte ebener Figuren zu bestimmen.
- Körper in verschiedenen Situationen zu erkennen.
- Prismen auf verschiedene Arten darzustellen.
- den Oberflächeninhalt und das Volumen von Prismen zu berechnen.

Du kennst bereits Möglichkeiten, Vierecke zu ordnen.

- Beschreibe die dargestellte Ordnung der Vierecke.
- Gib jeweils eine Möglichkeit an, den Flächeninhalt der dargestellten Vierecke zu bestimmen.
- Begründe, dass man mit der dargestellten Ordnung der Vierecke auch die Flächeninhalte entsprechend bestimmen kann.

  Beispiel: Der Flächeninhalt des Quadrats kann wie der Flächeninhalt eines Rechtecks bestimmt werden, da ein Quadrat ein besonderes Rechteck ist.

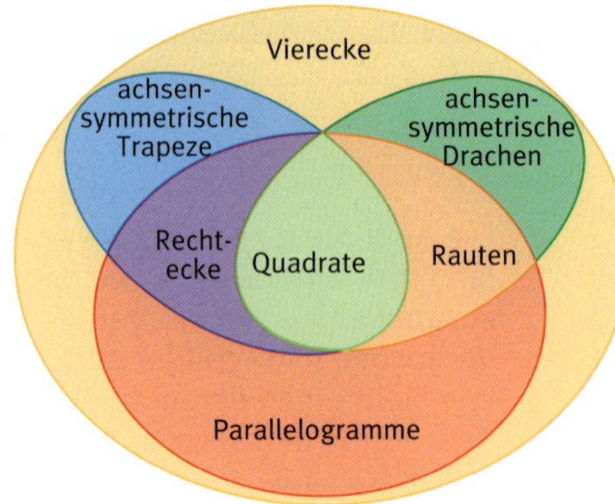

Merkwissen

Figuren, die sich in paarweise kongruente Teilfiguren zerlegen lassen, sind zerlegungsgleich. Sie haben den gleichen Flächeninhalt.

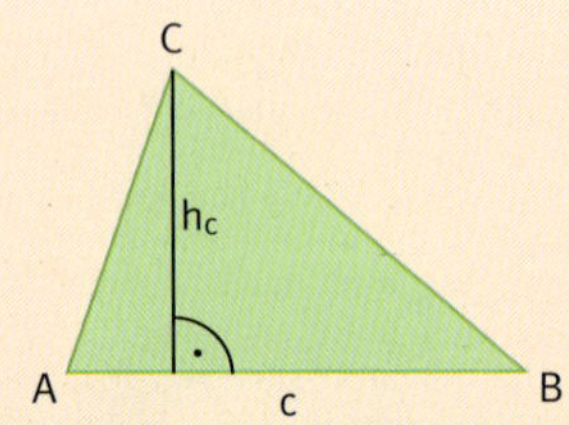

Flächeninhalte ebener Figuren anhand der Figuren:

1 Dreieck: $A_D = \frac{1}{2} \cdot c \cdot h_c = \frac{1}{2} \cdot a \cdot h_a = \frac{1}{2} \cdot b \cdot h_b$

2 Vierecke:

Rechteck	Parallelogramm	Drachenviereck	Trapez
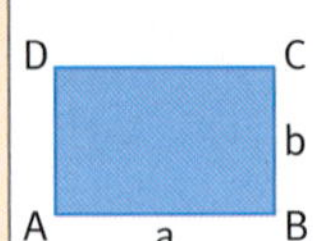	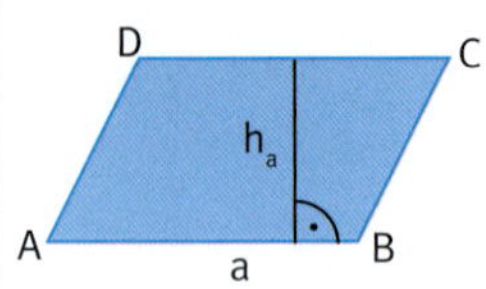	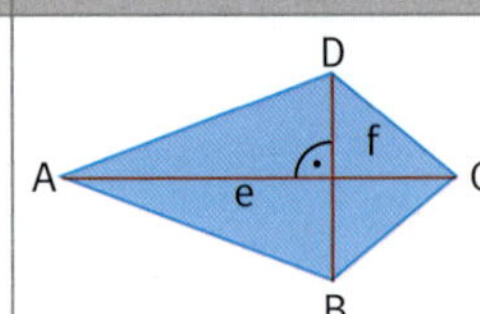	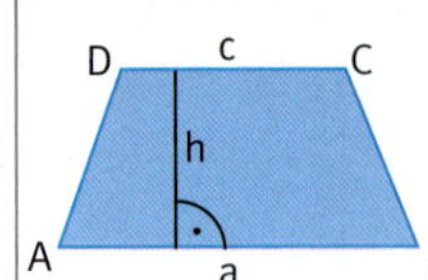
$A_R = a \cdot b$	$A_P = a \cdot h_a$	$A_{DV} = \frac{1}{2} \cdot e \cdot f$	$A_{Tr} = \frac{1}{2} \cdot (a + c) \cdot h$

3 Allgemeines Vieleck:
Jedes Vieleck lässt sich in Dreiecke oder Vierecke zerlegen.

$A_{Vieleck} = A_{D1} + A_{D2} + A_{Tr}$

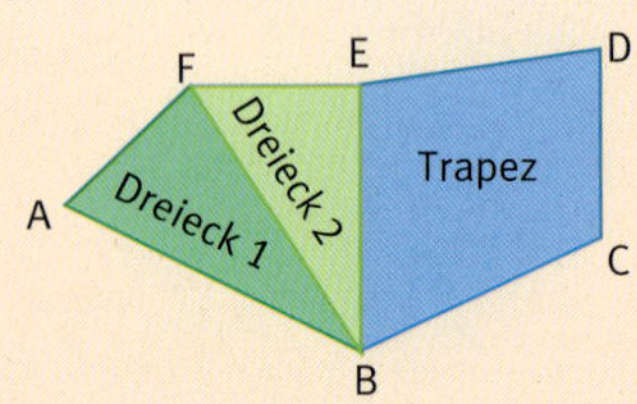

Beispiele

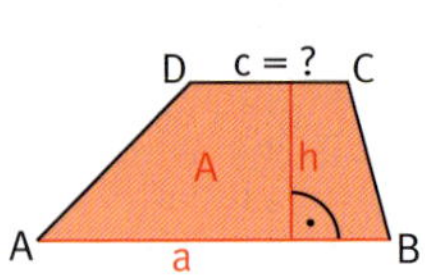

Ein Trapez mit dem Flächeninhalt $A = 26\ cm^2$ hat eine Grundseite $a = 9$ cm und die Höhe $h = 4$ cm. Berechne die Länge der Seite c.

Lösung:

$A = 26\ cm^2$; $a = 9$ cm; $h = 4$ cm

$A = \frac{1}{2} \cdot (a + c) \cdot h$

$26\ cm^2 = \frac{1}{2} \cdot (9\ cm + c) \cdot 4\ cm$

$26\ cm^2 = (9\ cm + c) \cdot 2\ cm \quad | : 2\ cm$

$13\ cm = 9\ cm + c \quad | - 9\ cm$

$4\ cm = c$

Das Trapez hat die Seitenlänge c = 4 cm.

Verständnis

- Erkläre, wie man ausgehend vom Rechteck die Flächeninhalte für das Dreieck und die anderen Vierecke durch Zerlegung auf ein Rechteck zurückführen kann.
- Jedes beliebige Rechteck kann in zwei kongruente Dreiecke mit jeweils dem halben Flächeninhalt des Rechtecks zerlegt werden. Stimmt das?

Aufgaben

1 Zeichne die Dreiecke ab und schneide sie aus. Zeige durch geschicktes Zerschneiden und neues Zusammenlegen, dass alle Dreiecke den gleichen Flächeninhalt haben. Was gilt also für alle Dreiecke mit gleicher Höhe h und Grundseite c?

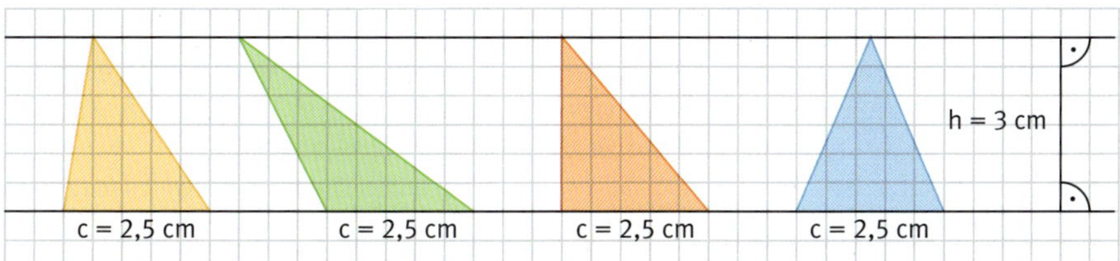

2 Zeichne mithilfe der Angaben jeweils ein Parallelogramm ABCD in ein Koordinatensystem ein und gib die fehlenden Koordinaten an.

a) B (9 | 2); D (3 | 6); $A_P = 24\ cm^2$ **b)** C (3 | 1,5); B (1 | –3,5); $A_P = 35\ cm^2$

c) C (–1 | –1); D (–7 | –1); $A_P = 33\ cm^2$ **d)** A (0 | 0); $A_P = 22\ cm^2$

3 Zeichne die Trapeze und berechne deren Flächeninhalt.

Messe fehlende Strecken in deiner Zeichnung.

a) A (2 | 1); B (9 | 1); C (8 | 5); D (5 | 5) **b)** E (–3 | 3); F (1 | 0); G (1 | 7); H (–3 | 5)

c) I (–2 | –4); J (5 | –4); K (9 | 3); L (–1 | 3) **d)** M (0 | 0); N (3 | 0); O (6 | 2,5); P (0 | 2,5)

e) Q (0 | 0); R (4 | 0); S (4 | 2); T (0 | 4) **f)** U (1 | –1); V (5 | 2); W (2 | 2,5); X (0 | 1)

4 Berechne die jeweils fehlenden Größen e, f bzw. A des Drachenvierecks.

a) e = 13 cm; f = 5,5 cm **b)** e = 9 dm; $A = 30{,}6\ dm^2$ **c)** $A = 95\ cm^2$; f = 10 cm

d) $A = 50\ cm^2$; e = f **e)** $A = 121\ cm^2$; e = 2f **f)** $A = 36\ cm^2$; $\frac{1}{2}f = \frac{1}{4}e$

5 Zeichne vier unterschiedliche

a) Dreiecke **b)** Parallelogramme **c)** Drachenvierecke **d)** Trapeze,

die alle den gleichen Flächeninhalt haben. Finde eine Möglichkeit, wie du die Aufgabe möglichst einfach lösen kannst.

6 Klaus möchte sich einen neuen Dreiecksdrachen bauen. Der Stoff, den er dazu benötigt, kostet 12,95 € pro m². Berechne die Kosten für den Stoff. Fertige eine maßstabsgetreue Zeichnung an und entnimm ihr die benötigten Größen.

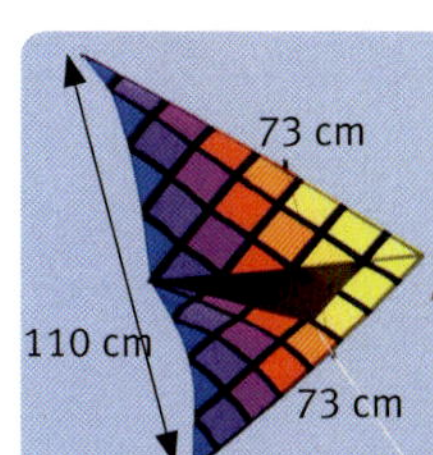

7 Die Brüstung eines Treppenaufgangs soll farblich abgesetzt und neu gestrichen werden. Der neue Lehrling hat eine Kalkulation durchgeführt. Finde seinen Fehler und korrigiere ihn.

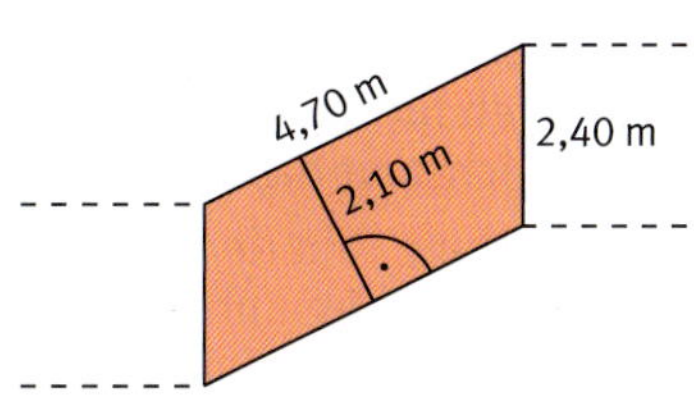

$4{,}70\ m \cdot 2{,}40\ m = 11{,}28\ m^2$

$11{,}28\ m^2 \cdot 43\ \frac{€}{m^2} = 485{,}04\ €$

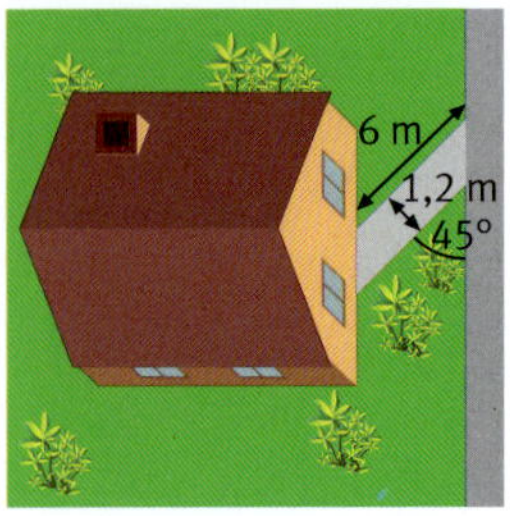

8 Ein Gartenbauer muss einen Weg von der Straße zum Haus mit Betonplatten auslegen. Die quadratischen Platten haben eine Kantenlänge von 30 cm.

a) Wie viele Platten benötigt der Arbeiter mindestens, um den Weg zu pflastern?

b) Wie können die Platten in den Weg gelegt werden? Fertige eine maßstäbliche Skizze.

c) Damit der Weg vollständig gepflastert werden kann, müssen einige Platten zerschnitten werden. Wie viele und wie müssen die Platten zerschnitten werden? Begründe dein Vorgehen.

9

Bei **rechtwinkligen** und **stumpfwinkligen Dreiecken** gilt:

Im **rechtwinkligen Dreieck** kann nur eine Höhe „neu" eingezeichnet werden, denn **zwei Höhen fallen mit den Katheten des Dreiecks zusammen**.

Somit gilt im rechtwinkligen Dreieck auch:

$A_D = \frac{1}{2} \cdot \text{Kathete}_1 \cdot \text{Kathete}_2$

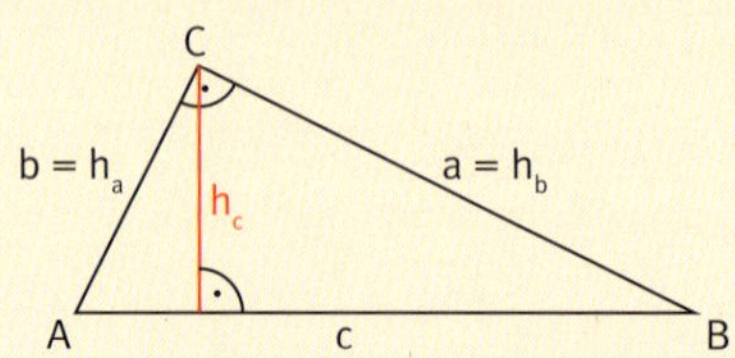

Im **stumpfwinkligen Dreieck** liegen **zwei Höhen außerhalb des Dreiecks**.
Die Flächenformel gilt trotzdem.

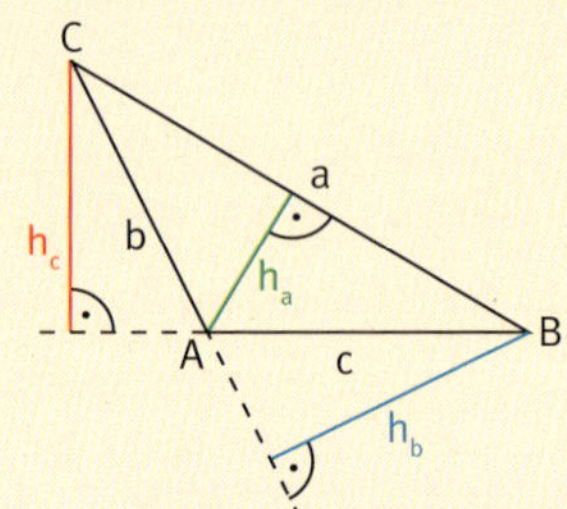

a) Übertrage die Dreiecke ins Heft, zeichne geschickt eine Grundlinie und eine Höhe ein und berechne den Flächeninhalt der Dreiecke.

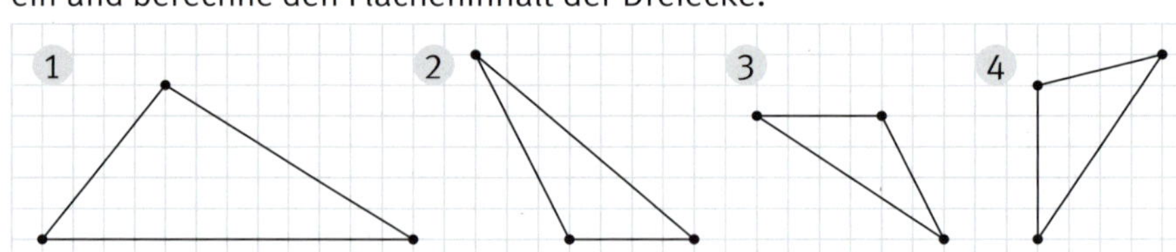

b) Bestimme den Flächeninhalt der Dreiecke in Abhängigkeit von der Variablen a.

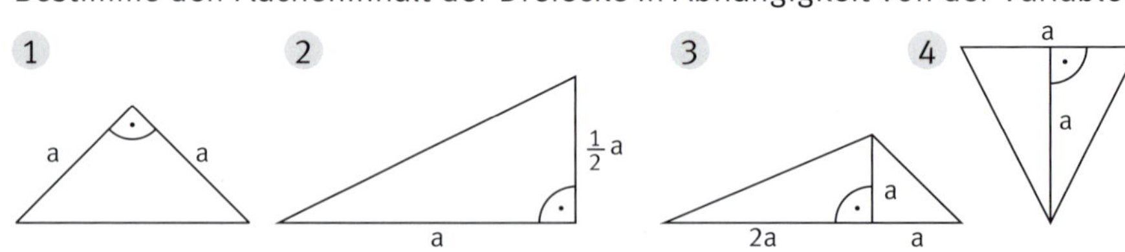

10 Aus einem rechteckigen Blech mit den Maßen 198 cm × 253,5 cm sollen möglichst viele Ersatzklingen für Messer ausgestanzt werden und möglichst wenig Verschnitt entstehen.

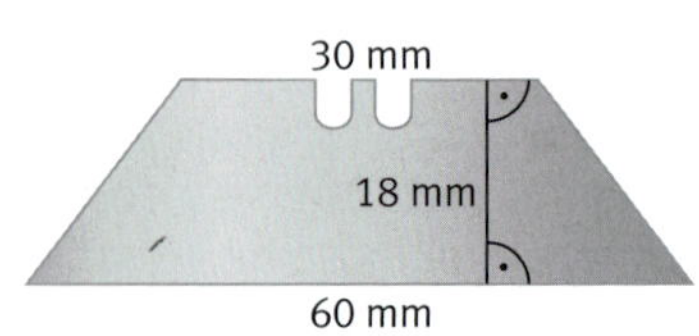

a) Sabine teilt den Flächeninhalt des Bleches durch den Flächeninhalt einer Klinge. Beurteile Sabines Vorgehen.

b) Wie viele Klingen können aus einem Blech ausgestanzt werden?

11 Gegeben ist das Viereck ABCD mit A (–2 | 1), B (4 | –3), C (10 | 1) und D (4 | 5). Zeige auf zwei unterschiedliche Arten, dass das Viereck eine Raute ist.

12 Bestimme den Flächeninhalt der Figuren. Zerlege oder ergänze dazu geschickt.

a)

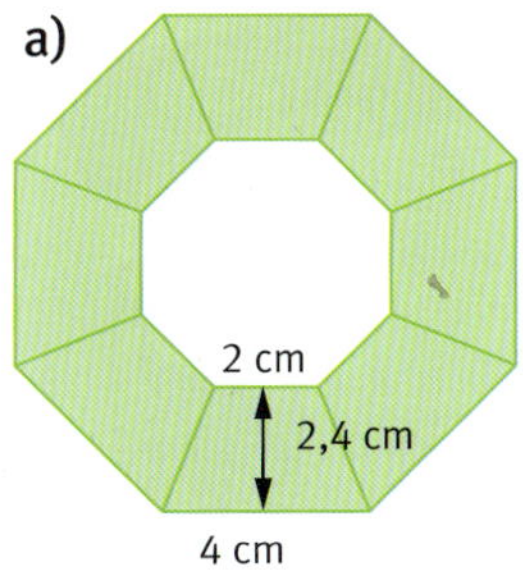

b)

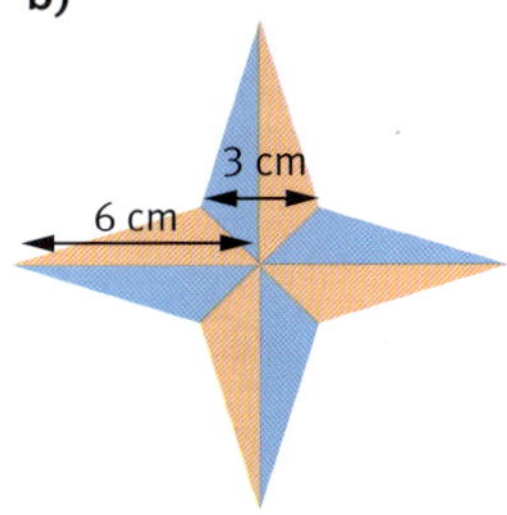

c)

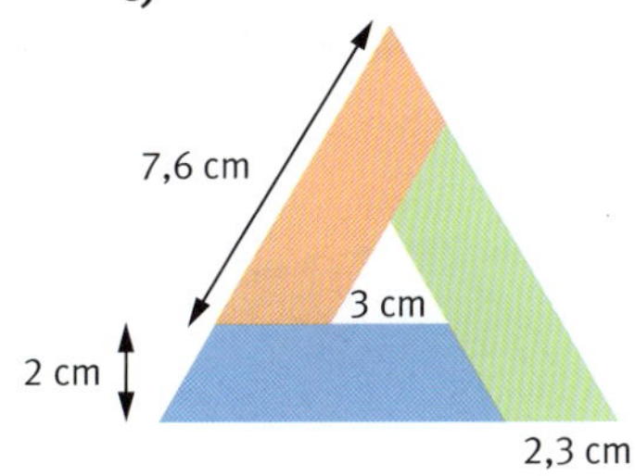

13 Die grüne Fläche stellt ein Grundstück dar. Um dessen Fläche zu vermessen, wurde zwischen den Eckpunkten A und D eine Diagonale als Standlinie gezogen. Zusätzlich wurden von den restlichen Eckpunkten Lote auf diese Standlinie gefällt. Alle entstehenden Streckenabschnitte wurden vermessen.

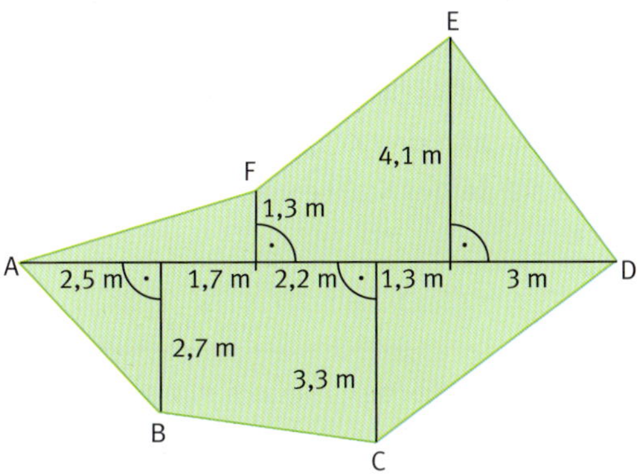

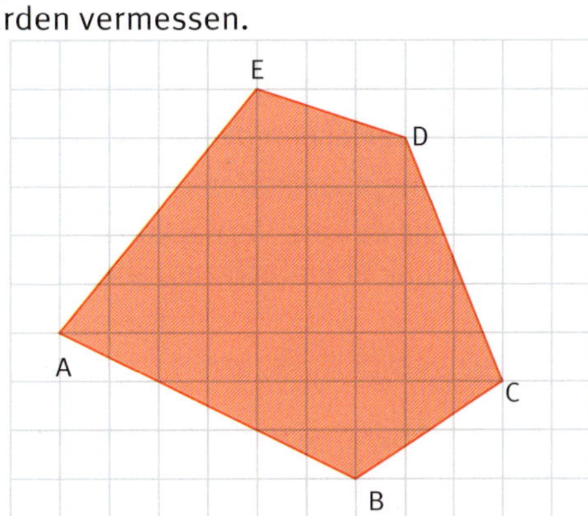

Beachte: 1 Rechenkästchen hat die Breite 0,5 cm.

a) Erkläre, warum man mit dieser Flächenzerlegung die Grundstücksfläche bestimmen kann. Berechne anschließend den Flächeninhalt der grünen Fläche.

b) Führe das Verfahren an der roten Fläche durch (Maßstab 1 : 1000). Übertrage die Figur zunächst in dein Heft und wähle eine Standlinie. Vergleiche deine Lösung mit der deines Nachbarn. Wie erklärst du dir mögliche Abweichungen?

14 Die Holzverkleidung der Giebelwand dieser Scheune soll neu gestrichen werden.

a) Wie viele Dosen Farbe benötigt man mindestens, wenn man mit einer Dose 12,5 m² streichen kann?

b) Welche Höhe hätte eine flächengleiche, rechteckige Fassade bei gleicher Breite?

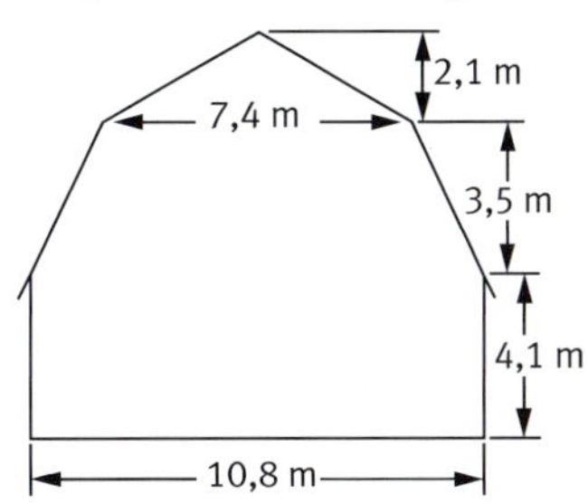

15 Konstruiere ein Dreieck ABC mit den Seiten a = 8,5 cm, b = 3 cm und c = 7 cm. Spiegle das Dreieck an BC. Bei der entstandenen Figur ABA'C gilt für den Flächeninhalt: A = 19,76 cm². Berechne die Länge der Strecke $\overline{AA'}$.

16 Einem Rechteck ABCD wird ein Parallelogramm EFGH einbeschrieben.

a) Berechne den Flächeninhalt des Parallelogramms und seinen prozentualen Anteil am Flächeninhalt des Rechtecks.

b) Es gilt: $\overline{AE} = \overline{BF} = \overline{CG} = \overline{DH} = x$ cm. Berechne den Flächeninhalt des Parallelogramms in Abhängigkeit von x. Welche Werte von x sind sinnvoll?

Maßangaben in cm

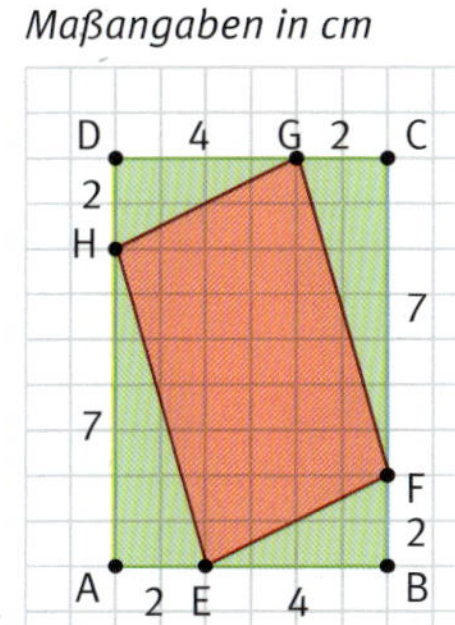

Verpackungen können ganz verschiedene Formen haben.

- Welche mathematischen Körper erkennst du in den Verpackungen?
- Aus welchen Flächen bestehen die Verpackungen? Beschreibe.
- Nenne Gemeinsamkeiten und Unterschiede zwischen den Körpern.
- Besorge dir weitere Verpackungen und stelle sie deiner Klasse vor. Welche Körper kannst du nicht einfach zuordnen?

*Körper werden von ebenen oder gekrümmten **Flächen** begrenzt. Zwei Flächen bilden jeweils eine **Kante**, aufeinanderstoßende Kanten bilden eine **Ecke**.*

*Die Seitenfläche von Körpern wird auch **Mantelfläche** genannt.*

Merkwissen

Du kennst bereits die wichtigsten **mathematischen Körper**, die aus mindestens zwei Begrenzungsflächen bestehen:

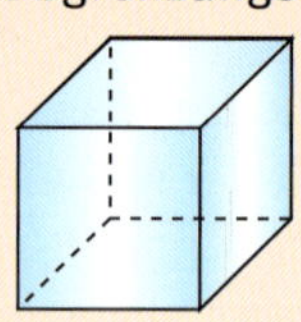

Würfel
6 kongruente Quadrate als Seitenflächen, 12 Kanten, 8 Ecken

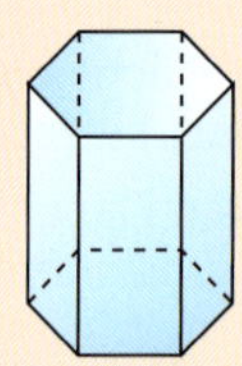

Prisma
Kongruente Vielecke als Grund- und Deckfläche, die parallel zueinander liegen. Die Mantelfläche besteht aus Rechtecken.

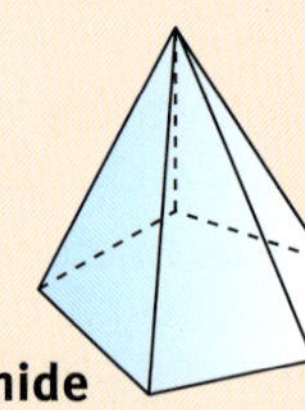

Pyramide
Die Grundfläche ist ein Vieleck. Die Mantelfläche besteht aus Dreiecken, die sich in einer Spitze treffen.

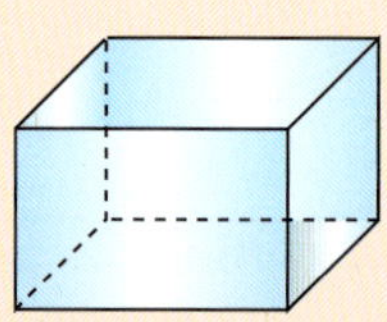

Quader
6 Rechtecke als Seitenflächen, von denen gegenüberliegende kongruent sind, 12 Kanten, 8 Ecken

Zylinder
Kongruente Kreise als Grund- und Deckfläche, die parallel zueinander liegen. Die Mantelfläche ist ein Rechteck.

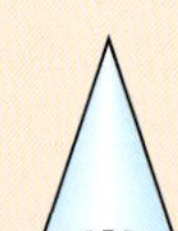

Kegel
Die Grundfläche ist ein Kreis. Die Mantelfläche ist ein Kreissektor, dessen Mittelpunktswinkel die Spitze des Kegels ist.

Prismen und Pyramiden werden nach der Form ihrer Grundfläche bezeichnet. Beispiel: dreieckiges Prisma, quadratische Pyramide.

I Welche Körper erkennst du in der Abbildung in der Randspalte?

Lösung:
Der Turm besteht aus einem Quader mit einer quadratischen Pyramide als Dach.

Beispiele

Verständnis

- Jeder Quader ist auch ein Prisma. Begründe diese Aussage.
- Man bezeichnet Pyramide und Kegel auch als Spitzkörper. Erkläre.

Aufgaben

1 Bezeichne die dargestellten Körper.

Findest du verschiedene Bezeichnungen?

a)
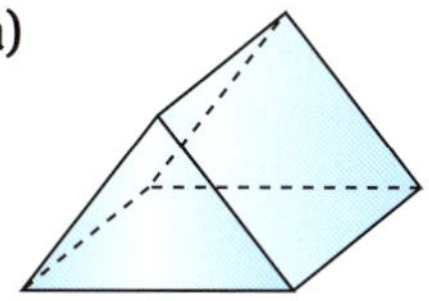
b)
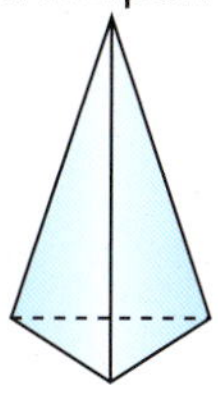
c)
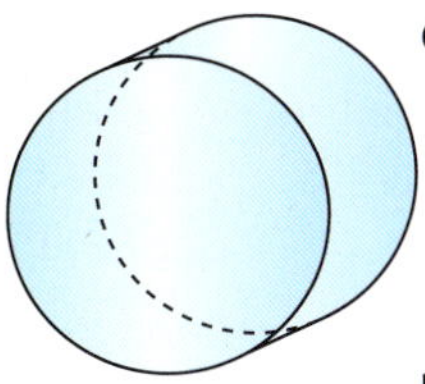
d)
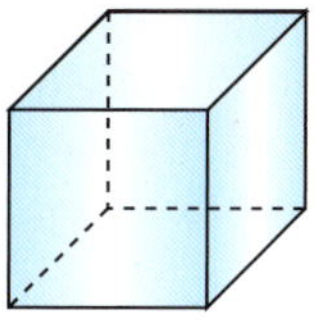
e)
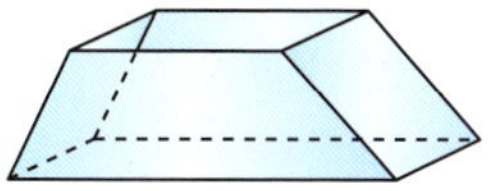
f)
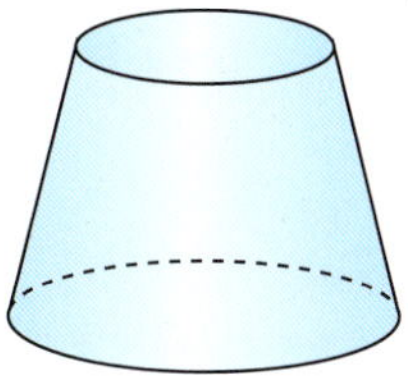
g)
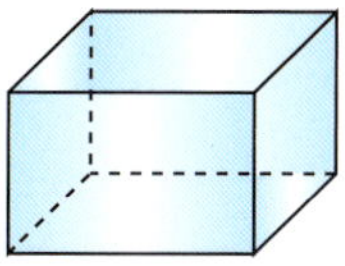
h)
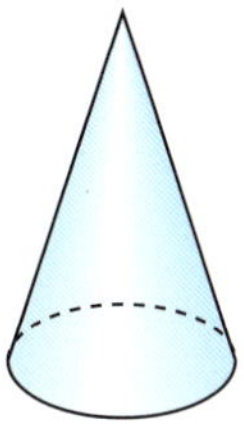

2 Welche der abgebildeten Körper erfüllen die folgenden Eigenschaften?

a) Der Körper ist ein Prisma.
b) Der Körper ist von sechs Flächen begrenzt.
c) Der Körper hat sechs Ecken.
d) Die Oberfläche besteht aus lauter Dreiecken.

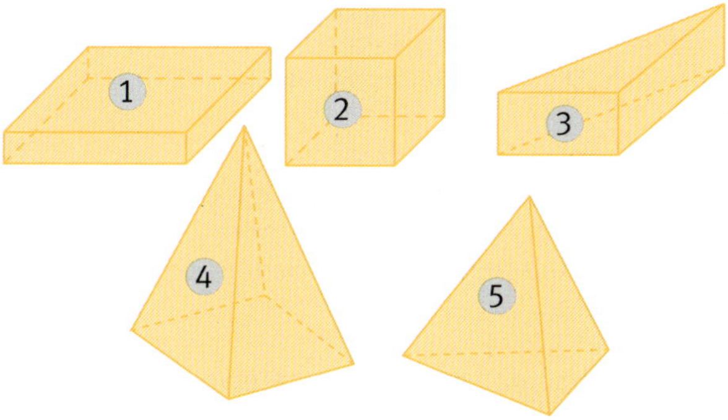

3 Welche geometrischen Körper erkennst du in den Bildern?

Kannst du auch an deinem Schulgebäude geometrische Körper erkennen?

a)

b)

- Fertige verschiedene Quadermodelle aus Draht, Pappe und Knetgummi an. Welche Schwierigkeiten gibt es beim Bau der einzelnen Modelle?
- Welche Vorteile haben die einzelnen Modelle jeweils? Beschreibe.
- Suche dir einen weiteren mathematischen Körper aus und stelle von ihm ebenfalls solche Modelle her.

Merkwissen

Körper lassen sich durch verschiedene **Modelle** darstellen.

Beim **Kantenmodell** werden nur die Kanten und Ecken eines Körpers mit geeigneten Materialien nachgebildet.

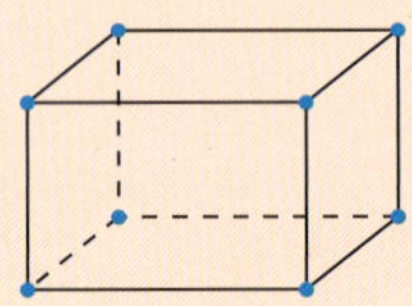

Beim **Hohlmodell** werden nur die Flächen eines Körpers nachgebildet und zur Körperoberfläche zusammengefügt.

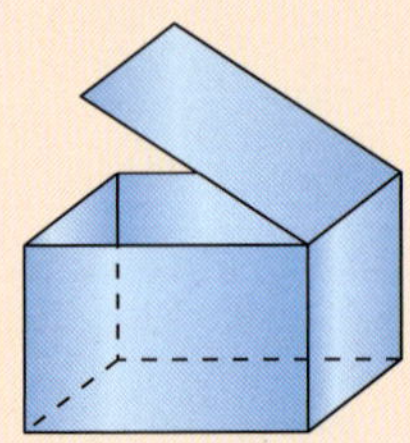

Beim **Vollmodell** wird der Körper aus einem Material (z. B. Moosgummi oder Ton) hergestellt und komplett von ihm ausgefüllt.

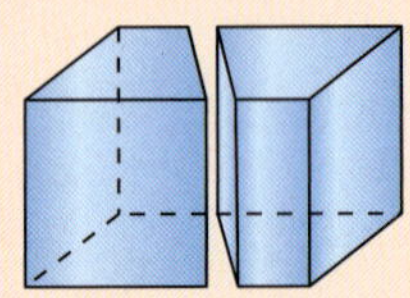

Beispiele

I Du schneidest das Vollmodell eines Kegels entsprechend der eingezeichneten Schnittlinien parallel bzw. senkrecht zur Grundfläche durch. Wie sehen die Schnittflächen aus?

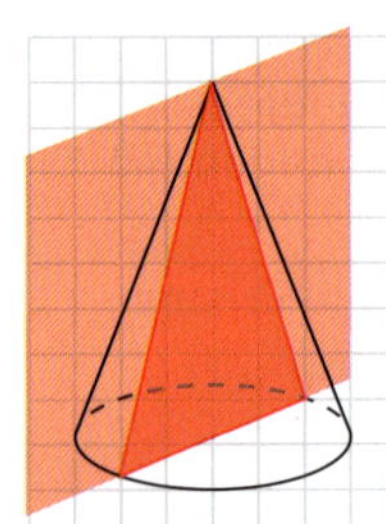

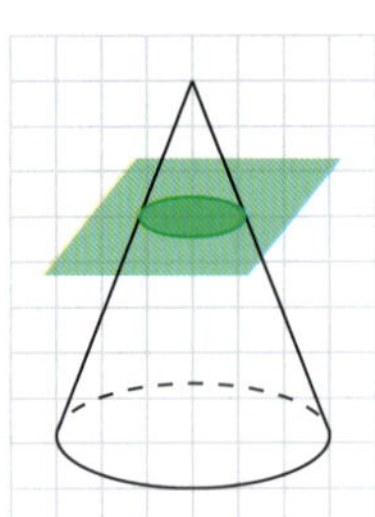

Lösung:
Die rote Schnittfläche ist ein gleichschenkliges Dreieck, es ist die Vorderansicht des Kegels. Durch den grünen Schnitt entsteht ein Kreis.

II „Zerschneide“ einen Quader jeweils so in zwei Teile, dass sich zwei Dreiecksprismen (zwei gleiche Quader) ergeben.

Lösungsmöglichkeiten:

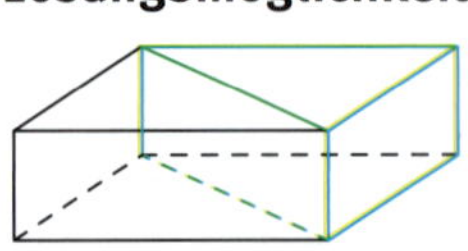

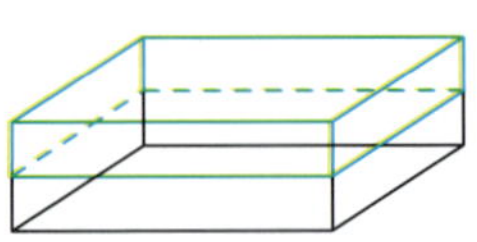

Verständnis

- Was erhältst du, wenn du das Hohlmodell eines Zylinders auseinanderfaltest?
- Du schneidest durch das Vollmodell eines Prismas parallel zur Grundfläche. Welche Körper erhältst du?

1 Auch im Alltag werden oftmals Vollmodelle hergestellt.

1 

2 

a) Beschreibe anhand der Abbildungen das Vorgehen.

b) Finde weitere Beispiele für Vollmodelle (Hohlmodelle) im Alltag.

2 Stelle Kantenmodelle der Körper her. Verwende Holzspieße und Knete.

Du kannst auch mit einem Partner oder einer Partnerin zusammenarbeiten.

a)
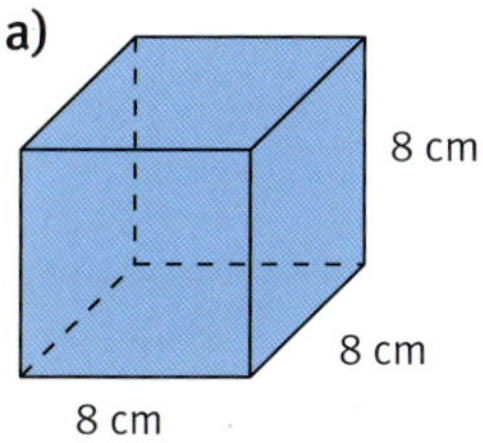

b)
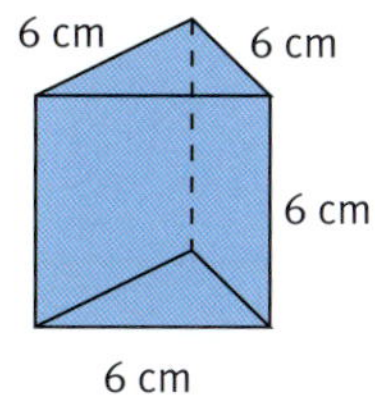

c)
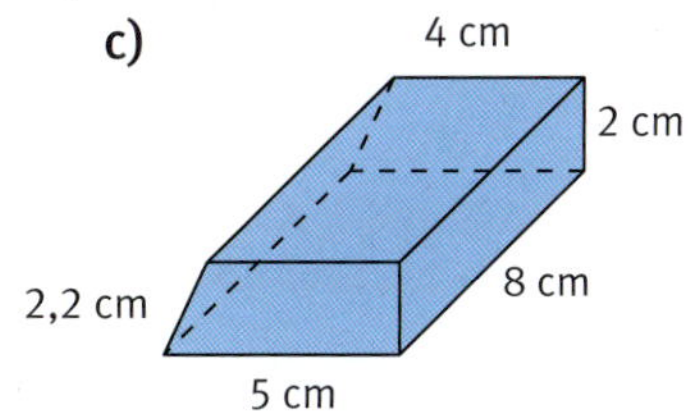

3 An den Körpern sind jeweils gerade Schnitte entlang den roten, grünen bzw. blauen Linien durchgeführt worden. Beschreibe das Aussehen der Schnittflächen.

a)
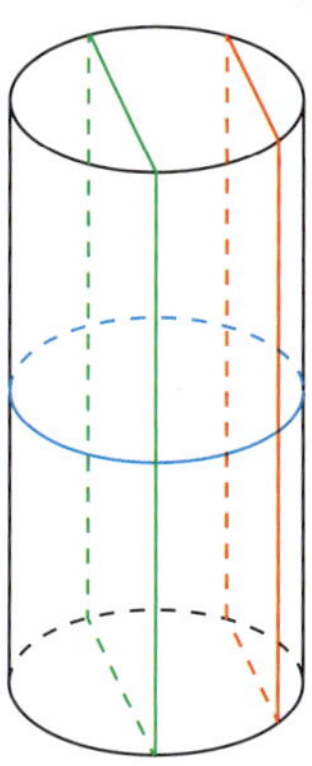

b)
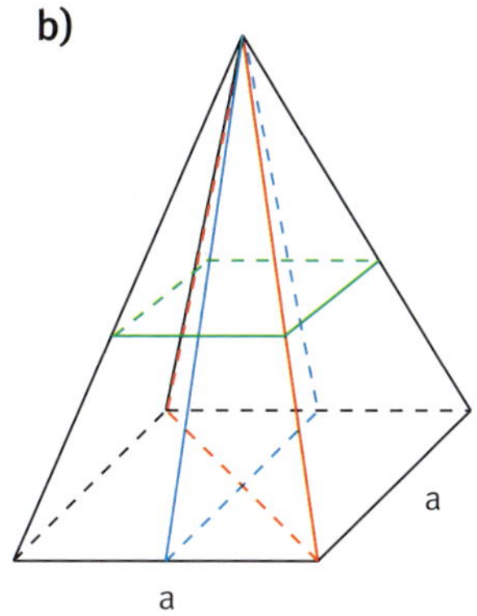

c)
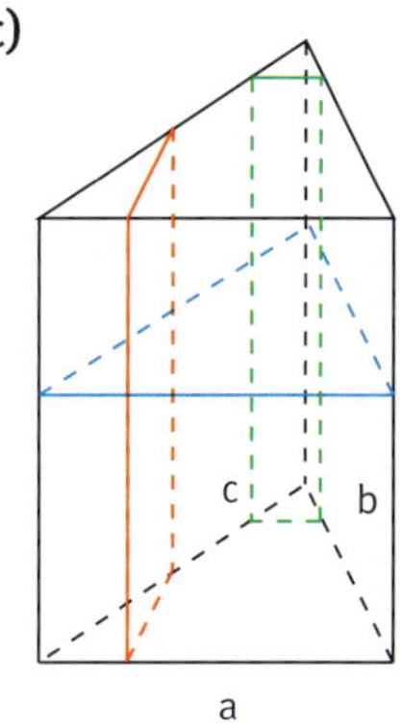

4
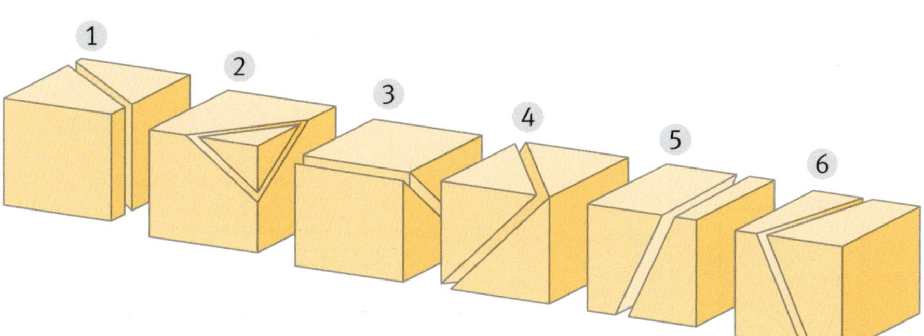

a) Beschreibe jeweils die entstandenen Schnittflächen.

b) Welcher Würfel wurde so zerschnitten, dass zwei Prismen entstehen?

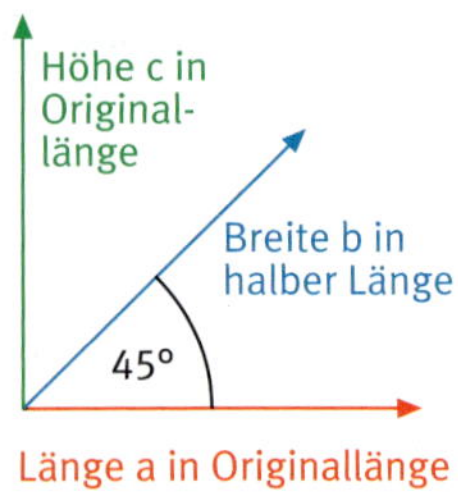

Du kennst bereits das Schrägbild als eine Möglichkeit, um Körper anschaulich darzustellen.

- Übertrage die Schrägbildzeichnungen von Würfel und Quader in dein Heft.
- Überlege dir Möglichkeiten, wie man mithilfe dieser Schrägbilder das eines dreiseitigen Prismas (eines Zylinders, einer Pyramide) erhalten kann. Beschreibe dein Vorgehen.

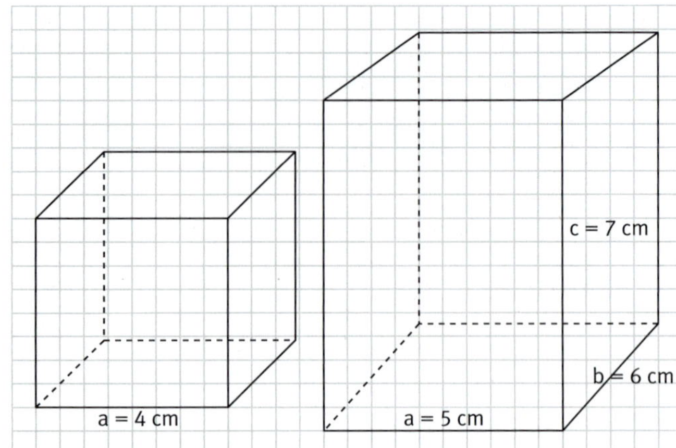

Merkwissen

Schrägbild eines Prismas

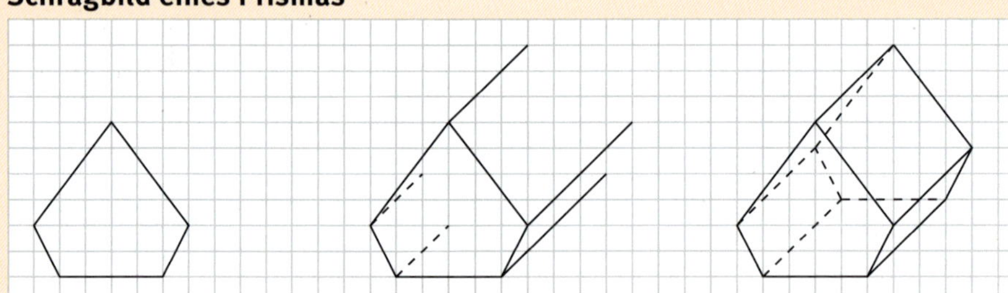

1. Vorderfläche zeichnen
2. Die nach hinten laufenden Kanten unter 45° auf die Hälfte kürzen
3. Die hinteren Eckpunkte zur Rückfläche verbinden, nicht sichtbare Kanten stricheln

Das Verfahren lässt sich auch auf andere Körper anwenden.

Beispiele

I Gegeben ist ein dreiseitiges Prisma mit gleichschenklig-rechtwinkligem Dreieck als Grundfläche. Die Schenkel der Grundfläche sind 3 cm lang, die Höhe des Prismas beträgt 5 cm. Zeichne ein Schrägbild des Prismas, wenn es …

a) auf der Grundfläche steht. **b)** auf einer Seitenfläche liegt.

Lösung:

a)

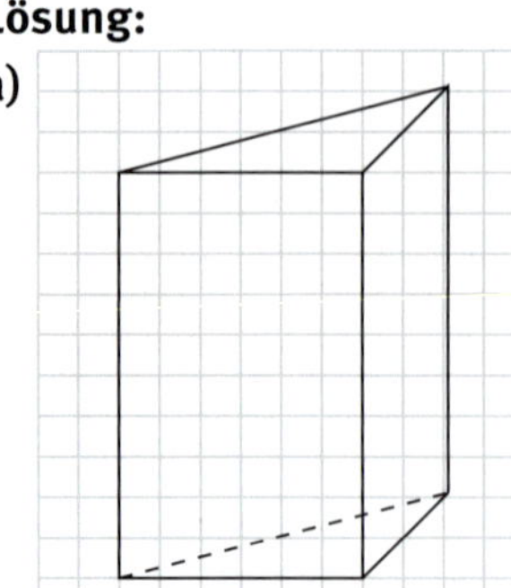

b)

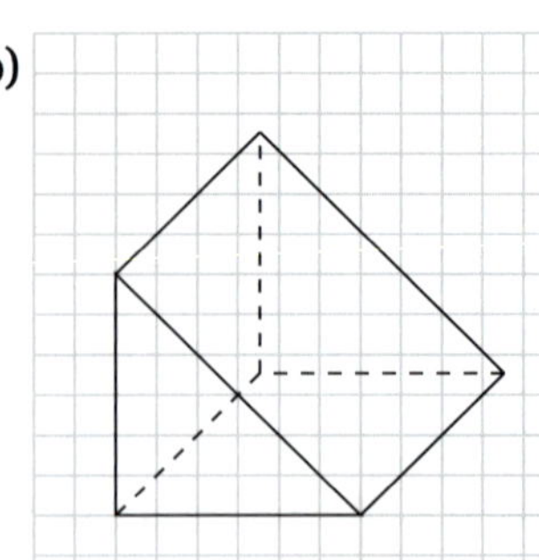

Verständnis

- Angie behauptet, dass sie von einem Quader vier verschiedene Schrägbilder zeichnen kann, die alle denselben Quader darstellen. Kann das sein? Erkläre.
- Sven meint: „Die nach hinten verlaufenden Kanten brauchen nicht verkürzt zu werden." Welche Folgen hätte dies für die Schrägbildwirkung? Probiere aus und beschreibe.

Aufgaben

1 Zeichne das Schrägbild des Prismas aus dem Merkwissen in doppelter Größe.

2 Die Abbildungen stellen die Grundflächen von Prismen dar, die eine Höhe von h = 4 cm haben. Zeichne ein zugehöriges Schrägbild.

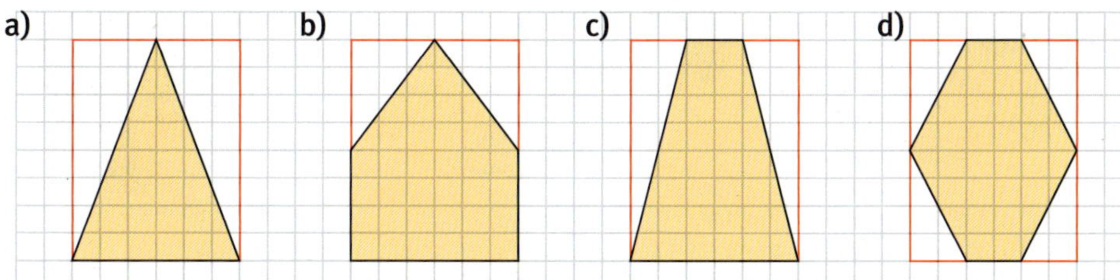

3 Die Grundfläche eines Körpers ist gegeben. Zeichne das jeweilige Schrägbild.

a) Quader: h = 4,4 cm **b)** Würfel: h = 3,2 cm **c)** Prisma: h = 5,6 cm

Überlege in b) zunächst, was für die Länge und Breite des Würfels gelten muss.

4

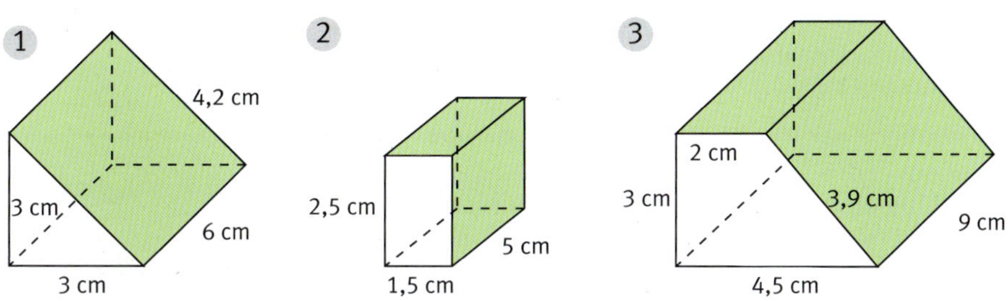

Zeichne die Schrägbilder der Prismen in dein Heft, wenn sie ...

a) wie angegeben liegen. **b)** auf der Grundfläche stehen.

5 Zeichne zu den Prismen der Höhe h je ein Schrägbild. Die Grundseite ist jeweils ein gleichseitiges Dreieck der Seitenlänge a.

a) a = 3 cm; h = 7 cm **b)** a = h = 5 cm **c)** a = 4 cm; h = 2 cm

Beachte die besondere Eigenschaft der Innenwinkel im gleichseitigen Dreieck.

6 Zeichne ein Schrägbild der Gegenstände (alle Maßangaben in cm).

a) **b)** **c)**

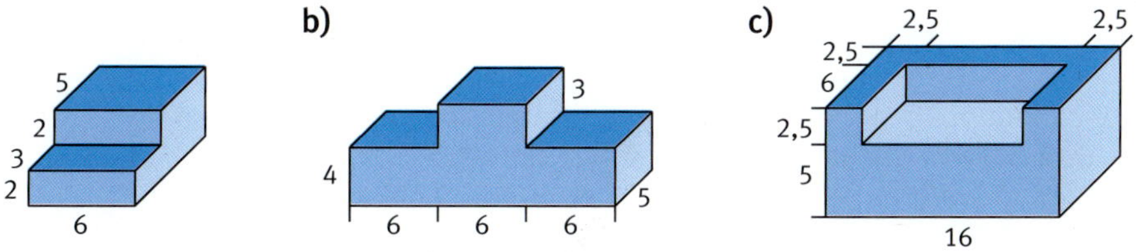

Die Abbildungen zeigen, wie man die Netze von Gegenständen erhält.

- Aus welchen Flächen besteht das Netz der einzelnen Gegenstände?
- Beschreibe, wie man das Netz eines Körpers erhalten kann.
- Stelle weitere Netze von Gegenständen aus deinem Alltag her.

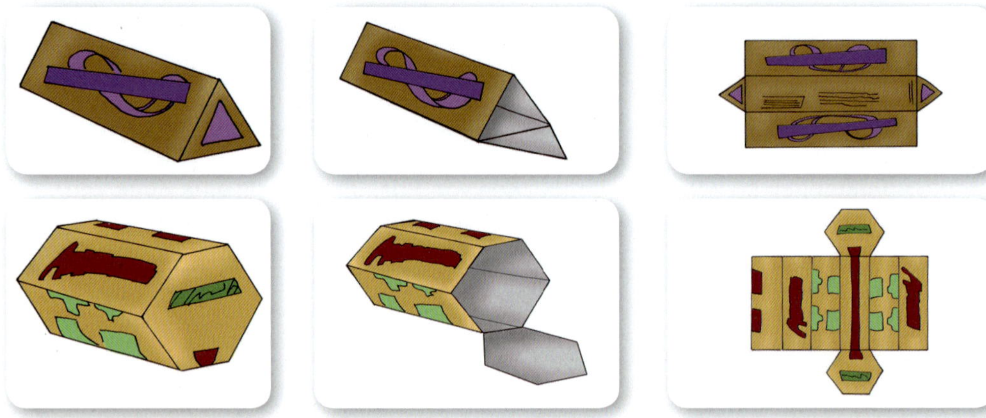

Merkwissen

Wird ein Körper entlang seiner Kanten aufgeschnitten und können alle Begrenzungsflächen in eine Ebene geklappt werden, so entsteht ein **Körpernetz**.

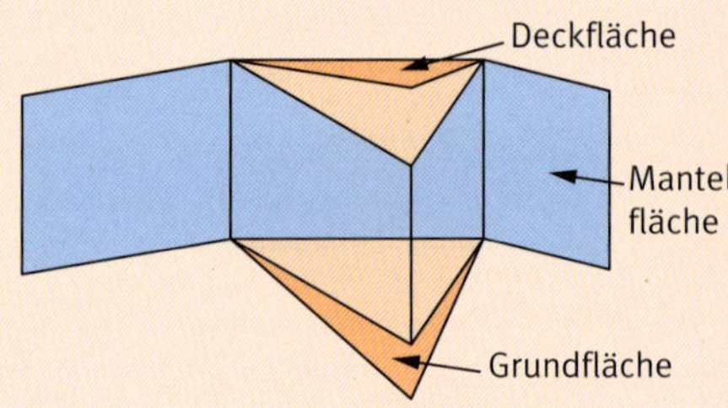

Das **Netz eines Prismas** besteht aus der Grundfläche und der Deckfläche, die kongruent zueinander sind, sowie der Mantelfläche, die sich aus Rechtecken zusammensetzt.

Beispiele

I Beschreibe eine Möglichkeit, das abgebildete Netz eines Prismas mit einem Parallelogramm als Grundfläche zu zeichnen.

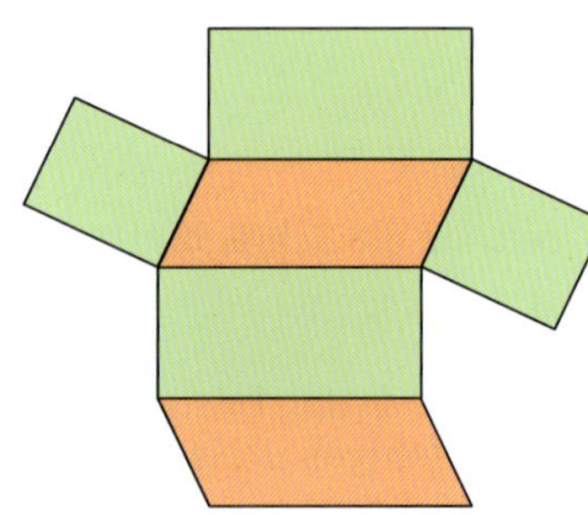

Lösung:

1 Man beginnt mit der Grundfläche und zeichnet sie so in das Heft, dass genug Platz herum ist.

2 An jeder Seite der Grundfläche wird das zugehörige Rechteck der Mantelfläche gezeichnet.

3 An eine dieser Seitenflächen wird passend die Deckfläche angehängt.

Verständnis

- Zu jedem Körper gehört genau ein Netz. Was meinst du dazu?
- Erkläre den Zusammenhang zwischen dem Netz eines Prismas und dem Netz eines Quaders (Würfels).

1 Zu welchem Körper gehört jeweils das Netz?

a) 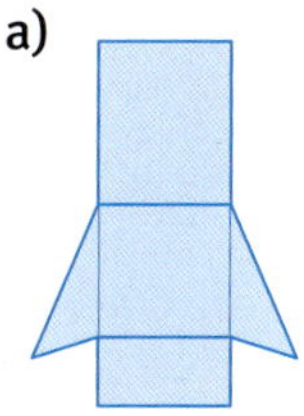

b) 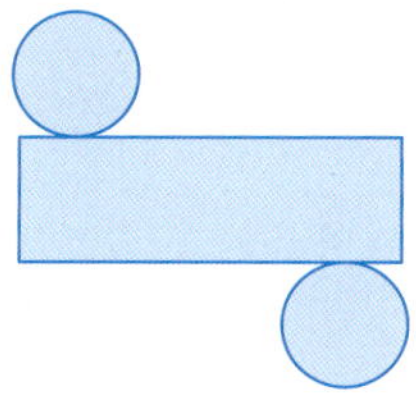

c) 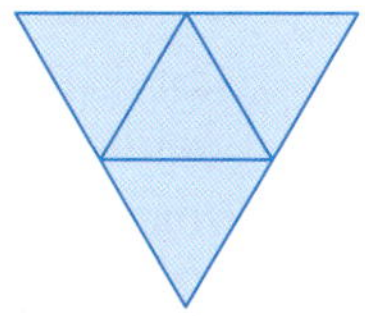

d) 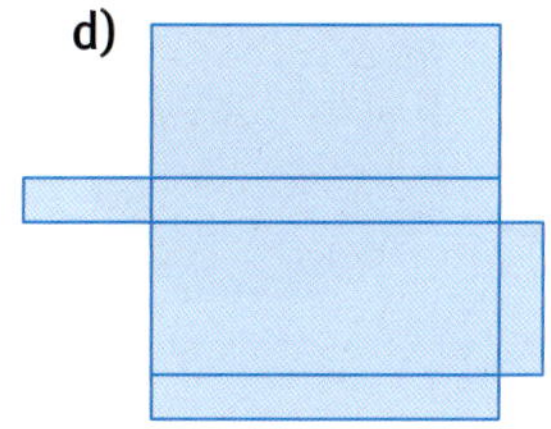

e) 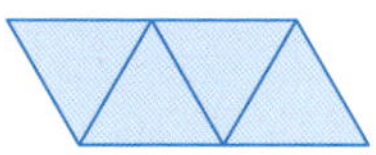

f) 

g) 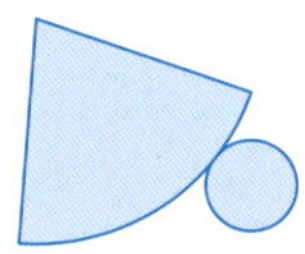

h) 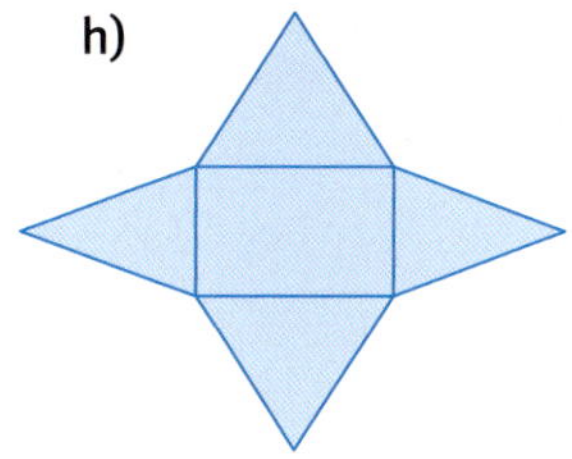

2 Zeichne jeweils ein Netz des Körpers.

Denke bei c) an den Thaleskreis und bei d) an die Kongruenzsätze.

a) 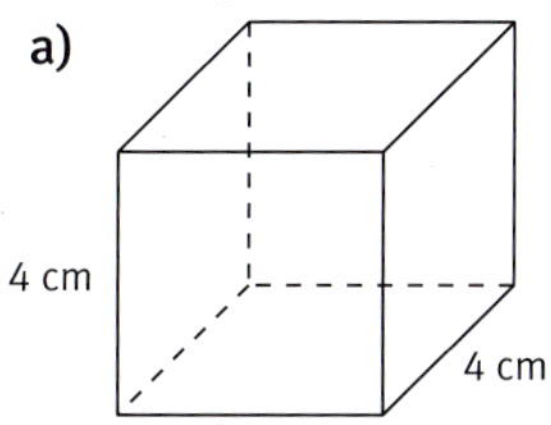

b) 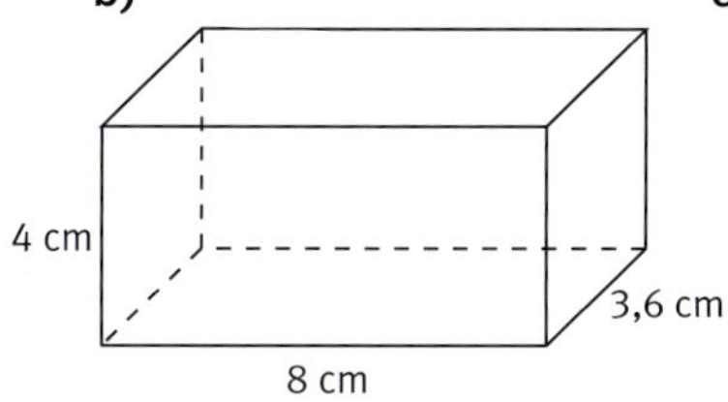

c) 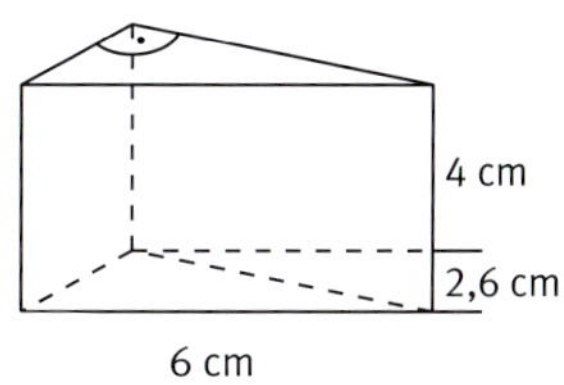

d) 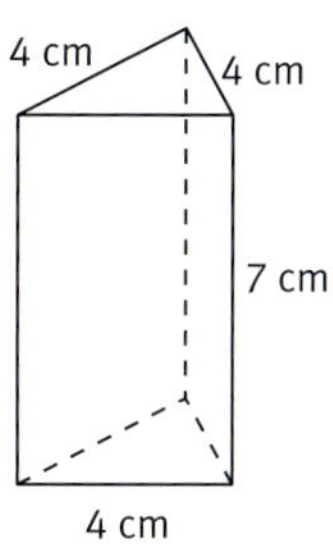

e) 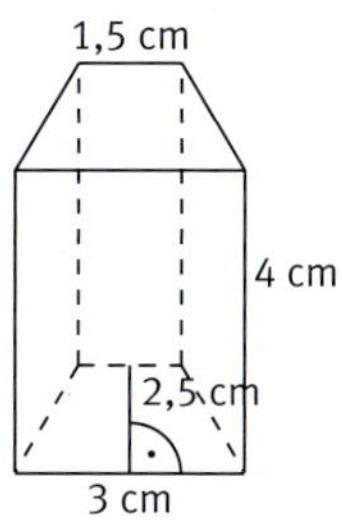

f) 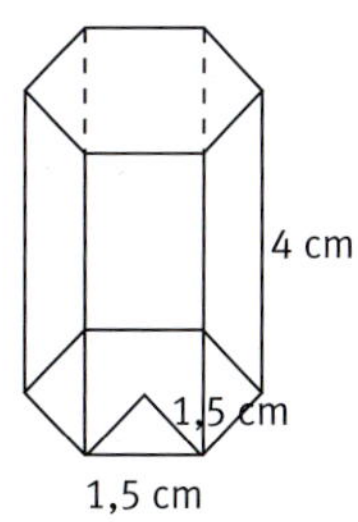

3 Finde heraus, welche der vier Abbildungen kein Netz eines geraden dreiseitigen Prismas darstellt. Begründe deine Meinung.

1 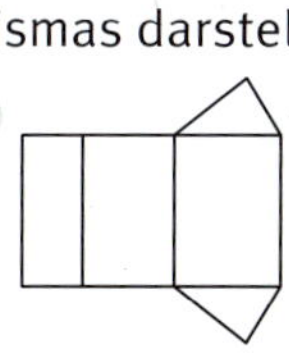

2 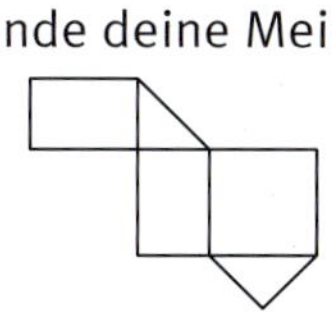

3 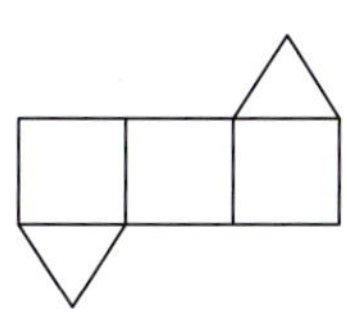

4 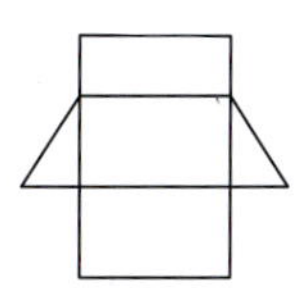

4 Das Netz des Prismas ist unvollständig. Übertrage es in dein Heft und ergänze zum vollständigen Netz. Färbe die Grund- und Deckfläche jeweils in gleicher Farbe ein.

Findest du mehrere Möglichkeiten?

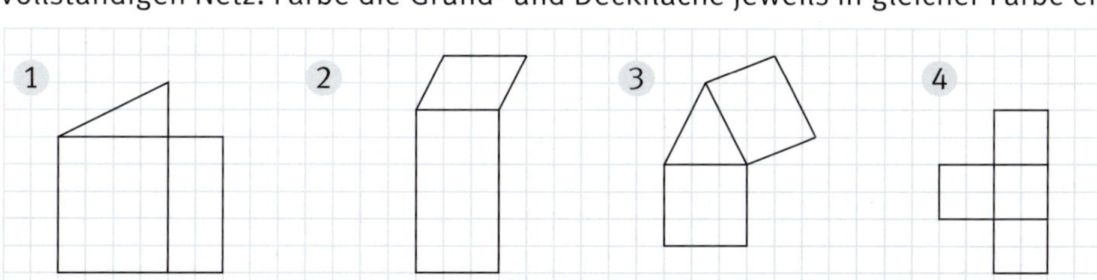

Verpackungen haben oft die Form von Prismen.

- Findest du Gemeinsamkeiten bei den Netzen dieser Verpackungen?
- Gibt es bei den Verpackungen Flächen, die kongruent zueinander sind?
- Welche Größen musst du bestimmen, um die Oberfläche eines Prismas oder Zylinders zu berechnen?

Merkwissen

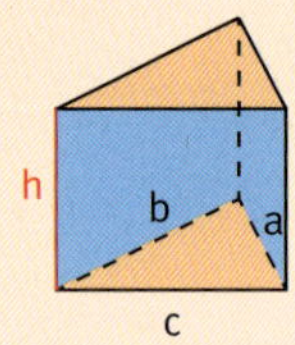

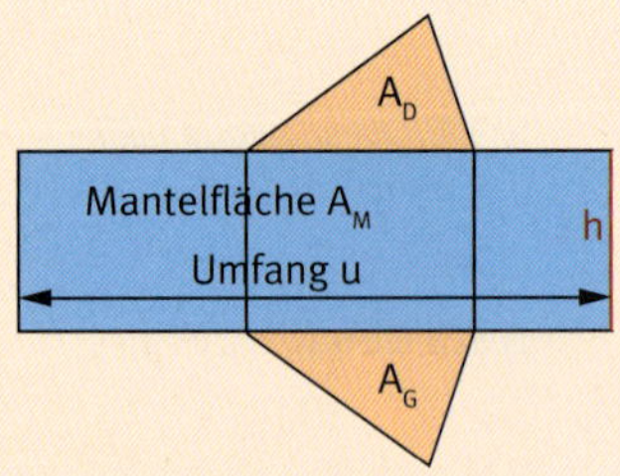

Für die Berechnung des **Oberflächeninhalts O eines Prismas** mit der Grundfläche A_G und der Mantelfläche A_M gilt:

$O = 2 \cdot A_G + A_M$ bzw. $O = 2 \cdot A_G + u \cdot h$

Beispiele

I Gegeben ist das Netz eines Körpers. Berechne seinen Oberflächeninhalt O.

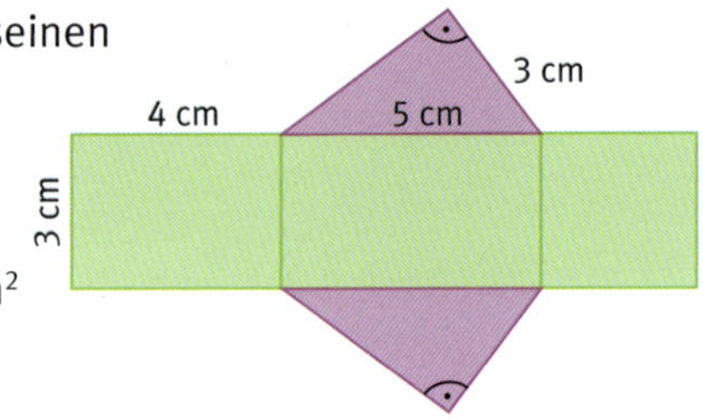

Lösung:

$A_G = 0{,}5 \cdot (4\text{ cm} \cdot 3\text{ cm}) = 6\text{ cm}^2$

$A_M = u \cdot h = (4\text{ cm} + 5\text{ cm} + 3\text{ cm}) \cdot 3\text{ cm} = 36\text{ cm}^2$

$O = 2 \cdot A_G + A_M = 12\text{ cm}^2 + 36\text{ cm}^2 = 48\text{ cm}^2$

Wenn du die gleichen Einheiten verwendest, kannst du sie bei der Rechnung weglassen. Bei der Antwort musst du jedoch die passende Einheit angeben.

II Berechne den Oberflächeninhalt dieser Süßigkeitenverpackung.
Die Grundfläche des Prismas ist ein gleichseitiges Dreieck.

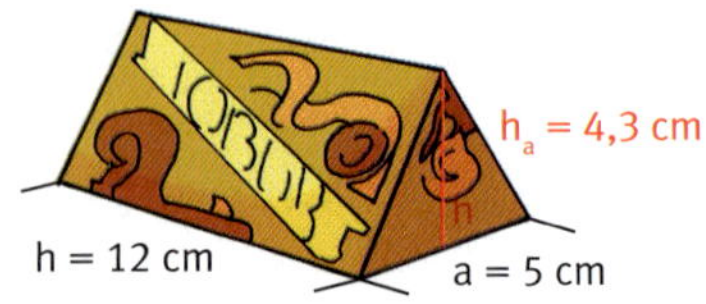

Lösung:

$O = 2 \cdot A_G + A_M$

$O = 2 \cdot \frac{1}{2} \cdot a \cdot h_a + u \cdot h$

$O = 5\text{ cm} \cdot 4{,}3\text{ cm}$
$\quad + (5 + 5 + 5)\text{ cm} \cdot 12\text{ cm}$

$O = 201{,}5\text{ cm}^2$

Der Oberflächeninhalt des Prismas beträgt etwa 202 cm².

Verständnis

- Sophie behauptet: „Die Mantelflächen eines gleichseitigen Prismas sind immer Quadrate.“ Hat sie Recht?
- Erkläre die Gleichwertigkeit der Formeln im Merkwissen.

1 Berechne die Oberflächeninhalte O der Prismen (Maße in mm).

a)
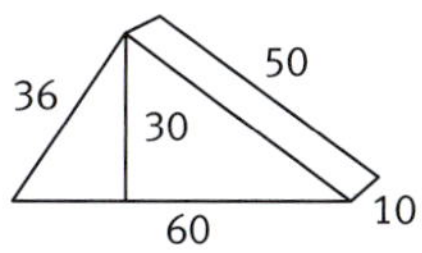

b)
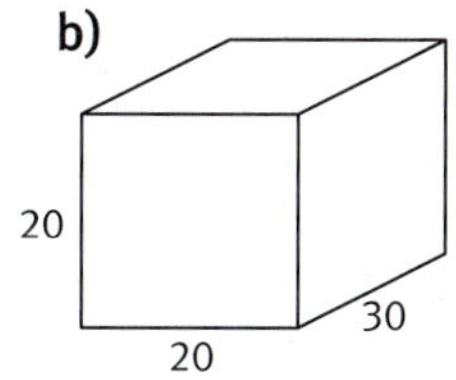

c)
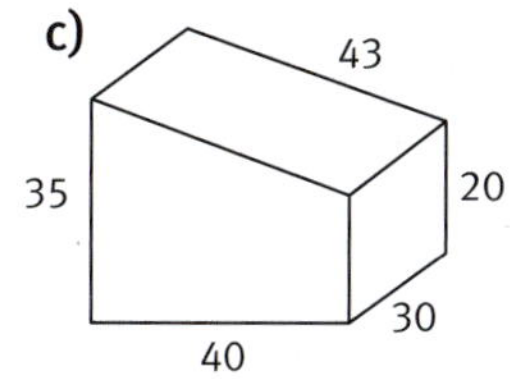

d)
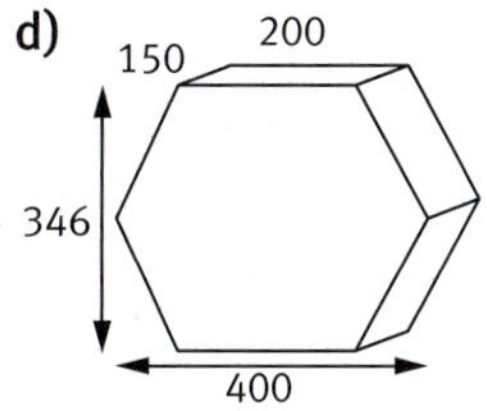

2 Berechne die fehlenden Größen eines Prismas.

	a)	b)	c)	d)	e)
Grundflächenumfang u	15 cm	52,2 m	10,8 cm	3,4 m	6 m
Körperhöhe h	8 cm	8 m	▢	2,5 m	▢
Grundflächeninhalt A_G	14 cm^2	▢	25 cm^2	7,2 m^2	18 m^2
Mantelflächeninhalt A_M	▢	▢	54 cm^2	▢	24 m^2
Oberflächeninhalt O	▢	900,6 m^2	▢	▢	▢

Lösungen zu 2:
417,6; 5; 104; 8,5; 4; 241,5; 120; 148; 22,9; 60

3

Würfel	(1) a = 3 cm (2) a = 6,5 cm (3) a = 4,8 cm
Quader	a = 5,5 cm; b = 4 cm; c = 3,5 cm
Prisma	(1) Grundfläche Dreieck: a = b = 3,5 cm; $\gamma = 90°$; h = 5 cm (2) Grundfläche Dreieck: a = b = c = 4,2 cm; $A_M = 31{,}5\ cm^2$

a) Zeichne zu jedem Körper ein Netz. Überprüfe zunächst, ob alle nötigen Strecken angegeben sind und bestimme fehlende Streckenlängen.

b) Berechne den Oberflächeninhalt des Körpers.

Fertige stets eine Planfigur an und kennzeichne die gegebenen Längen.

4 Zeige, dass die Berechnung des Oberflächeninhalts eines Quaders (Würfels) ein Sonderfall der Berechnung vom Prisma ist. Nutze dafür die bekannten Formeln zur Berechnung der Oberflächeninhalte und Grundflächen.

5 Zeichne jeweils ein Schrägbild und Netz der geraden Prismen und berechne den Oberflächeninhalt O.

	a)	b)	c)
Skizze der Grundfläche A_G	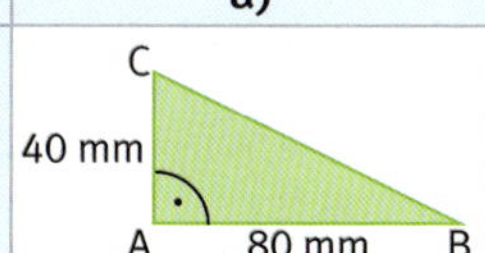	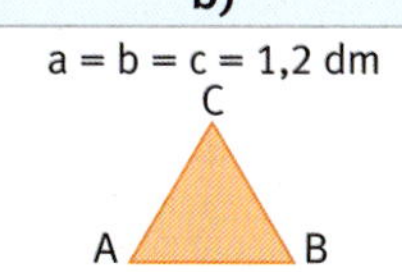	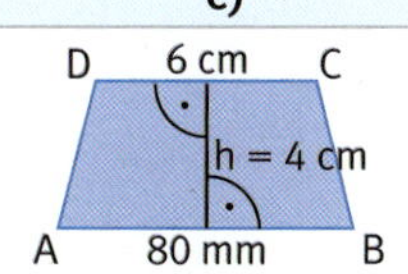
Körperhöhe h	7,5 cm	90 mm	86 mm

Achte immer auf ***gleiche Einheiten*** *bei den Größen.*

6 Gegeben sind die Grundflächen von drei geraden Prismen (alle Maße in cm).

(1)
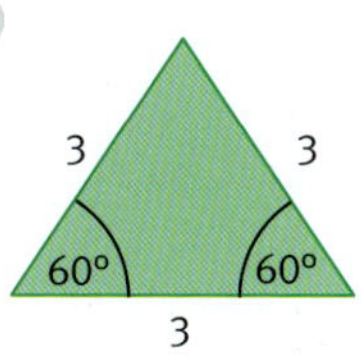

(2)
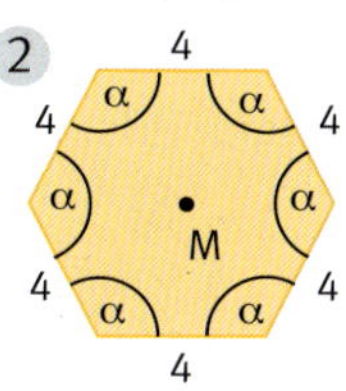

(3)
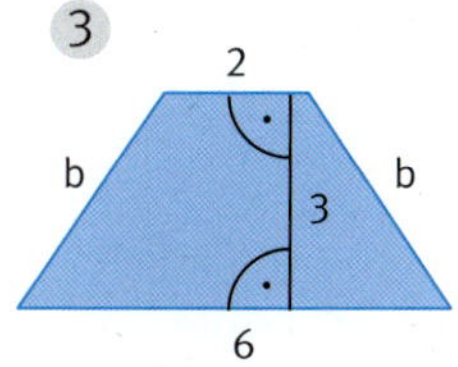

a) Vervollständige die Netze der Prismen, wenn jedes Prisma 4 cm hoch ist.

b) Berechne die Oberfläche der Prismen.

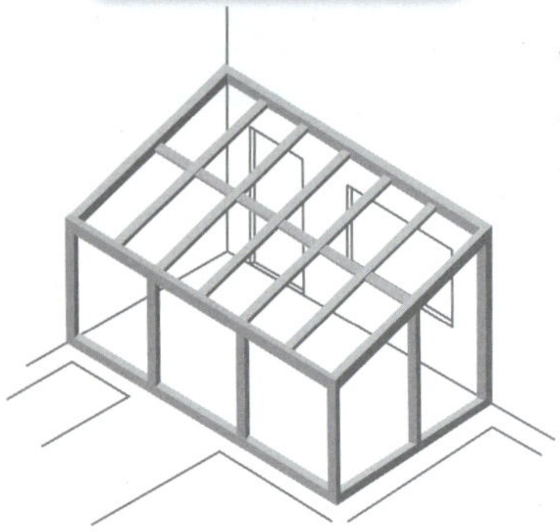

Wolfgang möchte für seinen Wintergarten ein Klimagerät kaufen. In der Betriebsanleitung steht:
„Die Leistung des Klimageräts muss so gewählt werden, dass die Luft im Inneren des Raumes pro Stunde mindestens 20-mal ausgetauscht wird.“

- Durch welchen geometrischen Körper kann man den Wintergarten mathematisch beschreiben?
- Wie würdest du das Volumen dieses Körpers bestimmen?
- Welche Maße des Wintergartens musst du dafür messen?

Merkwissen

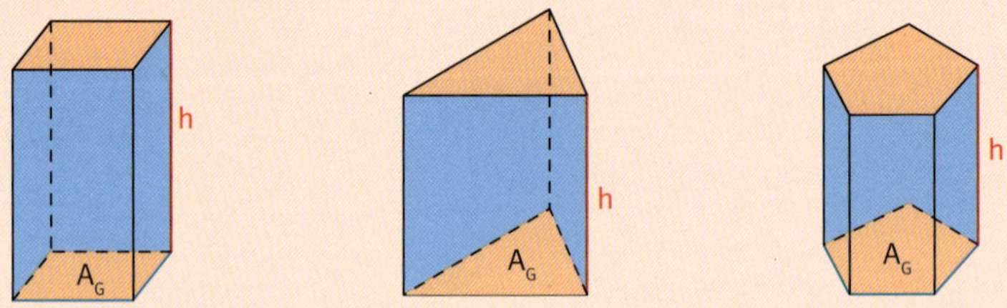

Für die Berechnung des **Volumens V eines Prismas** mit der Grundfläche A_G und der Höhe h gilt: $V = A_G \cdot h$.

Beispiele

I Wie viele 50-l-Säcke Blumenerde benötigt man, um den Blumenkübel randvoll zu füllen?

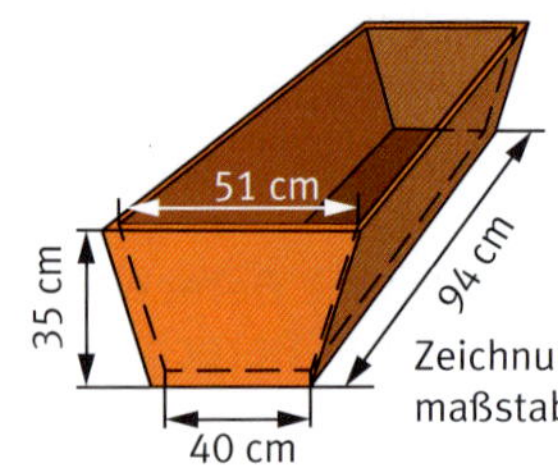

Lösung:

$V_{Prisma} = A_{Trapez} \cdot h$ $\qquad V_{Prisma} = \left(\frac{a + c}{2}\right) \cdot h_{Trapez} \cdot h$

$V_{Prisma} = \left(\frac{40\text{ cm} + 51\text{ cm}}{2}\right) \cdot 35\text{ cm} \cdot 94\text{ cm} \approx 150\text{ l}$

Man benötigt drei 50-l-Säcke Blumenerde, um den Kübel zu füllen.

Verständnis

- Mit welcher Flächenformel musst du rechnen, wenn die Grundfläche A_G eines Prismas ein Trapez (Parallelogramm, Drachenviereck) ist?
- Zeige, dass die Berechnung des Volumens eines Quaders mit $V = a \cdot b \cdot c$ ein Spezialfall der Berechnung des Volumens eines Prismas ist.

Aufgaben

1 Berechne das Volumen des Prismas.

a) $A_G = 36\text{ cm}^2$; $h = 7{,}5\text{ cm}$ **b)** $A_G = 5{,}6\text{ m}^2$; $h = 42\text{ dm}$ **c)** $A_G = 16\frac{1}{3}\text{ m}^2$; $h = 150\text{ cm}$

Lösungen zu 2:
23,373; 49,77; 59,5; 80; 2516,736

2 Berechne das Volumen des dreiseitigen Prismas.

	a)	b)	c)	d)	e)
Länge Grundseite	5 cm	4,5 dm	22,6 cm	0,1 m	5,3 dm
Höhe Grundfläche	4 cm	2,8 dm	17,4 cm	8,5 dm	14,7 cm
Höhe Prisma	8 cm	7,9 dm	12,8 cm	1,4 m	0,6 m

3 Berechne das Volumen des Prismas (Maße in mm).

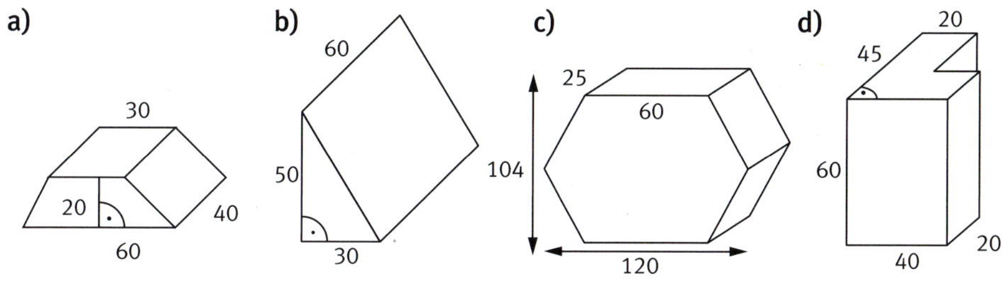

4 Fertige eine Schrägbildskizze an und berechne das Volumen folgender Prismen:

a) dreieckige Grundfläche mit $b = 5{,}6$ cm; $h_b = 4{,}2$ cm; $h = 7$ cm

b) Grundfläche Trapez mit $a \parallel c$; $a = 72$ mm; $c = 48$ mm; $h_T = 25$ mm; $h = 60$ mm

5 Berechne die fehlenden der Größen A_G, A_M, O und V eines regelmäßigen …

a) dreiseitigen Prismas mit $h = 8$ cm und $A_M = 96\ \text{cm}^2$.

b) sechsseitigen Prismas mit $h = 6$ cm und $V = 140{,}4\ \text{cm}^2$.

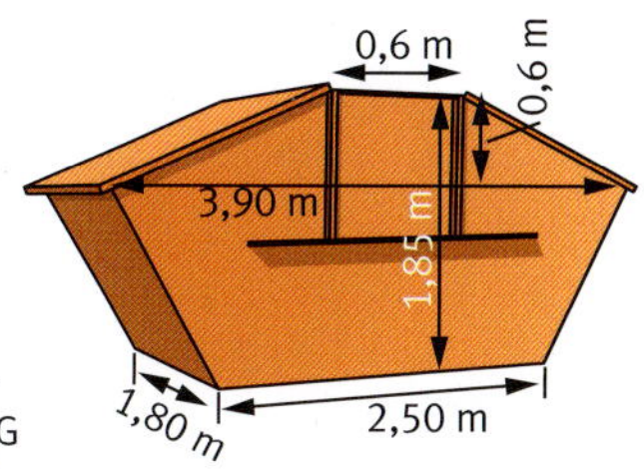

6 Wie viele Kubikmeter Bauschutt passen in diese Mulde, wenn sie randvoll gefüllt ist? Versuche zuerst die Grundfläche aus den Maßangaben zu skizzieren.

7 Ein Schwimmbecken hat die dargestellte Form eines Prismas. Um nach der Winterpause das Becken neu zu füllen, werden 1,5 m³ Wasser pro Minute eingelassen.

a) Wie viele Stunden würde das vollständige Füllen des Beckens dauern?

b) Wie viele cm fehlen bis zur vollen Füllhöhe, wenn nur 20 Stunden lang Wasser eingelassen wird?

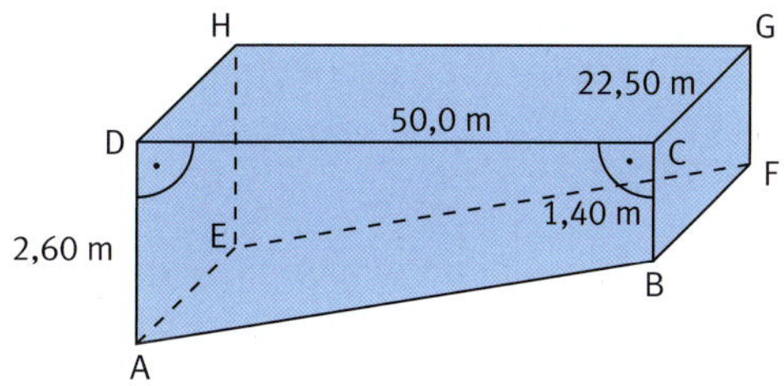

Wissen

Volumenformel – gut erklärt

Warum gilt bei allen Prismen die Volumenformel $V = A_G \cdot h$?

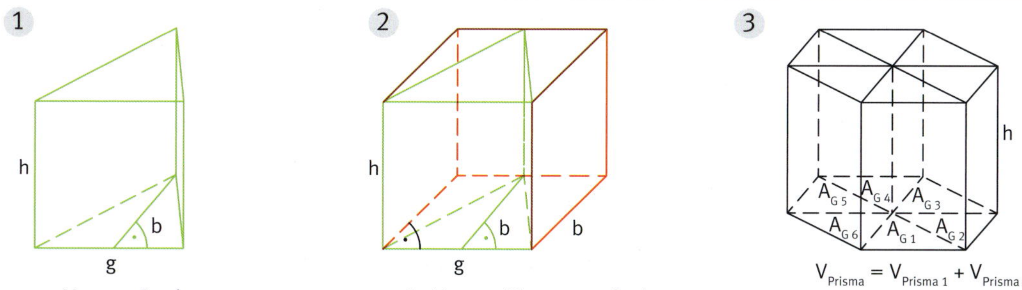

1: $V_{Prisma} = A_G \cdot h$

2: $2 \cdot V_{Prisma} = V_{Quader} = g \cdot b \cdot h$

$V_{Prisma} = \underbrace{\frac{1}{2} \cdot g \cdot b}_{A_G} \cdot h$

$V_{Prisma} = A_G \cdot h$

3: $V_{Prisma} = V_{Prisma\,1} + V_{Prisma\,2} + \ldots + V_{Prisma\,n}$

$= A_{G\,1} \cdot h + A_{G\,2} \cdot h + \ldots + A_{G\,n} \cdot h$

$= (A_{G\,1} + A_{G\,2} + \ldots + A_{G\,n}) \cdot h$

$= A_G \cdot h$

- Zeige: Durch geschickte Wahl der Schnitte kann jedes n-seitige Prisma in n Dreiecksprismen zerlegt werden, sodass gilt: $V = A_G \cdot h$.

Zu 6.1

1

Bestimme den Anteil des Streifens, der grün eingefärbt ist, für a = 1 cm.

Bestimme den Anteil des Streifens, der grün eingefärbt ist, in Abhängigkeit von a.

Zu 6.2

2

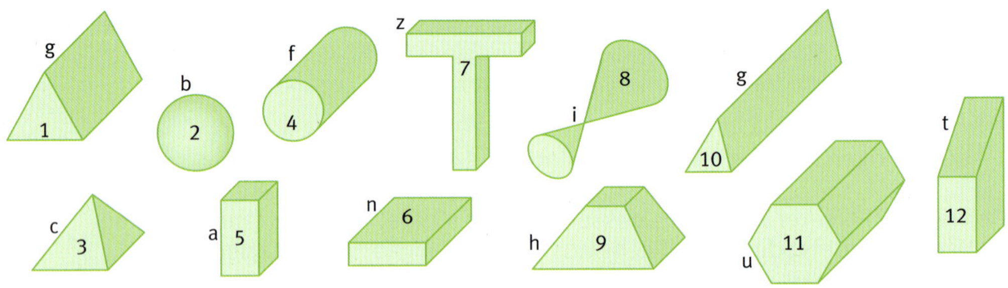

Suche aus allen Körpern die Prismen heraus. Die Buchstaben ergeben eine Aussage.

Beschreibe die Körper. Bezeichne sie, wenn möglich.

Zu 6.3

3 Die Abbildungen sollen Vollmodelle von Körpern sein, die zerschnitten wurden. Die Schnittfläche ist rot gefärbt. Um welchen Körper handelt es sich?

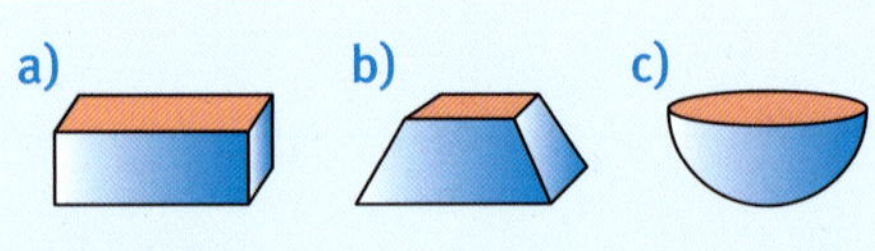

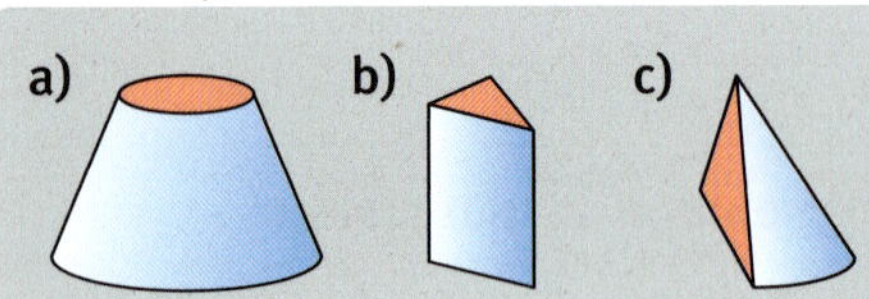

Zu 6.4

4 Übertrage das Schrägbild des dreiseitigen Prismas in dein Heft und ergänze es dort zum Schrägbild eines Quaders.

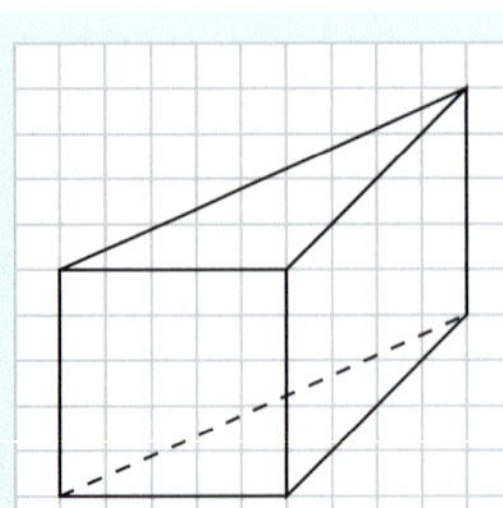

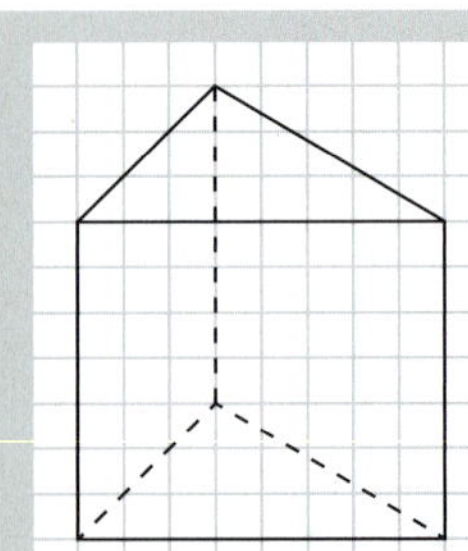

5 Ein dreiseitiges Prisma ist 12 cm hoch. Seine Grund- und Deckfläche besteht aus Dreiecken mit lauter Seiten der Länge 6 cm. **Zu 6.5**

a) Zeichne ein Netz des Prismas im Maßstab 1:2 in dein Heft.
b) Bestimme den Inhalt der Oberfläche des Prismas.

a) Zeichne drei verschiedene Netze des Prismas im Maßstab 1:2 in dein Heft.
b) Bestimme den Anteil eines Netzes aus a) auf einem DIN-A4-Blatt.

6 Die Flächen sind die Grundflächen gerader Prismen mit einer Körperhöhe von 6 cm. Berechne den Oberflächeninhalt. **Zu 6.6**

a)
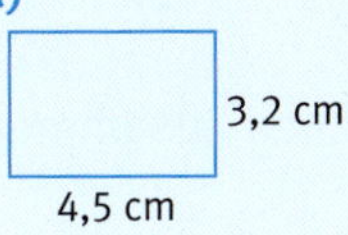

b)
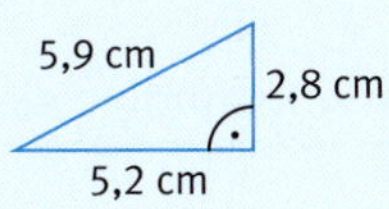

a)
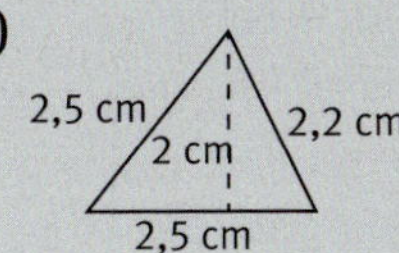

b)
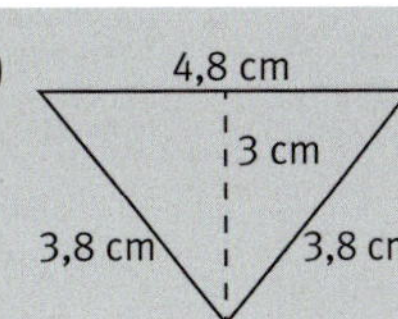

7 Berechne den Inhalt der Oberfläche des Körpers.

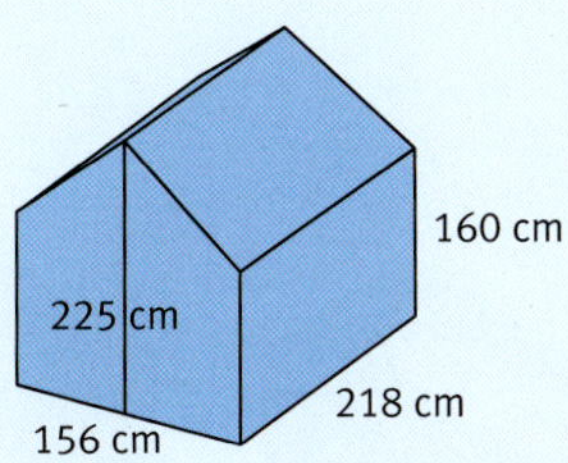

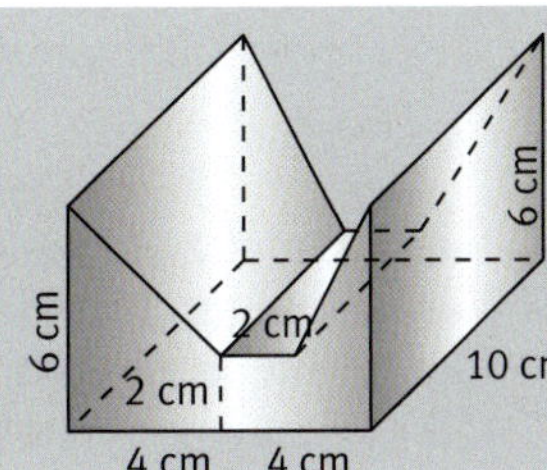

8 Gegeben ist die Grundfläche eines 5 cm hohen Prismas. Berechne sein Volumen. **Zu 6.7**

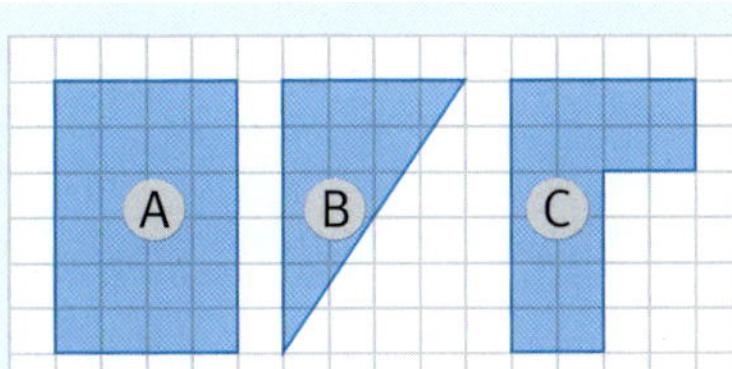

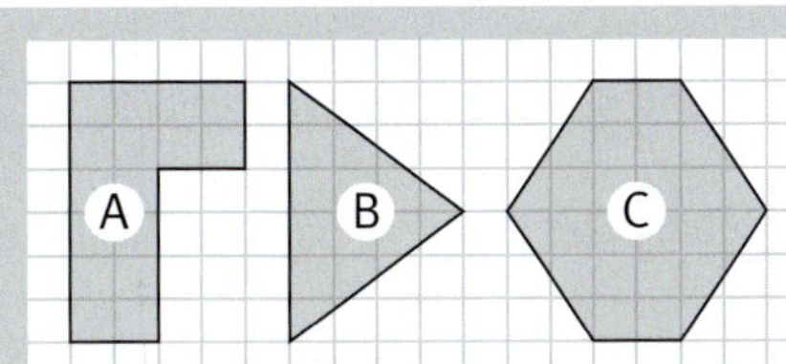

9 a) Berechne das Volumen des Prismas.
b) Gib die Höhe eines volumengleichen Quaders mit Länge l = 2 m und Breite b = 3 m an.

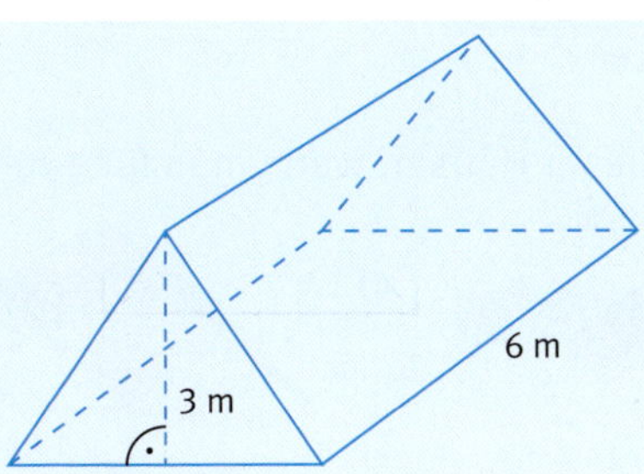

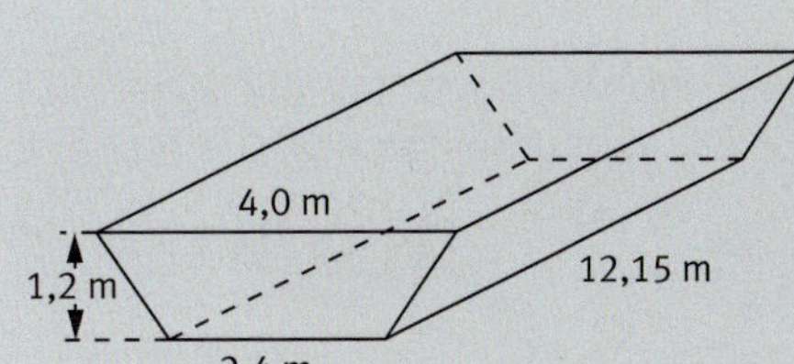

Findest du mehrere Möglichkeiten?

1 Welcher Körper kann mit seiner Grundfläche einen solchen Abdruck hinterlassen?

a) 

b) 

c) 

d) 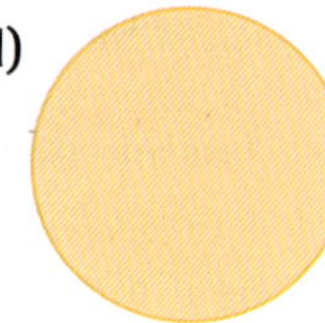

E: Anzahl der Ecken
F: Anzahl der Flächen
K: Anzahl der Kanten

2

Körper	E	F	K	E + F – K
Quader				
dreieckige Pyramide				
viereckige Pyramide				
dreiseitiges Prisma				
sechsseitiges Prisma				

a) Übertrage die Tabelle ins Heft und vervollständige sie. Welchen Zusammenhang erkennst du?

E – F + K = 2 | E + F = K + 2 | F + K = E – 2 | E = K + 2 – F

b) Welcher Zusammenhang gilt aufgrund deiner Ergebnisse aus a) ebenfalls?

c) Bestimme mithilfe der Formel aus b) die fehlenden Werte. Um welchen Körper kann es sich handeln?

(1) E = 8; K = 12 (2) K = 6; F = 4 (3) E = 5; F = 5

3 Maria findet zwei verschiedene Verpackungen für Kosmetiktücher. Diese sind vollständig mit gleichartigen Tüchern gefüllt.

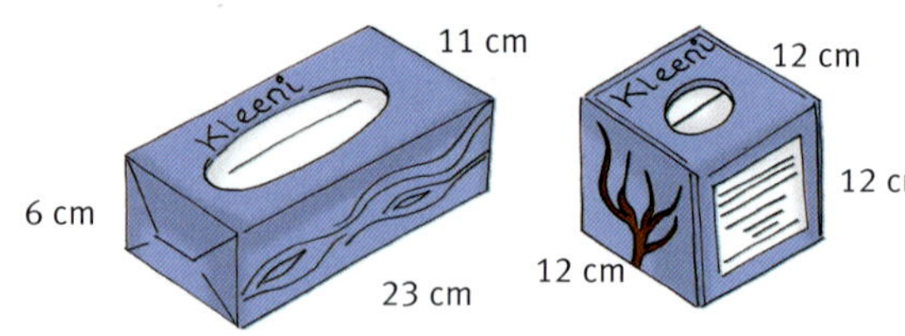

a) Maria sagt: „In beide Verpackungen passen gleich viele Kosmetiktücher.“ Stimmt das? Begründe.

b) Wähle eine Verpackung aus und zeichne das zugehörige Schrägbild in einem geeigneten Maßstab. Gib den Maßstab an.

4 Zeichne ein Schrägbild eines 3,5 cm hohen Prismas mit folgenden Grundflächen.

a) 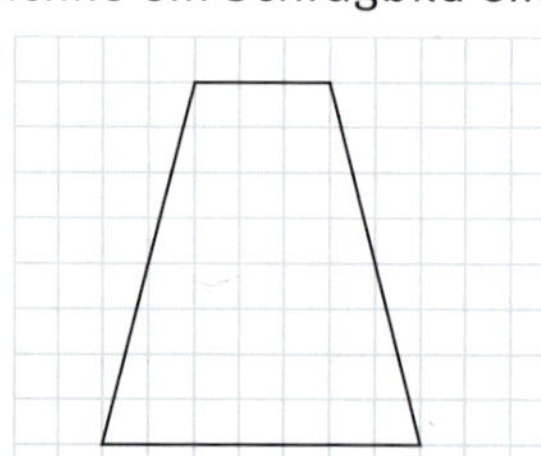

b) 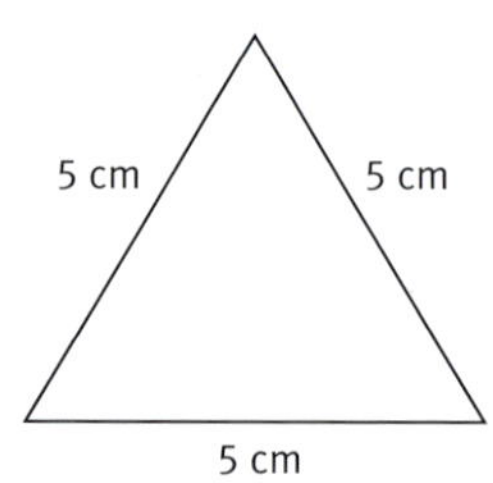

c) 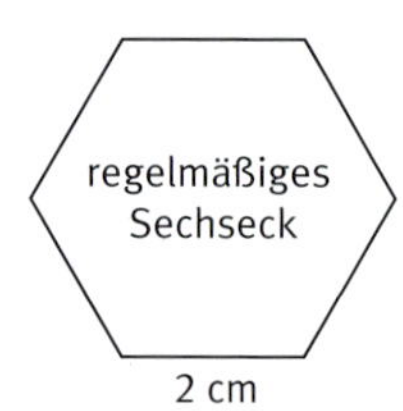

5 Wie hoch sind die ungefähren Baukosten dieser Häuser, wenn man für 1 m^3 umbauten Raum 720 € rechnet? Rund auf volle €.

a) 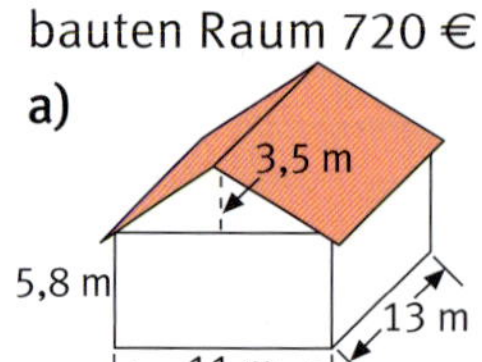

b) 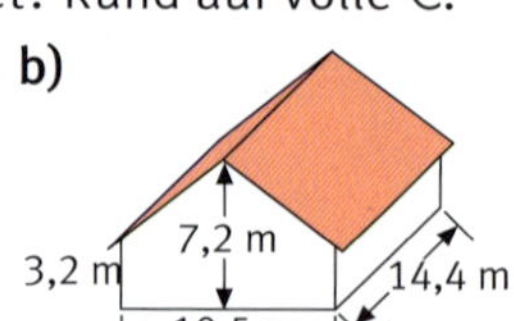

c) 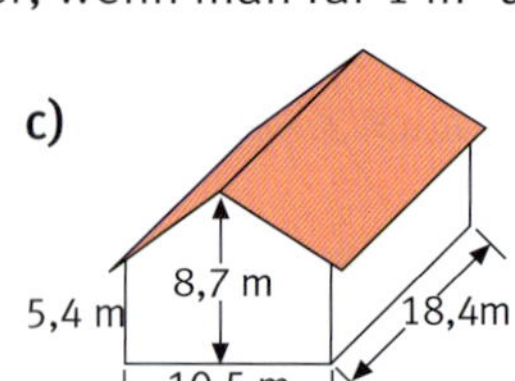

6 Jeder der drei abgebildeten Würfel hat eine Kantenlänge von 6 cm.

a) Berechne das Würfelvolumen.

b) Gib dann an, welchen Bruchteil des Würfelvolumens die grün gefärbten Prismen 1, 2 bzw. 3 besitzen. Hinweis: M ist Kantenmittelpunkt.

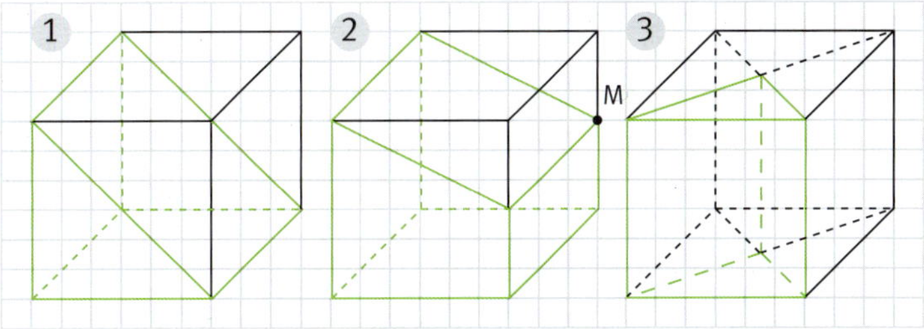

7

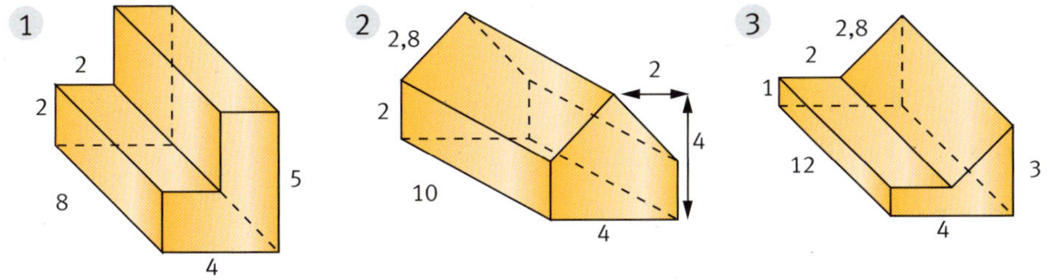

a) Zeichne ein Netz des Körpers (Maße in cm).

b) Berechne Volumen und Oberflächeninhalt des Körpers.

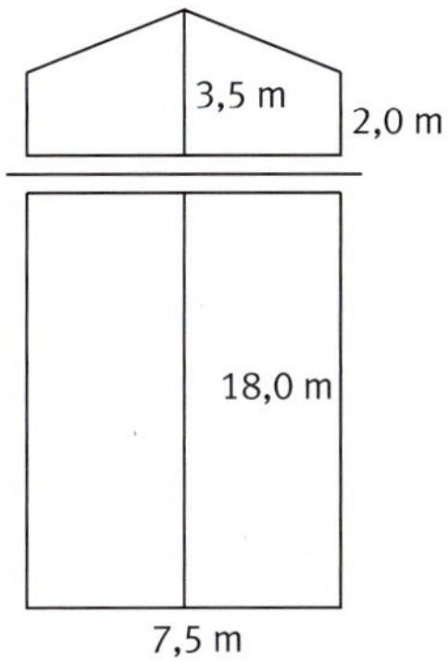

8 Ein Gewächshaus hat die Gestalt eines fünfseitigen Prismas.

a) Stelle das Schrägbild des Prismas im Maßstab 1 : 100 dar.

b) In dem Gewächshaus sollen Gurken angebaut werden. Berechne die dafür nutzbare Fläche, wenn 15 m² der überdachten Fläche auf Wege entfallen.

c) Für eine Ernteperiode ist ein Ertrag von 17,5 kg Gurken je Quadratmeter geplant. Wie viele Kilogramm Gurken sieht der Plan für dieses Gewächshaus vor?

Alltag

Probleme beim Trinken?

Ist es dir auch schon mal passiert, dass du einen Trinkhalm in ein Getränk gesteckt hast und ... flutsch war er verschwunden? In der Getränkeindustrie gibt es Trinktüten in verschiedenen Größen.

- Bestimme, wie lang ein Trinkhalm mindestens sein muss, damit er nicht in der Tüte verschwinden kann. Beschreibe dein Vorgehen.
- Vergleiche deine Ergebnisse mit der tatsächlichen Länge des Trinkhalms.
- Beide Trinktüten sind mit 0,2 l befüllt. Wie viel Volumen wird jeweils nicht genutzt? Woran kann das liegen?

Es gibt auch andere Tütenformen.

- Finde in deiner Umwelt weitere Formen und untersuche sie anhand ihres Trinkhalms. Präsentiere deine Ergebnisse in der Klasse.

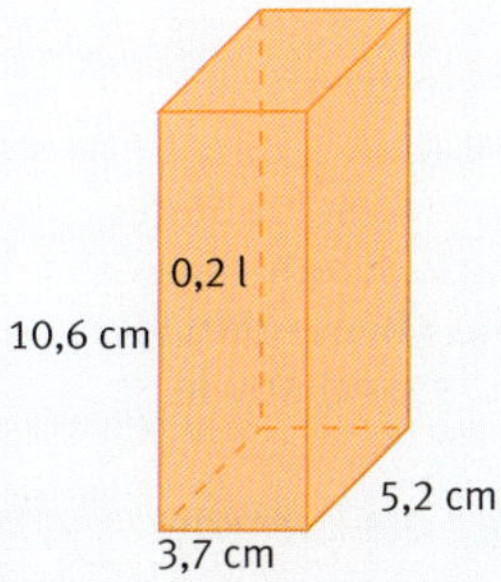

Länge Trinkhalm: 15,5 cm

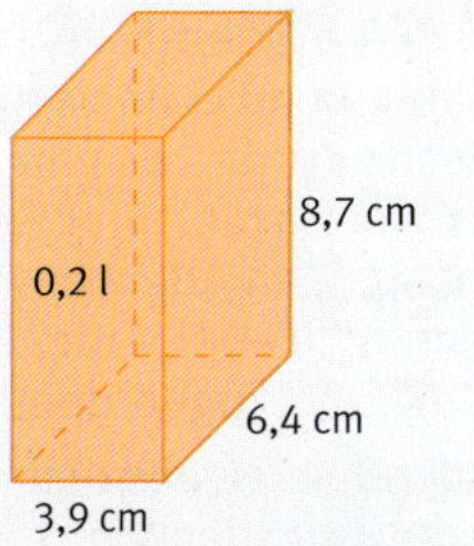

Länge des Trinkhalms: 13 cm

Wer wird ... denn das wissen? ?

In der Fernsehsendung „Wer wird Millionär“ gab es einmal eine Panne. Der Moderator Günther Jauch stellte einer Kandidatin die folgende 16 000-€-Frage:

Jedes Rechteck ist ein(e) ...?

A: Raute B: Quadrat
C: Trapez D: Parallelogramm

Die Kandidatin konnte sich zwischen zwei Antworten nicht entscheiden und gab schließlich auf. In einer späteren Sendung durfte sie jedoch nochmals an dieser Stelle weitermachen. Erkläre.

Platonische Körper ??

Abbildung		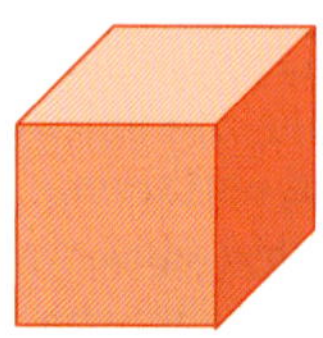	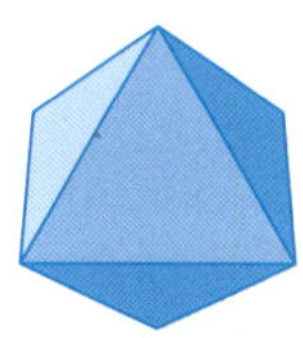	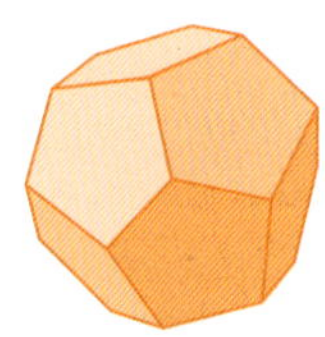	
Name	**Tetraeder** „4-Flächner“	**Hexaeder** „6-Flächner“	**Oktaeder** „8-Flächner“	**Dodekaeder** „12-Flächner“	**Ikosaeder** „20-Flächner“
Zuordnung	Feuer	Erde	Luft	Kosmos	Wasser

Körper, deren Oberfläche aus lauter gleichen, regelmäßigen n-Ecken besteht, nennt man Platonische Körper. Es gibt davon fünf verschiedene, die nach der Anzahl ihrer Begrenzungsflächen benannt sind. Im Altertum wurden die Körper den vier „Elementen“ (Feuer, Erde, Luft und Wasser) sowie dem „Kosmos“ zugeordnet.

a) Beschreibe jeweils den Körper und die Form der Begrenzungsflächen.
b) Gib für jeden Körper die Anzahl der Ecken, Flächen und Kanten an. Lege dazu eine Tabelle an.
c) Vergleiche für jeden Körper die Summe aus Ecken und Flächen mit der Anzahl der Kanten. Welche Gesetzmäßigkeit erkennst du?
d) Finde Beispiele aus deiner Umwelt, bei denen Platonische Körper vorkommen.
e) Bestimme jeweils die Oberfläche und das Volumen der Körper so genau wie möglich. Gehe davon aus, dass jede Kantenlänge 4 cm lang ist. Beschreibe dein Vorgehen.

Wer wird ... Mathemeister? (beliebig viele Mitspieler)

Neben „Wer wird Millionär“ gibt es noch viele weitere beliebte Fernsehformate von Quizsendungen, bei denen zu einer Frage vier Antworten vorgegeben werden, von denen genau eine richtig ist. Man kann das natürlich auch in der Schule spielen.

Ablauf: Ein Mitschüler ist der Moderator, alle anderen notieren sich die ihrer Meinung nach richtigen Antworten auf einem Zettel. Am Ende werden alle Antworten verglichen und die Anzahl richtiger Antworten addiert. Wenn unklar ist, welche Antwort richtig ist, müsst ihr Begründungen oder Gegenbeispiele finden.

1 Als welchen Körper kann man einen Quader (höher als breit) ebenfalls bezeichnen?	
A: Würfel	B: Zylinder
C: Prisma	D: quadratische Pyramide

2 Bei welchem Körper besteht die Mantelfläche aus vier kongruenten Flächen?	
A: Zylinder	B: Kegel
C: dreiseitige Pyramide	D: quadratische Pyramide

3 Bei welchem Körper kann eine Ansicht von oben oder von der Seite niemals ein Kreis sein?	
A: Kugel	B: Kegel
C: Pyramide	D: Zylinder

4 Im Schrägbild eines Würfels sehen die Seitenflächen, die nach hinten verlaufen, aus wie ...	
A: Quadrate.	B: Rechtecke.
C: Rauten.	D: Parallelogramme.

5 Die Oberfläche eines sechsseitigen Prismas besteht aus ...	
A: 4 Flächen	B: 6 Flächen
C: 8 Flächen	D: 12 Flächen

6 Welches ist kein Körpermodell?	
A: Kantenmodell	B: Vollmodell
C: Eckmodell	D: Hohlmodell

7 In welchem Maßstab werden im Schrägbild die Strecken dargestellt, die parallel zur Zeichenebene verlaufen?	
A: 1 : 2	B: 2 : 1
C: 4 : 5	D: 1 : 1

8 Bei welchem Körper ist die Mantelfläche kein Rechteck?	
A: Pyramide	B: Quader
C: Prisma	D: Zylinder

9 Bei zusammengesetzten Körpern ist die Oberfläche des Körpers ...	
A: kleiner als die Summe der Oberflächen aller Teilkörper.	B: genauso groß wie die Summe der Oberflächen aller Teilkörper.
C: größer als die Summe der Oberflächen aller Teilkörper.	D: mindestens so groß wie die Summe der Oberflächen aller Teilkörper.

10 Mit welcher Formel kann man das Volumen eines Prismas berechnen?	
A: $\frac{1}{2} A_G \cdot h$	B: $(A_G + M) \cdot h$
C: $A_G \cdot h$	D: $A_G \cdot h + M$

Überprüfe deine Kenntnisse und Kompetenzen. Bearbeite dazu die folgenden Aufgaben und bewerte anschließend deine Lösungen mit einem Smiley.

☺	😐	☹
Das kann ich!	Das kann ich fast!	Das kann ich noch nicht!

Hinweise zum Nacharbeiten findest du auf der folgenden Seite. Die Lösungen stehen im Anhang.

Aufgaben zur Einzelarbeit

1 Berechne die fehlenden Größen des Trapezes. Es gilt dabei: $m = \frac{1}{2} \cdot (a + c)$.
Findest du mehrere Möglichkeiten?

	a	c	m	h	A
a)	5,6 cm	3 cm	□	4 cm	□
b)	□	2 cm	7 cm	□	14 cm²
c)	1,4 cm	□	11 cm	3,5 cm	□
d)	□	□	9 cm	6,6 cm	□

2 Berechne die fehlenden Größen e, f bzw. A der Drachenvierecke.

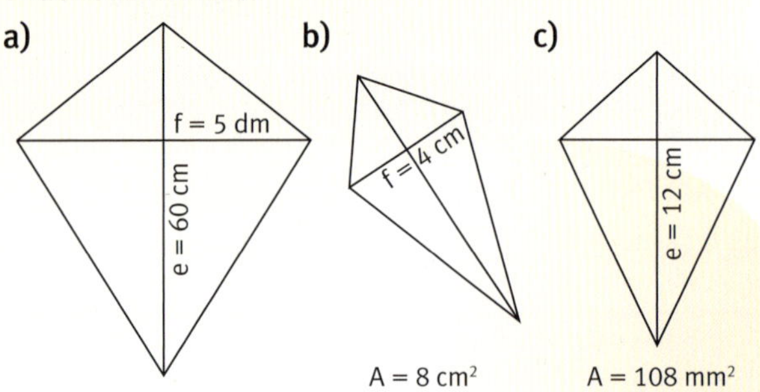

3 Gib an, welche mathematischen Körper du in den Bildern erkennst.

a)

b)
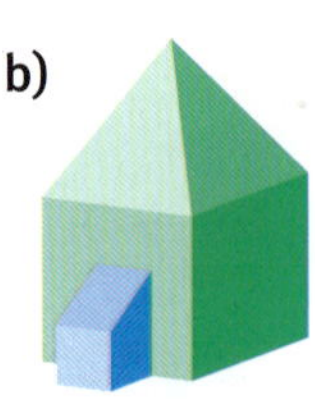

c)
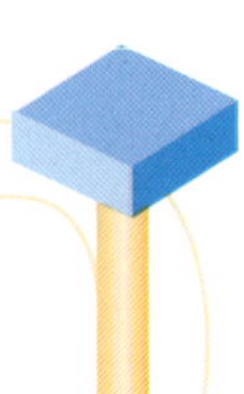

d)
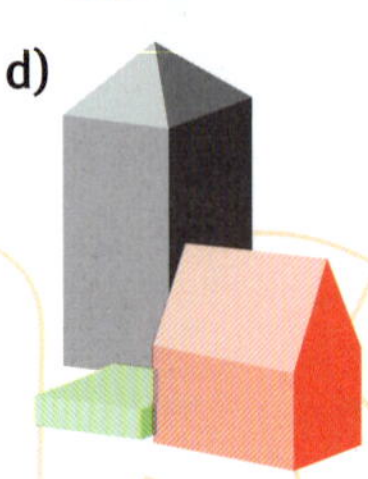

4 Zeichne eine Raute, ein Drachenviereck und ein Trapez mit dem gleichen Flächeninhalt.

5 Welcher Körper hat folgende Eigenschaften? Findest du mehrere Möglichkeiten?

a) Der Körper hat nur Rechtecke als Begrenzungsflächen.

b) Der Körper hat Dreiecke als Grund- und Deckfläche.

c) Der Körper hat 12 Kanten und 8 Ecken.

d) Der Körper hat 1 Kante und keine Ecke.

e) Der Körper hat 3 Flächen und keine Ecke.

f) Der Körper hat nur 2 Begrenzungsflächen.

6 Vervollständige die Schrägbilder der Körper.

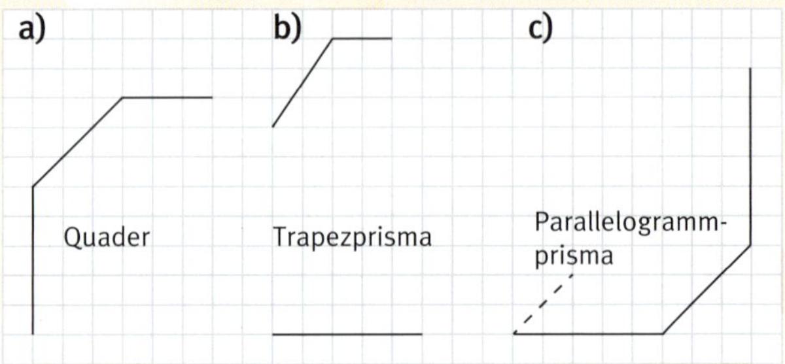

7 Zu welchem Körper gehört das jeweilige Netz?

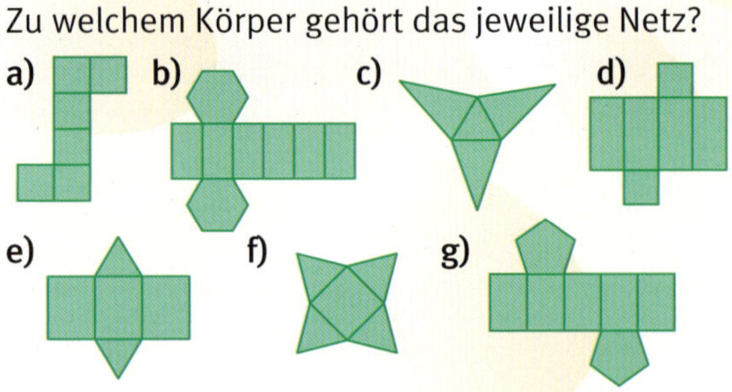

8 Berechne das Volumen und den Oberflächeninhalt eines geraden Prismas mit 5,6 cm Körperhöhe. Die Grundfläche des Prismas ist ein …

a) rechtwinkliges Dreieck mit a = 3,6 cm, b = 2,4 cm, c = 4,3 cm und $\gamma = 90°$.

b) Parallelogramm mit a = 8,4 cm, b = 6,2 cm und h_a = 5,0 cm.

c) gleichschenkliges Trapez mit a = 7,0 cm, b = 3,2 cm, c = 4,0 cm und h_a = 2,8 cm.

9 Ein Prisma ist 8 cm hoch und hat ein gleichseitiges Dreieck mit 12 cm Seitenlänge und einer Höhe von 10,4 cm als Grundfläche. Berechne Volumen und Oberflächeninhalt.

10 Berechne das Volumen des Prismas, wenn die Höhe jeweils 12,5 cm beträgt.

a) $A_G = 34{,}5\ cm^2$ **b)** $A_G = 104\ mm^2$
c) $A_G = 413\ cm^2$ **d)** $A_G = 0{,}012\ m^2$

11 Bestimme den Oberflächeninhalt des Körpers.

a)
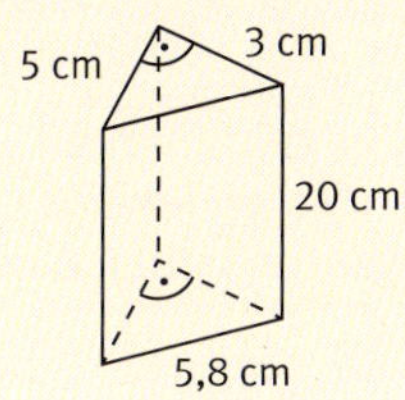

b)
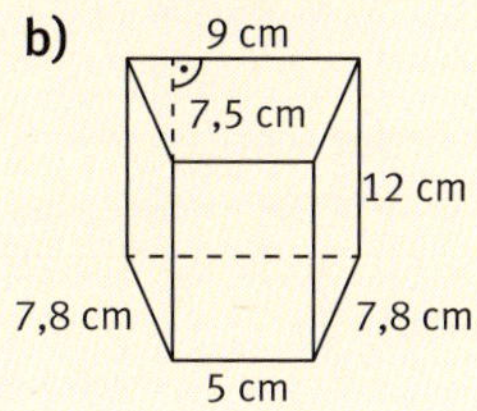

12 Der Nord-Ostsee-Kanal ist 98 km lang und durchschnittlich 9 m tief. Seine Querschnittsfläche ist ein symmetrisches Trapez. An der Wasseroberfläche ist der Kanal 72 m und auf der Kanalsohle 25 m breit.

a) Fertige eine beschriftete Skizze an.

b) Tom behauptet, dass in diesem Kanal mehr als 1 km^3 Wasser ist. Hat er Recht?

13 In einen Holzwürfel der Kantenlänge 8 cm werden von jeder Seite quadratische Aussparungen mit einer Seitenlänge von 4 cm gefräst.

a) Wie viel Prozent des ursprünglichen Volumens hat der neue Körper?

b) Vergleiche den Inhalt der Oberfläche des ursprünglichen Würfels mit der des gefrästen Körpers.

14
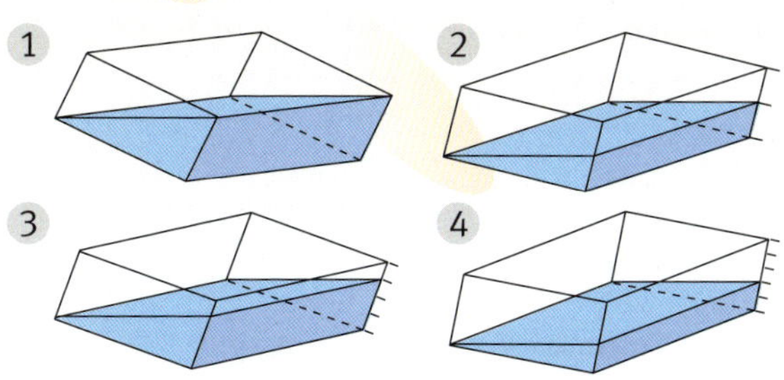

Eine quaderförmige Wanne hat eine Länge von 60 cm, eine Breite von 40 cm und eine Höhe von 20cm.

a) Wie viel Flüssigkeit ist jeweils in den Behältern?

b) Wie hoch wäre der Flüssigkeitsstand jeweils, wenn die Quader nicht schräg, sondern waagrecht stünden?

Aufgaben für Lernpartner

Arbeitsschritte

1. Bearbeite die folgenden Aufgaben alleine.
2. Suche dir einen Partner und erkläre ihm deine Lösungen. Höre aufmerksam und gewissenhaft zu, wenn dein Partner dir seine Lösungen erklärt.
3. Korrigiere gegebenenfalls deine Antworten und benutze dazu eine andere Farbe.

Sind folgende Behauptungen **richtig** oder **falsch**? Begründe schriftlich.

15 Ein Rechteck und ein Parallelogramm mit einer gemeinsamen Seitenlänge und gleicher zugehöriger Höhe haben stets den gleichen Flächeninhalt.

16 Der Flächeninhalt eines Drachenvierecks, dessen Diagonalen genau die gleiche Länge haben wie die Seiten eines Rechtecks, ist genau so groß wie der Flächeninhalt des Rechtecks.

17 In einem Schrägbild werden alle nach hinten verlaufenden Kanten auf die Hälfte gekürzt und in einem Winkel von 90° gezeichnet.

18 Die Oberfläche eines Prismas besteht stets aus lauter Rechtecken.

19 Die Oberfläche eines Prismas setzt sich aus doppelter Grundfläche und Mantelfläche zusammen.

20 Bei jedem Prisma ergibt sich das Volumen aus dem Produkt des Flächeninhalts der Mantelfläche und der Höhe des Prismas.

21 Beim Netz eines Körpers sind alle Längen in ihrem tatsächlichen Maß gegeben.

Aufgabe	Ich kann …	Hilfe
1, 2, 4, 15, 16	Zusammenhänge zwischen Vielecken erkennen und ihren Flächeninhalt bestimmen.	S. 164
3, 5	Körper anhand von Eigenschaften erkennen und beschreiben.	S. 168
6, 17	das Schrägbild von Prismen zeichnen.	S. 172
7, 21	das Netz von Körpern erkennen und das von Prismen zeichnen.	S. 174
8, 9, 11, 13, 18, 19	den Inhalt der Oberfläche von Prismen bestimmen.	S. 176
8, 9, 10, 12, 13, 14, 20	das Volumen von Prismen berechnen.	S. 178

S. 164

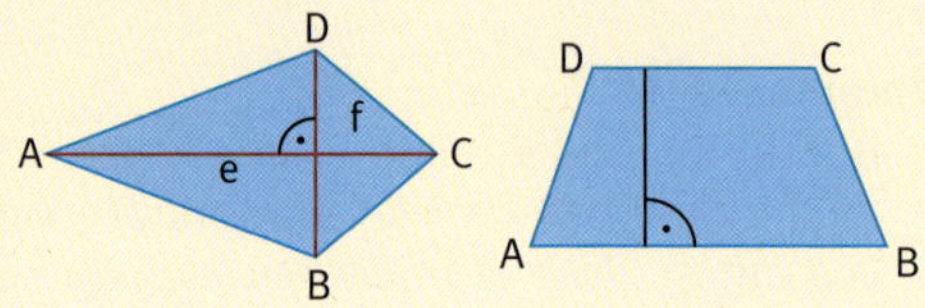

Flächeninhalt ebener Figuren:

Dreieck: $A_D = \frac{1}{2} \cdot g \cdot h$

Parallelogramm: $A_P = g \cdot h$

Drachenviereck: $A_{DV} = \frac{1}{2} \cdot e \cdot f$

Trapez: $A_{Tr} = \frac{1}{2} \cdot (a + c) \cdot h$

S. 168

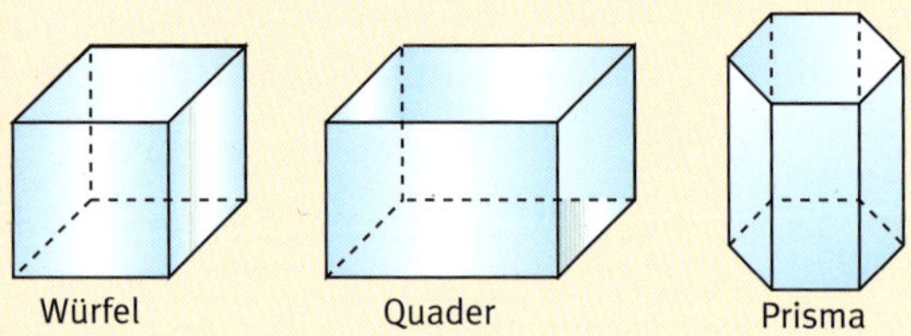

Körper werden von ebenen oder gekrümmten Flächen begrenzt. Zwei Flächen bilden jeweils eine Kante, aufeinanderstoßende Kanten bilden eine Ecke.

S. 172

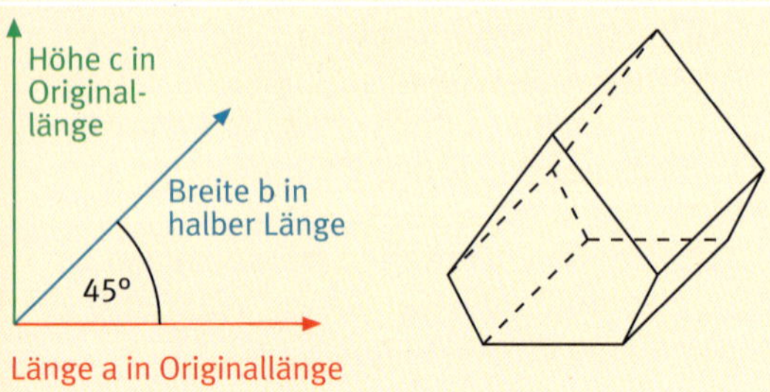

Als **Schrägbild** bezeichnet man eine schräge Projektion eines Körpers auf eine Zeichenebene. Streckenlänge und Winkelmaße an Flächen, die parallel zur Zeichenebene liegen, bleiben unverändert. Nach hinten verlaufende Kanten werden in der Länge halbiert und unter einem Winkel von 45° dargestellt. Verdeckte Kanten werden gestrichelt gezeichnet.

S. 174

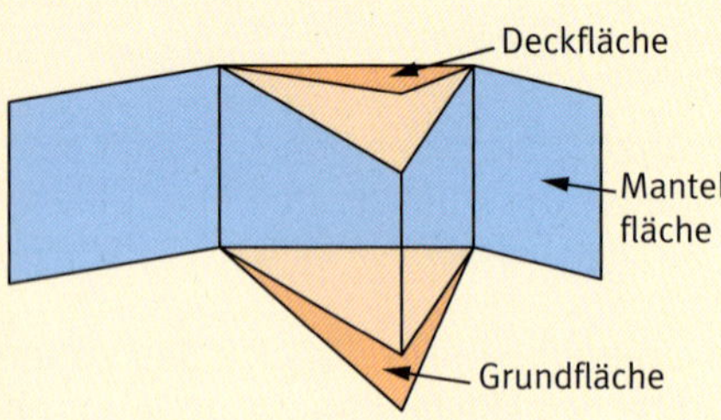

Wird ein Körper entlang seiner Kanten aufgeschnitten und können alle Begrenzungsflächen in eine Ebene geklappt werden, so entsteht ein **Körpernetz**.

S. 176

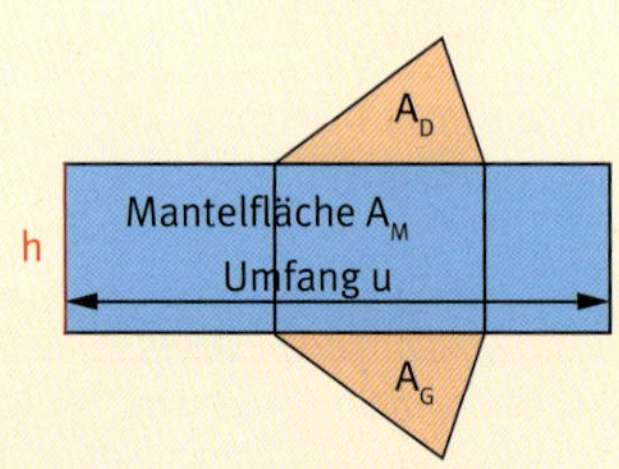

Für die **Oberfläche O** eines **Prismas** mit der Grundfläche A_G und der Mantelfläche A_M gilt:

$O = 2 \cdot A_G + A_M$

S. 178

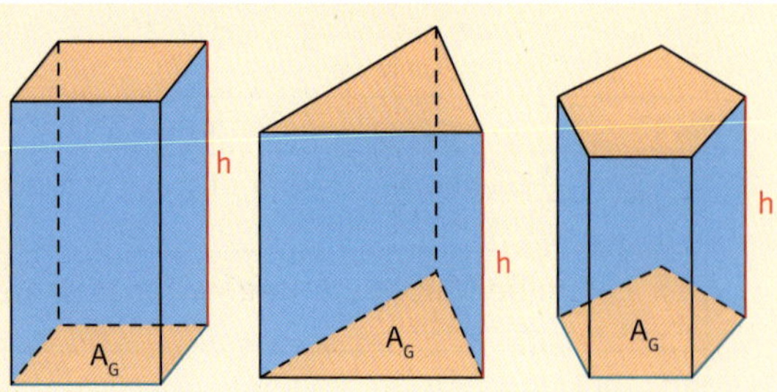

Für das **Volumen V** eines **Prismas** gilt:

$V = A_G \cdot h$

Daten

1 Die Schüler der 8a wurden nach der Anzahl ihrer Geschwister gefragt. Die Tabelle zeigt die Ergebnisse.

Anzahl der Geschwister	0	1	2	3	4
Häufigkeit	6	10	4	2	1

a) Stelle die Daten in einem Kreisdiagramm und einem Balkendiagramm dar. Runde gegebenenfalls geeignet.

b) Berechne das arithmetische Mittel der Geschwisteranzahl in der Klasse 8a.

c) Begründe, in welchem deiner Diagramme aus a) man das arithmetische Mittel gut darstellen kann.

d) Gib den Median und den Modalwert der Umfrage an. Begründe, welcher Mittelwert die Umfrage besser beschreibt.

2 Die Abbildung zeigt die Ergebnisse einer Umfrage zum Lieblingshaustier der 8-Klässler einer Schule.

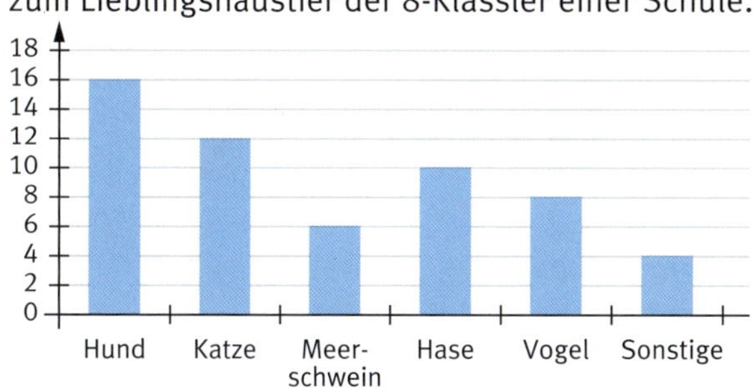

a) Wie viele Personen wurden befragt?

b) Gib den Modalwert der Umfrage an.

c) Begründe, warum es nicht möglich ist, das arithmetische Mittel zu bestimmen.

3 Erkläre, wie folgendes Diagramm manipuliert wurde und welche Wirkung sich daraus ergibt.

Mathematik im Alltag

4 Berechne die fehlenden Werte.

	a)	b)	c)	d)
K	230,50 €	▢	256,00 €	1170 €
p %	30 %	45 %	▢	▢
Z	▢	12,60 €	204,80 €	29,25 €

5 Peter hat sich einen neuen Laptop gekauft. Bezahlt er das Gerät innerhalb von 2 Wochen, gewährt ihm der Verkäufer 2 % Skonto.

Berechne den reduzierten Preis.

6 Berechne den Preis des Autos bei einer Finanzierung.

7 Familie Müller legt 5000 € bei einer Bank für 4 Jahre an. Der Zinssatz beträgt 2,5 %, die Zinsen werden mitverzinst.

a) Erstelle eine Tabelle, die das Guthaben von Familie Müller am Beginn jedes Jahres darstellt.

b) Stelle die Entwicklung des Guthabens in einem Diagramm dar. Handelt es sich um eine lineare Zuordnung?

Flächeninhalt von Vielecken

8 Bestimme den Flächeninhalt der Figuren. Übertrage sie zunächst und miss die nötigen Längen.

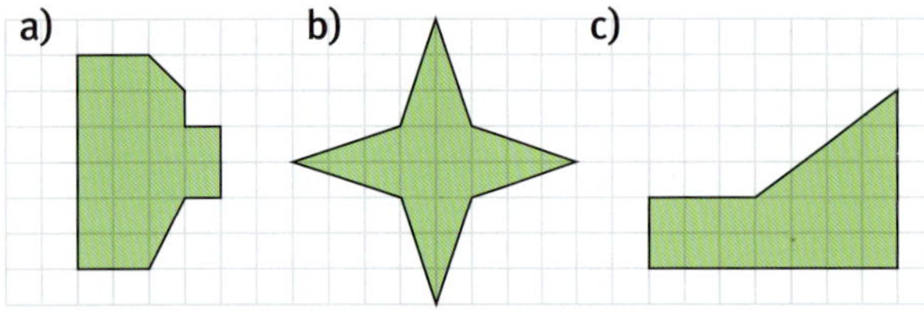

9 Eva, Lars und Lisa wollten den Flächeninhalt der Figur auf unterschiedliche Arten bestimmen. Leider sind dabei Fehler passiert. Wessen Lösung ist richtig? Was haben die anderen falsch gemacht?

Eva: $2\,cm \cdot 3\,cm + \frac{3\,cm + 1\,cm}{2} \cdot 2\,cm + 2\,cm \cdot 1\,cm = 12\,cm^2$

Lars:
$2\,cm \cdot 3\,cm + \frac{2\,cm \cdot 3\,cm}{2} + 2\,cm \cdot 1\,cm = 11\,cm^2$

Lisa: 24 Kästchen + 16 Kästchen + 8 Kästchen = 48 Kästchen = 24 cm^2

10

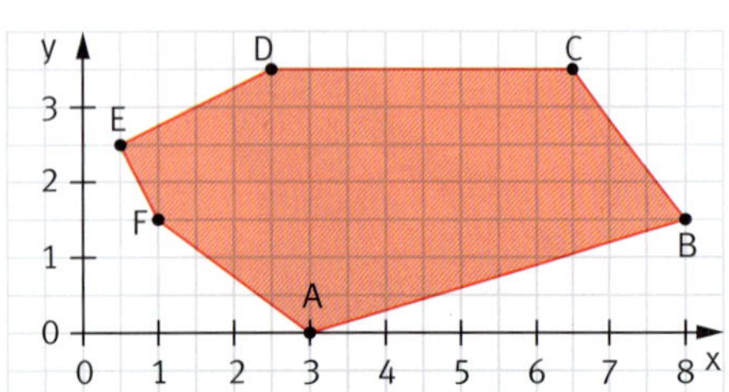

a) Übertrage das Sechseck in dein Heft und bestimme seinen Flächeninhalt.

b) Henriette meint: „Ich zerlege das Sechseck in das Dreieck ABF und das Trapez FBCD. Das Dreieck EFD ist rechtwinklig, also braucht man nur das Produkt der Kathetenlängen halbieren." Begründe, warum dieses Verfahren geschickt ist, und wende es an.

c) Ergänze das Sechseck zu einem Rechteck und zeige so, dass A = 17,5 cm^2.

Prozentrechnung

11 Frank schickt seinem Freund Peter ein besonderes Rezept für Spaghetti Bolognese.

Gesamtgewicht aller Zutaten: 2,64 kg

37,88 %	Rinderhackfleisch
9,47 %	Speck
9,09 %	Tomaten
1,14 %	Zwiebeln
4,55 %	Möhren
37,88 %	Spaghetti

Hilf Peter, die entsprechenden Mengen in Gramm zu berechnen.

12 Maria achtet sehr auf ihre Figur. Für welchen Joghurt wird sie sich entscheiden? Begründe.

13 Berechne die fehlenden Tabellenwerte.

	a)	b)	c)	d)	e)	f)
G	25		360	50		700
p %	40 %	35 %		70 %	80 %	
P		56	135		19	70

14

a) Berechne, wie viel Herr Müller bezahlt hat.

b) Wie teuer war ein Artikel ursprünglich, der nach der Preissenkung noch 122,50 € (60,90 €) gekostet hat?

$\frac{1}{12} + \frac{4}{9} = \frac{3}{36} + \frac{16}{36} = \frac{3+16}{36} = \frac{19}{36}$

Hauptnenner: 36, denn
$V_{12} = \{12; 24; 36; 48; ...\}$
$V_9 = \{9; 18; 27; 36; 45; ...\}$

Ungleichnamige **Brüche** werden vor dem **Addieren** (**Subtrahieren**) erst auf denselben (**Haupt-**)**Nenner** erweitert bzw. gekürzt.
Anschließend wird der Zähler addiert (subtrahiert), der gemeinsame Nenner bleibt erhalten.
Unter dem Hauptnenner versteht man das kleinste gemeinsame Vielfache der Nenner.

$\frac{4}{7} \cdot \frac{2}{9} = \frac{4 \cdot 2}{7 \cdot 9} = \frac{8}{63}$

Zwei **Brüche** werden **multipliziert**, indem man **Zähler mit Zähler** und **Nenner mit Nenner** multipliziert.

Multiplikation

$\frac{3}{4} : \frac{2}{3} = \frac{3}{4} \cdot \frac{3}{2} = \frac{3 \cdot 3}{4 \cdot 2} = \frac{9}{8}$

Kehrbruch

Man **dividiert** eine Zahl durch einen **Bruch**, indem man mit seinem **Kehrbruch multipliziert**.

Beim Kehrbruch werden **Zähler und Nenner** des Bruchs **vertauscht**.

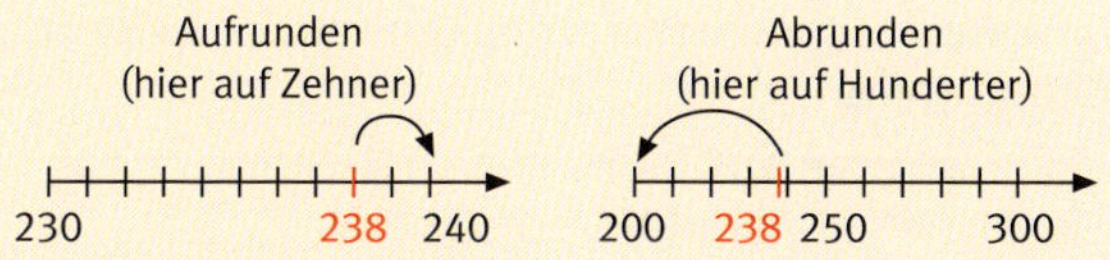

$238 \approx 240$ $\quad$ $238 \approx 200$

Große Zahlen werden oftmals **gerundet**. Beim Runden auf einen Stellenwert betrachtet man den **benachbarten kleineren Stellenwert** genauer.
Bei den Ziffern **0, 1, 2, 3, 4** wird **abgerundet**,
bei den Ziffern **5, 6, 7, 8, 9** wird **aufgerundet**.

Primzahlen bis 100:
2, 3, 5, 7, 11, 13, 17, 19, 23, 29, 31, 37, 41, 43, 47, 53, 59, 61, 67, 71, 79, 83, 89, 97

Eine Zahl, die genau zwei (verschiedene) Teiler hat, nämlich sich selbst und die 1, heißt **Primzahl**.

1 km = 1000 m
1 m = 10 dm
1 dm = 10 cm
1 cm = 10 mm

Die **Länge** einer Strecke wird in der Regel durch die Maßeinheiten Kilometer (km), Meter (m), Dezimeter (dm), Zentimeter (cm) oder Millimeter (mm) angegeben.

1 t = 1000 kg
1 kg = 1000 g
1 g = 1000 mg

Für die **Masse** eines Gegenstands sind die Maßeinheiten Tonne (t), Kilogramm (kg), Gramm (g) oder Milligramm (mg) üblich.

Anzahl Personen ⟼ Eintrittspreis in €
Mögliche Sprechweisen:
- Der Anzahl von Personen wird ein Eintrittspreis zugeordnet.
- Der Eintrittspreis hängt von der Anzahl der Personen ab.

Bei einer **Zuordnung** werden Größen oder Zahlen zueinander in Beziehung gesetzt. Jede **Ausgangsgröße** wird dabei mit einer **zugeordneten Größe** verbunden.
Zuordnungen können in **Tabellen**, **Diagrammen** oder durch **Terme** dargestellt werden.

Vorgehen zum Zeichnen von Graphen:
1. Länge der Einheit festlegen
2. Achsen zeichnen und beschriften
3. Punkte eintragen
4. Punkte verbinden, wenn es sinnvoll ist

Eine Zuordnung nennt man **eindeutig**, wenn jede Ausgangsgröße mit genau einer zugeordneten Größe verbunden ist. Eindeutige Zuordnungen lassen sich als **Graph zeichnen**.
Um den Graphen zu zeichnen, werden in einem **Koordinatensystem** die Wertepaare eingetragen. Je nachdem, ob Zwischenwerte vorkommen können, kann man die Punkte miteinander verbinden.

Terme mit Variablen (Platzhaltern):
$2 \cdot a + 7$ $\quad b + 17 - 3 \cdot b$ $\quad (c + 44) : 4$

Zahlterme:
$3 \cdot \frac{1}{2} - 4$ $\quad 3 + 8 \cdot 7$ $\quad 5 \cdot (9 - 3)$

Eine **Variable** ist ein Platzhalter für eine Zahl in einem Term.
Ein **Term** verbindet mithilfe von Rechenzeichen Zahlen und/oder Variablen miteinander.
Terme ohne Variable nennt man Zahlterme.

Beispiel zu 1:
$a + a + a + a + a = 5 \cdot a$

Beispiel zu 2:
$a + b + a + a + b = a + a + a + b + b = 3 \cdot a + 2 \cdot b$

Beispiel zu 3:
$6 \cdot a - 4 \cdot a = (6 - 4) \cdot a = 2 \cdot a$
$-5 \cdot b - 8 \cdot b = (-5 - 8) \cdot b = -13 \cdot b$

Beim Vereinfachen von Termen gelten die **bekannten Rechenregeln**:
1. Eine Summe aus lauter gleichen Summanden lässt sich als **Produkt** schreiben.
2. Mithilfe des Kommutativgesetzes lassen sich **Summanden ordnen**.
3. Aufgrund des Distributivgesetzes lassen sich **gleichartige Variablen zusammenfassen**.

Durch das Vereinfachen entstehen zueinander **äquivalente Terme**.

$4 + (y - 2) = 4 + y - 2 = 2 + y$
$4 - (y - 2) = 4 - y + 2 = 6 - y$

$(x - 1) \cdot 3 = x \cdot 3 - 1 \cdot 3 = 3x - 3$
$(x - 3) : 2 = x : 2 - 3 : 2 = \frac{1}{2}x - \frac{3}{2} = \frac{1}{2}x - 1\frac{1}{2}$

Bei der **Addition** einer Summe (Differenz) **ändern** sich die **Vorzeichen nicht** beim Entfernen der Klammer, während sie sich bei der **Subtraktion umkehren**.
Bei **Multiplikation** mit einer Zahl (**Division** durch eine Zahl) gilt das **Distributivgesetz**.

Menge der natürlichen Zahlen: $\mathbb{N} = \{0; 1; 2; 3; 4; ...\}$
Menge der ganzen Zahlen: $\mathbb{Z} = \{...; -2; -1; 0; 1; 2; ...\}$
Menge der rationalen Zahlen: $\mathbb{Q}$

Beim Lösen von Gleichungen ist es möglich, dass nur bestimmte Zahlen zulässig sind. Als **Definitionsmenge D** fasst man die Zahlenmenge zusammen, aus der alle **Ergebnisse** einer Gleichung **stammen dürfen**.

Möglichkeiten für die Lösungsmenge:
- Es gibt keine Lösung in D: L = { }.
- Es gibt Lösungen in D, z. B.: L = {–3; 2}.
- Alle Zahlen aus D sind Lösung: L = D.

Alle **Zahlen aus der Definitionsmenge**, die eine Gleichung lösen, bezeichnet man als **Lösungsmenge L**. Man zählt alle Lösungen in der Lösungsmenge auf.

$d = 2 \cdot r$

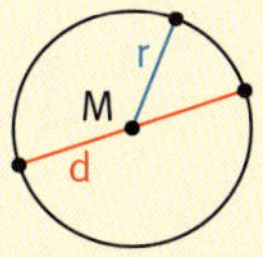

Alle Punkte auf der Kreislinie haben vom **Kreismittelpunkt M** den gleichen Abstand. Diesen Abstand nennt man **Radius r.** Der **Durchmesser d** eines Kreises ist der doppelte Radius.

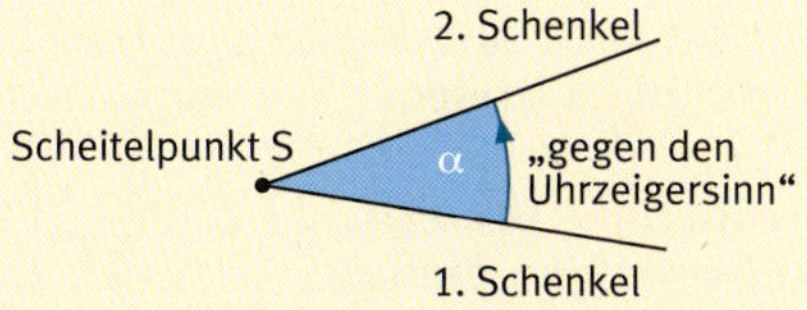

Ein **Winkel** wird von zwei Strahlen, den **Schenkeln,** begrenzt. Diese haben einen gemeinsamen Anfangspunkt, den **Scheitelpunkt S.**

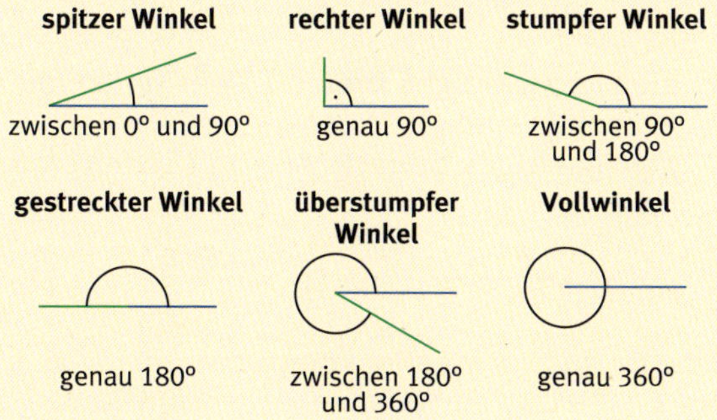

Um die **Größe von Winkeln** anzugeben, wird der Vollwinkel (eine Umdrehung) in 360 gleich große Teile geteilt.
Die so entstandene Einheit heißt **1 Grad (1°).**

$\alpha = 40°$

Maßzahl — Maßeinheit (Grad)

Winkel werden ihrer Größe nach unterschieden.

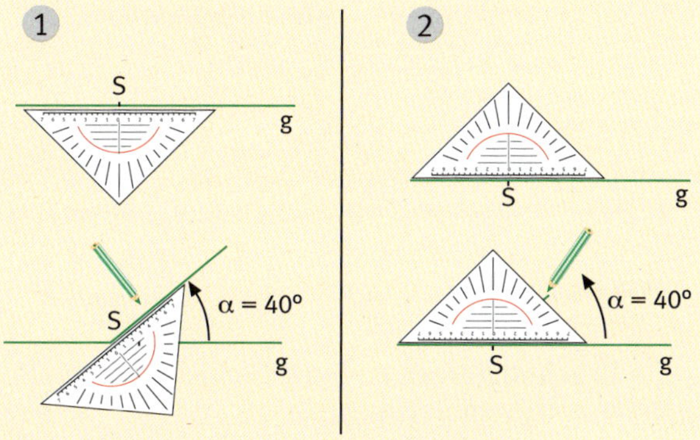

Zum **Messen** und **Zeichnen von Winkeln** mit dem Geodreieck gibt es ausgehend von einem Schenkel und dem Scheitel S zwei Möglichkeiten:

1. Das Geodreieck am ersten Schenkel anlegen mit dem Nullpunkt am Scheitel. Anschließend das Geodreieck gegen den Uhrzeigersinn um die entsprechende Gradzahl drehen, die man am ersten Schenkel abliest.
2. Das Geodreieck am ersten Schenkel anlegen mit dem Nullpunkt am Scheitel. Anschließend an der Skala die Gradzahl ablesen bzw. markieren.

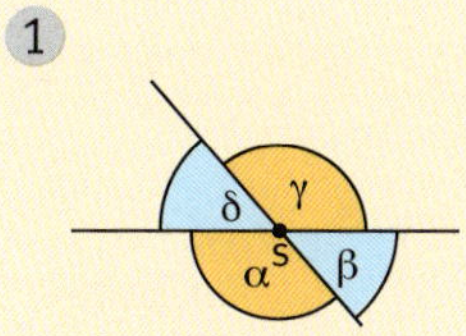

$\alpha = \gamma \qquad \beta = \delta$
$\alpha + \beta = \ldots = 180°$

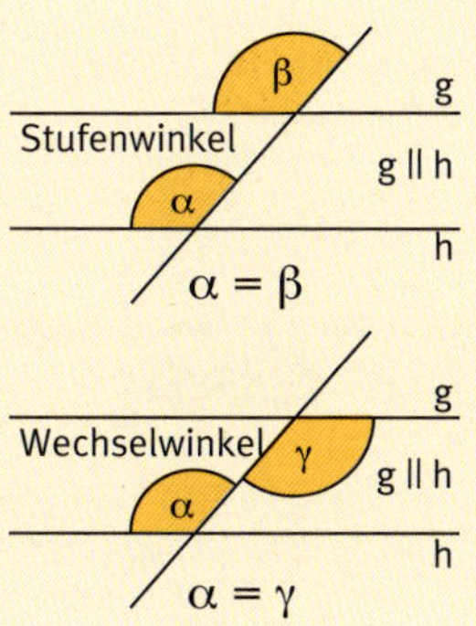

1. Schneiden sich zwei Geraden, so heißen gegenüberliegende Winkel **Scheitelwinkel**, die jeweils gleich groß sind. Nebeneinanderliegende Winkel heißen **Nebenwinkel** und ergeben zusammen immer 180°.
2. Schneidet eine Gerade zwei Parallelen, erhält man **Stufenwinkel** jeweils auf der gleichen Seite von Schnittgerade und Parallelen sowie **Wechselwinkel** auf den entgegengesetzten Seiten. Stufen- und Wechselwinkel sind **gleich groß**.

$\alpha + \beta + \gamma = 180°$

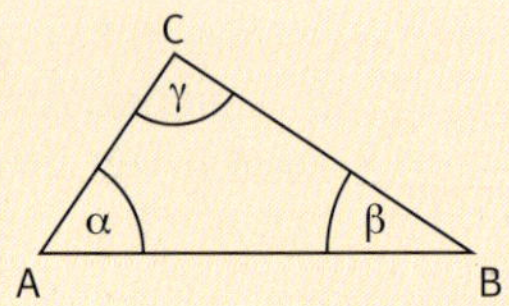

Die Summe aller Innenwinkel im Dreieck beträgt 180° (**Innenwinkelsatz**).

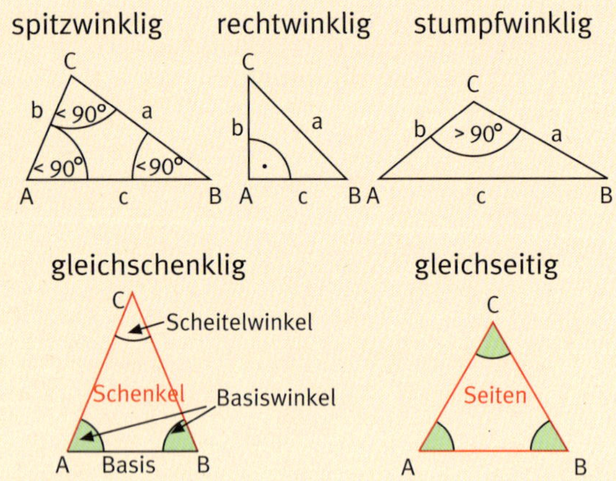

Man kann Dreiecke nach Winkeln unterscheiden:

- **spitzwinkliges Dreieck**: Alle Winkel sind kleiner 90°.
- **rechtwinkliges Dreieck**: Ein Winkel ist 90°.
- **stumpfwinkliges Dreieck**: Ein Winkel ist größer 90° und kleiner 180°.

Man kann Dreiecke nach Seitenverhältnissen unterscheiden:

- **gleichschenkliges Dreieck**: Zwei Seiten (die Schenkel) sind gleich lang.
- **gleichseitiges Dreieck**: Alle drei Seiten sind gleich lang.

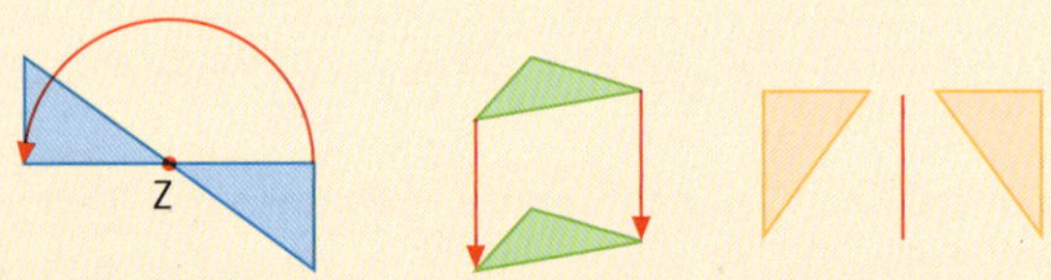

Punktspiegelung oder Drehung um 180° — Verschiebung — Achsenspiegelung

Figuren sind zueinander **kongruent**, wenn sie in Form und Größe übereinstimmen. Achsenspiegelung, Punktspiegelung, Drehung und Verschiebung sind Kongruenzabbildungen, d. h. Original- und Bildfigur sind zueinander kongruent (**deckungsgleich**).

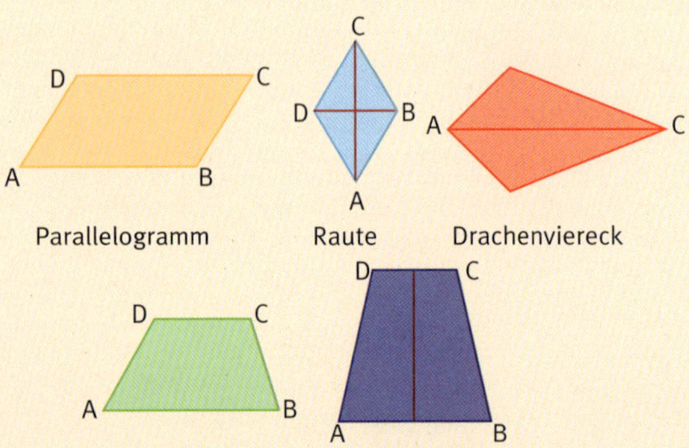

Parallelogramm — Raute — Drachenviereck — Trapez — gleichschenkliges Trapez

- Ein **Parallelogramm** ist ein Viereck mit zwei Paar gegenüberliegenden, parallelen und gleich langen Seiten.
- Eine **Raute** ist ein Viereck mit vier gleich langen Seiten.
- Ein **Drachenviereck** ist ein Viereck, bei dem eine Diagonale Symmetrieachse ist.
- Ein **Trapez** ist ein Viereck mit zwei parallelen Seiten.
  Ein gleichschenkliges Trapez ist achsensymmetrisch.

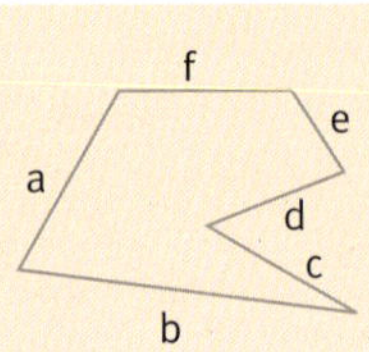

$u = a + b + c + d + e + f$

Der **Umfang u** einer geometrischen Figur ist die **Länge** ihrer **Randlinie**.

Bei einer beliebigen Figur werden für den Umfang die einzelnen Seitenlängen addiert.

$$\ldots \underset{:100}{\overset{\cdot 100}{\rightleftarrows}} 1\,dm^2 \underset{:100}{\overset{\cdot 100}{\rightleftarrows}} 1\,m^2 \underset{:100}{\overset{\cdot 100}{\rightleftarrows}} 1\,a \underset{:100}{\overset{\cdot 100}{\rightleftarrows}} \ldots$$

Zum Messen von **Flächeninhalten** legt man die Fläche mit Quadraten aus, deren Seitenlängen jeweils 1 mm, 1 cm, 1 dm, 1 m, 10 m, 100 m oder 1 km betragen. Die **Umwandlungszahl** zwischen benachbarten Flächeneinheiten ist 100.

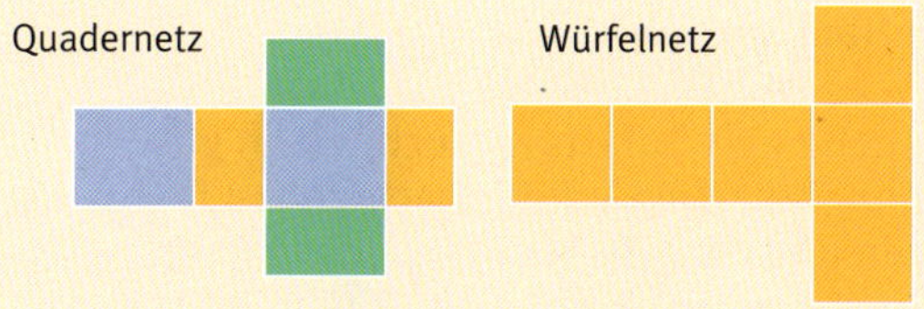

Ein **Netz** eines Quaders oder eines Würfels erhält man, wenn man eine quader- oder würfelförmige Schachtel entlang ihrer Kanten aufschneidet und flach ausbreitet. Einzelne Teile hängen an den Kanten zusammen. Die Form der Netze hängt davon ab, welche Kanten aufgeschnitten werden.

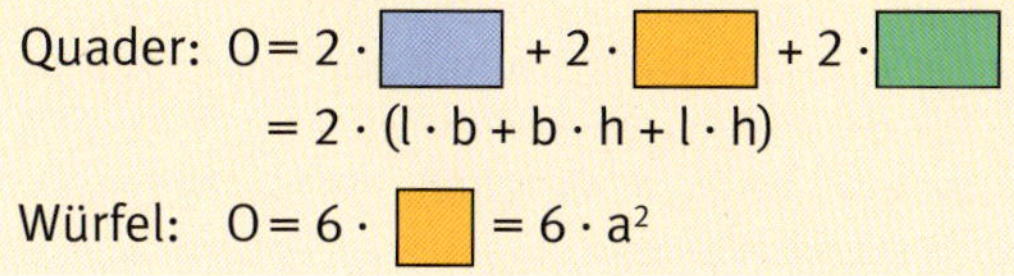

Alle Flächen, die einen Quader oder einen Würfel begrenzen, bilden zusammen die **Oberfläche** dieses Körpers. Der Flächeninhalt des Netzes ist somit der **Oberflächeninhalt** des Quaders oder des Würfels.

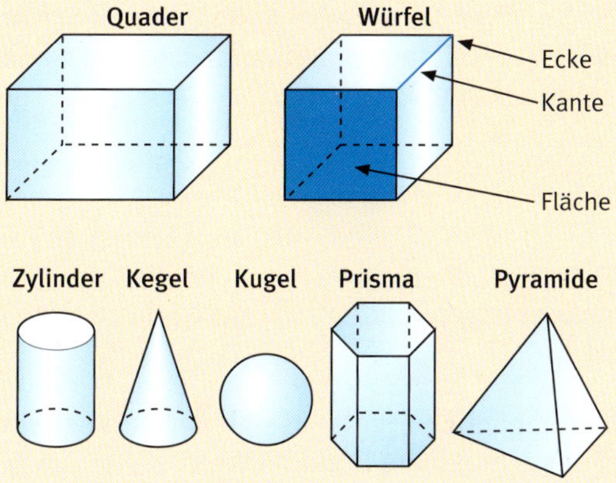

Körper werden von ebenen oder gekrümmten Flächen begrenzt. Zwei aneinanderstoßende Flächen bilden eine **Kante**, aufeinandertreffende Kanten bilden eine **Ecke**.

Ein **Quader** wird von sechs Rechtecken begrenzt, von denen **gegenüberliegende Rechtecke deckungsgleich** sind. Er besteht aus acht Ecken und zwölf Kanten, von denen jeweils vier gleich lang und parallel zueinander sind.

Ein **Würfel** ist ein besonderer Quader, der aus sechs gleichen Quadraten besteht.

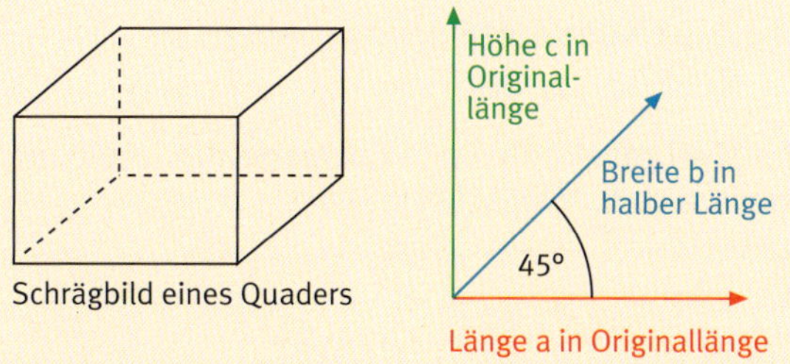

Schrägbild eines Quaders

Um einen Körper räumlich darzustellen, wird er häufig im **Schrägbild** gezeichnet.

Beim Quader werden die Kanten der Vorder- und Rückfläche mit den angegebenen Längenmaßen gezeichnet. Die nach hinten verlaufenden Kanten werden in halber Länge und unter einem Winkel von 45° gezeichnet. Nicht sichtbare Kanten werden gestrichelt.

$$1\,m^3 \underset{\cdot 1000}{\overset{:1000}{\rightleftarrows}} 1\,dm^3 \underset{\cdot 1000}{\overset{:1000}{\rightleftarrows}} 1\,cm^3 \underset{\cdot 1000}{\overset{:1000}{\rightleftarrows}} 1\,mm^3$$

Hohlmaße:
$1\,l = 1\,dm^3$ $1\,ml = 1\,cm^3$ $1\,hl = 100\,l$

Als Maßeinheit für das **Volumen** (Rauminhalt) verwendet man Einheitswürfel mit der Kantenlänge 1 mm, 1 cm, 1 dm, 1 m oder 1 km. Die **Umwandlungszahl** zwischen benachbarten Volumeneinheiten ist 1000.

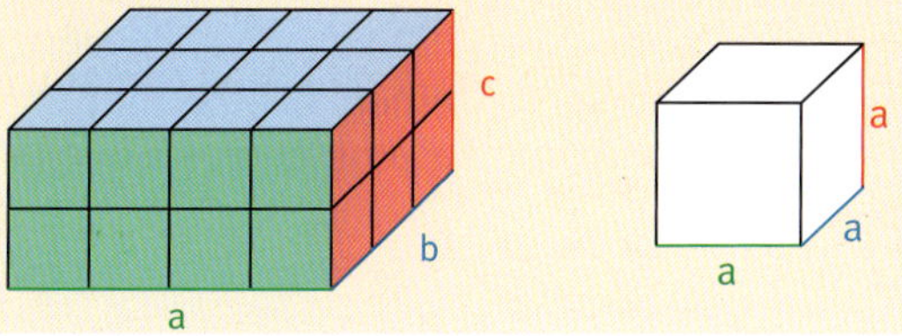

V_{Quader} = Länge · Breite · Höhe
$V_{Quader} = a \cdot b \cdot c$

$V_{Würfel} = a \cdot a \cdot a = a^3$

Datenreihe:
1, 2, 6, 3, 6, 4, 5, 3, 2, 4, 6, 3

absolute Häufigkeit: H (6) = 3
relative Häufigkeit :

$$h\,(6) = \frac{\text{absolute Häufigkeit für 6}}{\text{Gesamtanzahl aller Zahlen}} = \frac{3}{12} = \frac{1}{4}$$

Bei der Auswertung von Daten kann man verschiedene Kenngrößen angeben:
Die **tatsächliche Anzahl**, wie oft ein Ergebnis vorkommt, bezeichnet man als **absolute Häufigkeit H**.
Den **Anteil**, mit dem ein Ergebnis in Bezug auf die Gesamtanzahl aller Ergebnisse auftaucht, nennt man **relative Häufigkeit h**.

Mögliche Ergebnisse beim Würfeln:
1, 2, 3, 4, 5, 6

- Man interessiert sich für das Ereignis „Augenzahl gerade“.
- Man betrachtet das Ereignis „Augenzahl 6“.
- Man betrachtet das Ereignis „Augenzahl größer als 1“.

Ein Versuch heißt **Zufallsversuch**, wenn gilt:
1. Die Durchführung erfolgt nach genau festgelegten Regeln und ist beliebig oft wiederholbar.
2. Mindestens zwei Ergebnisse sind möglich.
3. Das Ergebnis ist nicht vorhersagbar.

Als **Ereignis** wird der **Teil aller möglichen Ergebnisse** genannt, für die man sich genauer interessiert. Ein Ereignis kann unmöglich, möglich oder sicher sein.

Ω = {Gelb; Rot}

Einige Ereignisse:
E_1 = {Gelb}; E_2 = {Rot}
E_3 = {Gelb, Rot}; $E_4 = \varnothing$

E_3: **sicheres Ereignis**; E_4: **unmögliches Ereignis**. E_2 ist **Gegenereignis** von E_1.

Alle sich voneinander unterscheidenden möglichen Ergebnisse eines Zufallsexperiments bilden zusammen den **Ergebnisraum** Ω.

Jede Teilmenge des Ergebnisraums stellt ein **Ereignis E** dar.

Alle Ergebnisse, die nicht zu einem bestimmten **Ereignis E gehören**, bilden zusammen das **Gegenereignis** $\overline{\mathbf{E}}$.

Bei einem Farbwürfel mit den Farben Rot, Gelb, Grün, Blau, Weiß und Schwarz beträgt die Wahrscheinlichkeit für das Ergebnis Grün $\frac{1}{6}$.

Sind alle möglichen Ergebnisse gleich wahrscheinlich und gibt es n mögliche Ergebnisse (n = 2, 3, 4, ...), dann ist die **Laplace-Wahrscheinlichkeit** für jedes einzelne Ergebnis $\frac{1}{n}$.

Mit welcher Wahrscheinlichkeit wird ein Vokal aus den Buchstaben eines Wortspiels zufällig gezogen?

Ω = {I; M; N; O; S} $|\Omega| = 5$

Es kann davon ausgegangen werden, dass alle Ergebnisse gleich wahrscheinlich sind.

E = „Der gezogene Buchstabe ist ein Vokal.“
E = {I; O} $|E| = 2$

$P\,(E) = \frac{2}{5} = 0{,}4 = 40\,\%$

Jedem **Ereignis** kann eine **Wahrscheinlichkeit** zugeordnet werden. Man schreibt kurz:

P (E) „Wahrscheinlichkeit des Ereignisses E“
Bei einem **Laplace-Experiment** gilt:

$$\mathbf{P\,(E)} = \frac{|E|}{|\Omega|} \quad \left(\text{„}\frac{\text{günstige Ergebnisse}}{\text{alle möglichen Ergebnisse}}\text{“}\right)$$

|E|: Anzahl der Elemente des Ereignisses E
|Ω|: Anzahl der Elemente des Ergebnisraums

Beachte:
$0 \leqq P\,(E) \leqq 1 \qquad P\,(E) + P\,(\overline{E}) = 1$

Alle Ergebnisse, die nicht zu einem bestimmten **Ereignis E gehören**, bilden zusammen das **Gegenereignis** $\overline{\mathbf{E}}$.

Lösungen zu „1.13 Das kann ich!“ – Seite 36

1 Wegen der Innenwinkelsumme im Dreieck folgt mit $180° - 105° = 75°$, dass das Maß der beiden anderen Winkel jeweils kleiner als 75° ist und der Winkel mit 105° der größte der drei Winkel ist. Damit ist die Gegenseite mit 7,5 cm die längste der drei Seiten, die beiden anderen Seiten sind kürzer als 7,5 cm.

2 Damit die Dreiecksungleichungen ($a + b > c$; $a + c > b$; $b + c > a$) erfüllt sind, muss gelten:

a) $3{,}3\text{ cm} < c < 10{,}7\text{ cm}$ **b)** $1\text{ cm} < a < 11\text{ cm}$

c) $0\text{ cm} < b < 11{,}2\text{ cm}$ **d)** $3{,}8\text{ cm} < c < 7{,}8\text{ cm}$

3 Es sind Messabweichungen möglich. Da die Seitenlängen genauer messbar sind als die Winkel, empfiehlt es sich, das Dreieck nach dem Kongruenzsatz SSS zu konstruieren.

a) $a = 2{,}3$ cm, $b = 2{,}8$ cm, $c = 2{,}9$ cm;
$\alpha = 48°$, $\beta = 64°$, $\gamma = 68°$

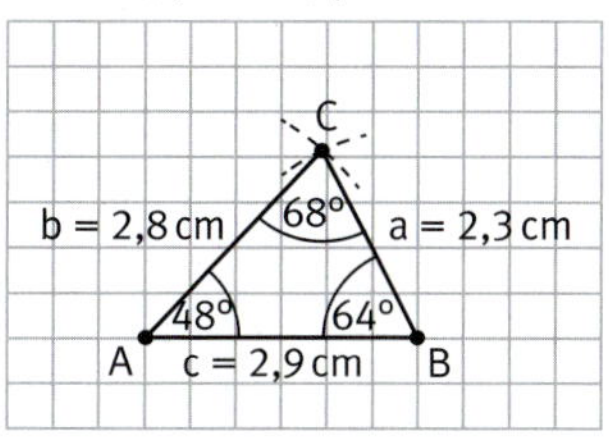

b) $a = 4$ cm, $b = 3$ cm, $c = 2$ cm;
$\alpha = 104°$, $\beta = 47°$, $\gamma = 29°$

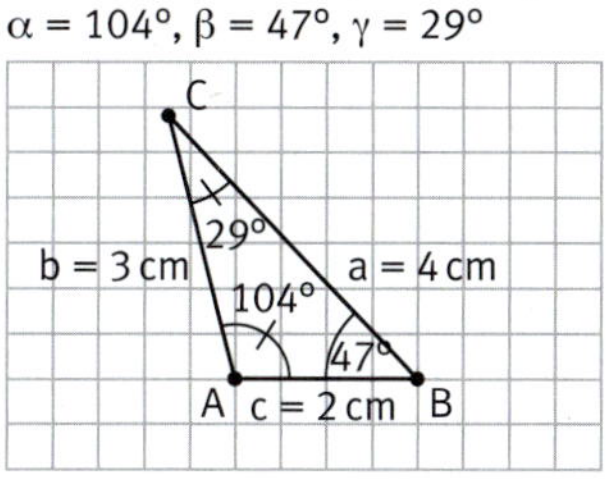

4 **a)** Beschreibung:

1. Zeichne die Strecke c mit den Eckpunkten A und B.
2. Trage in A den Winkel α ab.
3. Trage in B den Winkel β ab mit $\beta = \alpha$.
4. Der Schnittpunkt der beiden freien Schenkel von α und β ergibt den Eckpunkt C des Dreiecks.

Zeichnung:

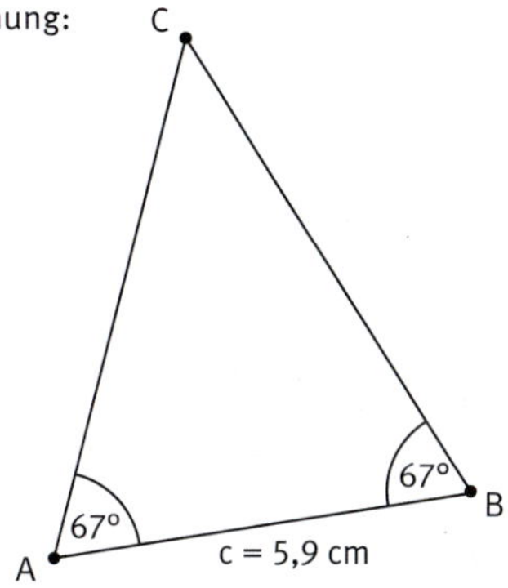

b) Beschreibung:

1. Zeichne die Seite b mit den Eckpunkten A und C.
2. Trage in A den Winkel α ab.
3. Trage in C den Winkel γ ab mit $\gamma = \alpha$.
4. Der Schnittpunkt der beiden freien Schenkel von α und γ ergibt den Eckpunkt B des Dreiecks.

Zeichnung:

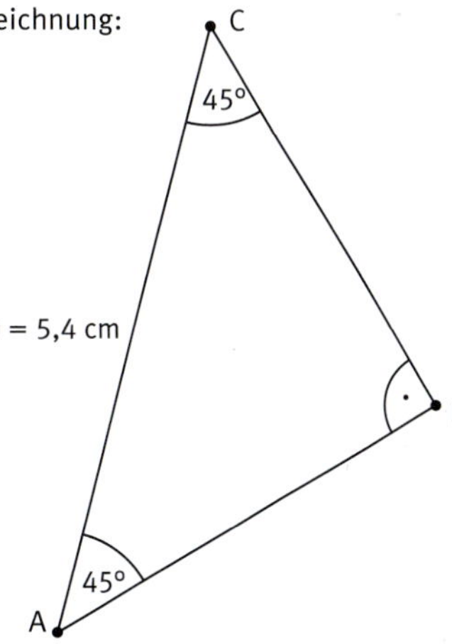

Anmerkung: Das Dreieck ist auch rechtwinklig.

c) Beschreibung:

1. Zeichne die Seite b mit den Eckpunkten A und C.
2. Zeichne einen Kreisbogen um A mit $c = 4{,}5$ cm.
3. Zeichne einen Kreisbogen um C mit $a = 4{,}5$ cm.
4. Die Kreisbögen schneiden sich im Eckpunkt B des Dreiecks.

Zeichnung:

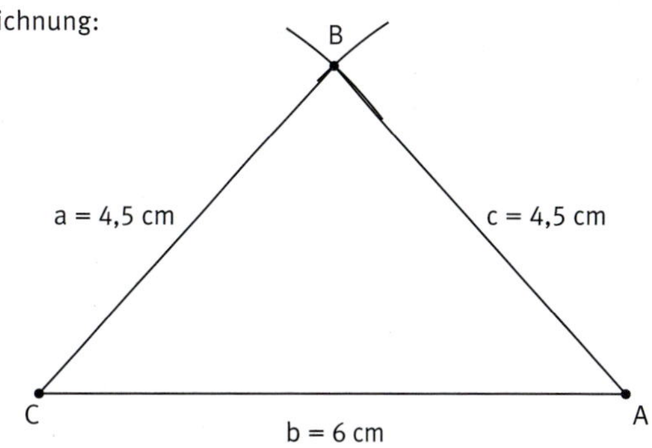

Anmerkung: Die Kreisbögen schneiden sich in zwei Punkten. Beachtet man allerdings den Umlaufsinn des Dreiecks ABC, so ergibt sich nur die abgebildete Lösung.

d) Beschreibung:

1. Zeichne den Winkel γ mit C als Scheitelpunkt und den freien Schenkeln a und b.
2. Zeichne w_γ und trage dort die Länge 5 cm ab. Dies ergibt den Punkt D.
3. Zeichne das Lot l auf w_γ durch den Punkt D.
4. Die Schnittpunkte von l mit a und b ergeben die Dreieckspunkte B und A.

Zeichnung:

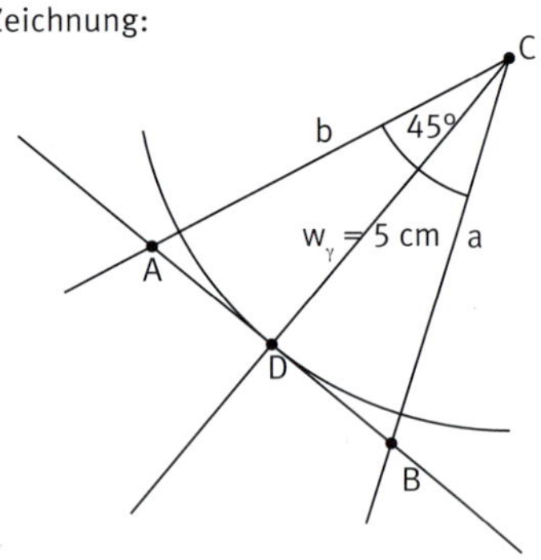

5

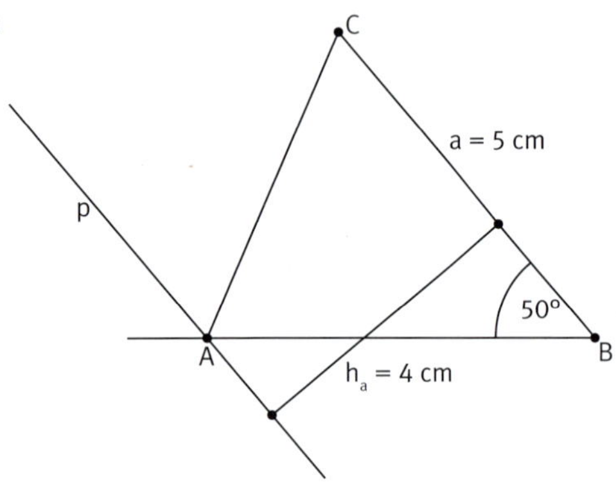

6 Maßstab: 1 cm ≙ 1000 cm = 10 m; 1 : 1000.

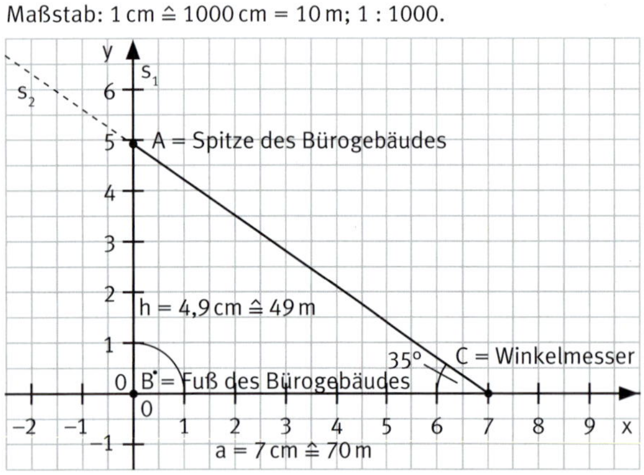

Die Konstruktion erfolgt nach WSW mit $a = 7$ cm, $\beta = 90°$ und $\gamma = 35°$, sie ergibt eine Höhe von 4,9 cm. Das Bürogebäude ist demnach 49 m hoch.

7 Skizze im Maßstab 1 : 1000. 10 m in Wirklichkeit entsprechen 1 cm in der Skizze.

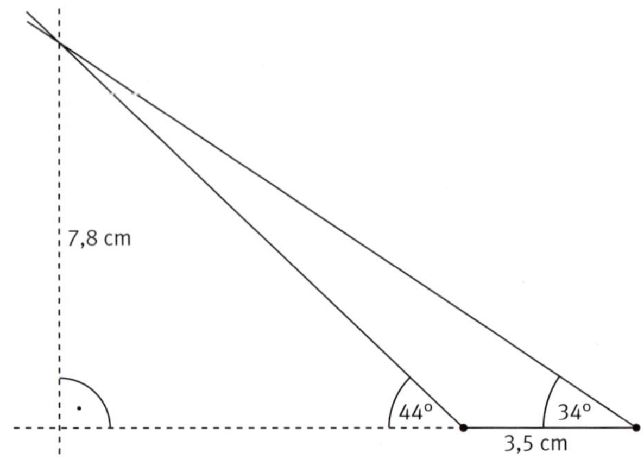

Im Rahmen der Mess- und Zeichengenauigkeit stellt man fest, dass der Felsen eine Höhe von etwa 78 m hat.

8 a) Beschreibung:

1. Zeichne die Strecke c mit den Eckpunkten A und B.
2. Zeichne den Thaleskreis über dem Mittelpunkt M der Strecke c.
3. Zeichne einen Kreisbogen um A mit Radius r = b.
4. Der Schnittpunkt des Kreisbogens mit dem Thaleskreis ergibt C.

Zeichnung:

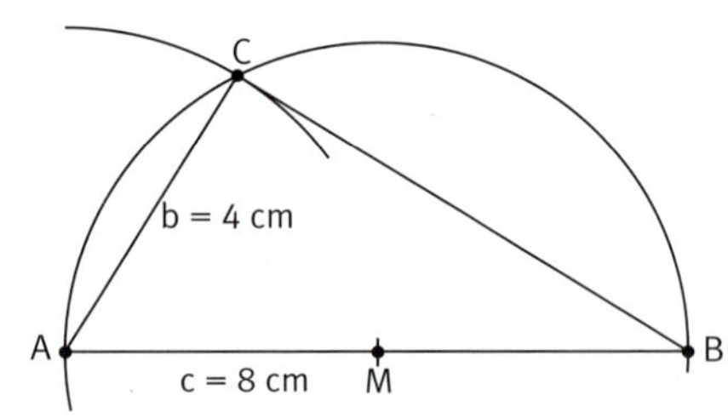

b) Beschreibung:

1. Zeichne die Strecke c mit den Eckpunkten A und B.
2. Zeichne den Thaleskreis über der Strecke c.
3. Zeichne eine Parallele p zu c im Abstand von 5 cm.
4. Ein Schnittpunkt der Parallelen p mit dem Thaleskreis ist der Dreieckspunkt C_1.
5. Es gibt zwei Lösungen: C_1 und C_2.

Zeichnung:

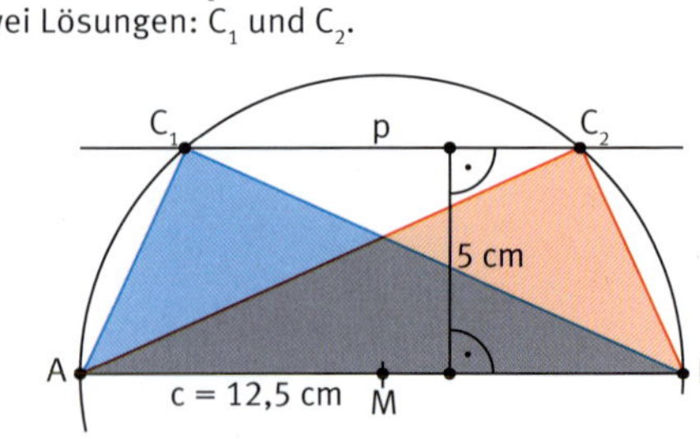

9 Zeichnung:

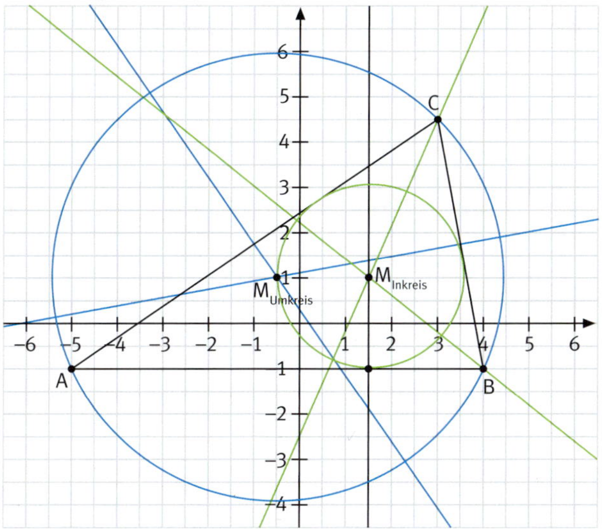

Beschreibung:

Konstruiere den Inkreis mithilfe der Winkelhalbierenden und den Umkreis mithilfe der Mittelsenkrechten; $M_{Inkreis}(1{,}5\,|\,1)$; $M_{Umkreis}(-0{,}5\,|\,1)$.

10

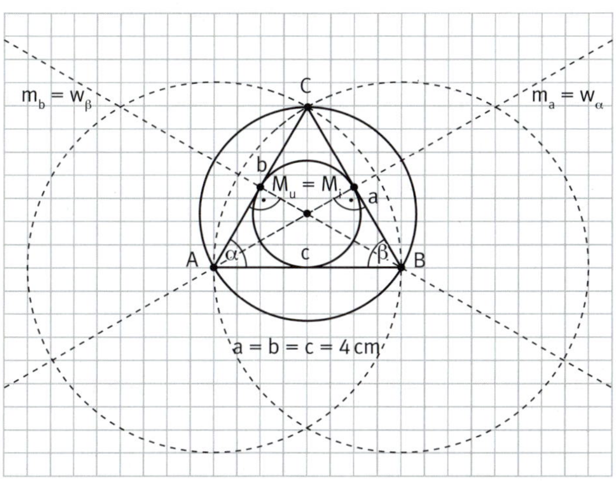

Mittelsenkrechte und Winkelhalbierende fallen zusammen. Damit fällt auch der Schnittpunkt der Mittelsenkrechten mit dem Schnittpunkt der Winkelhalbierenden zusammen. Der Umkreis und der Inkreis des gleichseitigen Dreiecks ABC haben denselben Mittelpunkt.

11 **a) b) c)** Die fertige Konstruktion:

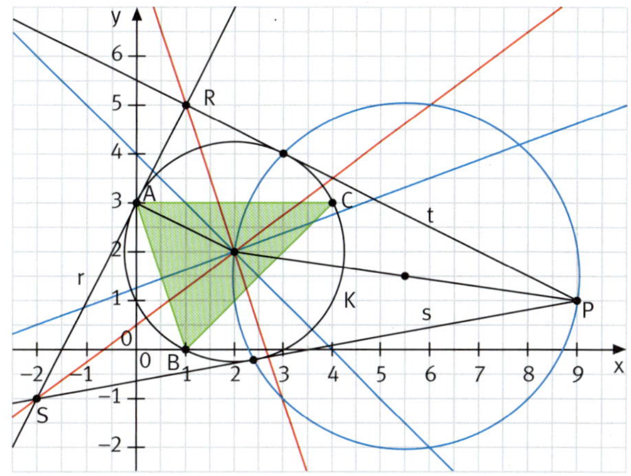

Die Koordinaten des Umkreismittelpunktes lauten M (2 | 2).

d) R (1 | 5) und S (–2 | –1)

e) Da der Kreis K Inkreis des Dreiecks PRS ist, sind die Geraden durch M und die Eckpunkte Winkelhalbierende der Winkel an den Eckpunkten.

12 Konstruktion mit Planfigur, Zeichnung und Beschreibung

a) Planfigur:

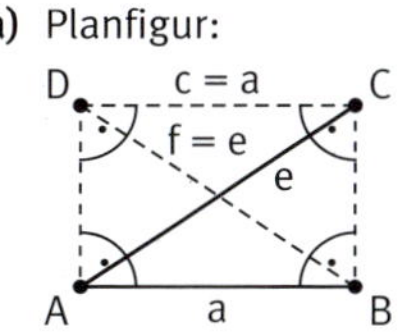

Beschreibung:
1. Festlegen der Diagonalen $\overline{AC}$ mit e = 7 cm
2. Thaleskreis k_T über $\overline{AC}$
3. k_1 (A; r = a = 4 cm)
4. k_2 (C; r = a = 4 cm)
5. $k_1 \cap k_T = \{B\}$
6. $k_2 \cap k_T = \{D\}$

Zeichnung:

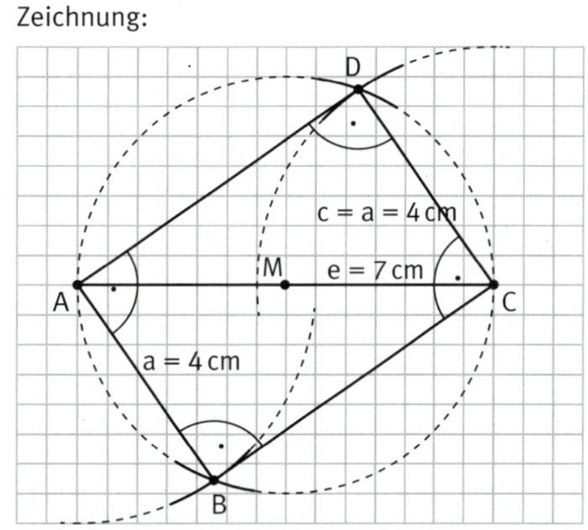

b) Planfigur:

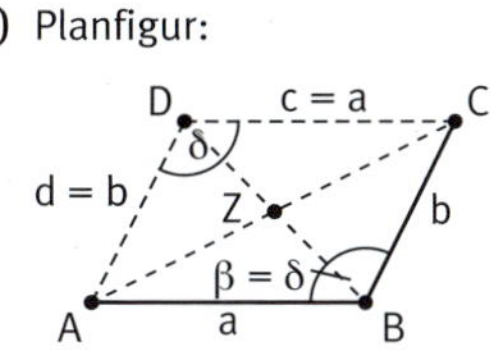

Beschreibung:
1. Festlegen der Strecke $\overline{AB}$ mit a = 6 cm
2. Antragen des Winkels β = δ = 70° in B an $\overline{AB}$, freier Schenkel s
3. k (B; r = b = 5 cm)
4. k ∩ s = {C}
5. Zeichnen von Z als Mittelpunkt von $\overline{AC}$
6. k (Z; r = $\overline{BZ}$) ∩ BZ = {D}

Zeichnung:

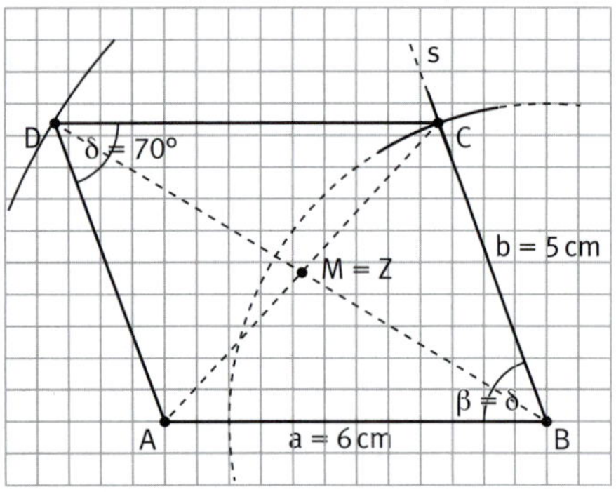

Seite 37

13 $\mu + \gamma = 2\gamma + \gamma = 3\gamma = 192°$ $\gamma = \frac{192°}{3} = 64°$ $\mu = 128°$
Das Maß des Mittelpunktswinkels beträgt 128°, das Maß des Randwinkels beträgt 64°.

14 a) Planfigur:

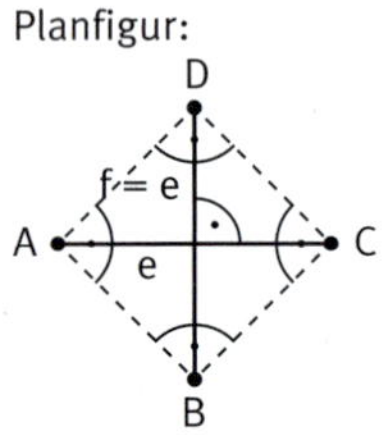

Beschreibung:
1. Festlegen der Diagonalen $\overline{AC}$ mit e = 4 cm
2. Zeichnen des Thaleskreises k_T über $\overline{AC}$
3. Zeichnen der Mittelsenkrechten $m_{\overline{AC}}$
4. $m_{\overline{AC}} \cap k_T = \{B; D\}$

Zeichnung:

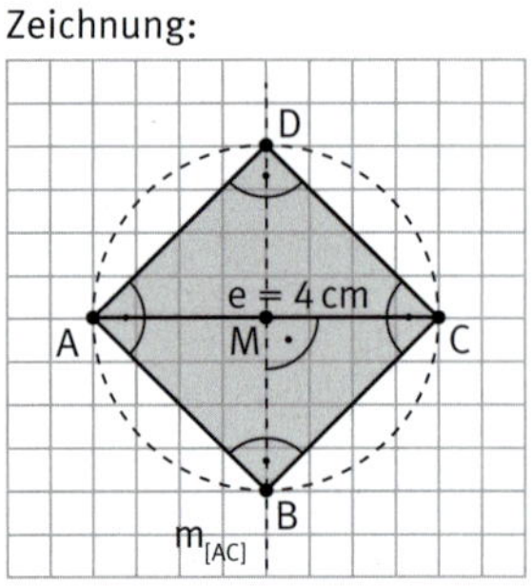

b)

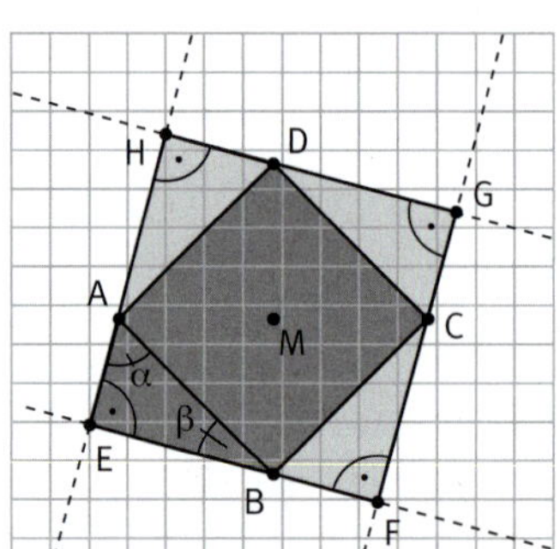

(1) Um ein großes Quadrat um das kleine Quadrat herum zu konstruieren, wählt man die vier entstehenden Dreiecke rechtwinklig und kongruent zueinander; die Seiten des inneren Quadrats bilden dabei die Hypotenusen der Dreiecke, die rechten Winkel in den Dreiecken liegen ihnen also gegenüber.
Ein Lösungsweg zur Konstruktion des ersten der vier Dreiecke, z. B. des Dreiecks AEB über $\overline{AB}$, besteht darin, zwei beliebige Winkel α und β zu wählen, die zusammen 90° ergeben, z. B. 30° und 60°. Anschließend konstruiert man über den Seiten $\overline{BC}$, $\overline{CD}$, $\overline{DA}$ die zu AEB kongruenten Dreiecke, indem man die gewählten Winkel α und β an die Seiten anträgt und die Eckpunkte F, G und H als Schnittpunkte der freien Schenkel ermittelt.

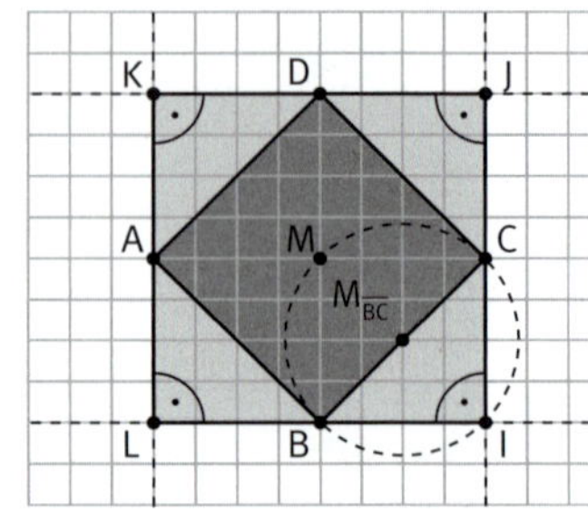

(2) Es gelten die gleichen Voraussetzungen wie unter (1), nur wird hier der rechte Winkel mithilfe des Thaleskreises über einer Seite des inneren Quadrates festgelegt, z. B. über $\overline{BC}$. Auf dem entstehenden Kreisbogen kann ein Punkt I beliebig gewählt werden, wobei die Winkel α und β zusammen 90° ergeben. Um zu gewährleisten, dass die Seiten des äußeren Quadrats rechtwinklig aufeinander stehen, kann man die fehlenden Eckpunkte J, K und L als Schnittpunkte der Parallelen bzw. Senkrechten zu $\overline{BI}$ durch C, D und A konstruieren.

c) Da in (1) die Winkel α und β beliebig gewählt werden können mit $0 < \alpha < 90°$, $0 < \beta < 90°$ und $\alpha + \beta = 90°$ bzw. in (2) der Punkt I auf dem Thaleskreis beliebig wählbar ist, gibt es unendlich viele Möglichkeiten für das äußere Quadrat.

15 a)

	Voraussetzung	Behauptung
(1)	Das Viereck ABCD hat zwei parallele Seiten, die beiden anderen Seiten sind gleich lang.	Das Viereck ABCD ist ein Parallelogramm.
(2)	Im Viereck ABCD stehen die Diagonalen senkrecht aufeinander.	Das Viereck ABCD ist ein Parallelogramm.
(3)	Das Viereck ABCD ist punktsymmetrisch mit Symmetriezentrum Z.	Im Viereck ABCD halbieren sich die Diagonalen im Symmetriezentrum Z.

b)	richtig/falsch
(1)	falsch. Gegenbeispiel: Das gleichschenklige Trapez hat zwei parallele Seiten und zwei gleich lange Seiten, ist aber kein Parallelogramm.
(2)	falsch. Gegenbeispiel: Im Drachenviereck stehen die Diagonalen senkrecht aufeinander, es ist aber kein Parallelogramm.
(3)	richtig: Die Punktsymmetrie ist längentreu, die Längen von Z zu den Eckpunkten bleiben bei Drehung um Z erhalten: $\overline{AZ} = \overline{ZC}$ und $\overline{BZ} = \overline{ZD}$

16 a) Planfigur:

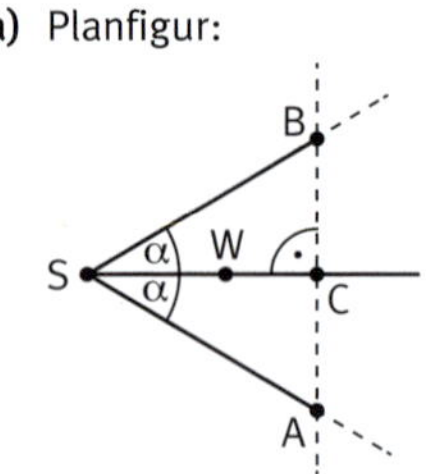

Voraussetzung:
1. SW Winkelhalbierende zu ∢ASB, d. h. ∢ASW = ∢WSB
2. SW ⊥ AB. Sei SW ∩ AB = {C}, dann ist ∢SCA = ∢BCS = 90°.

Behauptung: $\overline{SA} = \overline{SB}$
Beweis:
Betrachte ΔSCB und ΔSAC:
1. ∢ASC = ∢CSB (Vor. 1)
2. $\overline{SC} = \overline{SC}$ (gemeinsame Seite)
3. ∢BCS = ∢SCA (Vor. 2)

⟹ ΔSCB kongruent zu ΔSAC (nach WSW) ⟹ $\overline{SA} = \overline{SB}$

b) Planfigur:

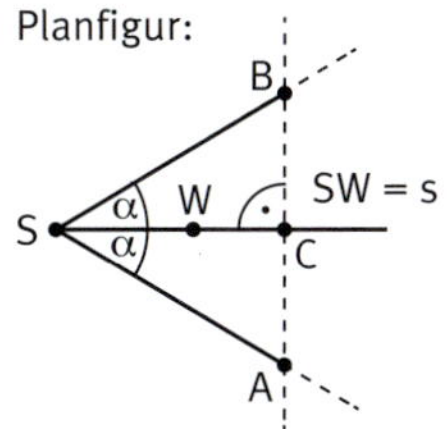

Voraussetzung:
1. $\sphericalangle ASW = \sphericalangle WSB = \alpha$
2. $SW \perp AB$ mit $SW \cap AB = \{C\}$
3. SW ist die Symmetrieachse s.

Behauptung: $\overline{SA} = \overline{SB}$

Beweis:
$S \xmapsto{s} S$, $W \xmapsto{s} W$, $C \xmapsto{s} C$ (da $S, W, C \in s$)
$SA \xmapsto{s} SB$; $SB \xmapsto{s} SA$
(Vor. 1 und Winkel-/Geradentreue)
$AB \xmapsto{s} AB$ (Vor. 2, Geradentreue)
$A \xmapsto{s} A'$ mit $A' \in AB$ und $A' \in SB$
$B \xmapsto{s} B'$ mit $B' \in AB$ und $B' \in SA$
$\Longrightarrow AB \cap SB = \{B\}$ und $AB \cap SB = \{A'\} \Longrightarrow A' = B$
$\Longrightarrow A \xrightarrow{s} B$ und $B \xmapsto{s} A$ $\Longrightarrow s = m_{\overline{AB}}$ $\Longrightarrow \overline{SA} = \overline{SB}$

17 Die Aussage ist falsch. In einem Dreieck ist die Summe zweier Seiten immer länger als die dritte Seite (Dreiecksungleichung).

18 Die Aussage ist richtig.

19 Die Aussage ist falsch, z. B. haben folgende Dreiecke zwar die gleiche Gestalt, aber ein Dreieck ist größer als das andere.

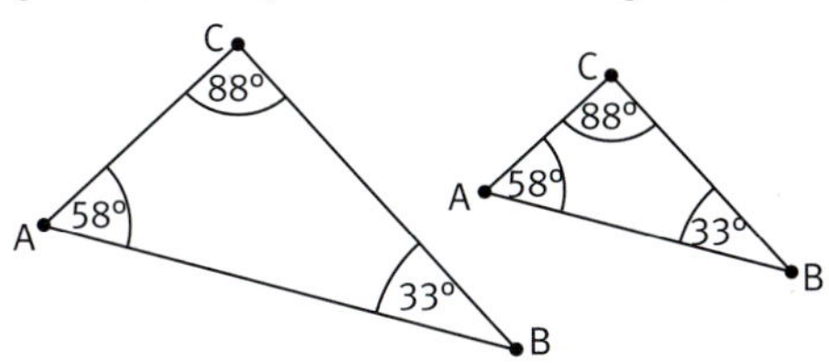

20 Die Aussage ist falsch. In jedem Dreieck schneiden sich die Winkelhalbierenden im Mittelpunkt des Inkreises.

21 Die Aussage ist im Allgemeinen Fall falsch. Nur im gleichseitigen Dreieck ist der Mittelpunkt des Umkreises identisch mit dem des Inkreises und damit auch gleich weit von allen Seiten entfernt.

22 Die Aussage ist richtig. Jedes Rechteck lässt sich mittels einer Diagonalen in zwei kongruente rechtwinklige Dreiecke zerlegen. Der Thaleskreis über der gemeinsamen Seite ist für beide Dreiecke auch der Umkreis, also auch für das Rechteck.

23 Die Aussage ist richtig.

24 Die Aussage ist falsch. Sie gilt nur für ein spitzwinkliges Dreieck. Bei einem rechtwinkligen Dreieck liegt der Umkreismittelpunkt auf der Seite des Dreiecks, die dem rechten Winkel gegenüberliegt (Hypotenuse); bei einem stumpfwinkligen Dreieck liegt er außerhalb des Dreiecks.

25 Die Aussage ist falsch, die Umkehrung ist richtig: Der Satz des Thales ist ein Sonderfall des Umfangswinkelsatzes.

26 Die Aussage ist falsch. Ein mathematischer Zusammenhang lässt sich an einem Gegenbeispiel widerlegen, für einen Beweis muss man jedoch zeigen, dass der Zusammenhang immer gilt, unabhängig von einem Beispiel.

27 Die Aussage ist falsch: Für den Beweis geometrischer Zusammenhänge verwendet man die Kongruenzsätze für *Dreiecke*.

28 Die Aussage ist richtig.

Lösungen zu „2.11 Das kann ich!" – Seite 70

1 a)

Schritt	1	2	3	4	5	6
sichtbare Flächen	5	8	11	14	17	20

b) Bei jedem Schritt kommen 3 sichtbare Flächen hinzu. Nur beim 1. Schritt hat man 3 + 2 Flächen. Term für die sichtbaren Flächen beim n-ten Schritt: $3 \cdot n + 2$

2 a)

Schritt	1	2
1	$2 \cdot 1 = 2$	$3 + 2 \cdot 1 = 5$
2	$3 \cdot 2 = 6$	$3 + 2 \cdot 2 = 7$
3	$4 \cdot 3 = 12$	$3 + 2 \cdot 3 = 9$
4	$5 \cdot 4 = 20$	$3 + 2 \cdot 4 = 11$
5	$6 \cdot 5 = 30$	$3 + 2 \cdot 5 = 13$
6	$7 \cdot 6 = 42$	$3 + 2 \cdot 6 = 15$
7	$8 \cdot 7 = 56$	$3 + 2 \cdot 7 = 17$
8	$9 \cdot 8 = 72$	$3 + 2 \cdot 8 = 19$

b) 1 Anzahl der Punkte beim n-ten Schritt: $(n + 1) \cdot n$
2 Zahl der Punkte beim n-ten Schritt: $3 + 2 \cdot n$

3 a) $3x + 8{,}2y - 4$ b) $-x^2 + 2{,}5x + 9y$
c) $\frac{2}{5}x + 1\frac{1}{5}y$ d) $-3x + \frac{4}{5}y$
e) $-2x + 2\frac{2}{3}y + 14$ f) $16{,}1ab - 6{,}9b$
g) $2x^2 - 12xy - x + 18y - 3$ h) $8x^2 + 20x + 8$

4 a) $2x + \frac{1}{2}x = 2\frac{1}{2}x$
b) $3\frac{1}{3}s + 1 - \frac{1}{3}s = 1 + 3s$
c) $2 \cdot \left(\frac{1}{9}u + \frac{2}{7}v\right) = \frac{2}{9}u + \frac{4}{7}v$
d) $(28 + 5t) : (-4) = -7 - 1{,}25t$

5 a) $x^2 - 2x - 3$ b) $a^2 - 2a - ab + 2b$
c) $-3x^2 + 14x - 8$ d) $2{,}5xy + 7x - 2{,}5y^2 - 7y$
e) $1{,}44s^2 - 1{,}2st - 0{,}6s + 0{,}5t$ f) $-0{,}9a^2 + ab + 5{,}4a - 6b$

6

	gemeinsamer Faktor	Produktterm
a)	$7x$	$7x \cdot (x + 3)$
b)	$6a$	$6a \cdot (2b - 6a + 3b^2)$
c)	$3x^2$	$3x^2 \cdot (5x + 4y)$
d)	$0{,}4kl$	$0{,}4kl \cdot (m + 5km - 4)$
e)	$0{,}2x$	$0{,}2x \cdot (4x + 2a - 1)$
f)	$-t^2$	$-t^2 \cdot (t^2 + 1{,}2 + 4{,}8ts)$

7 a) $x^2 - 3x + 2{,}25$ b) $64x^2 - 4y^2$
c) $27 + 18h + 3h^2$ d) $4x^2 + 24x + 36$
e) $-81y^2 + 90xy - 25x^2$ f) $\frac{3}{16}a^2 - \frac{3}{16}ab + \frac{3}{64}b^2$

8 a) $(a-2b)^2$ b) $(3+4z)^2$
c) $(2{,}5-2y)(2{,}5+2y)$ d) $-(1+2r)^2$
e) $(1{,}2x-0{,}8a)(1{,}2x+0{,}8a)$ f) $(17y-2)(17y+2)$

9 $(x-5)^2 = 64$
$x-5 = 8 \quad \Longrightarrow x = 13$
Das Quadrat hatte ursprünglich eine Seitenlänge von 12,5 cm.

10 a) $12x-1 = 2\cdot(5x+8)$
$12x-1 = 10x+16$
$x = 8{,}5$
$L = \{\,\}$ in $D = \mathbb{N}$

b) $-2{,}5+4x = 4-(x-2{,}5+4x)$
$-2{,}5+4x = 4-x+2{,}5-4x$
$x = 1$
$L = \{1\}$ in $D = \mathbb{Z}$

c) $-z\cdot(2-z) = (2-z)^2$
$-2z+z^2 = 4-4z+z^2$
$z = 2$
$L = \{2\}$ in $D = \mathbb{Q}$

d) $(2x+3)^2 = 4x\cdot(x+6)$
$4x^2+12x+9 = 4x^2+24x$
$x = \frac{3}{4}$
$L = \left\{\frac{3}{4}\right\}$ in $D = \mathbb{Q}$

11 $19\text{ cm} = (x+2\text{ cm}) + x + (x-1\text{ cm})$
$19\text{ cm} = 3x + 1\text{ cm} \quad |-1\text{ cm}$
$18\text{ cm} = 3x \quad |:3$
$6\text{ cm} = x$
Seitenlängen: a = 8 cm, b = 6 cm, c = 5 cm
Die Konstruktion ist nach SSS möglich.

12 a) $x > -\frac{3}{5}$ b) $r \geqq 3$ c) $y \leqq -6$ d) $q > \frac{1}{3}$

Seite 71

13 a) $D = \mathbb{Q}\setminus\{-1; 4\}$
$(x+2)\cdot(x+1) = (x-4)\cdot(x-3)$
$x^2+3x+2 = x^2-7x+12 \quad |-x^2+7x-2$
$10x = 10 \quad |:10$
$x = 1;\ L = \{1\}$

b) $D = \mathbb{Q}\setminus\{-1; 3\}$
$(x+2)\cdot(x+1) = (x-3)\cdot(x-4)$
$x^2+3x+2 = x^2-7x+12 \quad |-x^2+7x-2$
$10x = 10 \quad |:10$
$x = 1;\ L = \{1\}$

c) $D = \mathbb{Q}\setminus\{-2; -1\}$
$(x-2)\cdot(x+1) = (x+2)\cdot(x+3)$
$x^2-x-2 = x^2+5x+6 \quad |-x^2+x-6$
$-8 = 6x \quad |:6$
$x = -\frac{4}{3} = -1\frac{1}{3};\ L = \left\{-1\frac{1}{3}\right\}$

d) $D = \mathbb{Q}\setminus\{-5; 2{,}5\}$
$(x-5)\cdot(x-2{,}5) = (x+5)\cdot(x+3{,}5)$
$x^2-7{,}5x+12{,}5 = x^2+8{,}5x+17{,}5 \quad |-x^2+7{,}5x-17{,}5$
$-5 = 16x \quad |:16$
$x = -\frac{5}{16};\ L = \left\{-\frac{5}{16}\right\}$

e) $D = \mathbb{Q}\setminus\{-5; -3{,}5\}$
$(x-5)\cdot(x+3{,}5) = (x+5)\cdot(x-2{,}5)$
$x^2-1{,}5x-17{,}5 = x^2+2{,}5x-12{,}5 \quad |-x^2+1{,}5x+12{,}5$
$-5 = 4x \quad |:4$
$x = -1{,}25;\ L = \{-1{,}25\}$

f) $D = \mathbb{Q}\setminus\{-4; 5\}$
$(x+3)\cdot(x-5) = (x+4)\cdot(x-4) \quad |-x^2+2x+16$
$x^2-2x-15 = x^2-16 \quad |:2$
$1 = 2x$
$x = 0{,}5;\ L = \{0{,}5\}$

14 a) $U = R\cdot I \qquad U = 12\,\Omega\cdot 20\text{ A} = 240\text{ V}$
b) $R = \frac{U}{I} \qquad R = \frac{220\text{ V}}{25\text{ A}} = 8{,}8\,\Omega$
c) $I = \frac{U}{R} \qquad I = \frac{220\text{ V}}{8\,\Omega} = 27{,}5\text{ A}$

15 a) Die Formel beschreibt den Inhalt der Oberfläche eines Quaders.
b) ① $O = a\cdot(2b+2c) + 2bc$
$a = \frac{O-2bc}{2b+2c}$
② $O = b\cdot(2a+2c) + 2ac$
$b = \frac{O-2ac}{2a+2c}$
③ $O = c\cdot(2a+2b) + 2ab$
$c = \frac{O-2ab}{2a+2b}$

16 a) $D = \mathbb{Q}\setminus\{2\}$; $L = \{6\}$
b) $D = \mathbb{Q}\setminus\{0\}$; $L = \left\{\frac{2}{3}\right\}$
c) $D = \mathbb{Q}\setminus\{0\}$; $L = \{1\}$
d) $D = \mathbb{Q}\setminus\{-3; 5\}$; $L = \{13\}$
e) $D = \mathbb{Q}\setminus\{-1; 1\}$; $L = \left\{\frac{13}{3}\right\}$
f) $D = \mathbb{Q}\setminus\{2\}$ $L = \{\,\}$, da x = 2 nicht in der Definitionsmenge liegt.

17 a) $x \geqq 4;\ x \in [4; \infty[$
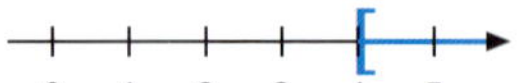

b) $x \leqq 4;\ x \in\ ]-\infty; 4]$

c) $x \leqq 7;\ x \in\ ]-\infty; 7]$

d) $L = \ ]-\infty; 2[\ \cup\ ]2; \infty[\ = \mathbb{R}\setminus\{2\}$

18 Die Aussage ist richtig.

19 Die Aussage ist falsch. In jedem Summanden muss jeweils derselbe Faktor vorkommen.

20 Die Aussage ist falsch. Ausklammern und ausmultiplizieren sind entgegengesetzte Operationen.

21 Die Aussage ist falsch. Richtig ist:
$(x+y)^2 = x^2+2xy+y^2$

22 Die Aussage ist falsch. Die Lösungsmenge einer Gleichung darf sich bei einer Äquivalenzumformung nicht ändern.

23 Die Aussage ist falsch. Eine Formel ist eine Gleichung, die man mithilfe von Äquivalenzumformungen umstellen kann.

24 Die Aussage ist richtig.

25 Die Aussage ist falsch. Richtig ist:
$(a+b)\cdot(a-b) = a^2-b^2$

26 Die Aussage ist richtig.

27 Die Aussage ist richtig.

28 Die Aussage ist falsch. Diese Zahl gehört nicht zur Definitionsmenge und damit auch nicht zur Lösungsmenge.

Lösungen zu „3.10 Das kann ich!" – Seite 102

1 a)

x	3,5	7	8,5	35
y	28	56	68	280

b)

x	10,5	23,5	28,8	30,4
y	52,5	117,5	144	152

c)

x	2,1	3,6	4,8	9,3
y	0,7	1,2	1,6	3,1

d)

x	6,8	9,2	12,2	17,9
y	10,2	13,8	18,3	26,85

2 a)

x	2	7	8	10
y	56	16	14	11,2

b)

x	$\frac{1}{5}$	$\frac{3}{8}$	$\frac{5}{6}$	$\frac{7}{10}$
y	$17\frac{1}{2}$	$9\frac{1}{3}$	$4\frac{1}{5}$	5

c)

x	0,3	0,4	0,6	1,5
y	3,6	2,7	1,8	0,72

d)

x	3,5	7,5	10,5	15,0
y	$551\frac{1}{4}$	$257\frac{1}{4}$	$183\frac{3}{4}$	$128\frac{5}{8}$

3 a) Die Zuordnung ist proportional, weil (ohne Rabatte) zur doppelten, dreifachen, ... Anzahl an Übernachtungen der doppelte, dreifache, ... Preis gehört.
Beispiel:
1 Übernachtung ⟼ 35 € 3 Übernachtungen ⟼ 105 €
5 Übernachtungen ⟼ 175 €

b) Die Zuordnung ist proportional, weil zur doppelten, dreifachen, ... Menge an Wandfarbe auch die doppelte, dreifache, ... Größe der überstrichenen Fläche gehört.
Beispiel: 10 l ⟼ 70 m² 5 l ⟼ 35 m² 25 l ⟼ 175 m²

c) Die Zuordnung ist antiproportional, weil zur doppelten, dreifachen, ... Anzahl an Teilnehmern (TN) die Hälfte, ein Drittel, ... des Preises pro Teilnehmer gehört. Dabei geht man davon aus, dass keine zusätzlichen Kosten durch mehr Teilnehmer anfallen.
Beispiel:
10 TN ⟼ 250 € pro TN 2 TN ⟼ 1250 € pro TN
50 TN ⟼ 50 € pro TN

d) Die Zuordnung ist in der Regel weder proportional noch antiproportional, da man üblicherweise für Stadtbustickets einen festen Preis innerhalb einer Tarifzone bezahlt, unabhängig von der Streckenlänge.

e) Die Zuordnung ist proportional, weil (ohne Rabatte) zur doppelten, dreifachen, ... Anzahl an Eiskugeln der doppelte, dreifache, ... Preis gehört.
Beispiel:
3 Eiskugeln ⟼ 1,65 € 6 Eiskugeln ⟼ 3,30 €
5 Eiskugeln ⟼ 2,75 €

f) Die Zuordnung ist antiproportional, weil zur doppelten, dreifachen, ... Anzahl an Gewinnern die Hälfte, ein Drittel, ... des Geldes pro Gewinner gehört.
Beispiel: 2 Gewinner ⟼ 5000 € pro Gewinner
4 Gewinner ⟼ 2500 € pro Gewinner
10 Gewinner ⟼ 1000 € pro Gewinner

4 Das Lied wird ebenfalls etwa drei Minuten dauern, weil die Länge eines Liedes nicht von der Anzahl der Sänger abhängt.

5 a) 100 g ⟼ 0,25 € **b)** 125 g ⟼ 0,3125 €
c) 40 g ⟼ 0,10 € **d)** 5 g ⟼ 0,0125 €

6 a) Ja, denn die Zuordnung ist eindeutig. Jedem x-Wert wird ein einziger y-Wert zugeordnet.
b) Nein, denn beispielsweise an der Stelle x = 0 hat der Graph 6 verschiedene y-Werte.

7 a)

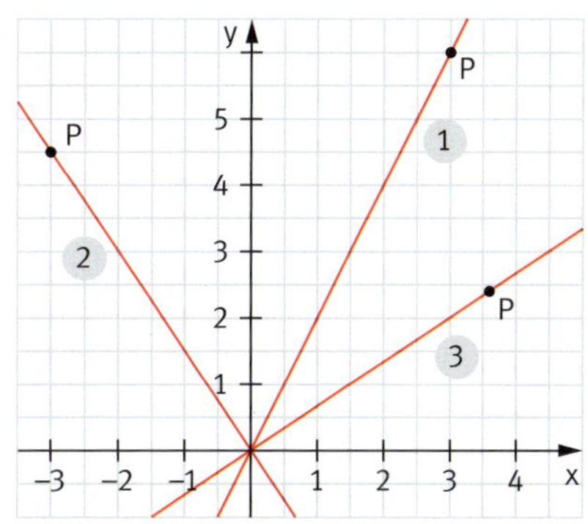

b) ① $y = 2x$ ② $y = -1{,}5x$ ③ $y = \frac{2}{3}x$

8 a) Die Funktion ist linear ($y = 1{,}3x + 2{,}7$).
b) Es liegt eine lineare Funktion vor, denn die proportionale Funktion ist ein Sonderfall der linearen Funktion.
c) Es liegt keine lineare Funktion vor. Die Punkte liegen auf einer Hyperbel (proportionale Zuordnung).
d) Es liegt eine lineare Funktion vor ($y = \frac{1}{2}x - 1{,}5$).
e) Es liegt keine lineare Funktion vor. Der Punkt (–1 | 27) liegt nicht auf derselben Geraden wie die anderen Punkte.

9 a)

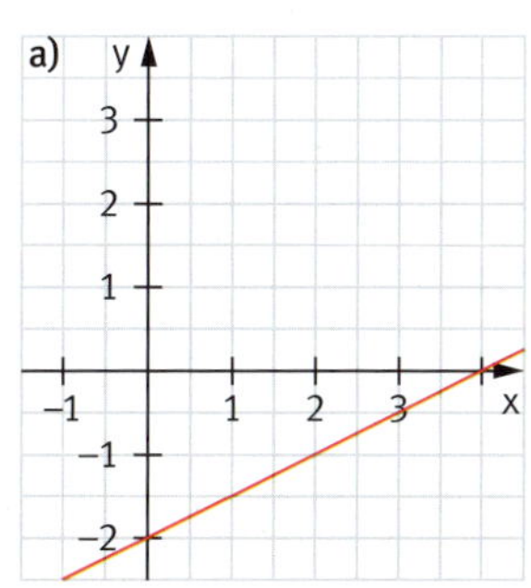

b)

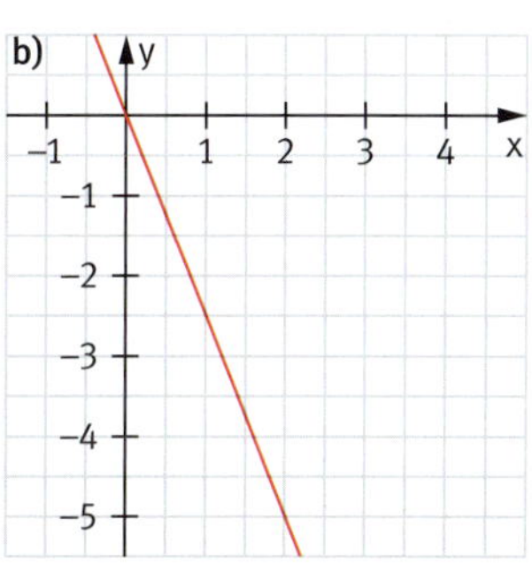

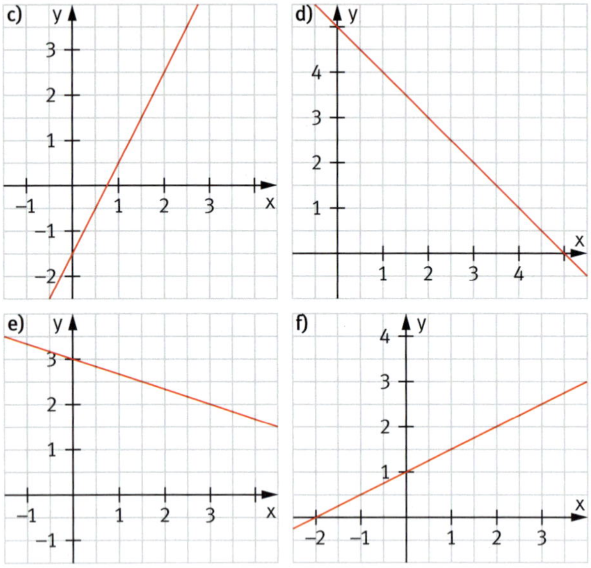

Seite 103

10 a) g (0) = −1,5 · 0 + 6 = 6; A gehört zu g
g (3) = −1,5 · 3 + 6 = 1,5; B gehört nicht zu g
g (1) = −1,5 · 1 + 6 = 4,5; C gehört zu g
g (0,8) = −1,5 · 0,8 + 6 = 4,8; D gehört zu g
g (1,4) = −1,5 · 1,4 + 6 = 3,9; E gehört nicht zu g

b) g (2) = −1,5 · 2 + 6 = 3; F (2 | 3)
g (x) = −1,5 · x + 6 = 3 ⟹ x = 2; G (2 | 3)
g (−3) = −1,5 · (−3) + 6 = 10,5; H (−3 | 10,5)
g (x) = −1,5 · x + 6 = −4 ⟹ x = $6\frac{2}{3}$; I ($6\frac{2}{3}$ | −4)
g (−2,7) = −1,5 · (−2,7) + 6 = 10,05; J (−2,7 | 10,05)

11 A – 3: Der Gesamtlohn steigt proportional zur Arbeitszeit.
B – 2: Der Graph beginnt bei der Grundgebühr. Die Freistunde bedeutet, dass während dieser Zeit der Preis in Höhe der Grundgebühr liegt. Anschließend steigt der Preis in Abhängigkeit von der Nutzungszeit.
C – 1: Der Graph beginnt bei der Grundgebühr und steigt anschließend linear in Abhängigkeit von der Arbeitszeit an.

12 a)

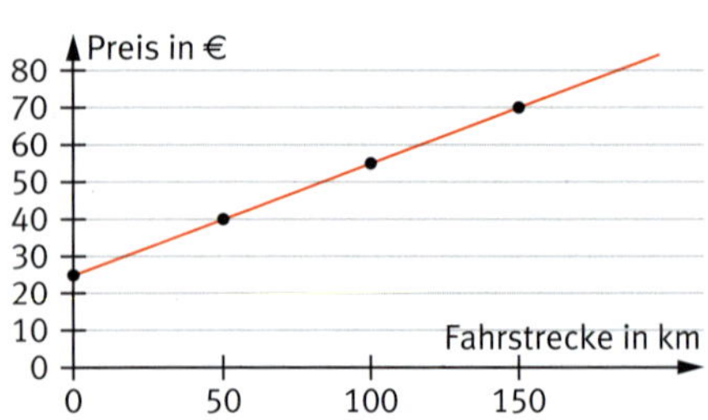

f (x) = 0,3 · x + 25

b)

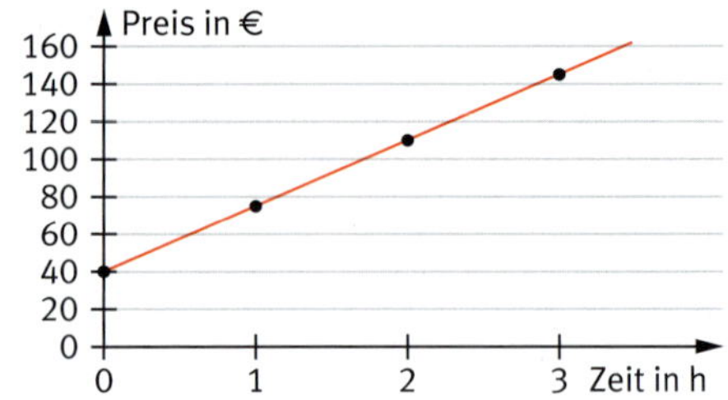

f (x) = 35x + 40

c)

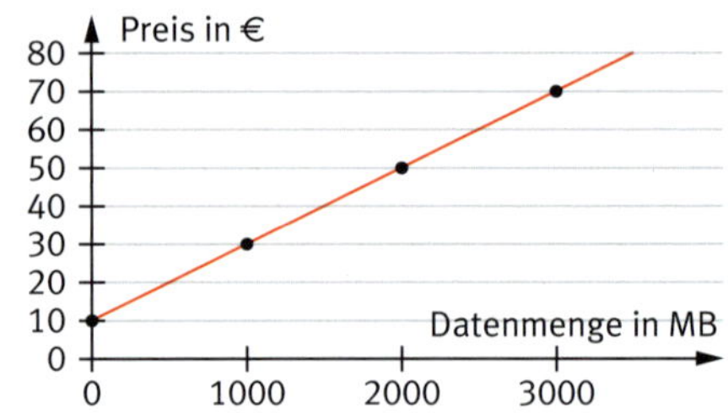

f (x) = 0,02 · x + 10

13 Die Aussage ist falsch. Die proportionale Zuordnung ist ein Sonderfall der linearen Zuordnung.

14 Die Aussage ist richtig.

15 Die Aussage ist richtig.

16 Die Aussage ist richtig, da keine eindeutige Zuordnung vorliegt.

17 Die Aussage ist richtig.

18 Die Aussage ist falsch. Der Graph der Funktion schneidet die y-Achse bei y = 4.

19 Die Aussage ist im Allgemeinen falsch. Sie gilt nur für den Sonderfall einer proportionalen Funktion.

20 Die Aussage ist richtig.

21 Die Aussage ist falsch, es kann durchaus Funktionsgraphen geben, die keine Gerade sind. Nur der Funktionsgraph von linearen Funktionen ist stets eine Gerade.

22 Die Aussage ist richtig, sofern die Gesamtkosten auf der y-Achse abgetragen werden.

23 Die Aussage ist falsch. m = −3 bedeutet, wenn man den x-Wert um 1 erhöht, muss man den y-Wert um 3 verringern.
Die Aussage im Buch ist richtig für m = 3.

24 Die Aussage ist richtig.

Lösungen zu „4.8 Das kann ich!" – Seite 130

1 a) 16 ist der Prozentwert P, 18 ist der Grundwert G. Gesucht ist der Prozentsatz p %.

b) 20 % entspricht dem Prozentsatz p %, 15 € dem Prozentwert P. Gesucht wird der Grundwert G.

c) 25 € ist der Grundwert G, 20 % der Prozentsatz p %. Gesucht wird der Prozentwert P.

2 a) 102 € b) 2,88 m c) 33,6 t
d) 3,696 m^3 e) 272 min f) 39,355 ha

3

	a)	b)	c)	d)
G	240 cm	30,25 t	77,5 l	120 s
p %	25 %	60 %	24 %	85 %
P	60 cm	18,15 t	18,6 l	102 s

4 Anzahl der Minuten eines Tages: 24 · 60 min = 1440 min
Zeit des Stillstandes: 1440 min – 45 min = 1395 min
Anteil: $p\,\% = \frac{1395\text{ min}}{1440\text{ min}} \approx 0{,}969 = 96{,}9\,\%$

5 a) (1) 1,75 € (2) 1,98 € (3) 112,56 € (4) 9,13 €
b) (1) 85,75 € (2) 97,22 € (3) 5515,44 € (4) 447,14 €

6 a)
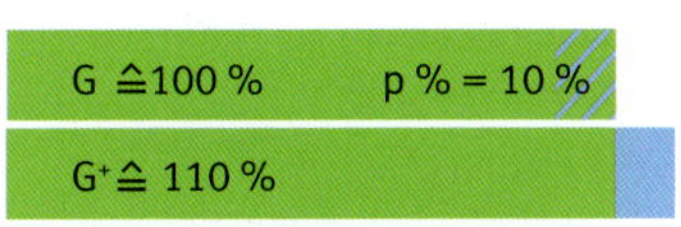

$G^+ = G \cdot \left(1 + \frac{p}{100}\right)$
$G^+ = 2{,}40\,€ \cdot 1{,}10$
$G^+ = 2{,}64\,€$

b)
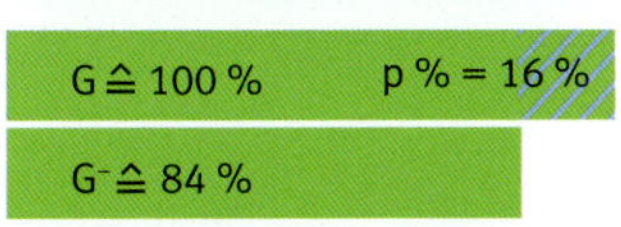

$G^- = G \cdot \left(1 - \frac{p}{100}\right)$
$G^- = 980\,€ \cdot 0{,}84$
$G^- = 823{,}20\,€$

c)
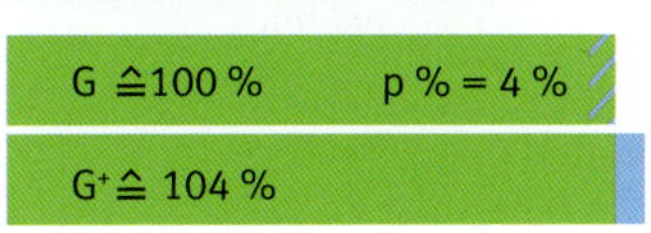

$G^+ = G \cdot \left(1 + \frac{p}{100}\right)$
$G^+ = 23{,}50\,€ \cdot 1{,}04$
$G^+ = 24{,}44\,€$

7 Chanel berechnet zunächst mit dem Dreisatz den Prozentwert, der zu 6 % gehört, und addiert ihn anschließend zum Grundwert.

Jenny berechnet den zu 6 % zugehörigen Prozentwert zunächst als Teil vom Grundwert und addiert ihn ebenfalls zum Grundwert hinzu.

Enna bestimmt direkt den vermehrten Grundwert, indem sie den Grundwert mit dem vermehrten Prozentsatz multipliziert.

8

	a)	b)	c)	d)
alte Größe	120 kg	33 min	86 m^2	480 m
Änderung in %	+ 12 %	– 5 %	– 8 %	+ 20 %
Änderung als Dezimalzahl	1,12	0,95	0,92	1,2
neue Größe	134,4 kg	31,35 min	79,12 m^2	576 m

9

Prozentrechnung	Zinsrechnung
Grundwert	Guthaben, Kapital, Kreditbetrag, Darlehen, Geldanlage
Prozentwert	Jahreszinsen, Kreditzinsen, Guthabenzinsen
Prozentsatz	Zinsatz

Seite 131

10

	a)	b)	c)	d)	e)
K	460 €	1200 €	245 €	780 €	3600 €
p %	4 %	6,5 %	2 %	6 %	3,5 %
Z	18,40 €	78 €	4,90 €	46,80 €	126 €

11 a) Darlehen: K = 5400 €
b) Zinsen: Z = 12,80 €
c) Zinssatz: p % = 2,5 %

12 $Z\,(30\text{ Tage}) = 350\,€ \cdot 0{,}12 \cdot \frac{30}{360} = 3{,}50\,€$

13

	a)	b)	c)	d)
K	2500 €	680 €	1400 €	1800 €
p %	6 %	4 %	3 %	4 %
Zeit	4 Monate	8 Monate	3 Monate	120 Tage
Z	50 €	18,13 €	10,50 €	24 €

14 Jahreszinsen: Z = 80 € · 0,02 = 1,60 €
Zinsen 1. Quartal: $Z_1 = 1{,}60\,€ \cdot \frac{3}{12} = 0{,}40\,€$
Zinsen 2. Quartal: $Z_2 = 1{,}60\,€ \cdot \frac{6}{12} = 0{,}80\,€$
Zinsen 3. Quartal: $Z_3 = 1{,}60\,€ \cdot \frac{9}{12} = 1{,}20\,€$
Zinsen 4. Quartal: $Z_4 = 1{,}60\,€$
Zinsen insgesamt: $Z_g = Z_1 + Z_2 + Z_3 + Z_4 = 4{,}00\,€$
Am Ende des ersten Jahres hat Herr Müller 320 € + 4 € = 324 € auf seinem Konto.

15 Jahreszinsen: Z = 130 € · 0,035 = 4,55 €

		1. Quartal	2. Quartal	3. Quartal	4. Quartal
a)	Zinsen	1,14 €	2,28 €	3,41 €	4,55 €
b)	Zinsen	0 €	1,14 €	2,28 €	3,41 €

Zahlt man zu Beginn des Quartals ein, so hat man „ein Quartal Vorsprung" und erhält deswegen mehr Zinsen.

16 $K\,(1) = 1000\,€ \cdot 1{,}03^1 = 1030\,€$; K (2) = 1060,90 €;
K (3) ≈ 1092,73 €; K (4) ≈ 1125,51 €

$K\,(1) = 2500\,€ \cdot 1{,}03^1 = 2575\,€$; K (2) = 2652,25 €;
K (3) ≈ 2731,82 €; K (4) ≈ 2813,77 €

17 $K\,(2) = K \cdot \left(1 + \frac{p}{100}\right)^2$
$561{,}80\,€ = 500\,€ \cdot \left(1 + \frac{p}{100}\right)^2$
Probieren liefert: p % = 6 %
Das Kapital wurde zu 6 % verzinst.

18 Die Aussage ist richtig.

19 Die Aussage ist richtig.

20 Die Aussage ist falsch. Es gilt: $G^+ = G + P$.

21 Die Aussage ist richtig.

22 Die Aussage ist falsch. Die Jahreszinsen entsprechen dem Prozentwert bei der Prozentrechnung.

23 Die Aussage ist falsch. Bei 100 € erhält man 2 € Zinsen, bei 200 € entsprechend 4 €.

24 Die Aussage ist richtig.

Lösungen zu „5.9 Das kann ich!“ – Seite 158

1 a) Es haben 13 Schüler Angaben gemacht, die kleiner oder gleich 11 Bücher sind, sowie 13 Schüler Angaben, die größer oder gleich 11 Bücher sind.

b) Die meisten Schüler haben als Angabe 9 Bücher gemacht.

c) Die Angabe ist nicht möglich, denn einerseits wäre dann der Modalwert ebenfalls 10. Andererseits kann der Median nicht mehr 11 sein, da bereits mehr als die Hälfte der Schüler 10 Bücher oder weniger besitzt.

2 a) bisher: $\bar{x} = 2$, somit 2 ergänzen

b) bisher: $\bar{x} = 22{,}5$. Damit $\bar{x} = 30$ gilt, muss jeder Wert im Durchschnitt 30 sein, also $5 \cdot 30 = 150$. Die Summe der bisherigen Werte ist 90. Also muss 60 ergänzt werden.

c) 0 ergänzen

d) 1 ergänzen: Dann ist der Median in der Reihe 1; 1; 1; 3; 7; 13 die Zahl 2.

e) bisher: Spannweite: $9 - 2 = 7$
Zahl 13 ergänzen (oder Zahl –2)

3

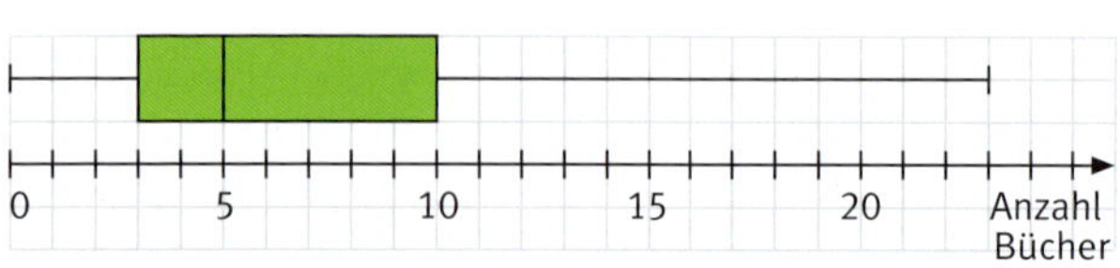

4 Lösungsmöglichkeit:
Die Katzen brachten zwischen 0 und 8 Babys zur Welt. 10 Katzen brachten 4 Babys oder weniger zur Welt, die andere Hälfte 4 Babys oder mehr. 5 Katzen brachten zwischen 0 und 2 Babys zur Welt, 5 Katzen zwischen 2 und 4, wiederum ein anderes Viertel zwischen 4 und 7 Babys sowie 5 Katzen 7 oder 8 Babys zur Welt.

5 „D“ steht für das Ereignis, dass eine deutsche 1-ct-Münze gezogen wird;
„M“ steht für das Ereignis, dass eine monegassische 1-ct-Münze gezogen wird.
Ω = {M; DM; DDM; DDDM; DDDDM; DDDDDM; DDDDDDM; DDDDDDDM; DDDDDDDDM; DDDDDDDDDM; DDDDDDDDDDM}

6

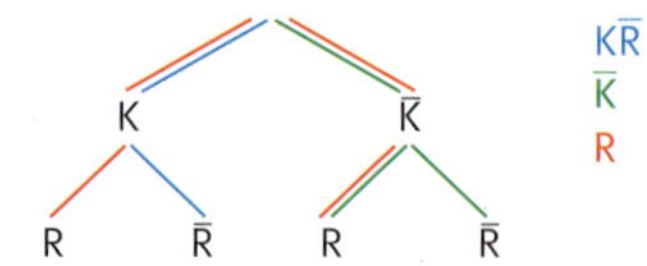

7

	A	Ā	gesamt
B	0,25	0,3	0,55
B̄	0,05	0,4	0,45
gesamt	0,3	0,7	1

8 a) ① P (drei gleichfarbige)
$= \left(\frac{6}{10}\right)^3 + \left(\frac{3}{10}\right)^3 + \left(\frac{1}{10}\right)^3 = \frac{244}{1000} = 0{,}244 = 24{,}4\ \%$

② P (von jeder Farbe eine Kugel)
$= 6 \cdot \frac{6}{10} \cdot \frac{3}{10} \cdot \frac{1}{10} = \frac{108}{1000} = 0{,}108 = 10{,}8\ \%$

③ P (nur rote und blaue Kugeln)
$= \left(\frac{9}{10}\right)^3 = \frac{729}{1000} = 0{,}729 = 72{,}9\ \%$

④ P (nur zwei verschiedene Farben)
= 1 – P (drei gleichfarbige) – P (von jeder Farbe eine Kugel) = 1 – 24,4 % – 10,8 % = 64,8 %

b) ① P (drei gleichfarbige)
$= \frac{6}{10} \cdot \frac{5}{9} \cdot \frac{4}{8} + \frac{3}{10} \cdot \frac{2}{9} \cdot \frac{1}{8} = \frac{1}{6} + \frac{1}{120} = \frac{7}{40} = 17{,}5\ \%$

② P (von jeder Farbe eine Kugel)
$= 6 \cdot \frac{6}{10} \cdot \frac{3}{9} \cdot \frac{1}{8} = \frac{108}{720} = \frac{3}{20} = 15\ \%$

③ P (nur rote und blaue Kugeln)
$= \frac{9}{10} \cdot \frac{8}{9} \cdot \frac{7}{8} \cdot = \frac{7}{10} = 0{,}7 = 70\ \%$

④ P (nur zwei verschiedene Farben)
= 1 – P (drei gleichfarbige) – P (von jeder Farbe eine Kugel) = 1 – 17,5 % – 15 % = 67,5 %

9 a)

	M	M̄	gesamt
V	30	90	120
V̄	60	90	150
gesamt	90	180	270

M: Person ist männlich.
V: Person ist verkleidet.

Es kommen 30 Männer verkleidet zum Fest.

b) Anteil der Nicht-Verkleideten, der männlich ist:
$\frac{60}{150} = \frac{2}{5} = 0{,}4 = 40\ \%$

Seite 159

10 a) Lösungsmöglichkeit: In einer Urne befinden sich gleich viele rote und blaue Kugeln. Es wird nacheinander je eine Kugel mit Zurücklegen aus der Urne gezogen.

b) P (beim fünften Wurf zum ersten Mal Zahl)
$= \left(\frac{1}{2}\right)^4 \cdot \frac{1}{2} = \left(\frac{1}{2}\right)^5 = \frac{1}{32}$

c) P (spätestens beim fünften Wurf zum ersten Mal Zahl)
$= 1 - \left(\frac{1}{2}\right)^5 = \frac{31}{32}$

11

	D	$\overline{D}$	gesamt
H	$0{,}99 \cdot 0{,}01 = 0{,}0099$	$0{,}95 \cdot 0{,}99 = 0{,}0495$	0,0594
$\overline{H}$	0,0001	0,9405	0,9406
gesamt	0,01	0,99	1

D: Person führt Drogen mit.
H: Hund schlägt an.

P (Person hat Drogen dabei, wenn Hund anschlägt)
$= \frac{0{,}0099}{0{,}0594} \approx 0{,}167 = 16{,}7\,\%$

12 Beide Tipps sind gleich wahrscheinlich, da jede beliebige Kombination von sechs der 49 möglichen Zahlen die Wahrscheinlichkeit $\frac{6 \cdot 5 \cdot 4 \cdot 3 \cdot 2 \cdot 1}{49 \cdot 48 \cdot 47 \cdot 46 \cdot 45 \cdot 44}$ hat.

13 Die Aussage ist richtig.

14 Die Aussage ist richtig, denn es ist der Wert, der am häufigsten vorkommt.

15 Die Aussage ist falsch. Gegenbeispiel:
0, 1, 3, 4
Hier ist der Median 2, die Zahl 2 kommt aber nicht vor.

16 Die Aussage ist falsch. Gegenbeispiel:
0, 1, 2, 9
$\overline{x} = \frac{12}{4} = 3$. Die Zahl 3 kommt aber nicht vor.

17 Die Aussage ist richtig, wie man an beliebigen Beispielen ausprobieren kann.

18 Die Aussage ist richtig für positive Zahlen. Wenn das Minimum jedoch eine negative Zahl ist, dann kann die Spannweite auch größer sein.

19 Die Aussage ist im Allgemeinen falsch.
Beispiel: 4, 5, 6
Minimum: 4 Spannweite: 6 – 4 = 2

20 Die Aussage ist richtig.

21 Das ist falsch. Zu Beginn ist die Wahrscheinlichkeit für das Ziehen einer roten Kugel $\frac{1}{2}$. Erhält man beim ersten Zug eine blaue Kugel, so ist die Wahrscheinlichkeit für eine rote Kugel im zweiten Zug $\frac{12}{23} > \frac{1}{2}$.

22 Das ist richtig. Es gilt jeweils:
$P(AB) = P(BA) = \frac{1}{2} \cdot \frac{1}{3} = \frac{1}{6}$ $P(A\overline{B}) = P(\overline{B}A) = \frac{1}{2} \cdot \frac{2}{3} = \frac{1}{3}$
$P(\overline{A}B) = P(B\overline{A}) = \frac{1}{2} \cdot \frac{1}{3} = \frac{1}{6}$ $P(\overline{A}\,\overline{B}) = P(\overline{B}\,\overline{A}) = \frac{1}{2} \cdot \frac{2}{3} = \frac{1}{3}$

23 Das ist richtig.
$P(4\text{ Sechser}) = 0{,}2^4 = \left(\frac{1}{5}\right)^4 = \frac{1}{625} < \frac{1}{100} = 1\,\%$

24 Die Aussage ist falsch. Da der Ergebnisraum eines Zufallsexperiments aus mindestens zwei gleich wahrscheinlichen Ereignissen bestehen muss, die zusammen 100 % ergeben, können die Wahrscheinlichkeiten für diese beiden Ereignisse jeweils maximal 50 % betragen.

Lösungen zu „6.11 Das kann ich!" – Seite 186

1

	a	c	m	h	A
a)	5,6 cm	3 cm	4,3 cm	4 cm	17,2 cm^2
b)	12 cm	2 cm	7 cm	2 cm	14 cm^2
c)	1,4 cm	20,6 cm	11 cm	3,5 cm	38,5 cm^2
d)	z. B. 10 cm	z. B. 8 cm	9 cm	6,6 cm	59,4 cm^2

Aufgabe d) hat mehrere Möglichkeiten; es muss stets gelten: a + c = 18 cm.

2 **a)** $A = \frac{1}{2} \cdot e \cdot f = 1500\text{ cm}^2 = 15\text{ dm}^2$
b) $e = \frac{2 \cdot A}{f} = 4\text{ cm}$ **c)** $f = \frac{2 \cdot A}{e} = 1{,}8\text{ mm}$

3 **a)** Prisma mit Sechseck als Grundfläche, das in der Spitze in einen Kegel übergeht.

b) Würfel als Haus mit quadratischer Pyramide als Dach. Der Anbau ist ein Prisma mit Trapez als Grundfläche.

c) Zylinder mit aufgesetztem Quader (bzw. Prisma mit quadratischer Grundfläche).

d) Der Turm besteht aus einem Quader (bzw. Prisma) mit quadratischer Grundfläche, dessen Dach eine quadratische Pyramide ist. Der rote Anbau besteht aus einem auf der Seite liegenden Quader (bzw. Prisma mit quadratischer Grundfläche), dessen Dach ein dreiseitiges Prisma ist mit einem gleichschenkligen Dreieck als Grundfläche. Der grüne Anbau ist ein Quader (bzw. Prisma) mit quadratischer Grundfläche.

4 Es sind individuelle Lösungen möglich, z. B. mit A = 10 cm^2:

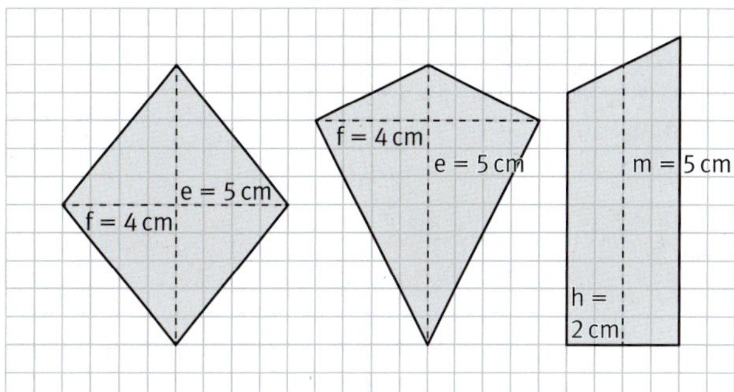

Die einfachste und bequemste Lösung ist es, ein Quadrat zu zeichnen und dieses als Raute, als Drachenviereck und als Trapez zu betrachten.

5 **a)** Quader bzw. Prisma mit rechteckiger Grundfläche (Sonderfall: Würfel)

b) Prisma mit dreieckiger Grundfläche

c) Würfel, Quader, vierseitiges Prisma

d) Kegel **e)** Zylinder **f)** Kegel

6

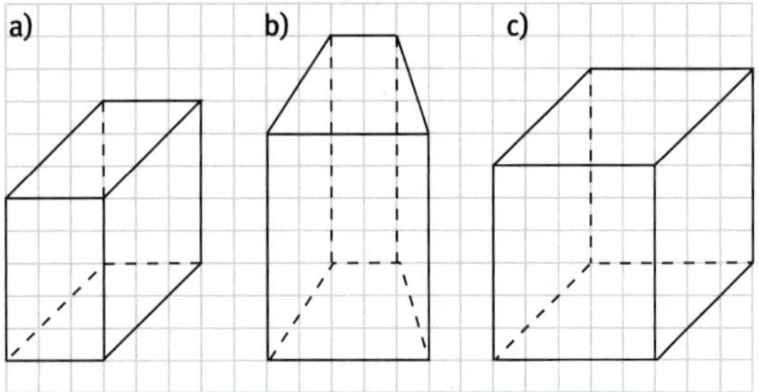

7 a) Würfel
b) sechseckiges Prisma
c) dreiseitige Pyramide
d) Quader
e) dreiseitiges Prisma
f) quadratische Pyramide
g) fünfseitiges Prisma

8

	a)	b)	c)
A_G	$A_G = \frac{1}{2}ab$ $A_G = 4{,}32\ cm^2$	$A_G = a \cdot h_a$ $A_G = 42{,}0\ cm^2$	$A_G = \frac{a+c}{2} \cdot h_a$ $A_G = 15{,}4\ cm^2$
h	5,6 cm	5,6 cm	5,6 cm
O	66,32 cm²	247,52 cm²	128,24 cm²
V	24,192 cm³	235,2 cm³	86,24 cm³

9 $A_{Dreieck} = \frac{1}{2}a \cdot h_a$ $\quad V_{Prisma} = A_{Dreieck} \cdot h$

$A_{Dreieck} = \frac{1}{2} \cdot 12 \cdot 10{,}4 = 62{,}4$ $\quad V_{Prisma} = 62{,}4 \cdot 8 = 499{,}2$

$O = 2 \cdot A_{Dreieck} + 3 \cdot a \cdot h = 2 \cdot 62{,}4 + 3 \cdot 12 \cdot 8 = 412{,}8$

Das Volumen beträgt ca. 500 cm³, die Oberfläche 413 cm².

Seite 187

10 a) $V = 34{,}5\ cm^2 \cdot 12{,}5\ cm = 431{,}25\ cm^3$
b) $V = 1{,}04\ cm^2 \cdot 12{,}5\ cm = 13\ cm^3$
c) $V = 413\ cm^2 \cdot 12{,}5\ cm = 5162{,}50\ cm^3$
d) $V = 120\ cm^2 \cdot 12{,}5\ cm = 1500\ cm^3$

11 a) $A_G = \frac{1}{2} \cdot a \cdot h_a = \frac{1}{2} \cdot 3\ cm \cdot 5\ cm = 7{,}5\ cm^2$
$A_M = u \cdot h_{Prisma} = (5{,}8\ cm + 3\ cm + 5\ cm) \cdot 20\ cm$
$= 276\ cm^2$
$O = 2 \cdot A_G + A_M = 291\ cm^2$

b) $A_G = \frac{1}{2} \cdot (a + c) \cdot h = \frac{1}{2} \cdot (5\ cm + 9\ cm) \cdot 7{,}5\ cm = 52{,}5\ cm^2$
$A_M = u \cdot h_{Prisma} = (9\ cm + 7{,}8\ cm + 5\ cm + 7{,}8\ cm) \cdot 12\ cm$
$= 355{,}2\ cm^2$
$O = 2 \cdot A_G + A_M = 460{,}2\ cm^2$

12 a)

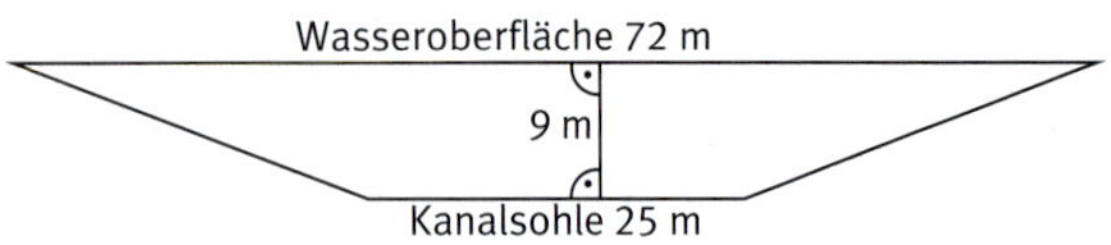

b) $A_{Trapez} = \frac{a+c}{2} \cdot h_a = \frac{72+25}{2} \cdot 9 = 436{,}5$
$V_{Prisma} = A_{Trapez} \cdot h = 436{,}5 \cdot 98\,000 \approx 42\,777\,000$
$V_{Prisma} = 42\,777\,000\ m^3 \approx 0{,}043\ km^3$
Tom hat nicht Recht mit seiner Behauptung.

13 a) In der Mitte des großen Körpers entsteht ein ausgefräster Würfel mit 4 cm Kantenlänge. Auf diesen Würfel sind dann insgesamt noch sechs quaderförmige Aussparungen mit den Maßen 4 cm · 4 cm · 2 cm aufgesetzt:
$V_{Würfel} = 512\ cm^3$
$V_{ausgefräster\ Körper} = (4\ cm)^3 + 6 \cdot 4\ cm \cdot 4\ cm \cdot 2\ cm = 256\ cm^3$
Der Restkörper hat genau 50 % des Volumens des Würfels.

b) $O_{Würfel} = 6 \cdot 8^2\ cm^2 = 384\ cm^2$
$O_{Restkörper} = 6 \cdot (4 \cdot 2 \cdot 4\ cm^2) + 6 \cdot (8 \cdot 8\ cm^2 - 4 \cdot 4\ cm^2)$
$= 480\ cm^2$
Die Oberfläche des Restkörpers ist um ein Viertel größer als die Oberfläche des Würfels.

14 a) ① Wasserhöhe: 20 cm
$V = \frac{1}{2} \cdot 40\ cm \cdot 20\ cm \cdot 60\ cm = 24\,000\ cm^3$ (= 24 l)
② Wasserhöhe: 10 cm
$V = \frac{1}{2} \cdot 40\ cm \cdot 10\ cm \cdot 60\ cm = 12\,000\ cm^3$ (= 12 l)
③ Wasserhöhe: 15 cm
$V = \frac{1}{2} \cdot 40\ cm \cdot 15\ cm \cdot 60\ cm = 18\,000\ cm^3$ (= 18 l)
④ Wasserhöhe: 8 cm
$V = \frac{1}{2} \cdot 40\ cm \cdot 8\ cm \cdot 60\ cm = 9600\ cm^3$ (= 9,6 l)

b) Das Volumen des Wassers und die Bodenfläche der Wanne (Grundfläche) verändern sich nicht.
$V = A_G \cdot h \qquad h = V : A_G$
$A_G = 40\ cm \cdot 60\ cm = 2400\ cm^2$
① $h = 24\,000\ cm^3 : 2400\ cm^2 = 10\ cm$
② $h = 12\,000\ cm^3 : 2400\ cm^2 = 5\ cm$
③ $h = 18\,000\ cm^3 : 2400\ cm^2 = 7{,}5\ cm$
④ $h = 9600\ cm^3 : 2400\ cm^2 = 4\ cm$

15 Die Aussage ist richtig. Das Parallelogramm lässt sich in ein flächengleiches Rechteck mit gleicher Grundlinie umformen, wobei die Höhe des Parallelogramms der Breite des Rechtecks entspricht.

16 Die Aussage ist falsch. Der Flächeninhalt des Drachenvierecks berechnet sich: $A_D = \frac{1}{2} \cdot e \cdot f$.
Der Flächeninhalt des Rechtecks mit den gegebenen Maßen berechnet sich: $A_R = e \cdot f$.
Somit ist der Flächeninhalt des Rechtecks doppelt so groß wie der Flächeninhalt des Drachenvierecks.

17 Die Aussage ist falsch. Die Kanten werden auf die Hälfte gekürzt und unter einem Winkel von 45° gezeichnet.

18 Die Aussage ist falsch. Die Mantelfläche besteht aus Rechtecken, die Grundfläche kann aber ein beliebiges Vieleck sein.

19 Die Aussage ist richtig. Es gilt: $O = 2 \cdot A_G + A_M$

20 Das ist falsch. Das Volumen eines Prismas ist das Produkt aus dem Flächeninhalt der Grundfläche und der Höhe des Prismas.

21 Die Aussage ist richtig.

Stichwortverzeichnis

Bildnachweis

Bayerische Motorenwerk AG, München – S. 128; Commerzbank AG, Frankfurt – S. 128; dreamstime / Alexandr Kurganov – S. 97, 126; Fotolia / Albachiaraa – S. 143; - / Anna – S. 4, 75; - / arsdigital – S. 4, 107; - / ArtHdesign – S. 32; - / ASonne 30 – S. 85; - / Petrus Bodenstaff – S. 128; - / contrastwerkstatt – S. 125; - / Coprid – S. 115; - / cpask – S. 74; - / dephoto – S. 23; - / DocRaBe – S. 91 (6x); - / Falzbeil – S. 137; - / ferkelraggae – S. 120; - / Paul Grecaud – S. 115; - / hegadex.com – S. 169; - / Doris Heinrichs – S. 57; - / Henner – S. 115; - / Kautz15 – S. 90; - / MaxWo – S. 116; - / meryll – S. 120; - / Mixage – S. 84; - / Mr. Sister – S. 20; - / Lara Nachtigal – S. 138; - / Peter Pyka – S. 93; - / Rido – S. 110; - / Orlando Florin Rosu – S. 139; - / Alexander Semenov – S. 63; - / shootingankauf – S. 100; - / Irina Soloshenko – S. 100; - / Manfred Steinbach – S. 59; - / Carmen Steiner – S. 77; - / Yanterric – S. 115; Fotex / Matthias Stolt, Hamburg – S. 156; Foto-community.de / U. Heeren – S. 5, 163; iStockphoto / Henrik5000 – S. 97 (2); - / PaulBr – Cover; - / Andy Sotiriou – S. 69; - / spooh – S. 97; Matthias Ludwig, Würzburg – S. 3, 7; Mauritius Images / Alamy, B. O'Kane, Mittenwald – S. 135; - / Superstock – S. 167; © pitopia, Werner Nick 2006 – S. 169; Plainpicture / beyond, Hamburg – S. 147; RWE Group Business Service, Essen – S. 128; Siemens AG, München – S. 128; Thinkstock / Hemera, Benis Arapovic – S. 148; - / Hemera, Alfredo Ragazzoni – S. 165; - / Hemera, Feng Yu – S. 183; - / iStockphoto – S. 68; - / iStockphoto, DragonImages – S. 146; - / iStockphoto, fragless – S. 147; - / iStockphoto, Eric Issel ÄƒÂ©e – S. 89; - / iStockphoto, Vlad Kochelaevskiy – S. 119; - / iStockphoto, Lit Lin – S. 155; - / iStockphoto, vendula plackova – S. 157; - / iStockphoto, RusN – S. 155; - / iStockphoto, Scanrail Photos – S. 117; - / iStockphoto, Andre W. Simpson – S. 154; - / iStockphoto, Sorcerer – S. 82; - / iStockphoto, Timur Suleymanov – S. 63; - / Photodisc, Thomas Northcot – S. 140; - / Stockbyte – S. 145; - / Wavebrake Media – S. 149; Hans Weingartz, Bonn – S. 81; www.feine-werkzeuge.de – S. 74; www.picture.yatego.com – S. 69; www.stockagentur.de / Gerhard Leber, Berlin – S. 144; www.wikimedia.org – S. 10, 19, 51, 189; www.wikimedia.org / DesertEagle – S. 129; www.wikimedia.org / Goldi64 – S. 169; www.zecken.de – S. 157